UG NX 数控加工编程技术

戴向国　编　著

清華大学出版社
北　京

内 容 简 介

立式四轴数控机床是目前广泛使用的一类多轴加工机床。本书详细讲解了四轴加工基础知识和 NX 软件的四轴编程方法。为了与软件功能相对应，本书以编程方法进行章节划分，包括 UG 软件提供的所有四轴加工方法。为了方便用户学习和增强学习效果，每种加工方法都精选 2～3 个典型案例，按照循序渐进的方式，详细讲解了该方法的具体应用。最后一章精选了典型案例，应用了四轴加工的许多典型加工方法。本书特点之一是案例讲解详细，易错地方加有注释，特别适合初学者和自学者，易于上手、便于理解。为了方便用户学习，本书配有教学案例和讲解视频。

本书适合学习四轴编程的初学者和中级人员，也可作为高校数控专业、机械制造专业等相关专业学生的参考书和培训机构的授课教材。

图书在版编目(CIP)数据

UG NX 数控加工编程技术 / 戴向国编著. -- 北京：清华大学出版社，2025. 1.

ISBN 978-7-302-67851-9

Ⅰ. TG659-39

中国国家版本馆 CIP 数据核字第 2025SH6791 号

责任编辑：张彦青
装帧设计：李　坤
责任校对：李玉萍
责任印制：刘海龙
出版发行：清华大学出版社

网　　址：https://www.tup.com.cn, https://www.wqxuetang.com
地　　址：北京清华大学学研大厦 A 座　　**邮　　编：**100084
社 总 机：010-83470000　　**邮　　购：**010-62786544
投稿与读者服务：010-62776969, c-service@tup.tsinghua.edu.cn
质量反馈：010-62772015, zhiliang@tup.tsinghua.edu.cn

印 装 者：北京鑫海金澳胶印有限公司
经　　销：全国新华书店
开　　本：185mm×260mm　　**印　　张：**17.75　　**字　　数：**432 千字
版　　次：2025 年 3 月第 1 版　　**印　　次：**2025 年 3 月第 1 次印刷
定　　价：65.00 元

产品编号：104581-01

前言

PREFACE

数控多轴加工技术是近十年来快速崛起的一项先进制造技术，广泛应用于航空航天、汽车、模具、产品加工等行业，可显著提高复杂零件的加工质量和生产效率。数控多轴加工技术的应用是机械制造行业一场影响深远的技术革命，也是机械制造从业者必须掌握的专业技能之一。

随着中国制造 2025 计划的推进和企业的转型升级，企业对掌握多轴加工技术和工艺的高级技能型人才的需求越来越大。

多轴机床主要分为四轴机床和五轴机床。多轴加工方式分两种：定轴加工和联动加工。对于五轴机床来说，通常数控系统提供定轴加工和联动加工的高级功能指令，其烦琐的坐标转换则由数控系统自动完成，在操作层面，其思路与三轴机床基本相同。对于四轴机床来说，由于数控系统一般没有高级功能指令，其操作和编程在一定程度上要比五轴机床复杂。人们普遍认为四轴机床的编程与操作比五轴机床简单，其实这是管理人员和初学者的普遍认识误区，也在一定程度上阻碍了四轴机床在企业中的广泛应用。由于立式四轴机床价格适中，大多数企业在向多轴加工转变的过程中，首先购买立式四轴机床，因而社会上对四轴机床的编程与操作人员需求，近年来越来越多。

目前的多轴加工书籍，大多以五轴机床的编程讲解为主，专门讲解四轴编程的书籍很少，作者写作本书的初衷，就是帮助四轴机床的技术人员和初学者，快速学习四轴加工的基础知识，在此基础上深入学习 UG NX 软件的四轴编程技术。

本书以 UG NX 2007 软件为载体，详细讲解了各种加工方法的基本思想和操作步骤。为了方便用户学习，每种常用的加工方法单独成章，并精选 2～3 个典型案例，采用循序渐进的方式，详细讲解其加工步骤。全书共分 14 章，第 1～2 章是四轴加工的基础知识讲解。四轴加工属于多轴加工，相对于传统的三轴加工，它具有本质的思路改变，基础知识部分对重要的操作和编程思路，进行了详细讲解。第 3～13 章，按照软件提供的常用加工方法，分别讲解，力求全面而无疏漏。最后一章是综合训练，精选多个复杂典型案例，综合运用前面讲解的各种加工方法。全书的写作，采用先分解后综合的思路，案例选用由简单到复杂，充分考虑用户的学习需求，操作步骤尽量详尽，力求满足用户自学四轴编程技术的需求。

虽然本书主要以 UG NX 2007 版本为载体，但 UG 软件不同版本之间界面变化较小，实际上也适合 NX 12 以上版本的学习。本书还提供实例源文件和讲解视频，读者可通过手机扫描文后的二维码获取。

编者自 1994 年以来，一直在企业和学校从事数控技术的相关工作，熟练掌握 UG 软件的设计与数控编程技术。北京航空航天大学工训中心作为国家级工训中心，拥有众多先进加工设备，如立式四轴机床、卧式四轴机床、五轴加工中心、车削中心等。本书的写作，得到了北京航空航天大学工训中心领导和同事的帮助与支持，在此一并表示感谢。

北京航空航天大学工训中心也是面向全国的定点科普教学基地，欢迎一切有志于数控加工行业的人员来此学习交流、共同提高，为中国的机械制造行业贡献我们的一份力量。

编　者

本书案例文件

目 录

CONTENTS

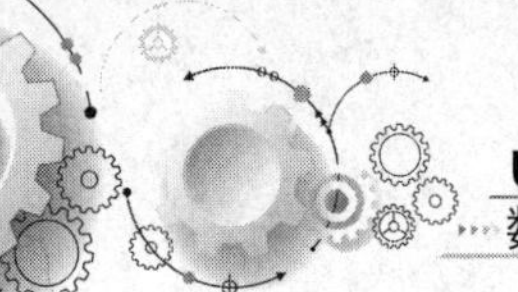

第1章

四轴加工基础知识

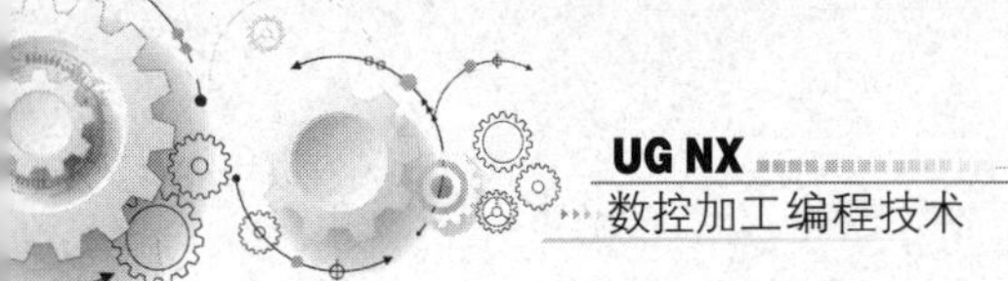

1.1　机床类型及适用范围

四轴加工基础知识讲解

四轴加工中心主要分两种：立式加工中心和卧式加工中心。图 1-1 所示是立式四轴加工中心。四轴转台可安装在机床工作台的左侧或右侧，对于编程与操作都无影响。

图 1-1　立式四轴加工中心

立式四轴加工中心适合加工轴类零件，其装夹方式类似车床，对于较长的轴类零件，可以使用一夹一顶的方式。另外，立式四轴加工中心配上桥板夹具后，就可以加工箱体类零件。图 1-2 所示是桥板夹具，图 1-3 所示是桥板夹具 3D 图。

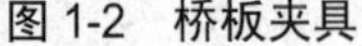

图 1-2　桥板夹具

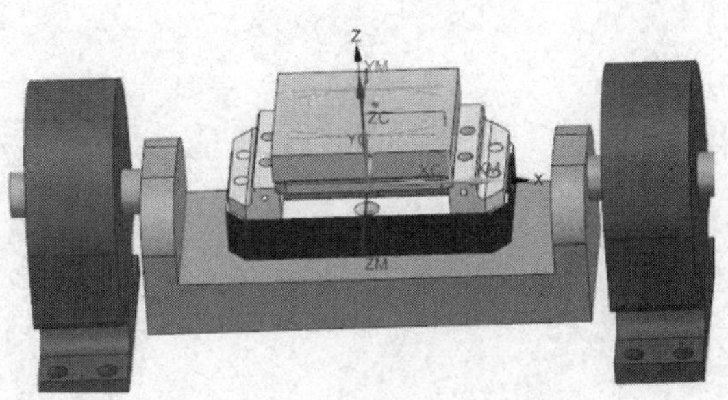

图 1-3　桥板夹具 3D 图

桥板夹具是立式四轴加工中心很重要的夹具，如果桥板较长，则需要如图 1-2 所示配置圆盘尾座。如果桥板较短，则可以如图 1-4 所示，在桥板上安装其他的通用夹具，图中安装了一个自定心虎钳夹具。

卧式加工中心如图 1-5 所示，适合加工箱体类零件，通常需配以方箱、弯板等夹具，方便工件的装夹。图 1-6 所示是方箱夹具，图 1-7 所示是弯板夹具。

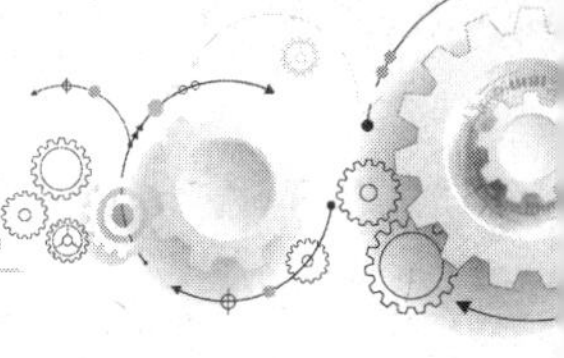

图 1-4　短桥板结构

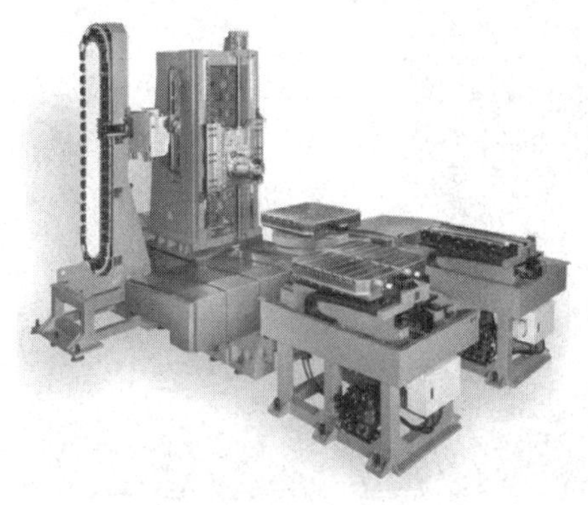

图 1-5　卧式加工中心

图 1-6　方箱夹具

图 1-7　弯板夹具

1.2　四轴转台的安装及系统参数设置

立式加工中心的四轴转台，通常作为一个机床附件，根据加工需要进行配置，需要时安装，不需要时也可以拆除。卧式加工的四轴转台，通常是机床的标准配置，不能改变。

下面重点介绍立式加工中心的四轴转台的安装与系统参数设置。

1. 机械安装

首先将机床工作台面和旋转四轴转台底面擦拭干净，然后将旋转四轴转台放置在机床的右侧，打表找正其 X 方向和 Z 方向，打表位置为四轴转台花盘平面，最后将其固定在机床台面上，如图 1-8 所示。

2. 系统参数设置

(1)　首先打开写参数，在 MDI 方式下修改参数，将参数 0 修改为 1，如图 1-9 所示。

(2)　打开四轴功能，设置四轴显示参数，修改参数 8130，将 AXIS NUMBER 处的数字由 3 修改为 4，如图 1-10 所示。修改参数后，系统会有报警提示，如图 1-11 所示。

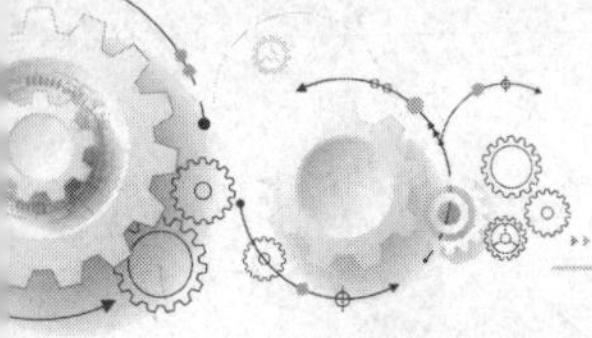

图 1-8　四轴转台装夹

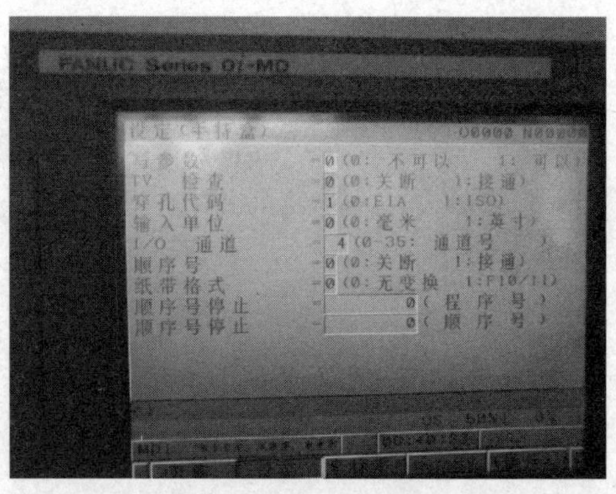

图 1-9　修改写参数

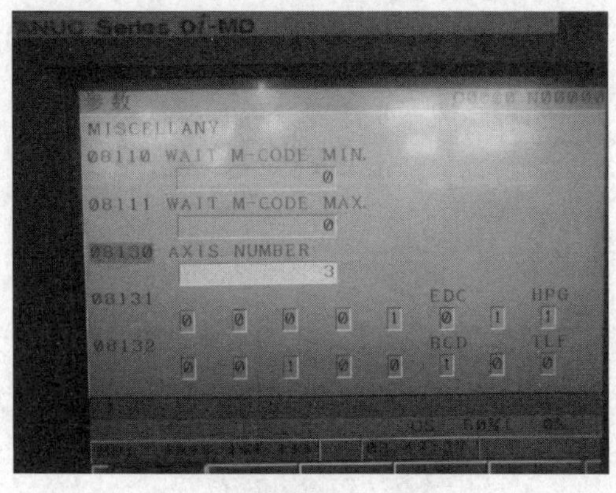

图 1-10　四轴显示参数设置

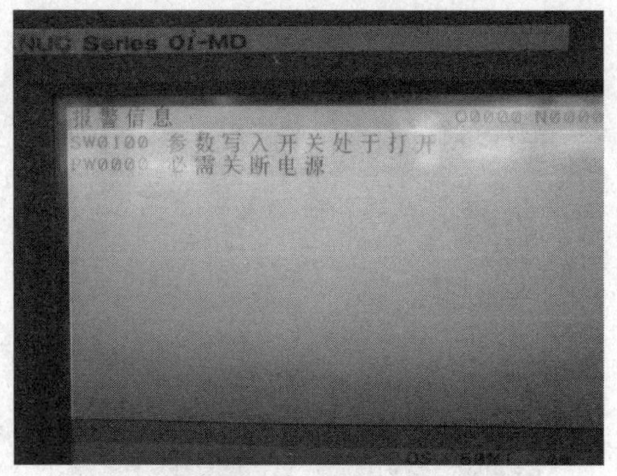

图 1-11　系统报警提示

(3) 根据系统提示，关掉电源。重启后，系统提示四轴功能被锁定，A 前面有一个大写字母 D，如图 1-12 所示。

(4) 在软键操作面板中打开四轴功能。四轴功能的默认状态如图 1-13 所示，此时四轴功能是关闭的。打开四轴功能后如图 1-14 所示。

(5) 四轴功能打开后，坐标显示画面发生变化，如图 1-15 所示。

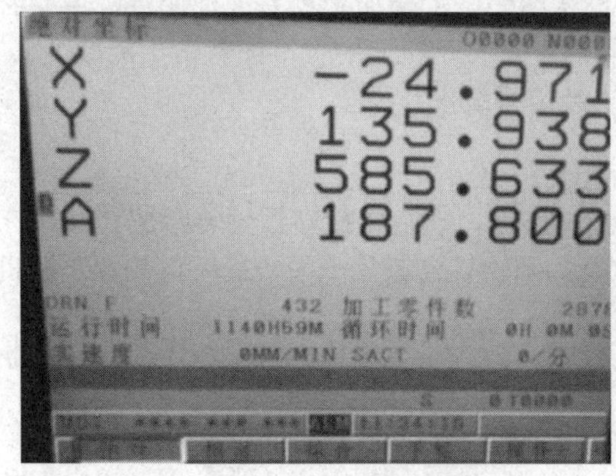

图 1-12　四轴功能锁定提示

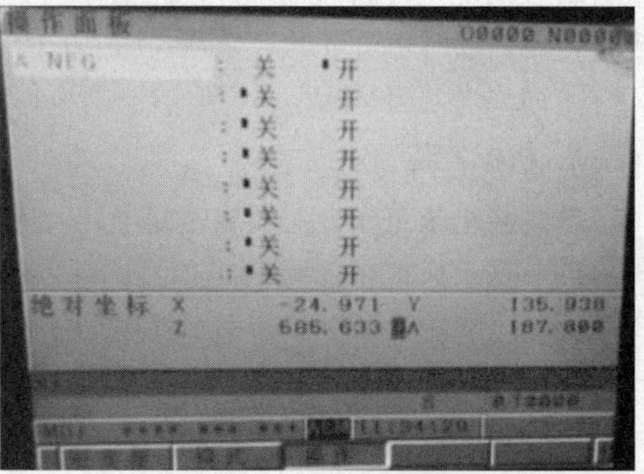

图 1-13　四轴功能被锁定

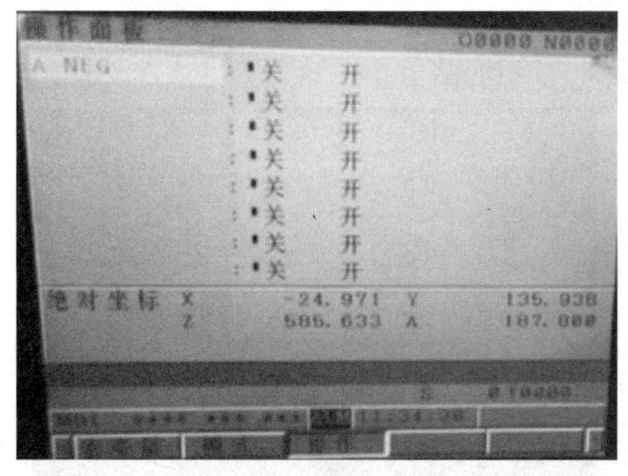

图 1-14 四轴功能开

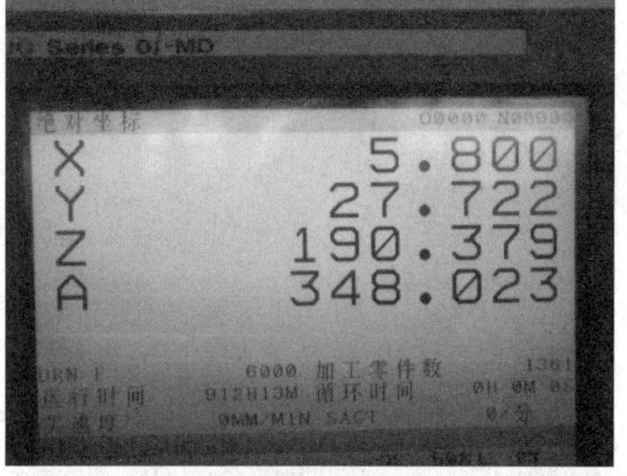

图 1-15 四轴功能开后的坐标显示

(6) 继续修改 K 参数，它是 PMC 参数。K 参数 K0012 的第 2 位，现在为 0，如图 1-16 所示，应将其修改为 1，如图 1-17 所示。

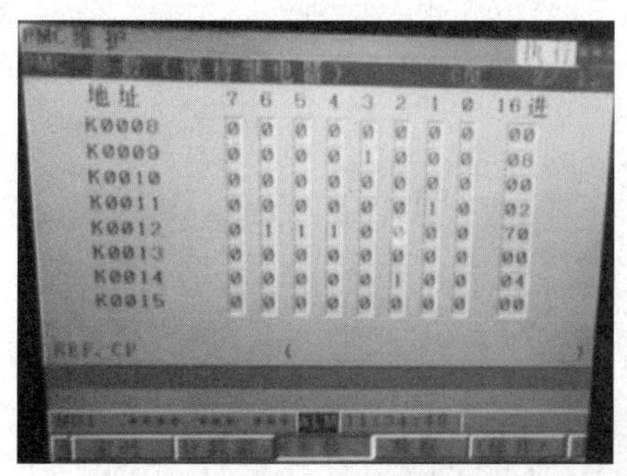

图 1-16 原来的 K 参数

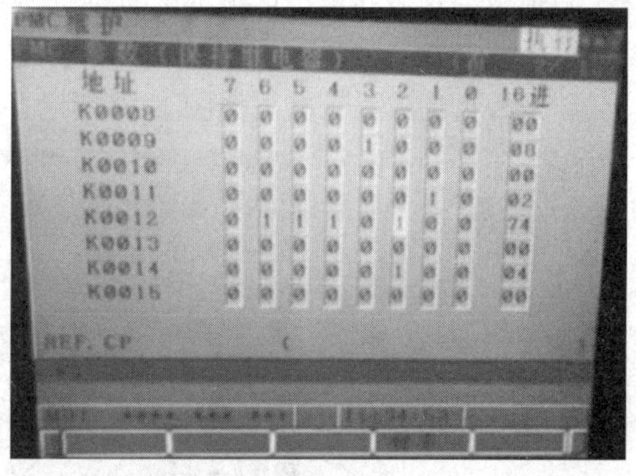

图 1-17 修改后的 K 参数

实际上，四轴功能打开，一共需要设置 3 个参数。

此时的第四轴，不是 NC 轴，而是 PLC 轴。NC 轴就是系统本身自带的坐标轴，而 PLC 轴是通过系统 PLC 中的梯形图编写后，才会运行的坐标轴。两者的控制方式不同。

3. 四轴转台的拆除

如果要拆除四轴，首先需要设置四轴显示参数 8130，将 AXIS NUMBER 处的数字由 4 修改为 3，然后重新启动机床，拆线并卸下四轴工作台。如果直接拆线，系统会报警。

1.3 四轴属性及系统参数设置

目前，数控机床上的第四轴，其属性主要包括两个方面：①旋转方向。四轴的旋转方向符合 ISO 定义，即右手定则。②旋转方式。分为线性和 360° 绝对+路径最近。一般情况下，机床设置为后者。

系统参数设置：要想实现 360° 绝对+路径最近，需要设置两个系统参数：1006 和 1008。

将 1006 参数 A 中的 ROT 位修改为 1，如图 1-18 所示。

将 1008 参数 A 中的 ROA 位修改为 1，如图 1-19 所示。

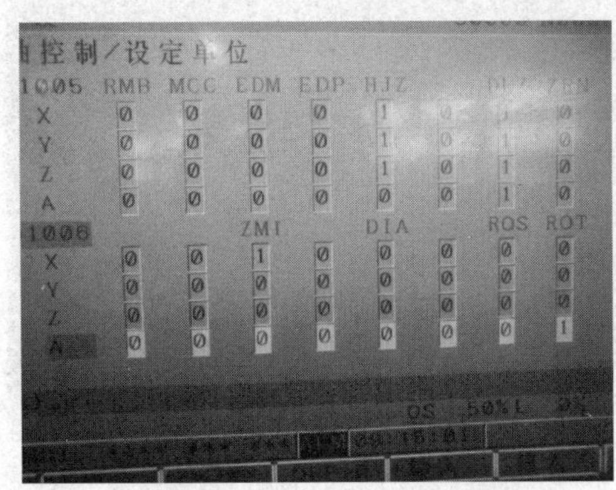

图 1-18　ROT 位修改

图 1-19　ROA 位修改

四轴的旋转方向也可以根据需要进行设置，即与 ISO 规定不一致。改变旋转方向，需要设置系统参数 2022。在 2022 中，将 A 中的数字改变正负号即可，原来是正的改为负的，原来为负的改为正的，如图 1-20 所示。

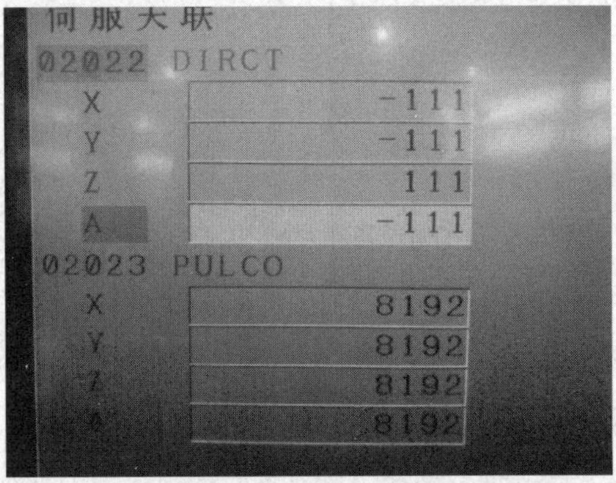

图 1-20　旋转方向修改

1.4　四轴加工与编程的学习难点

四轴机床是介于三轴机床和五轴机床的一个中间产物。为了方便用户编程与使用，五轴机床的数控系统一般提供针对多轴加工的高级指令，这样五轴机床的操作类似三轴机床的操作，用户可以将工作的重点放在工艺与编程上；而四轴机床一般没有高级指令，它的编程与操作相对麻烦，甚至在一定程度上，四轴机床的编程与操作要难于五轴机床的编程与操作。

一般情况下四轴加工必须自动编程。对于初学者，首先要完成三轴加工向多轴加工的思维转变，要深入理解驱动体、投影矢量和刀轴矢量这三个概念。此外，还需要一个或多

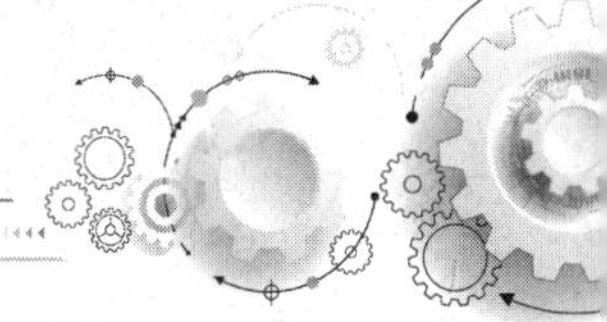

个正确的后置处理器，否则即使前置处理正确，即刀位文件是正确的，后置处理后的 NC 程序也不一定正确。多轴加工，其刀轨常常所见非所得。

另外，为了减少 NC 程序的错误，最好在第三方仿真软件上进行真实状态下的加工仿真，一般情况下使用 Vericut 软件进行加工仿真，这样可以减少不必要的加工错误。

综上所述，四轴加工的学习难点如下。

① 观念的改变，从三轴加工到多轴加工观念的改变。

② 定制多个满足加工需要的后置处理器。

③ 无类似五轴机床的高级命令，通常需要根据工件的实际安装位置进行编程。

第 2 章

UG 四轴编程基本方法

2.1 定轴加工和联动加工

UG 四轴编程基本方法知识讲解

四轴加工有两类方法：定轴加工和联动加工。定轴加工，就是旋转轴只用于定位，不参与实际的切削加工。类似于分度头，手工分度改变加工工位后，再进行加工。联动加工，就是旋转轴与直线轴联动，同时参与零件的加工。对于联动加工的四轴机床，其旋转轴的分度精度大多为 0.001°。

不同的四轴机床，旋转轴的功能不同。对于立式四轴机床来说，大多支持联动加工；但对于卧式四轴机床来说，其分度精度为 1°、1.5°、3°、5°等，这类机床只支持定轴加工；有的卧式四轴机床，旋转轴的分度为 0.001°，支持联动加工，并且用于定轴加工时，任何角度的定位面都可以加工。

> **一定记住**
>
> 定轴加工，常用于零件的粗加工；联动加工，常用于零件的精加工。

四轴零件的加工，大多是定轴加工。由于定轴加工效率高，编程方法成熟，优先推荐使用定轴加工，尤其是粗加工。只有定轴加工无法加工或过于烦琐时，才使用联动加工。联动加工常用于零件的精加工。

2.2 定轴加工的编程坐标系设置

四轴机床定轴加工，分为手工编程和自动编程两种方法。编程坐标系的设置，也分两种方法：①每一个加工面单独设置一个编程坐标系；②所有加工面使用一个编程坐标系。

1) 每一个加工面单独设置一个编程坐标系

手工编程时，坐标计算比较困难，通常需要每一个加工面单独设置一个编程坐标系，其设置方法与三轴机床的思路完全一致。实际加工时，如果每个编程坐标系原点都单独对刀，工作量大且容易产生对刀累计误差，不推荐使用；最好的方法是选取一个容易对刀的编程坐标系原点进行手工对刀，其他面的编程坐标系原点采用计算的方法加以确定。计算的方法也有两种：一是使用宏程序进行计算确定；二是借助 CAD 软件测量得到。推荐使用后者，这样可以降低操作难度，也便于理解。

每个面单独设置一个编程坐标系的方法，推荐使用旋转角度独立于编程坐标系而单独控制，即先单独控制角度定位，再调用对应的编程坐标系进行加工，例如：

```
A45
T01 M06
G00 G54 X100.Y150. S4000 M03
G43 Z10.H01

A90
T02 M06
G00 G55 X50.Y50.S3000 M03
G43 Z10.H02
```

每个面单独设置编程坐标系的优点：程序可读性强，修改控制方便，与传统的三轴机床加工思路完全一致，先前的加工经验可以移植使用。

每个面单独设置编程坐标系的缺点：对操作者要求高，需要理解其中的理论知识。

注意

手工编程和自动编程，都可以使用每一个面单独设置一个编程坐标系的编程方法。尤其是自动编程，借助宏后处理器的自动计算，可使机床的操作简单化。

2) 所有加工面使用一个编程坐标系

定轴加工，自动编程推荐使用一个编程坐标系的编程方法。根据定制的后处理器不同，定轴加工又分两种情况：①传统的四轴定轴加工；②使用坐标转换宏的定轴加工。

(1) 传统的四轴定轴加工：编程坐标系的原点必须位于旋转轴线上。工件的实际安装位置，理论上可以随便放置，但一定要打表确定位于旋转轴线上的编程坐标系原点与工件安装后的参考编程坐标系原点之间的位置偏差，然后在 CAM 软件中移动工件或编程坐标系原点，使软件中的零件与编程坐标系原点之间的位置状态与实际机床的位置状态完全一致。

(2) 使用坐标转换宏的定轴加工：编程坐标系原点可以放置在零件的任意位置上。工件的安装位置，也可以根据加工需要任意安装。坐标转换宏，对于数控机床而言，如同手工添加了动态坐标系功能，相当于四轴机床具有了高级功能。它的实际效果与 G68.2X0Y0Z0 时的效果相似。使用坐标转换宏，四轴机床的编程与操作都将简单化，对于加工精度要求不高的单件小批生产，推荐使用此加工方法。

四轴转换宏的具体实现如下。

五轴机床的定轴加工，都有对应的定面加工高级指令，此时的定轴加工与三轴机床的编程与操作几乎一样，复杂的坐标转换工作由数控系统内部计算完成。四轴机床的数控系统，没有这样的高级定轴加工指令。用户可以仿照五轴机床的工作思路，自行定制宏程序，完成类似五轴机床的定轴加工，此时四轴的定轴加工，表面上也使用一个编程坐标系，且原点可以放置在工件的任意位置上，这就是四轴宏程序后处理。宏程序后处理的主要内容如图 2-1 所示。

```
#611=0        (当前工序 X 方向偏差)
#612=0        (当前工序 Y 方向偏差)
#613=0        (当前工序 Z 方向偏差)
++++++++++++++++++++++++++++++++++++++++(分割线以下内容不能修改)

    #602=#5222-#5322    (G54 坐标 Y 值减去 G59 坐标的 Y 值)
    #603=#5223-#5323    (G54 坐标 Z 值减去 G59 坐标的 Z 值)
    #604= A                         (当前工序的旋转角度)
#606=[COS[#604\]*[#602\]+SIN\[#604]*#603]+#5322 (计算出旋转后 Y 轴的机械坐标值)
#608=[#602\]*SIN\[#604\]+\[#603\]*COS\[#604]+#5323(计算出旋转后 Z 轴的机械坐标值)
#632=#606-#5222+#612 (以 G54 为原点，需要偏移的 Y 值)
    #633=#608-#5223+#613(以 G54 为原点，需要偏移的 Z 值)
G52 X#611  Y#632  Z#633(最终计算的结果通过 G52 局部坐标系进行偏置)
++++++++++++++++++++++++++++++++++++++(分割线以上内容不能修改)
```

图 2-1 宏程序后处理

注意

无论哪种定轴加工方法，都需要确定四轴旋转轴线的机械坐标值。它是加工的基准，在工件旋转时，它的机械坐标值是保持不变的。通过它，可以确定旋转后的零件坐标值，也可以确定零件在机床处于A0时的实际安装位置。

2.3　联动加工的编程坐标系设置

四轴联动加工，编程坐标系原点必须位于旋转轴线上。工件的安装位置，也应尽量位于旋转轴附近，对于轴类零件，工件的旋转轴线应与机床的四轴旋转轴线重合，否则将会附加多余的线性轴运动，对实际加工不利。

无论是立式四轴机床还是卧式四轴机床，实际上都需要确定旋转轴线的机床坐标值。它们的对刀方法是类似的。下面重点介绍立式四轴机床的旋转中心对刀方法。

立式四轴机床，其旋转轴大多绕 X 轴旋转，此时其旋转轴线在机床坐标系中的 YZ 值是固定不变的；同样，对于卧式四轴机床，其旋转轴大多绕 Y 轴旋转，其旋转轴线在机床坐标系中的 XZ 值是固定不变的。

实际上，无论是使用一个编程坐标系进行定轴加工，还是每个面定义一个编程坐标系，都需要对刀确定四轴旋转中心的位置坐标，即四轴旋转轴线在机床坐标系中的坐标值。

立式四轴机床常用的夹具为三爪卡盘和桥板。下面讲解使用这两种夹具时旋转线中心坐标的对刀方法。

(1) 三爪卡盘的对刀方法。

首先安装三爪卡盘到四轴转台上，卡盘中夹持一个标准量棒或找一个长度较长的棒铣刀，打表量棒或铣刀，找正卡盘位置并紧固三爪卡盘。使用机械式巡边器沿 Y 轴方向分中取数以确定 Y0 位置，然后在 G54 中输入 Y0 测量，即可确定旋转轴线在 Y 轴的机床坐标值。

Z 轴方向的对刀，分为两个：一个是 G54 的对刀，另一个是刀具长度补偿的对刀。Z 值通常需要转换使用，通常需要使用千分表确定旋转轴中心在 Z 方向与对刀基准之间的高度差，如 Z 轴对刀基准为四轴转台上表面，可以先将表针压到四轴转台上表面吃表半圈后归零，然后再将机床的 Z 值相对坐标值归零，移动表针至量棒或铣刀的上母线，压表至相同的零位，即可测出两点之间的 Z 轴差值，使用千分尺精确测量量棒或铣刀的直径尺寸，再向下移动一个刀具半径值，此时的 Z 轴相对坐标值就是对刀基准面与旋转轴线在 Z 轴方向的差值，也就是对刀基准与编程零点在 Z 轴方向上的高度差值，将这个差值直接输入 G54 的 Z 中，注意，此值通常是负值。真实使用的每把刀具，都应该到对刀基准面处对刀，然后再将其对应的机械坐标系中的 Z 轴坐标值作为刀具长度补偿值输入到对应的刀补号中。

以上这种 Z 轴对刀方法，是相对对刀法，刀具长度补偿值是刀具中心点到 Z 轴原点的垂直距离，其值为负。在没有对刀仪的情形下，这种方法在车间广泛应用。相对对刀法，理论上需要一把基准刀具，通常选择最长刀作为基准刀，这里是一种变通应用，选择一把假想的顶天立地的最长刀作为基准刀，这样的好处是每把刀都是独立的，相互之间没有影响。

三爪卡盘和轴类零件的对刀示意图如图 2-2 所示。

图 2-2　轴类零件对刀示意图

(2) 桥板四轴的对刀方法。

Y 轴对刀方法如下。

首先打表找正桥板大平面，将此时的状态设置为 A0；然后旋转 A90°，使用机械式巡边器对桥板大平面的 Y 值进行对刀。当巡边器与平面对正后，首先将机床的相对坐标 Y 值归零，然后抬起巡边器至安全高度，再沿 Y 轴方向移动一个巡边器对刀半径值，如 5mm。注意移动方向，目的是使巡边器的中心与桥板大平面对齐，再次将机床的相对坐标值归零；重新旋转桥板至 A-90°，重复上述操作，使巡边器中心与桥板大平面对齐，此时便得到 A90 和 A-90 两个状态时桥板大平面之间的距离，将该距离除以 2 得其一半，然后反向移动一半数值即可得到 Y0 位置，转至 G54 的 Y 处输入 Y0 的测量值，即可得到桥板四轴的 Y0 位置机械坐标值。

注意

此处的移动距离值或一半值，实际上就是桥板大平面的摆长值。

图 2-3 是桥板示意图。这个四轴转台装在机床的左侧，一般情况下是装在机床的右侧，实际上这两种情况是一样的，其编程与操作完全一样，没有任何变化。由于机床左侧有刀库，装在右侧会更安全些。

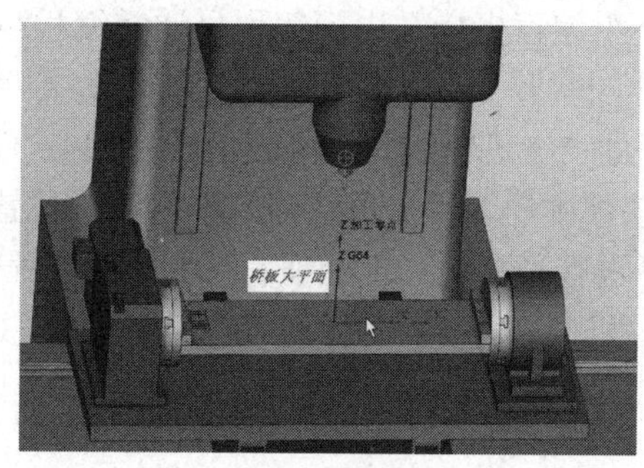

图 2-3　桥板示意图

Z 向对刀：前面提到的数值，实际上是桥板大平面的旋转半径，也相当于是一个摆长值，通过它可以很容易得出桥板四轴轴线的 Z 值坐标。假设取一把基准刀具进行对刀，首先将桥板放置到 A0 状态，然后将基准刀具在 Z 方向轻轻与桥板大表面接触，将机床的相对坐标 Z 值归零，向上或向下移动前面确定的摆长值，此时的机械坐标系 Z 值就是桥板四轴轴线的 Z 值，转动 G54 的 Z 处，输入 Z0 测量即可确定旋转四轴轴线的 Z 值坐标值。

注意

一定要正确判断在 A0 状态时桥板大平面与四轴旋转轴线的 Z 轴位置关系，如果旋转轴线在桥板大平面的上方，则向上移动一个摆长值；如果旋转轴线在桥板大平面的下方，则向下移动一个摆长值。

Z 向对刀通常也是选取一个对刀基准面，如旋转工作台的上表面，此时同样需要找出对刀基准面与旋转轴线在 Z 轴方向上的高度差，其方法为：首先打表旋转工作台上表面，压表半圈并归零，将机床的相对坐标 Z 值归零，然后打表桥板大平面，压表至相同的零位，然后向上或向下移动一个摆长值，此时的相对坐标 Z 值就是对刀基准面与旋转轴线的 Z 向高度差，将此值抄写到 G54 的 Z 处即可。真实使用的每一把刀，直接对基准平面，其对应的机械坐标系中的 Z 值，就是它的刀具长度补偿值。

桥板的旋转中心 YZ 坐标确定后，便可以按照工件在桥板上的实际安装位置，如同三轴加工的对刀方法一样，确定 CAM 软件中参照编程坐标系原点坐标位置。桥板四轴，编程坐标系的 X 轴和 CAM 软件中的参考编程原点的 X 轴，其原点位置是相同的，可以根据工件的安装位置，一次对刀确定。

桥板零件实际安装位置确定方法如下。

首先在 CAM 软件中确定一个参考编程坐标系原点，这个原点的位置要求必须容易找正。将工件安装到桥板的合适位置后，要确定参考编程零点与桥板四轴轴线在 YZ 方向的相对位置偏差。按照三轴机床的对刀方法，确定参考编程零点在机床坐标系下的 Y 值坐标，可将其设置到 G59 的 Y 值处，如果桥板四轴的 Y 值设置在 G54 处，则两者相减，便是两者在 Y 轴的位置偏差。Z 轴的位置偏差，可以使用打表的方法确定，首先打表 A0 状态下的桥板大平面，压表半圈并归零，将机床的相对坐标 Z 值归零，找到参考编程坐标系的 Z0 位置，压表至前面设置的零位，此时的机床相对坐标 Z 值，就是桥板平面与参考编程零点在 Z 轴的偏差值，再减去一个桥板摆长值，即可得到四轴轴线与参考编程坐标系原点在 Z 轴方向的高度差。

桥板零件加工，使用一个编程坐标系进行编程，通常编程坐标系原点位于四轴旋转轴线上，此时一定要根据零件的实际安装位置进行加工编程，即确定实际编程零点与 CAM 软件中的参考编程零点之间的 YZ 偏差值，然后返回 CAM 软件，移动图形或移动参考编程坐标系原点，使 CAM 软件中的编程坐标系与零件之间的位置关系与实际机床中的位置关系完全一致，在此情形下进行程序的后置处理，得到的 NC 程序才是正确的。

图 2-4 所示是桥板四轴机床编程坐标系原点与 CAM 软件中的参考编程原点之间的位置关系图。

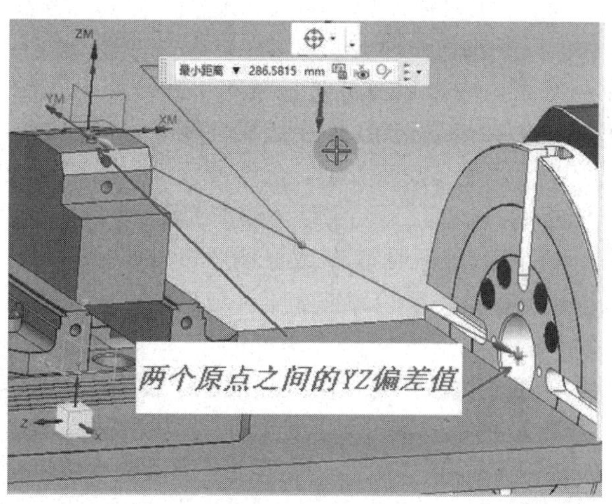

图 2-4　实际编程原点与参考编程原点位置示意图

总结：Y 轴相减得偏差，Z 轴打表得偏差，X 轴相同直接对。

注意

一旦机床上零件的安装位置发生变化，就必须重新确定机床中实际的编程坐标系原点与 CAM 中的参考坐标系原点之间的 YZ 偏差值。

宏后处理器的对刀方法：此时需要根据宏后处理中的定义，打表确定四轴旋转中心和 CAM 软件中的编程坐标系原点。如根据定义，可将四轴旋转中心坐标放置在 G59 中，将编程坐标系原点坐标放置在 G54 中。具体对刀方法如前所述，只是 G54、G59 中的 Z 值，通常是对刀基准面和编程 Z 零点的高度差，此时要注意两者的对刀基准面必须是同一个，是根据相同的对刀基准面得出的高度差。旋转轴线对刀和编程坐标系对刀，可以看成是两个独立的对刀，分别确定 G54 和 G59 中的坐标值。

2.4　UG 四轴编程方法

四轴定轴加工，包括了所有的三轴模块的加工功能，即 2D、3D 所有的加工方法都可以使用，只需合理地定义刀轴矢量即可。

四轴联动加工，分为通用联动加工模块和高端四轴加工模块。通用联动加工模块主要是传统的可变轴轮廓铣中的功能，如图 2-5 所示。

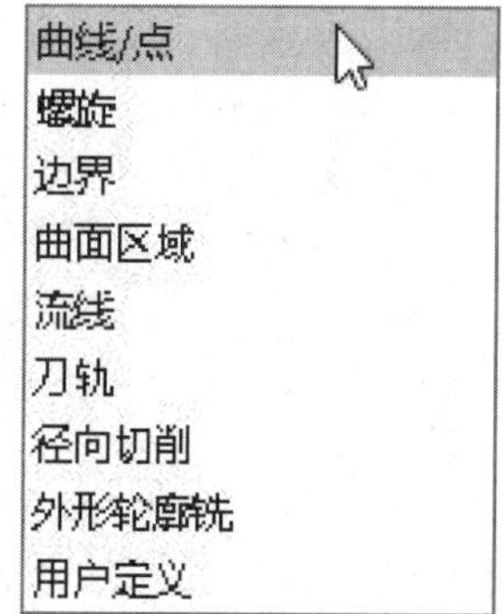

图 2-5　传统的可变轴轮廓铣中的功能

传统的可变轴轮廓，需要深入理解驱动体、刀轴矢量和投影矢量的含义及用法。这些驱动方法，不是专为四轴加工设计的，它们是多轴加工驱动方法，因此有可能生成四轴刀轨，也有可能生成五轴刀轨，这就意味着必须正确构造满足四轴加工的驱动面，合理地设置刀轴矢量，只有这样才能生成正确的四

轴联动加工刀轨，而且一定要通过多种手段确定刀轨类型，避免产生不需要的五轴刀轨。

可变轴引导线驱动方法，也可以看成是传统的可变轴加工方法，它不需要构造驱动面，可以直接使用加工面边界线或在加工面上绘制曲线，直接产生加工刀轨。由于直接在加工面上产生刀轨，所以无须定义投影矢量，但需要合理设置刀轴矢量，否则也有可能会生成五轴刀轨。这种方法编程简单，是使用频率较高的四轴联动加工方法。

多轴外形轮廓铣，使用刀具侧刃加工直纹面侧面，主要用于五轴加工，但是对于特定的零件形状，也可以创建四轴的外形轮廓铣加工。如果能够用于四轴外形轮廓铣，则可以简化编程，提高编程效率。

顺序铣是 UG 特有的加工方法，可以用于复杂零件的四轴侧面精加工。由于操作比较麻烦，只有在其他方法无法创建正确刀轨时才考虑使用该方法。当然，在某些情况下使用它也可以简化编程。

上述方法都可以看成是传统的四轴加工方法，是一些基础方法。

高端四轴加工模块主要是旋转体 mill_rotary 加工方法和多种粗加工。这两种方法使四轴联动粗加工的编程简单化，无须设置刀轴矢量和投影矢量，编程智能化程度较高，因而可看作是高端四轴加工模块。但是同样需要注意，它们也可能生成五轴刀轨，在编程时要合理使用，并且要对产生的刀轨类型加以确认，防止产生不必要的五轴刀轨。Mill_rotary 精加工方法使圆柱体零件的精加工编程简单化，也是推荐使用的常用方法。

第3章

定轴加工与孔加工

3.1 定轴加工概述

定轴加工基础知识讲解

在多轴加工中，定轴加工通常是优先使用的工序。所谓定轴加工，就是旋转轴只用于定位，而无须与线性轴联动加工。

定轴加工时，旋转轴首先进行旋转，将工件旋转到一定方位，然后固定不动。在工件的实际连续切削过程中，旋转轴固定不变，只有线性轴 XYZ 进行运动。

定轴加工时，一定要确保工作台在旋转过程中，刀具与旋转转台或工件之间，不会发生干涉碰撞。

多轴加工，其粗加工优先采用定轴加工，这是多轴加工必须注意的问题，只有在必要的情况下，才使用多轴机床进行多轴联动加工。

3.2 定轴加工的刀轴矢量定义

三轴铣床加工，其刀具轴即刀轴矢量永远是(0,0,1)，即刀轴矢量与编程坐标系的+ZM 轴一致。

多轴加工中的定轴加工，其刀轴矢量通常不再是(0,0,1)。UG NX 软件定义刀轴矢量的方法如图 3-1 所示。

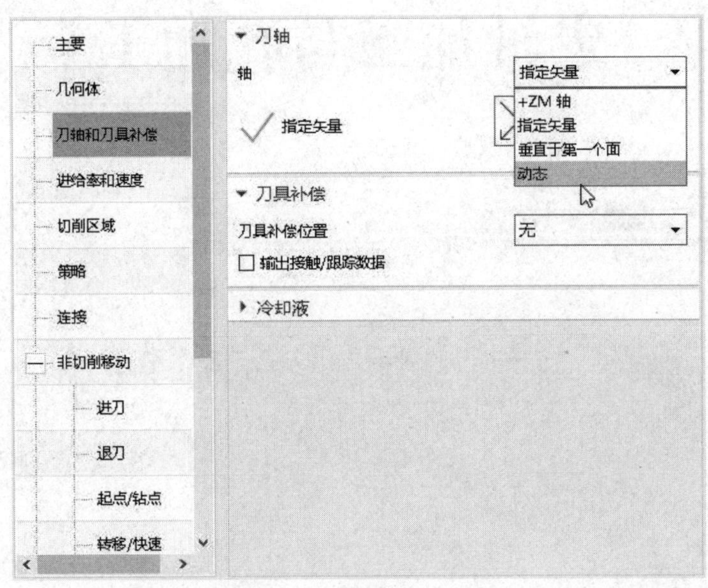

图 3-1 刀轴矢量的定义方法

下面对刀轴矢量的四种方法进行说明。

(1) +ZM 轴。当定轴加工的刀轴矢量与编程坐标系的+ZM 轴一致时使用该方法，这也是三轴机床加工的刀轴矢量设置方法。另外，当使用父子坐标系的编程方法时，所有定轴加工的刀轴矢量都可以使用该方法，这是在子坐标系下的定轴加工，其编程方法与传统的三轴加工编程方法完全一致。

(2) 指定矢量。通过直接定义刀轴矢量的方法创建定轴加工。UG NX 软件提供了很多直接定义刀轴矢量的方法，如图 3-2 所示。

在这些方法中，最常用的方法是“面/平面法向”。如果无法直接定义刀轴矢量，可以通过旋转图形，然后使用“视图方向”的方法定义刀轴矢量，这也是复杂零件加工确定刀轴矢量的常用方法。

(3) 垂直于第一个面。使用 2D 加工方法创建定轴加工操作时常用该方法，尤其是使用底壁铣加工方法时常用刀轴矢量定义方法。

(4) 动态。当无法直接定义刀轴矢量时，可以通过手动方式直接调整刀轴矢量。它与前面的“视图方向”定义刀轴矢量类似，只是前者是旋转图形，后者通过直接旋转坐标系来确定刀轴矢量。

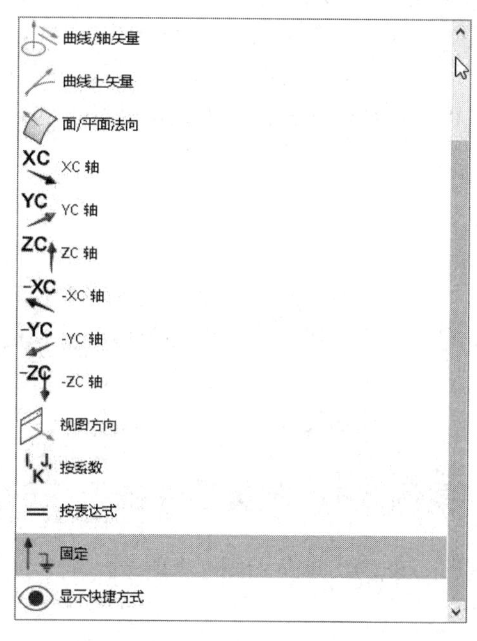

图 3-2　直接定义刀轴矢量的方法

3.3　定轴加工的编程方法

定轴加工，其编程最常用的是固定轴加工的 2D、3D 编程方法，当然可变轴编程方法也可以用于定轴加工。无论使用哪种方法编程，最重要的是刀轴矢量的正确定义。

定轴加工有以下两种编程方法。

(1) 父子坐标系方法。每一个方向的定轴加工，都创建一个子坐标系，然后在该子坐标系下编制定轴加工程序，此时的刀轴矢量为子坐标系的+ZM 轴。

(2) 直接定义刀轴矢量编制定轴加工。

如果在某一个方向，要编制的定轴加工程序很少，可以使用直接定义刀轴矢量方法；如果某一个方向要编制的定轴加工程序较多，则推荐使用父子坐标系的编程方法。

使用父子坐标系的编程方法时，一定要正确设置子坐标系的属性，它是一个局部坐标系，程序输出参考主坐标系。

3.4　四轴孔加工

孔加工实际也就是定轴加工。NX 提供了两种方式的孔加工：传统的 drill 模式和基于特征的 hole-making 模式。这两种模式都可以完成四轴孔加工的创建。推荐使用 hole-making 模式，因为它的智能化程度更高，操作更加简单方便。四轴孔加工时，必须注意刀轴矢量的设置问题，这也是区别于三轴孔加工的重要因素。

以上两种孔加工方式，都提供了基于直径大小选取孔的方法。

(1) drill 模式：孔直径限定简单、好用。

(2) hole-making 模式：需要进行特征分组，特征分组时必须选取部件几何体，编程时可以在创建的特征组下直接进行，这样可以继承选取的特征孔。

3.5 典型案例

下面通过三个典型案例来讲解定轴加工的编程方法。第一个案例是轴类零件铣刀头的定轴加工；第二个案例为箱体类零件的定轴加工，第三个案例为四轴孔加工。轴类零件的装夹，通常使用的是三爪卡盘，而箱体类零件则通过桥板装夹。

无论哪类零件，在实际编程前，首先应将零件摆放至满足四轴机床加工需要的状态。

案例 3-1：轴类零件铣刀头的定轴加工

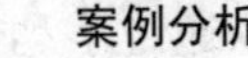

铣刀头零件如图 3-3 所示；定轴加工刀轨如图 3-4 所示。

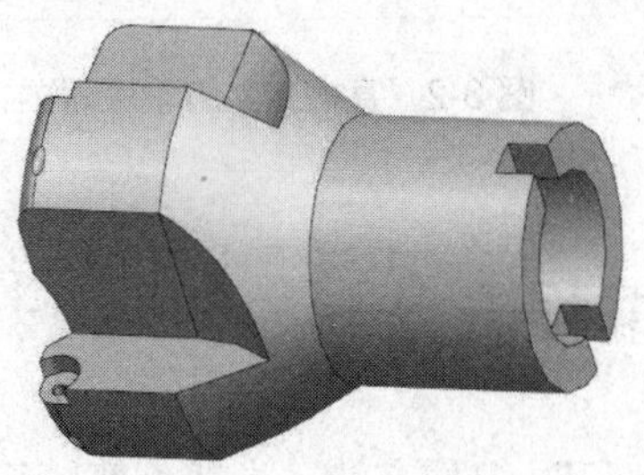

图 3-3 铣刀头零件

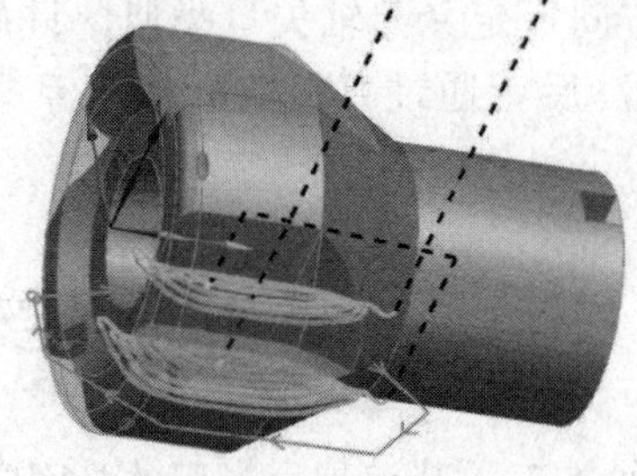

图 3-4 定轴加工刀轨

任务 1：摆正零件，使之满足加工和编程的需要。

假设四轴转台安装在机床的右侧，摆正零件使之满足加工要求。

(1) 按 Ctrl+T 组合键，打开“移动对象”对话框，使用“坐标系到坐标系”的方法移动零件，具体设置如图 3-5 所示。

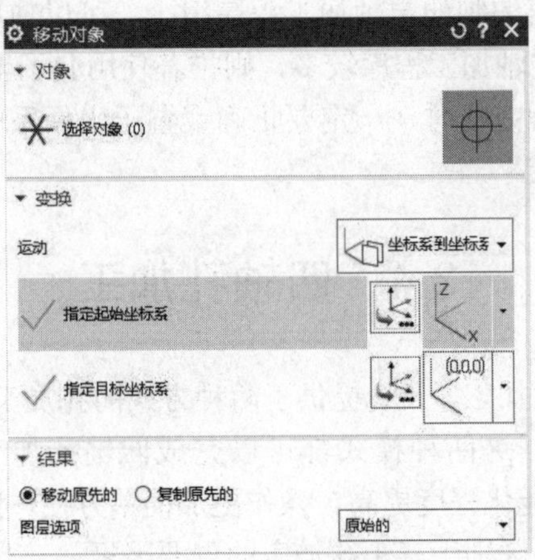

图 3-5 设置移动方法

(2) 定义一个坐标系作为起始坐标系。选取零件的左侧圆心点作为坐标系原点，选取一个面的法向作为Z轴方向，选取零件的轴线作为X轴方向，具体设置如图3-6所示。

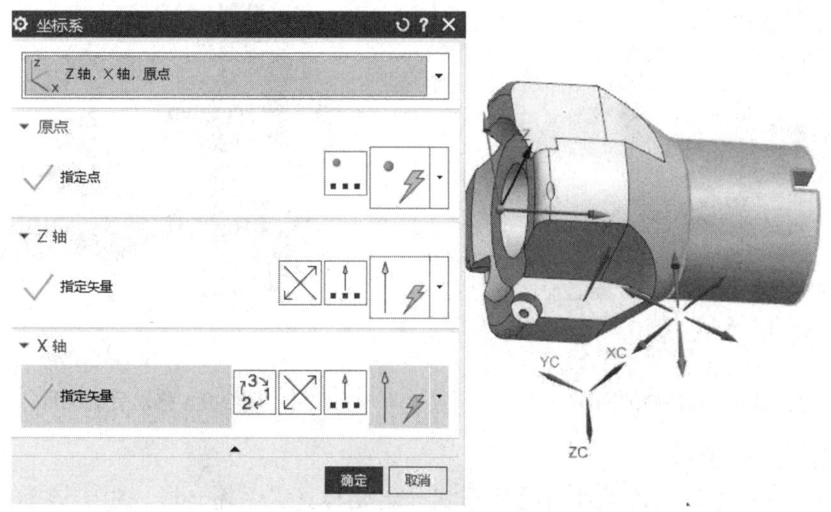

图 3-6　坐标系参数设置

(3) 选取绝对坐标系作为目标坐标系，然后选取铣刀零件作为要移动的对象，具体设置如图3-7所示。注意是移动对象，不是复制对象。

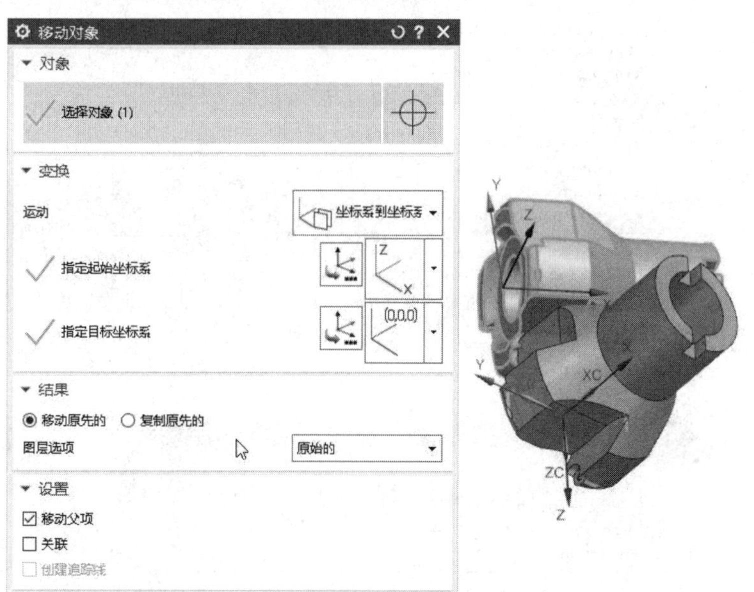

图 3-7　移动对象参数设置

这种操作方法是坐标系不动，而工件移动。移动前，WCS和工件的位置关系如图3-8所示，移动后两者的关系如图3-9所示。

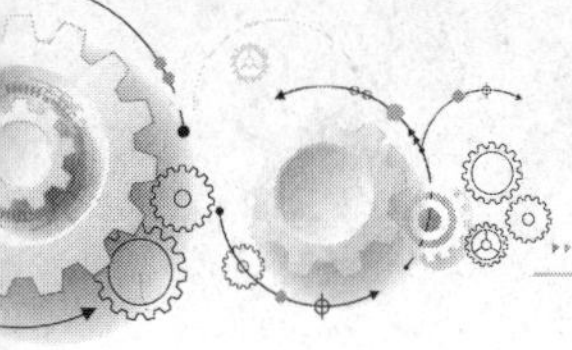

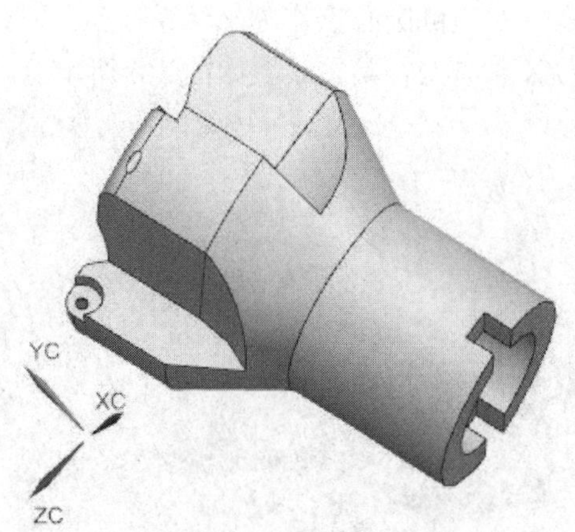

图 3-8　移动前的图形

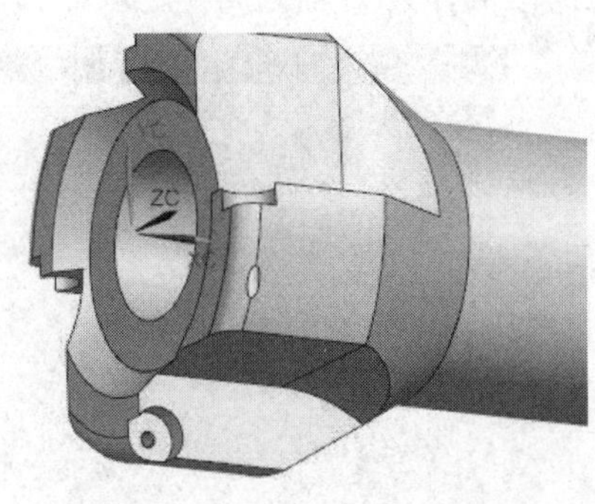

图 3-9　移动后的图形

任务 2：创建毛坯。

可以使用多种方法创建毛坯，毛坯形状一定要与真实毛坯一样。由于该零件的前一道工序是在数控车床上完成的，所以使用数控车加工模块定义毛坯最简单方便。

(1)　进入车床加工模块，具体操作如图 3-10 所示。

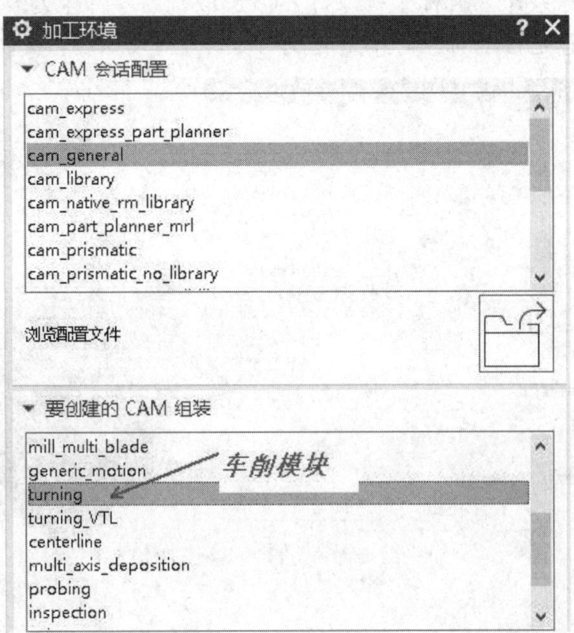

图 3-10　进入车削模块

(2)　首先设置图层为 100，放置毛坯模型，然后如图 3-11 所示依次进行操作，选取部件几何体。

(3)　创建零件的最大截面，具体操作如图 3-12 所示。

关闭 1 层，只显示 100 层内的对象。创建的最大截面如图 3-13 所示。

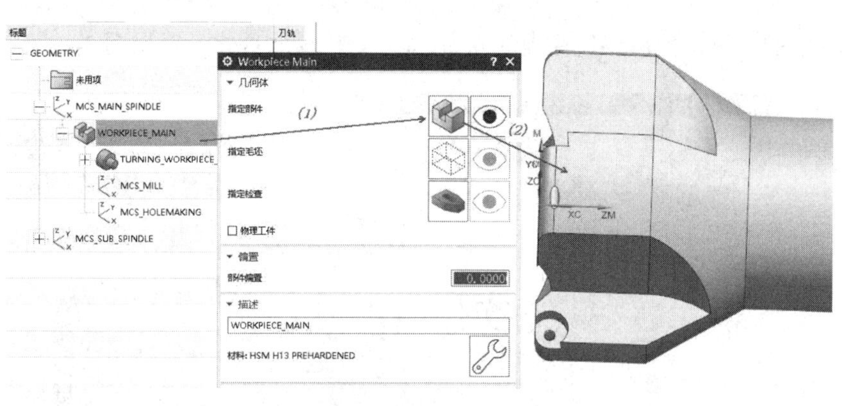

图 3-11 操作步骤说明

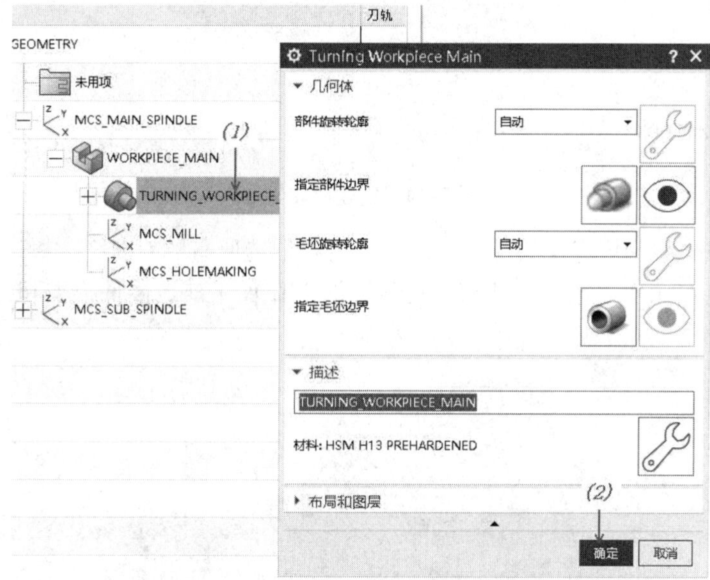

图 3-12 创建零件截面操作

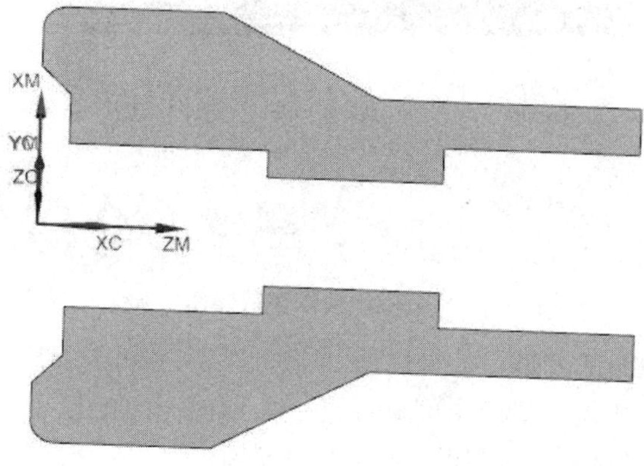

图 3-13 创建的最大截面

(4) 返回设计模型，使用旋转特征创建毛坯。选取一侧的截面轮廓作为特征截面，其

方法为选取面的边线，然后将过原点的 X 轴作为旋转轴，具体设置如图 3-14 所示。

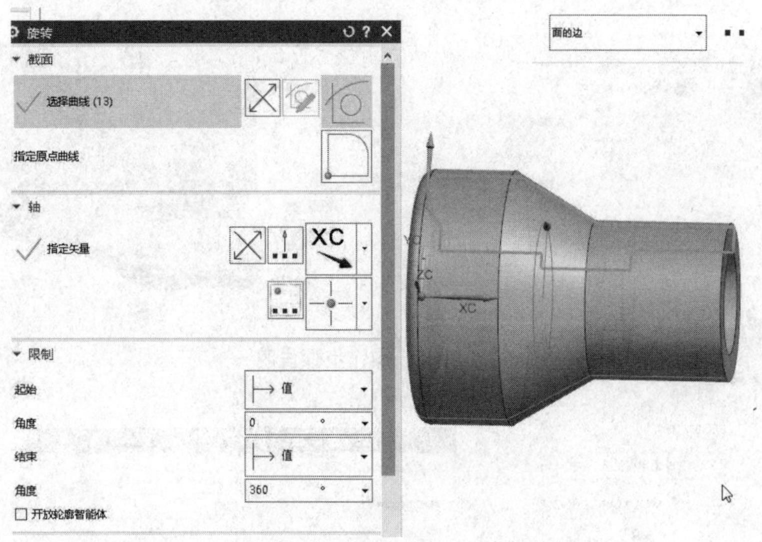

图 3-14　创建旋转毛坯

(5) 移除截面和毛坯零件的参数，注意一定要框选所有的对象，如图 3-15 所示。移除参数的目的是方便操作，提高创建加工速度。通常在加工前，零件模型和毛坯模型都需要进行移除参数操作。

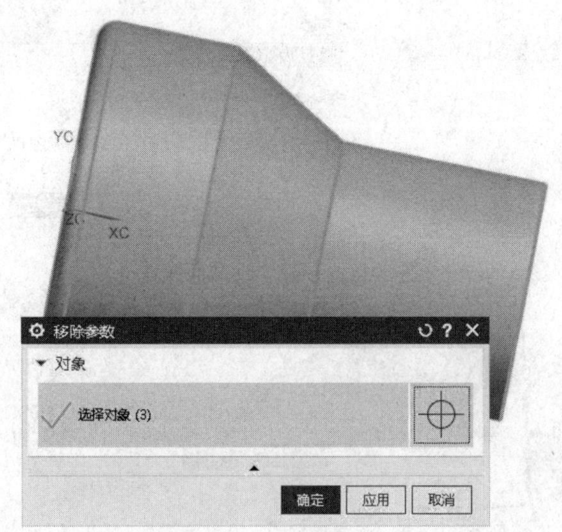

图 3-15　移除参数操作

任务 3：创建定轴加工操作。

(1) 重新进入加工模块，删除车削操作，具体操作如图 3-16 所示。

(2) 选取任何一个铣削加工模块，如图 3-17 所示。

(3) 加工前准备。设置编程坐标系与 WCS 重合，并设置毛坯和部件，再设置一把直径为 10 的铣刀。使用 3D 自适应铣削加工方法进行加工，具体设置如图 3-18 所示。

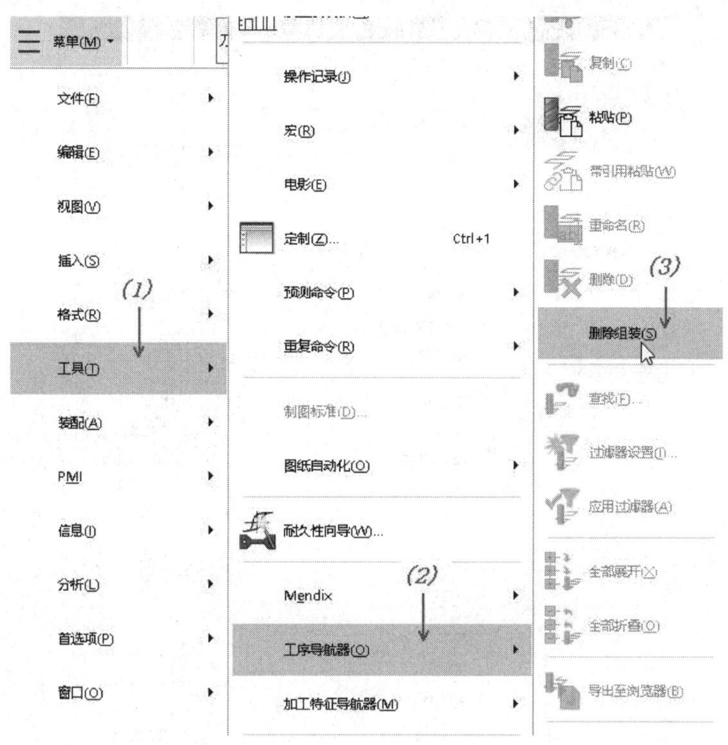

图 3-16　删除车削操作

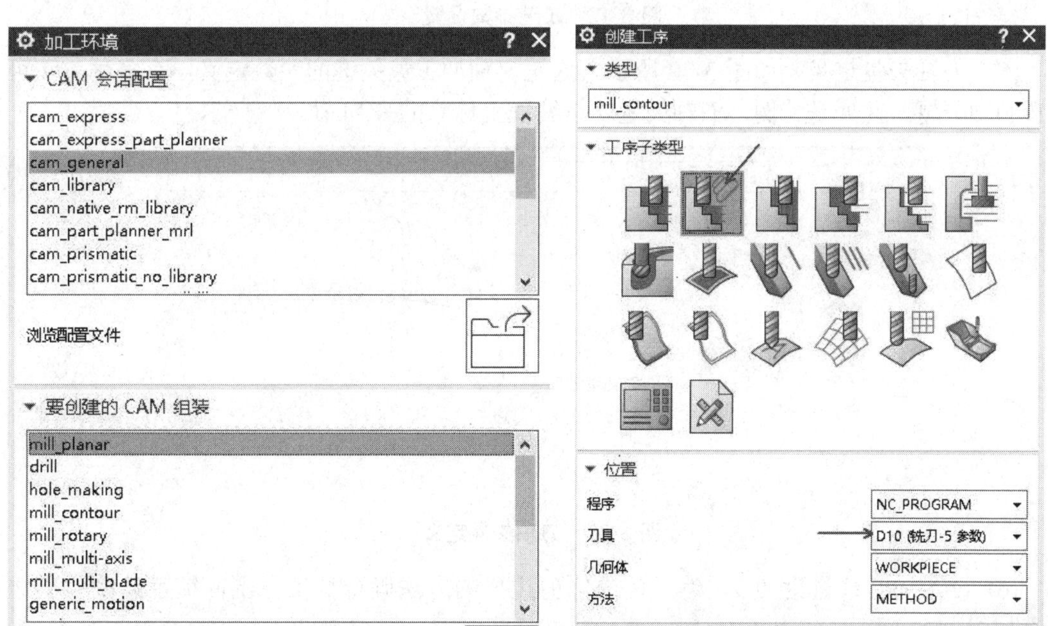

图 3-17　进入铣削模块　　　　图 3-18　3D 自适应铣削加工设置

(4) 设置加工工艺参数，尤其是对切削深度和行距的设置，如图 3-19 所示。

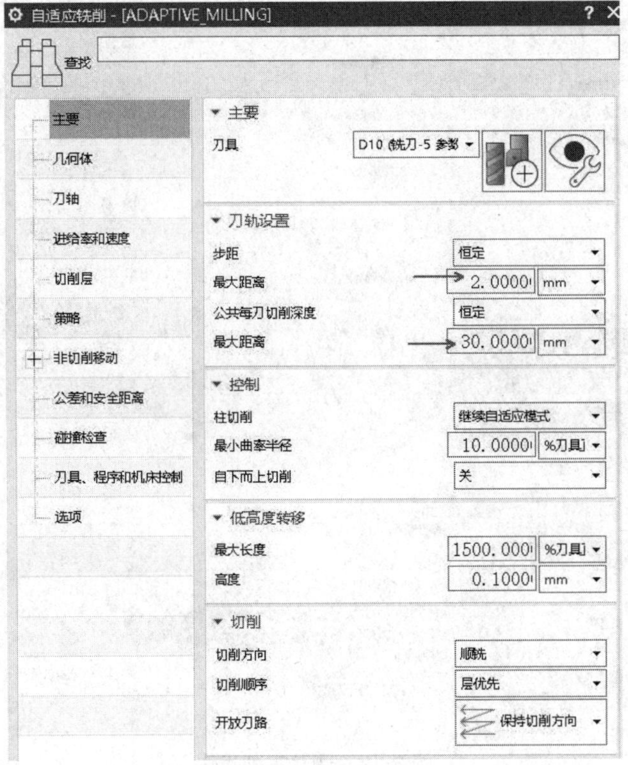

图 3-19　工艺参数设置

(5) 刀轴矢量定义，如图 3-20 所示。这是定轴加工最关键的参数定义，有多种方法可设置刀轴矢量。此处是特例，刀轴矢量就是编程坐标系的+ZM 轴。

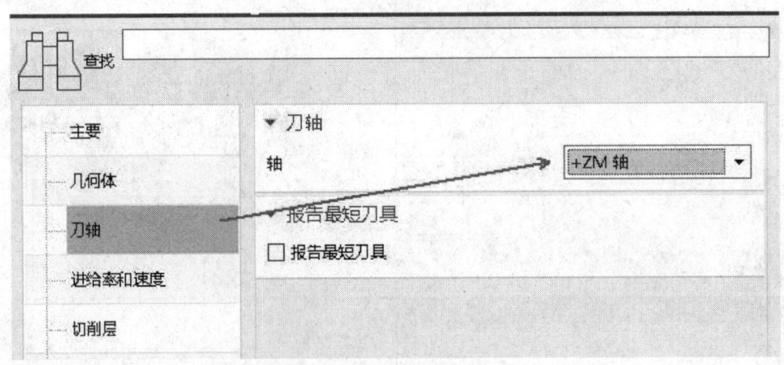

图 3-20　刀轴矢量定义

(6) 设置加工余量为 0.3，然后使用修剪边界的方法确定加工范围，徒手绘制修剪边界，如图 3-21 所示。

(7) 限定加工深度，选取零件底面作为加工深度范围，具体设置如图 3-22 所示。

(8) 设置主轴转速和走刀速度，并设置安全平面和层间转移参数，如图 3-23 所示。安全平面一定要大于零件或毛坯，为安全考虑，可设置得足够高。

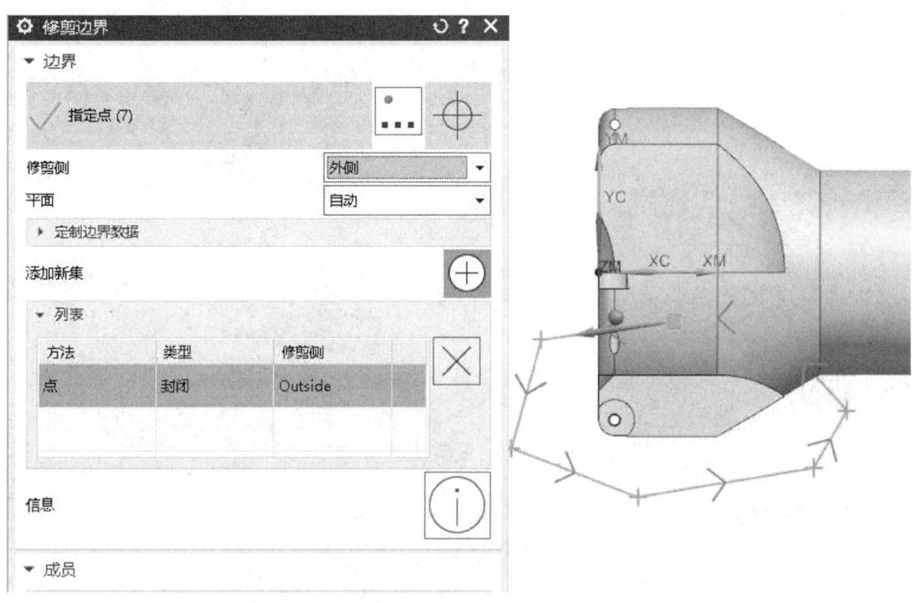

图 3-21　限定加工范围

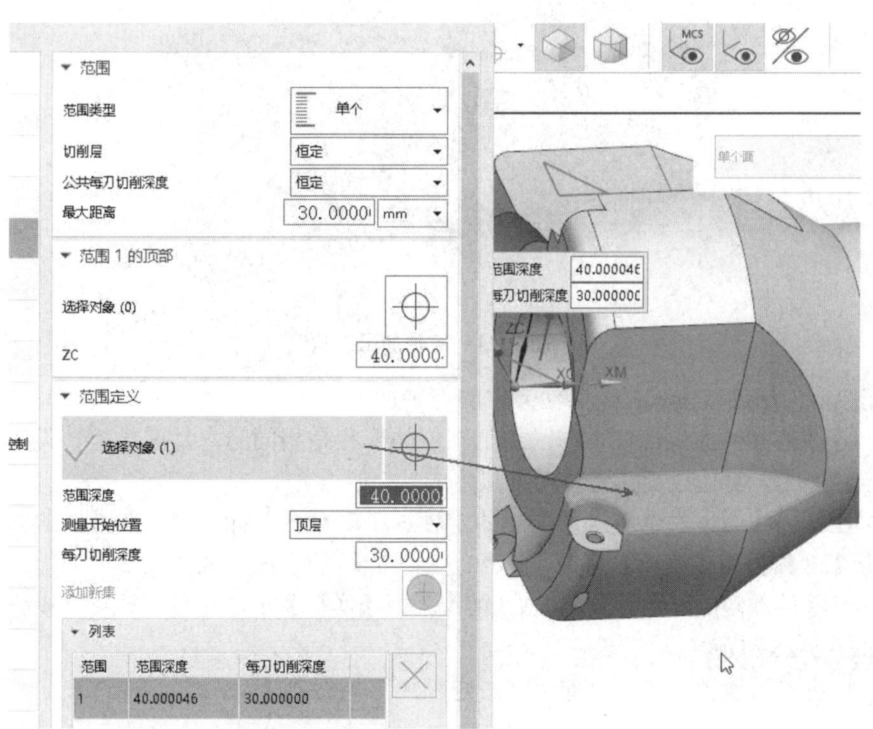

图 3-22　设置范围深度

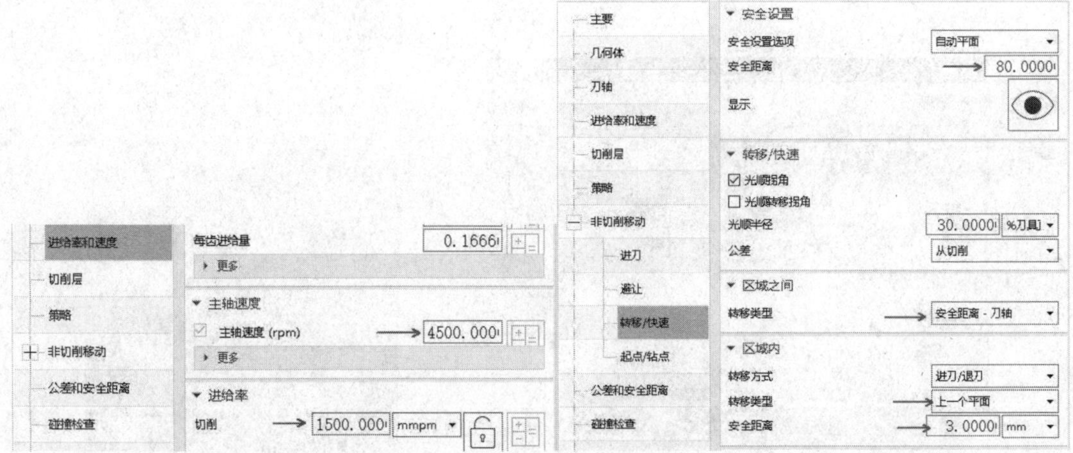

图 3-23　设置工艺参数

(9) 所有参数设置完毕后，即可完成定轴刀轨的创建，如图 3-24 所示。

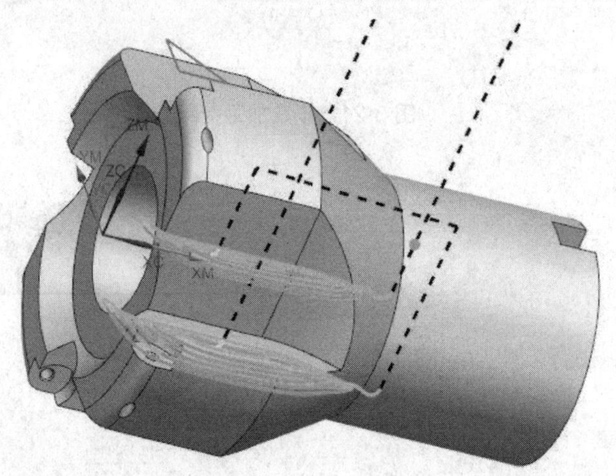

图 3-24　定轴加工刀轨

任务 4：使用旋转方式创建其他方位的定轴加工

由于零件的其他加工部位，与已加工部位的形状是相同的，且零件是轴类零件，其他部位的定轴加工，可通过旋转刀轨的方法生成。

(1) 在几何视图中，选中刚才创建的定轴加工，单击鼠标右键，在弹出的快捷菜单中依次选取【对象】和【变换】命令，使用绕直线旋转的方法生成其他部位的定轴加工。旋转轴线为过零件右侧端面圆心点的 XC 轴，采用【实例】方法进行刀轨旋转操作，具体参数设置如图 3-25 所示。

(2) 所有参数设置完毕后，即可完成定轴加工的刀轨转换，此时的加工刀轨如图 3-26 所示。

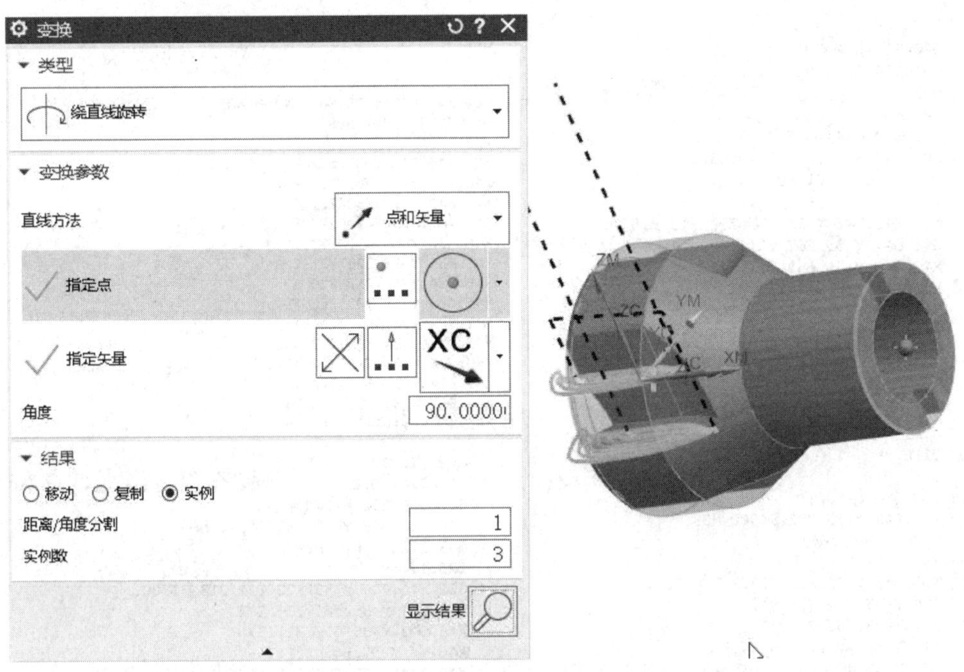

图 3-25　设置旋转刀轨变换参数

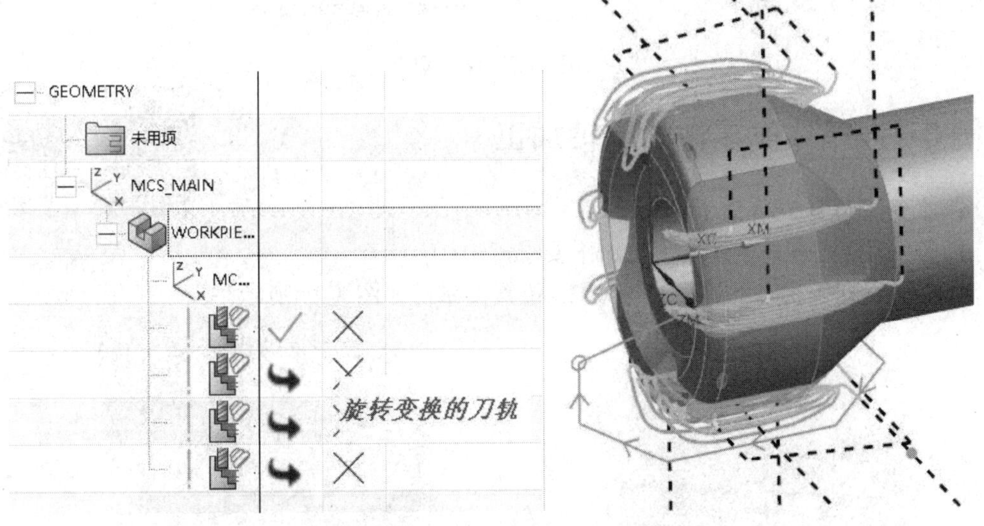

图 3-26　定轴刀轨的旋转变换

任务 5：后置处理生成 NC 程序。

选取合适的后置处理器，生成满足用户需要的 NC 程序，如图 3-27 所示。

0° 方位的定轴加工

```
%
G40 G49 G80 G90
G91 G28 Z0.0 M09
M05
T01 M06
G00 G90 G54 A0.0
G00 X46.848 Y-35.982 S4500 M03
G43 Z120.3 H01 M08
Z23.15
G01 X46.746 Y-35.872 Z22.213 F1500.
X46.644 Y-35.762 Z21.842
X46.542 Y-35.652 Z21.57
X46.44 Y-35.542 Z21.35
X46.338 Y-35.432 Z21.166
X46.236 Y-35.322 Z21.008
X46.134 Y-35.212 Z20.87
X46.032 Y-35.102 Z20.75
X45.93 Y-34.992 Z20.645
X45.828 Y-34.882 Z20.552
```

-90° 方位的定轴加工

```
G00 Z120.3
G91 G28 Z0.0
G00 G90 G54 A-90.
G00 X46.848 Y-35.982 S4500 M03
G43 Z120.3 H01 M08
Z23.15
G01 X46.746 Y-35.872 Z22.213 F1500.
X46.644 Y-35.762 Z21.842
X46.542 Y-35.652 Z21.57
X46.44 Y-35.542 Z21.35
X46.338 Y-35.432 Z21.166
X46.236 Y-35.322 Z21.008
X46.134 Y-35.212 Z20.87
X46.032 Y-35.102 Z20.75
X45.93 Y-34.992 Z20.645
X45.828 Y-34.882 Z20.552
X45.726 Y-34.772 Z20.471
X45.624 Y-34.662 Z20.4
X45.522 Y-34.552 Z20.34
X45.42 Y-34.442 Z20.288
```

-180° 方位的定轴加工

```
G00 Z120.3
G91 G28 Z0.0
G00 G90 G54 A-180
G00 X46.848 Y-35.982 S4500 M03
G43 Z120.3 H01 M08
Z23.15
G01 X46.746 Y-35.872 Z22.213 F1500.
X46.644 Y-35.762 Z21.842
X46.542 Y-35.652 Z21.57
X46.44 Y-35.542 Z21.35
X46.338 Y-35.432 Z21.166
X46.236 Y-35.322 Z21.008
X46.134 Y-35.212 Z20.87
X46.032 Y-35.102 Z20.75
X45.93 Y-34.992 Z20.645
X45.828 Y-34.882 Z20.552
X45.726 Y-34.772 Z20.471
```

-270° 方位的定轴加工

```
G00 Z120.3
G91 G28 Z0.0
G00 G90 G54 A-270.
G00 X46.848 Y-35.982 S4500 M03
G43 Z120.3 H01 M08
Z23.15
G01 X46.746 Y-35.872 Z22.213 F1500.
X46.644 Y-35.762 Z21.842
X46.542 Y-35.652 Z21.57
X46.44 Y-35.542 Z21.35
X46.338 Y-35.432 Z21.166
X46.236 Y-35.322 Z21.008
X46.134 Y-35.212 Z20.87
X46.032 Y-35.102 Z20.75
X45.93 Y-34.992 Z20.645
X45.828 Y-34.882 Z20.552
X45.726 Y-34.772 Z20.471
```

图 3-27 NC 程序

案例 3-2：箱体类零件的定轴加工

案例讲解　　案例分析

箱体零件如图 3-28 所示。

任务 1：摆正零件，使之满足加工要求。

(1) 观察默认状态下的零件与 WCS 位置关系，如图 3-29 所示。

图 3-28 箱体零件

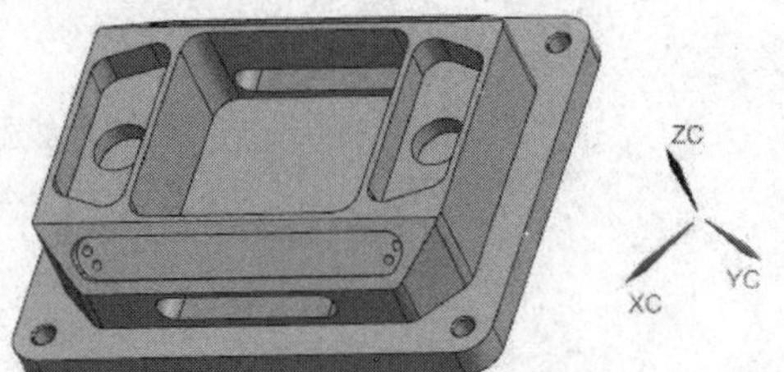

图 3-29 默认的零件与 WCS 位置关系

(2) 使用从坐标系到坐标系的方法移动图形，指定起始坐标系，使用【X 轴、Z 轴、原点】方式，原点为两点之间线段的中点，如图 3-30 所示。

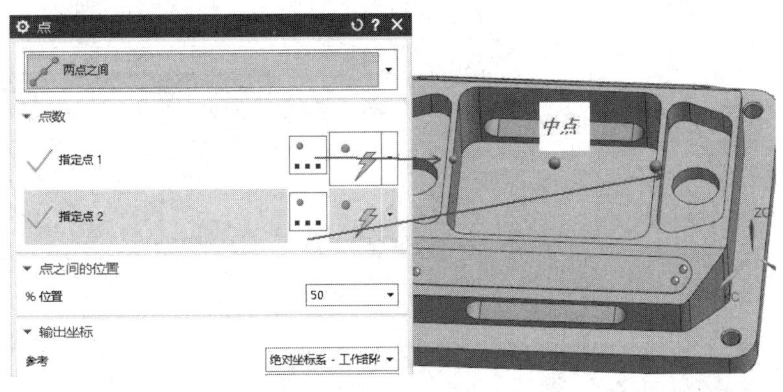

图 3-30　原点的指定方法

Z 轴为零件定面的法向，X 轴参照零件的一条边线，具体操作如图 3-31 所示。

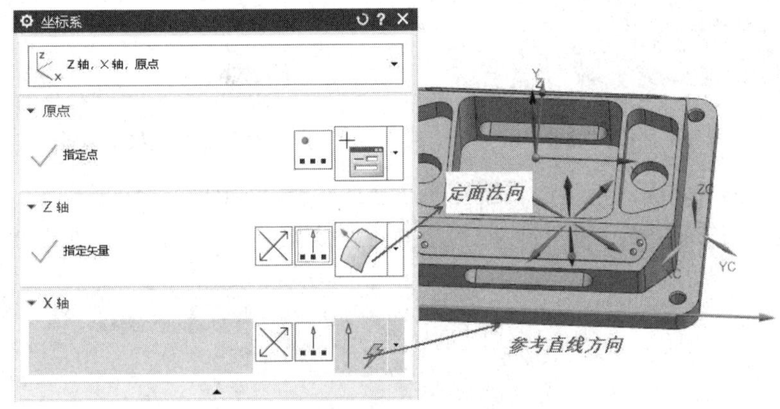

图 3-31　Z 轴、X 轴的指定方法

目的坐标系为 NX 的绝对坐标系，选取部件进行移动操作，完成的图形如图 3-32 所示，此时的 WCS 位于零件顶面中心。

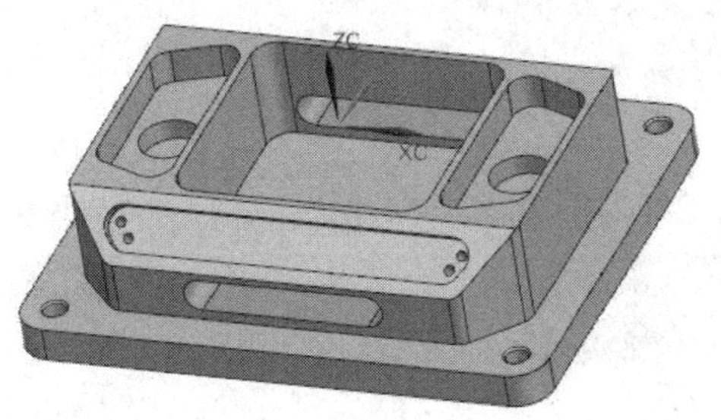

图 3-32　移动后的图形与 WCS 位置关系

任务 2：使用直接定义刀轴矢量的方法创建定轴加工。

(1) 进入加工模块，定义编程坐标系与 WCS 重合，设置零件模型和毛坯模型，毛坯模型使用包容块方式，设置完毕后的图形如图 3-33 所示。

(2) 定义一把直径为 12 的铣刀，然后在 WORKPIECE 下创建第一个定轴加工刀轨。这是一个传统的三轴加工刀轨，刀轴矢量为+ZM 轴，加工方法选用底壁铣，具体设置如

图 3-34 所示。

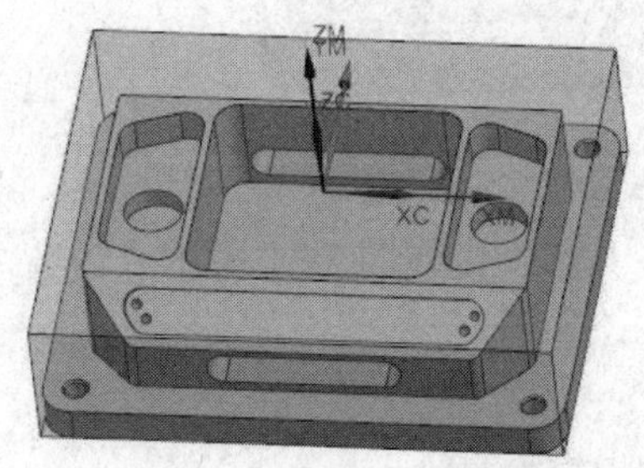
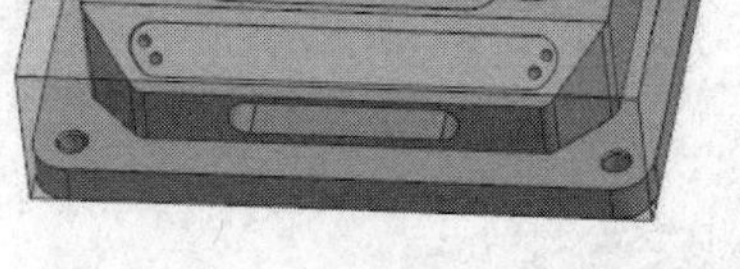

图 3-33　零件模型和毛坯模型设置

图 3-34　底壁铣加工设置

(3)　指定切削区定面，直接选取零件的凸台外底面，如图 3-35 所示。

(4)　设置走刀方式为跟随部件，然后设置毛坯底面厚度、步距和切削深度参数。具体参数设置如图 3-36 所示。

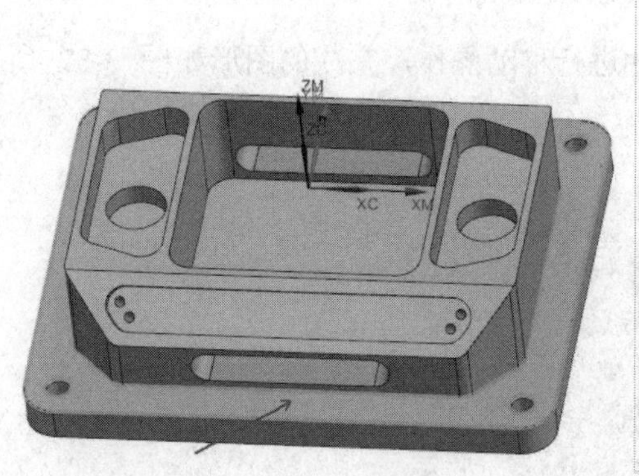

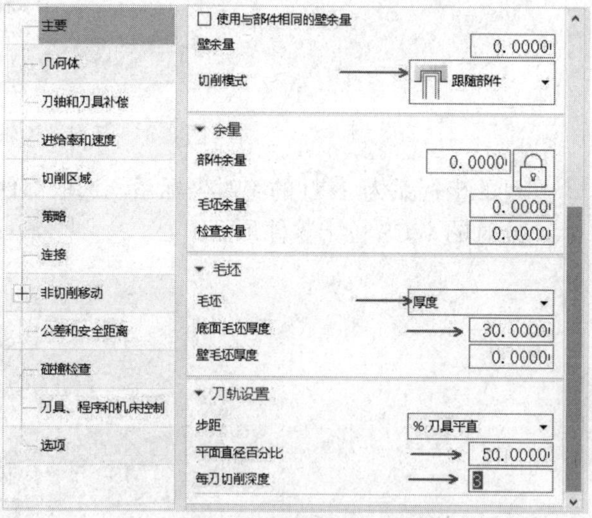

图 3-35　指定底壁铣的底面

图 3-36　设置加工工艺参数

(5)　进一步定义加工范围，使用修剪边界方式，删除凸台边界以内的刀轨，只加工外侧材料，具体操作如图 3-37 所示。

(6)　设置刀轴矢量为+ZM 轴，如图 3-38 所示。

(7)　设置主轴转速和进给速度，如图 3-39 所示。

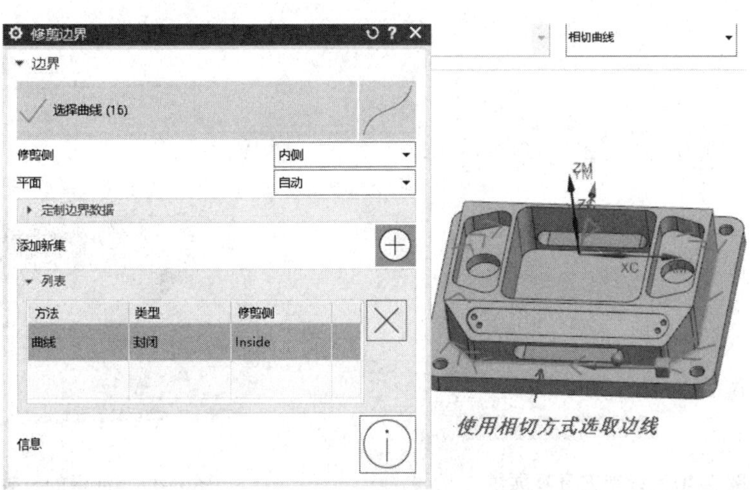

图 3-37　定义修剪范围

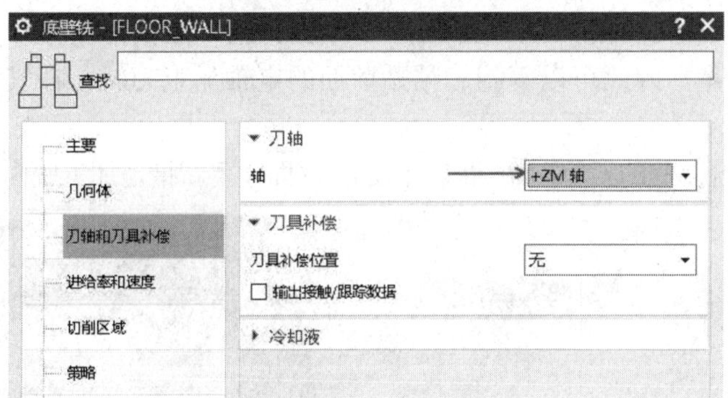

图 3-38　设置刀轴矢量

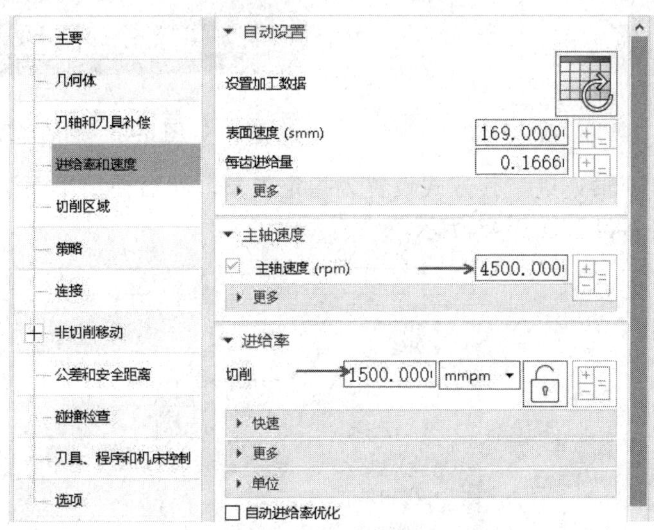

图 3-39　设置主轴转速和进给速度

(8) 设置刀具延展量，如图 3-40 所示。

(9) 设置进刀方式为线性，再设置其他的层间抬刀参数，完成整个刀轨的创建，如

图 3-41 所示。

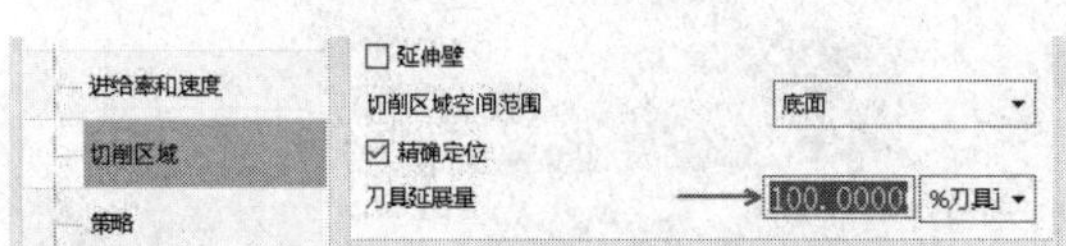

图 3-40　设置刀具延展量

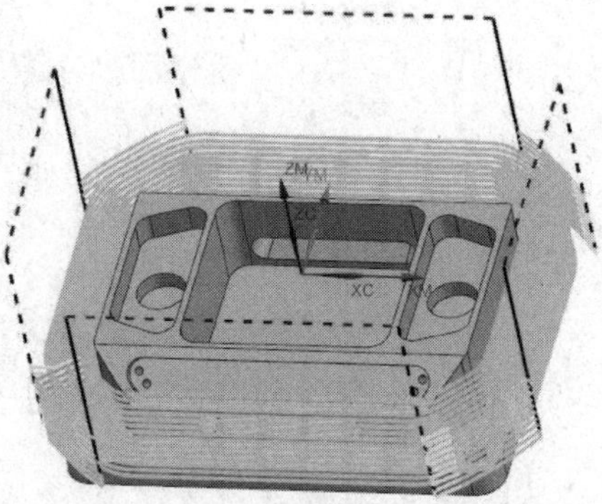

图 3-41　创建的三轴刀轨

任务 3：创建第 2 个定轴加工刀轨。

(1) 继续使用底壁铣的加工方法加工第 2 个面。基本操作与任务 2 相同，不同之处是加工底面和刀轴矢量，因此可以复制、粘贴前面的定轴加工刀轨，在其基础上进行修改，如图 3-42 所示。

(2) 双击，打开复制的刀轨，删除原来的加工底面，重新指定加工底面，如图 3-43 所示。

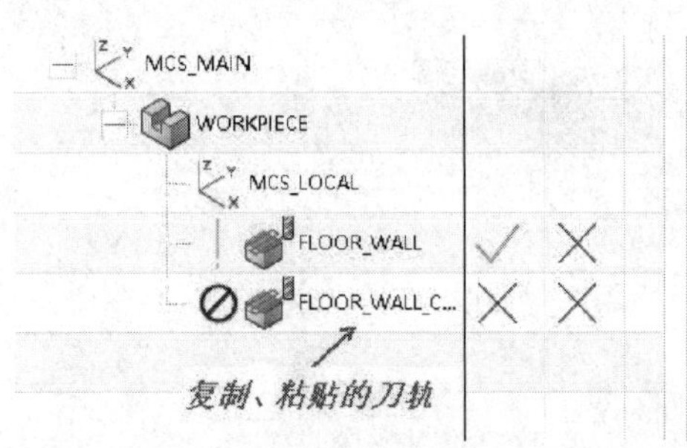

图 3-42　复制、粘贴刀轨

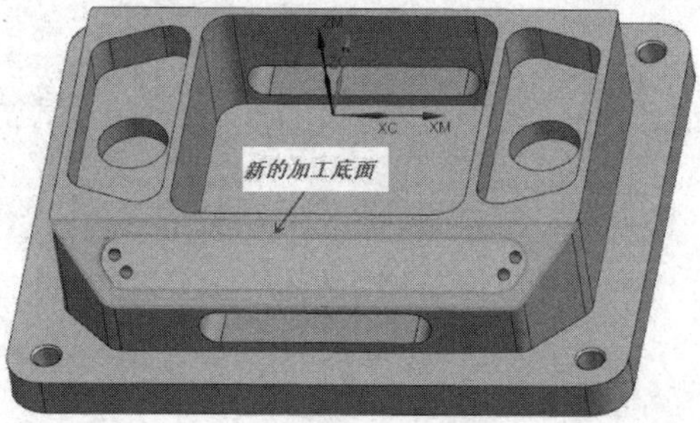

图 3-43　新的加工底面

(3) 重新定义刀轴矢量，其方式设置为指定矢量，然后使用平面法向的方法指定刀轴，具体操作如图 3-44 和图 3-45 所示。

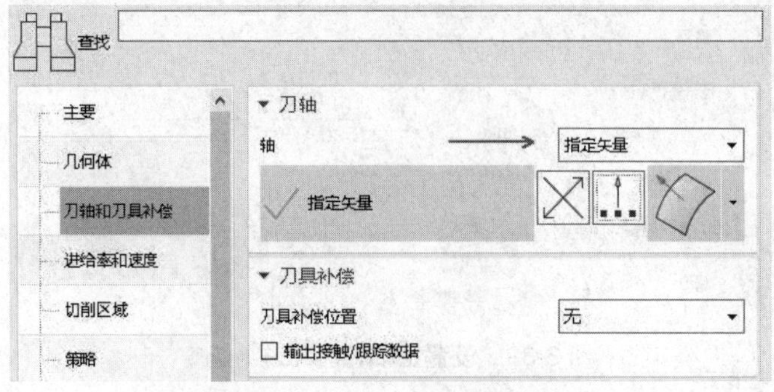

图 3-44　设置刀轴矢量的方法

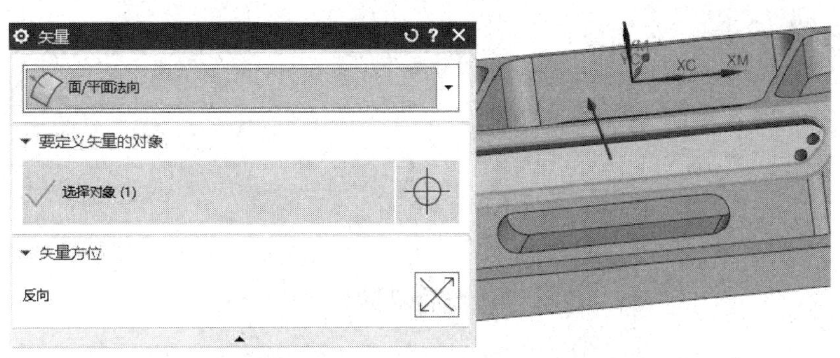

图 3-45 设置刀轴矢量为平面法向

(4) 定义加工区域，移除前面定义的修剪边界，并设置毛坯为毛坯几何体，如图 3-46 所示。

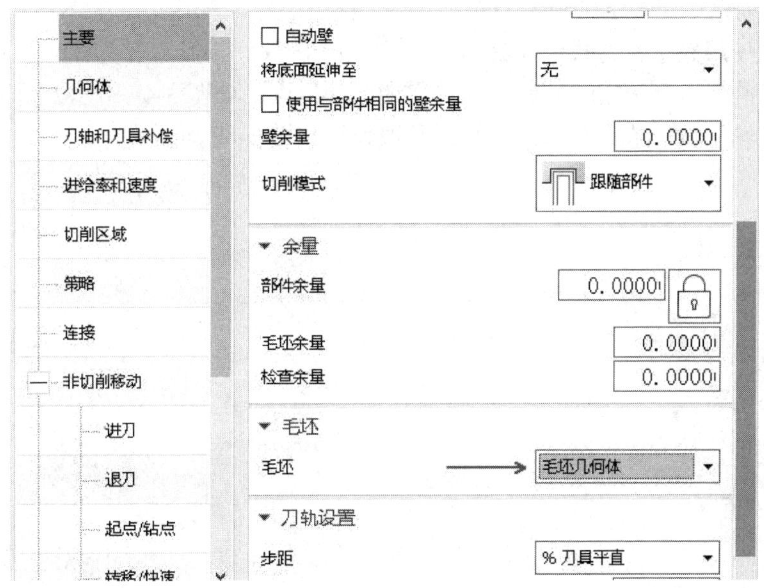

图 3-46 定义加工区域

(5) 重新定义安全平面，定义加工底面的平行面，距离要足够大，具体设置如图 3-47 所示。

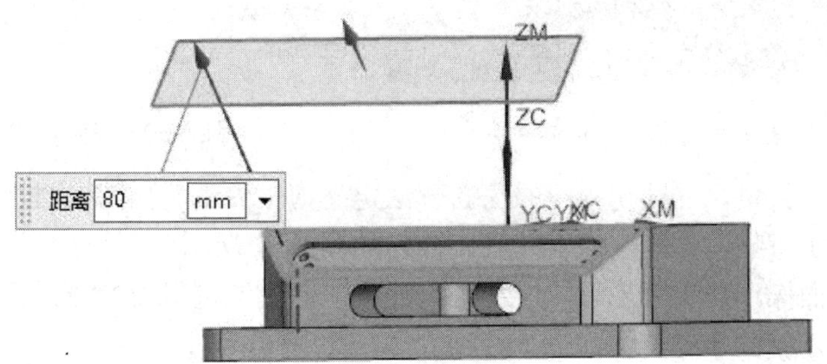

图 3-47 定义安全平面

(6) 其他参数不变，完成第 2 个定轴加工的创建，其刀轨如图 3-48 所示。

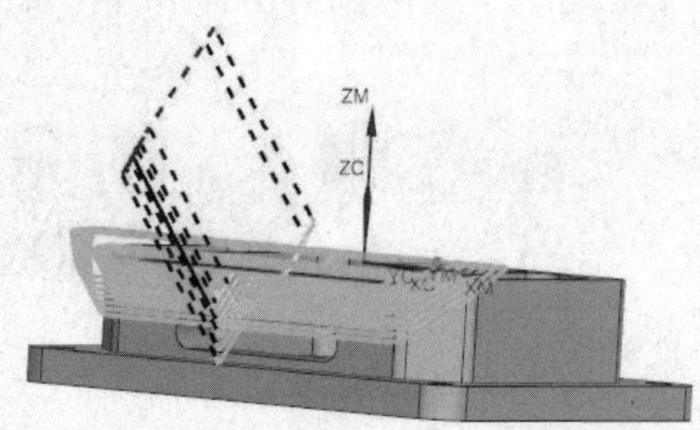

图 3-48 第 2 个定轴加工刀轨

任务 4：创建第 3 个定轴加工刀轨。

(1) 继续使用底壁铣方式创建第 3 个定轴加工刀轨，刀具直径为 8mm 的铣刀，指定加工对象为壁几何体，使用相切面方式选取通槽的侧面，如图 3-49 所示。

(2) 使用轮廓铣方式进行加工，具体参数设置如图 3-50 所示。

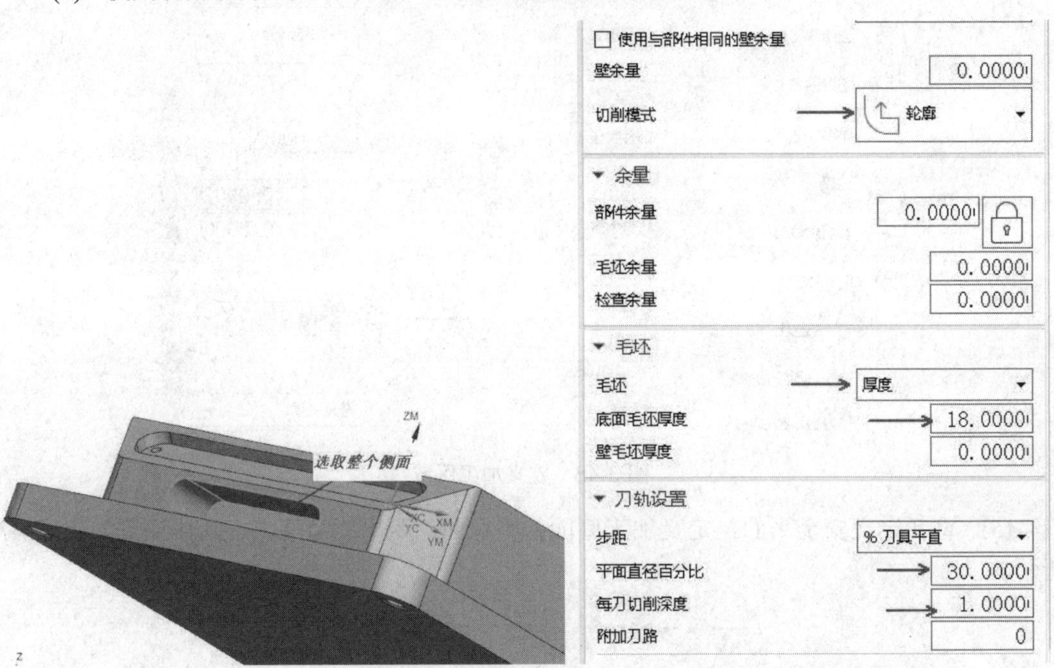

图 3-49 指定侧面为壁几何体　　　　图 3-50 设置加工参数

(3) 定义刀轴矢量，继续使用面的法向方法定义刀轴矢量，如图 3-51 所示。

(4) 设置加工策略为按深度倾斜，具体操作如图 3-52 所示。

(5) 如同前面操作，设置主轴转速和进给速度，并设置进退刀参数，完成第 3 个定轴加工刀轨的创建，如图 3-53 所示。

此时的程序结构如图 3-54 所示，都在 WORKPIECE 节点下，使用同一个编程坐标系。

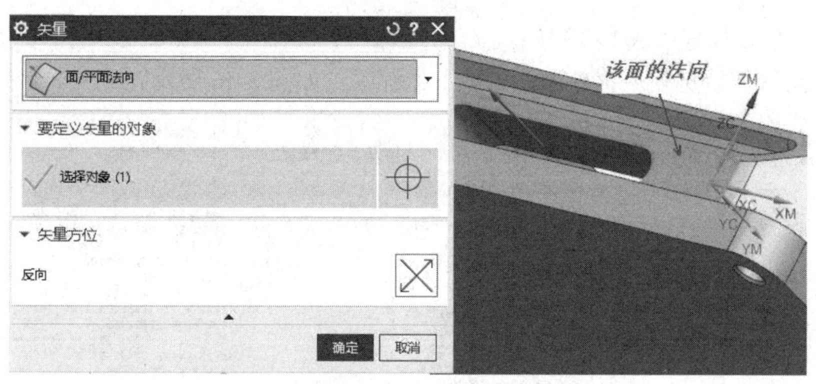

图 3-51 定义刀轴矢量

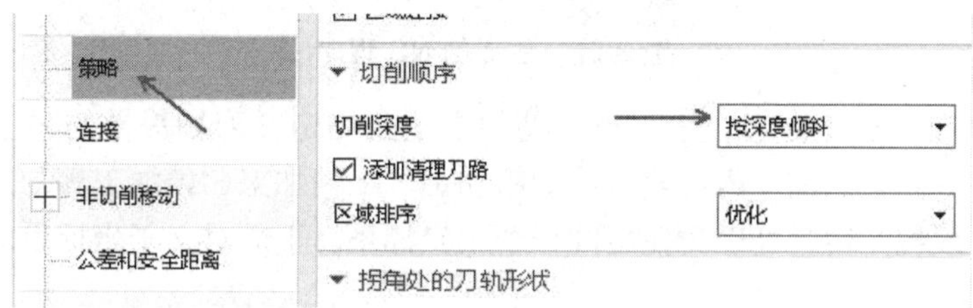

图 3-52 设置加工策略

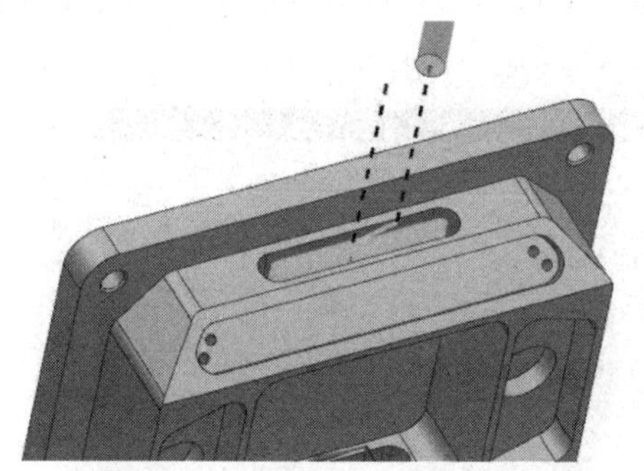

图 3-53 第 3 个定轴加工刀轨

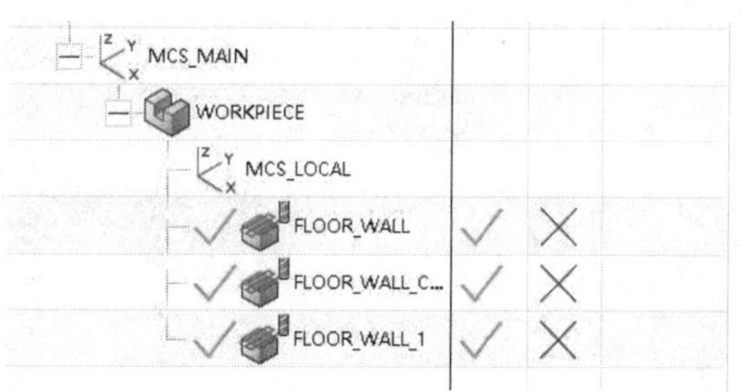

图 3-54 程序结构

任务 5：加工仿真。

对前面的三个定轴加工刀轨进行加工仿真，结果如图 3-55 所示。

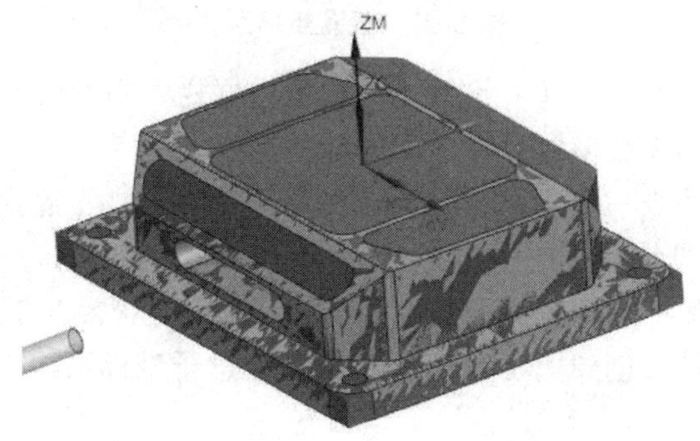

图 3-55 加工仿真结果

任务 6：后置处理生成 NC 程序。

将三个定轴刀轨进行后置处理，生成 NC 程序，如图 3-56 所示。

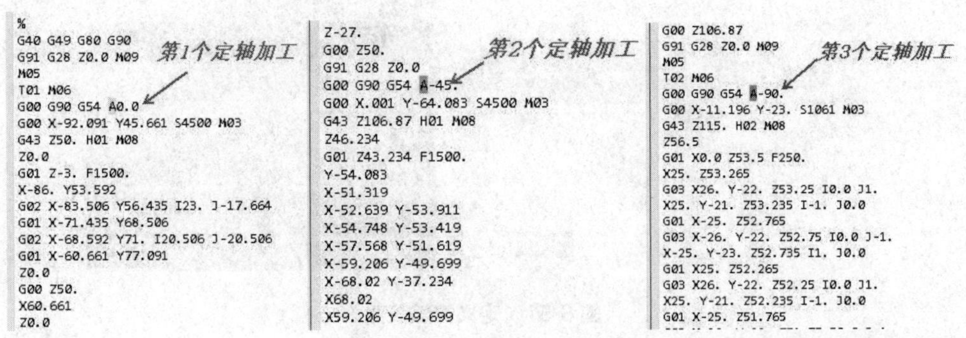

```
%
G40 G49 G80 G90
G91 G28 Z0.0 M09
M05
T01 M06
G00 G90 G54 A0.0
G00 X-92.091 Y45.661 S4500 M03
G43 Z50. H01 M08
Z0.0
G01 Z-3. F1500.
X-86. Y53.592
G02 X-83.506 Y56.435 I23. J-17.664
G01 X-71.435 Y68.506
G02 X-68.592 Y71. I20.506 J-20.506
G01 X-60.661 Y77.091
Z0.0
G00 Z50.
X60.661
Z0.0
```

```
Z-27.
G00 Z50.
G91 G28 Z0.0
G00 G90 G54 A-45.
G00 X.001 Y-64.083 S4500 M03
G43 Z106.87 H01 M08
Z46.234
G01 Z43.234 F1500.
Y-54.083
X-51.319
X-52.639 Y-53.911
X-54.748 Y-53.419
X-57.568 Y-51.619
X-59.206 Y-49.699
X-68.02 Y-37.234
X68.02
X59.206 Y-49.699
```

```
G00 Z106.87
G91 G28 Z0.0 M09
M05
T02 M06
G00 G90 G54 A-90.
G00 X-11.196 Y-23. S1061 M03
G43 Z115. H02 M08
Z56.5
G01 X0.0 Z53.5 F250.
X25. Z53.265
G03 X26. Y-22. Z53.25 I0.0 J1.
X25. Y-21. Z53.235 I-1. J0.0
G01 X-25. Z52.765
G03 X-26. Y-22. Z52.75 I0.0 J-1.
X-25. Y-23. Z52.735 I1. J0.0
G01 X25. Z52.265
G03 X26. Y-22. Z52.25 I0.0 J1.
X25. Y-21. Z52.235 I-1. J0.0
G01 X-25. Z51.765
```


图 3-56　生成的 NC 程序

如果每个方向的加工内容较少，可以使用上述直接定义刀轴矢量的方法创建定轴加工工序。如果一个方向上的加工内容较多，如粗加工、半精加工、精加工等，最好使用父子坐标系的方法进行编程，后置处理时使用同一个主坐标系。下面对父子坐标系的编程方法进行讲解。

任务 7：定义主坐标系。

(1) 设置编程坐标系与 WCS 重合，并在【细节】选项组中设置【用途】为【主要】。具体操作如图 3-57 所示。

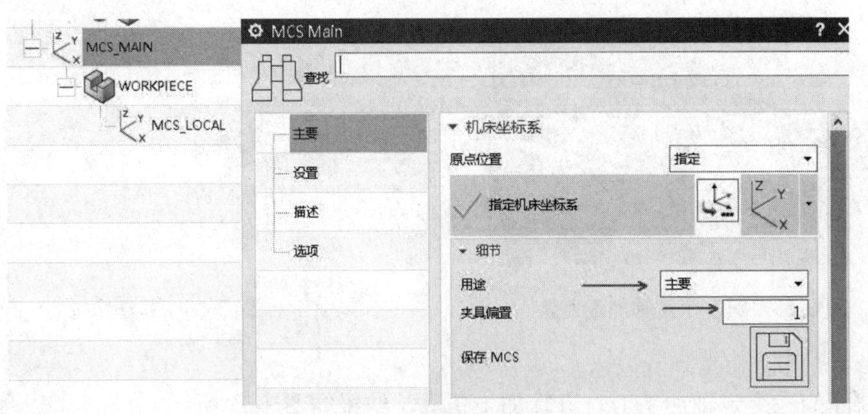

图 3-57　设置坐标系

(2) 设置第 1 个子坐标系。首先设置【细节】卷展栏中的参数，如图 3-58 所示。夹具偏置一定要与主坐标系的夹具偏置一样，此处都是 1。

设置子坐标系，其原点与主坐标系的原点相同，Z 轴为加工底面的法向，X 轴与主坐标系的 X 轴方向一致，具体操作如图 3-59 所示。

定义第 1 个子坐标系下的安全平面，距离加工底面的距离要足够大，如图 3-60 所示。

(3) 使用相同的方法，创建第 2 个子坐标系，注意子坐标系的 Z 轴为加工面的法向，具体操作如图 3-61 所示。

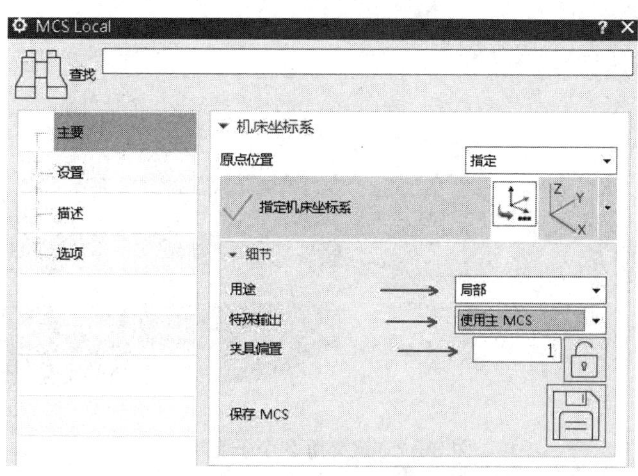

图 3-58 设置子坐标系参数

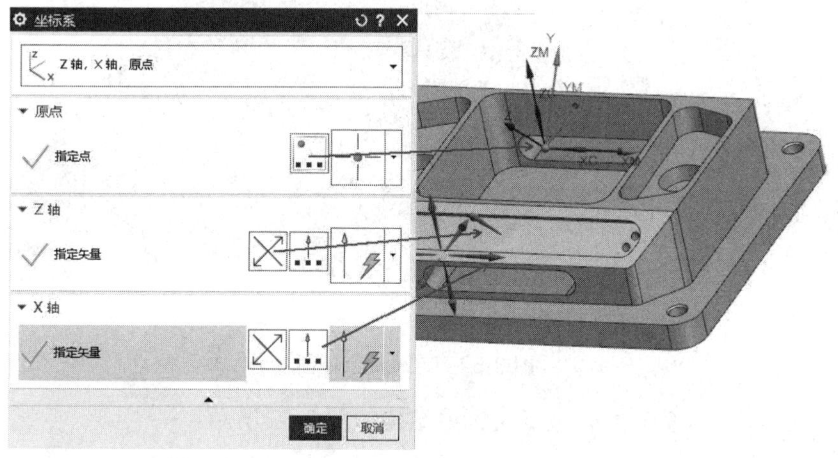

图 3-59 设置子坐标系

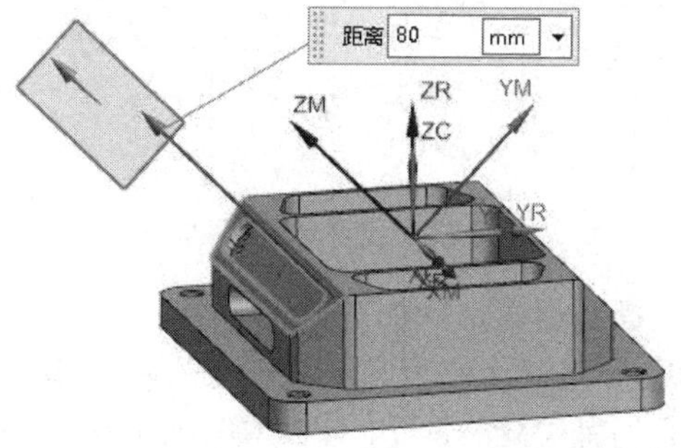

图 3-60 定义安全平面

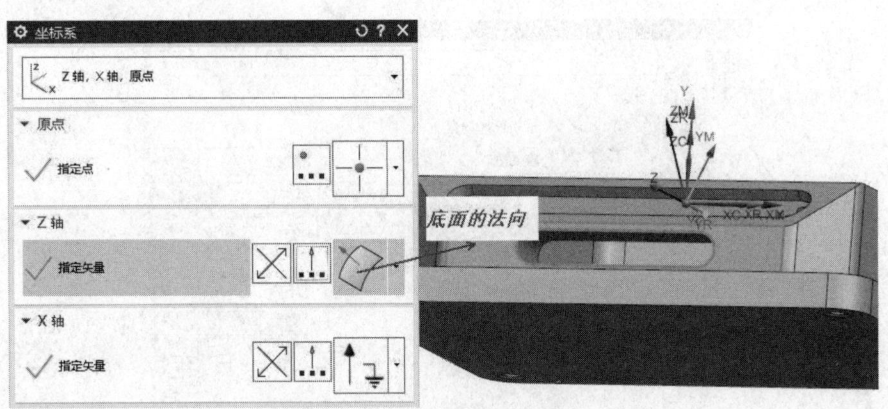

图 3-61　定义第 2 个子坐标系

第 2 个子坐标系下的安全平面定义如图 3-62 所示，同样要使其安全距离足够大。

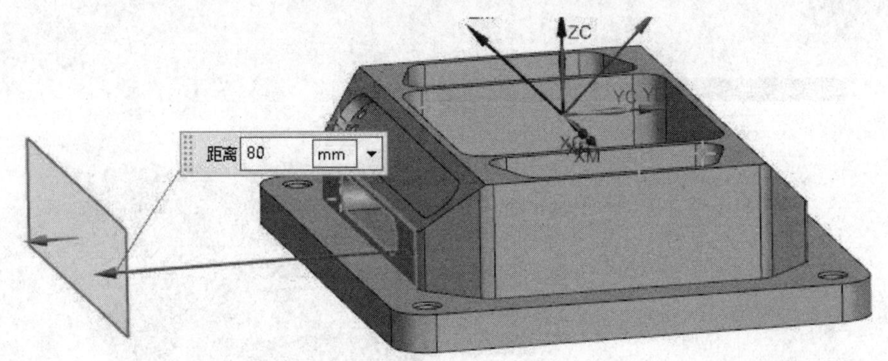

图 3-62　定义安全平面

两个子坐标系定义完毕后，父子坐标系结构如图 3-63 所示。

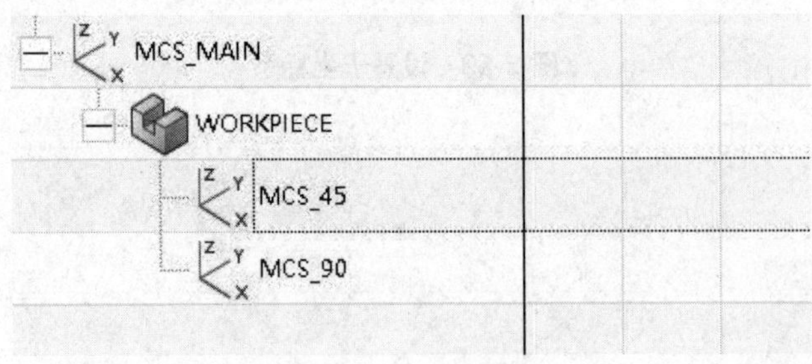

图 3-63　父子坐标系结构

任务 8：在第一个子坐标系创建定轴加工操作。

(1)　在第一个子坐标系下，继续使用底壁铣加工方法创建定轴加工。其操作方法与前文介绍的类似，主要差异是刀轴矢量的定义，此时需要设置为子坐标系的+ZM 轴，具体操作如图 3-64 所示。

(2)　同理，在第 2 个子坐标系创建定轴加工，刀轴矢量设置为子坐标系的+ZM 轴。

(3)　所有定轴加工完毕后，其程序结构如图 3-65 所示。

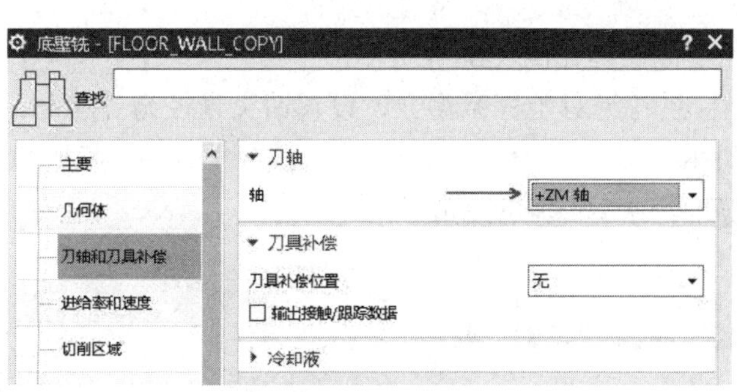

图 3-64　刀轴矢量定义

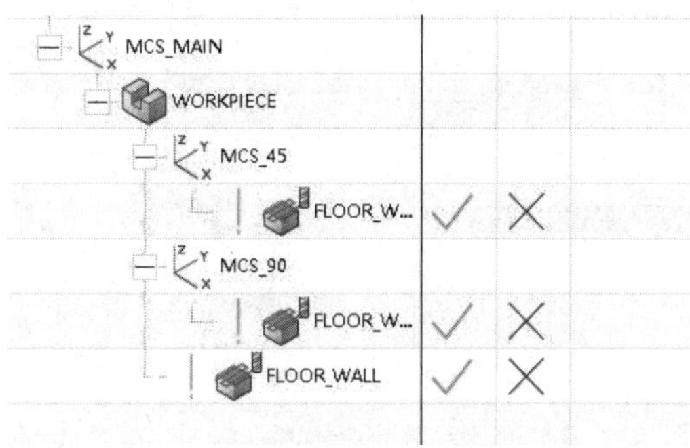

图 3-65　父子坐标系下的程序结构

(4) 对加工进行仿真和后置处理，方法与直接指定刀轴矢量的方法相同。

父子结构的编程方法类似五轴加工的高级定轴加工指令，如 FANUC 系统的 G68.2 指令，对于复杂零件的定轴加工，推荐使用此方法。

案例 3-3：四轴孔加工

案例讲解

案例分析

四轴孔加工零件如图 3-66 所示。

任务 1：使用 drill 方法进行四轴孔加工。

(1) 使用从坐标系到坐标系的方法，移动图形，使其左侧圆心与绝对坐标系原点重合，X 轴与圆柱轴线重合。移动后的图形如图 3-67 所示。

图 3-66　四轴孔加工零件

图 3-67　坐标系位置

(2) 进入 drill 加工模块，如图 3-68 所示。

(3) 设置编程坐标系与绝对坐标系重合，设置钻头直径为 7.3mm，使用钻孔方式进行孔加工，如图 3-69 所示。

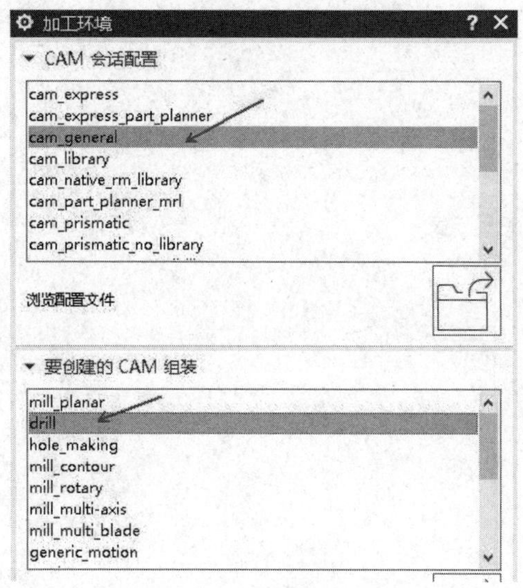

图 3-68　drill 加工模块设置

图 3-69　设置钻孔操作

(4) 设置加工孔几何体。其方法为：单击【指定孔】图标，在弹出的【点到点几何体】对话框中单击【选择】按钮，在弹出的对话框中单击【面上的所有孔】按钮，设置孔直径过滤：最大直径为 7.31，最小直径为 7.29，然后选取圆弧面，如图 3-70 所示。

图 3-70　选择孔几何体

(5) 设置刀轴矢量，如图 3-71 所示。

(6) 设置孔加工方式为标准钻，孔深度为模型深度，退刀方式为自动，如图 3-72 所示。

图 3-71　设置刀轴矢量

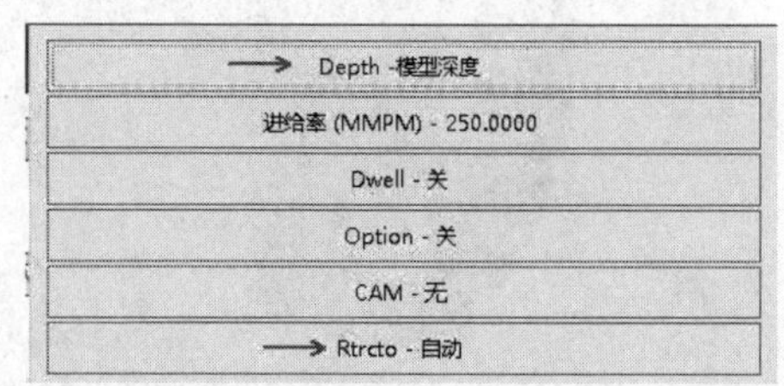

图 3-72　设置孔加工工艺参数

(7) 设置孔加工固定循环中的 R 平面，如图 3-73 所示。

(8) 设置主轴转速和进给速度，如图 3-74 所示。

(9) 所有参数设置完毕后，计算孔加工刀轨，如图 3-75 所示。

图 3-73 设置 R 平面

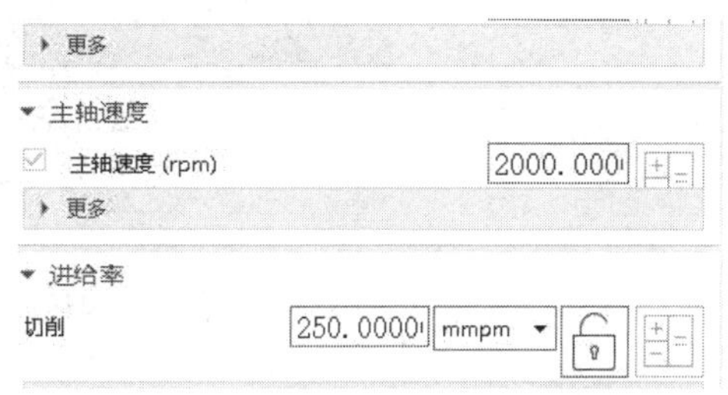

图 3-74 设置主轴转速和进给速度

图 3-75 四轴孔加工刀轨

孔加工的安全高度与 R 平面高度重合，为了加工安全考虑，应定义一个较高的安全高度。

任务 2：定义 drill 加工中的安全高度。

(1) 单击【指定孔】图标，设置其中的【避让】参数。首先优化孔的加工顺序，依次单击【优化】和【最短路径】按钮，优化孔的加工顺序如图 3-76 所示。

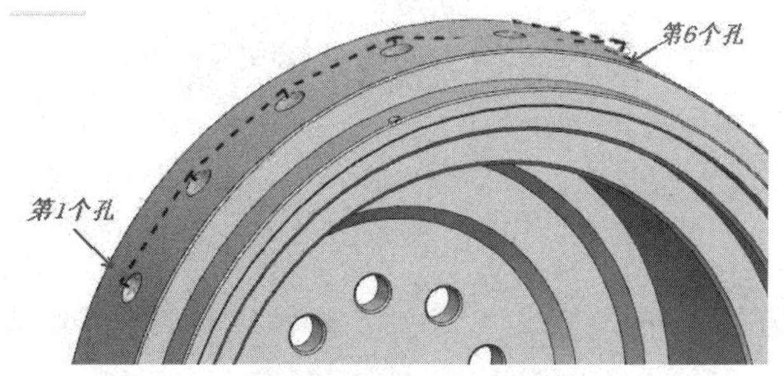

图 3-76 优化孔的加工顺序

单击【避让】按钮，按要求依次选择起点和终点，即第 1 个孔和最后 1 个孔，选取完毕后，设置【距离】为 30，如图 3-77 所示。

设置完毕后，重新计算孔加工刀轨，如图 3-78 所示。

进行加工仿真，可以发现第 1 个孔加工的安全高度不起作用，仍然与 R 平面高度重合，如图 3-79 所示。

图 3-77　避让距离设置

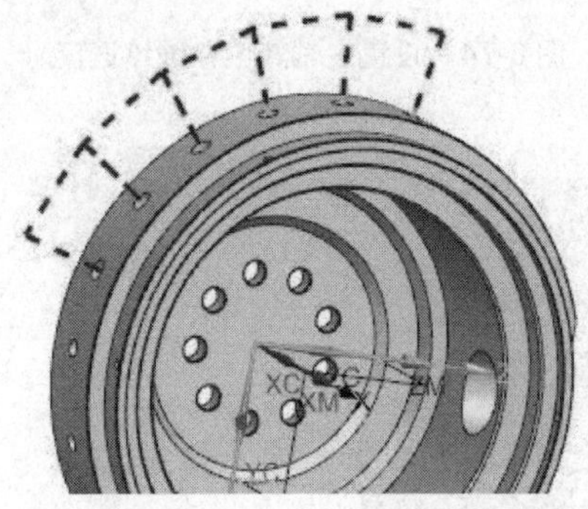

图 3-78　具有避让高度的孔加工

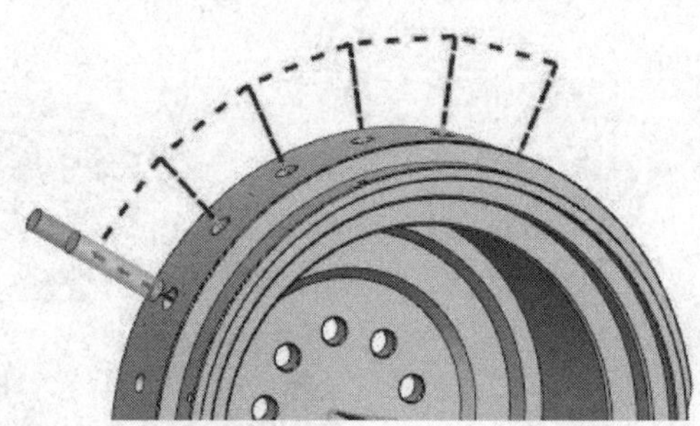

图 3-79　第 1 个孔的安全高度

对孔加工操作进行后置处理，得到的 NC 程序如图 3-80 所示。可见，第 1 个孔的高度确实与 R 平面重合。

(2) 第 1 个孔要单独定义起始点。首先创建辅助轴线，具体操作如图 3-81 所示。

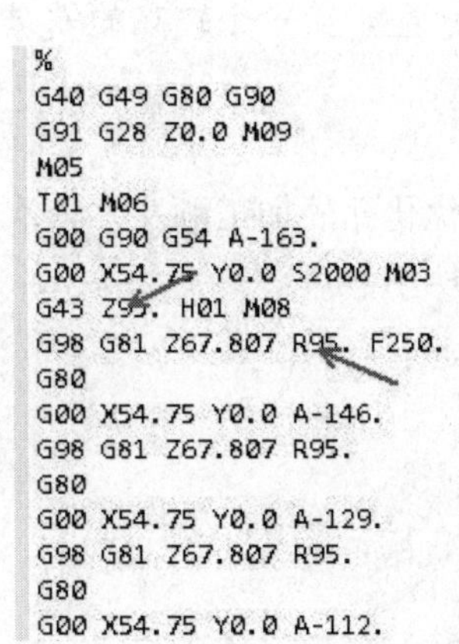

```
%
G40 G49 G80 G90
G91 G28 Z0.0 M09
M05
T01 M06
G00 G90 G54 A-163.
G00 X54.75 Y0.0 S2000 M03
G43 Z95. H01 M08
G98 G81 Z67.807 R95. F250.
G80
G00 X54.75 Y0.0 A-146.
G98 G81 Z67.807 R95.
G80
G00 X54.75 Y0.0 A-129.
G98 G81 Z67.807 R95.
G80
G00 X54.75 Y0.0 A-112.
```

图 3-80　NC 程序

图 3-81　辅助轴线操作

编辑孔加工操作，单击【避让】按钮，定义【From 点】参数，如图 3-82 所示。

首先指定刀轴，选取前面创建的辅助轴线，注意箭头方向向外，如图 3-83 所示。

单击【指定】按钮，指定第 1 个孔的起始点，即安全高度位置，其方法是：定义一个沿参考矢量方向的偏置点，方向矢量为创建的辅助轴线，参考点为辅助轴线的上端点，偏置距离为 30，如图 3-84 所示。

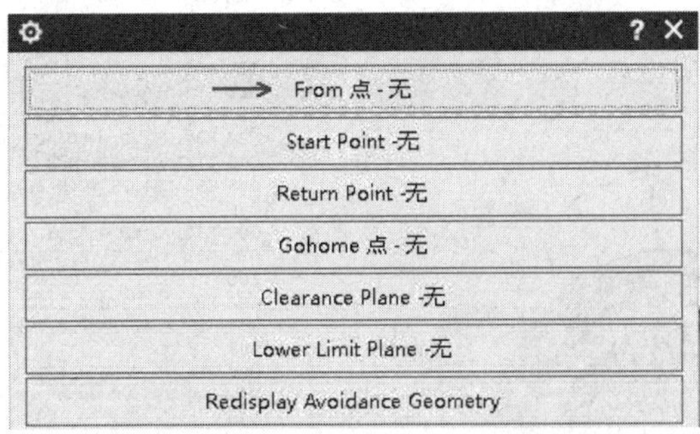

图 3-82　定义【From 点】参数

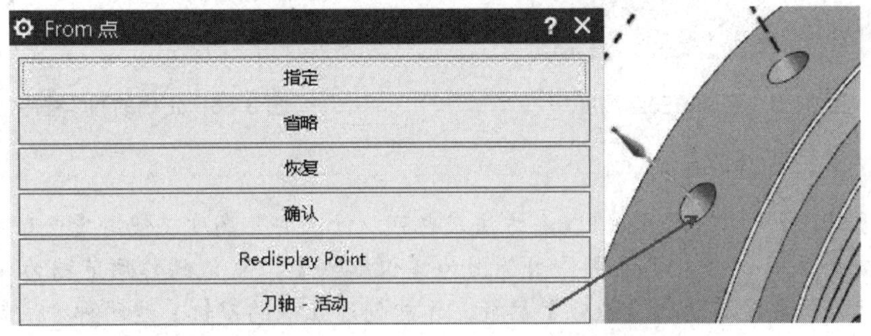

图 3-83　定义刀轴矢量

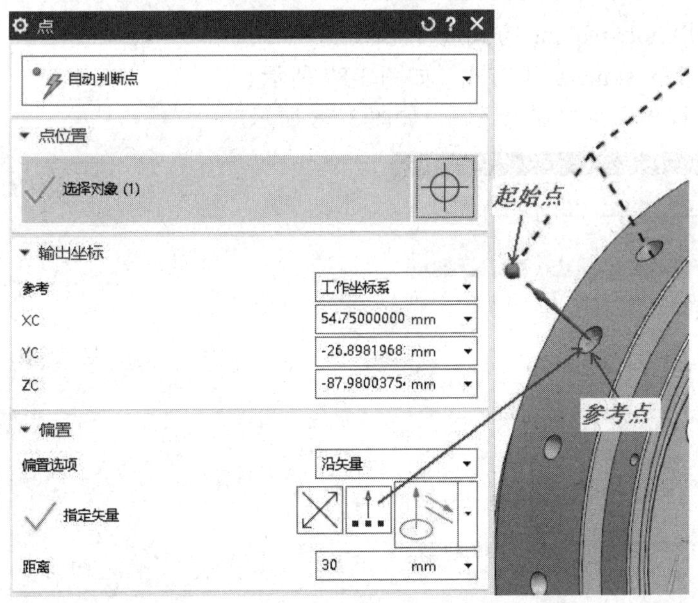

图 3-84　定义起始点

设置完毕后，重新计算孔加工刀轨并进行加工仿真，此时第 1 个孔的安全高度满足要求，如图 3-85 所示。

后置处理，查看 NC 程序，如图 3-86 所示。此时的安全高度是正确的。

图 3-85 正确的安全高度

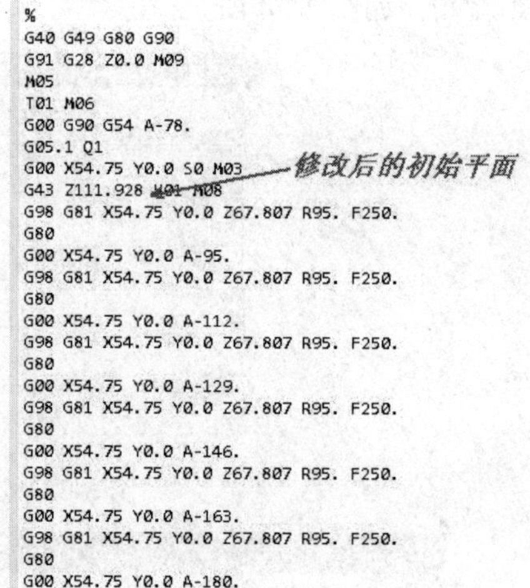

```
%
G40 G49 G80 G90
G91 G28 Z0.0 M09
M05
T01 M06
G00 G90 G54 A-78.
G05.1 Q1
G00 X54.75 Y0.0 S0 M03
G43 Z111.928 M01 M08
G98 G81 X54.75 Y0.0 Z67.807 R95. F250.
G80
G00 X54.75 Y0.0 A-95.
G98 G81 X54.75 Y0.0 Z67.807 R95. F250.
G80
G00 X54.75 Y0.0 A-112.
G98 G81 X54.75 Y0.0 Z67.807 R95. F250.
G80
G00 X54.75 Y0.0 A-129.
G98 G81 X54.75 Y0.0 Z67.807 R95. F250.
G80
G00 X54.75 Y0.0 A-146.
G98 G81 X54.75 Y0.0 Z67.807 R95. F250.
G80
G00 X54.75 Y0.0 A-163.
G98 G81 X54.75 Y0.0 Z67.807 R95. F250.
G80
G00 X54.75 Y0.0 A-180.
```


图 3-86 正确的 NC 程序

说明

使用【避让】和 Clearance Plane 方法，也可以修改安全高度，使用【点和方向】方法定义起始安全平面，并且要设置作用范围为【仅起点】，默认的作用范围为【开始和结束】。实际上，要定义两次【避让】参数，才能创建正确的刀轨。这两种方法都需要选取孔的中心线作为参考。

任务 3：使用 hole-making 方式进行孔加工。

(1) 设置 hole-making 加工方式，如图 3-87 所示。

(2) 设置编程坐标系和安全区域，如图 3-88 所示。

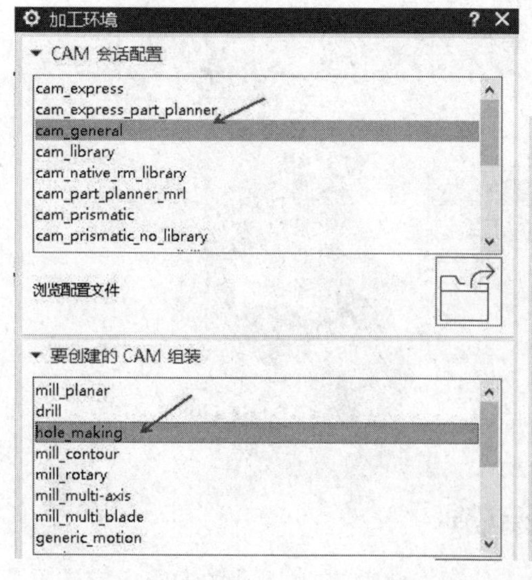

图 3-87 设置 hole-making 加工

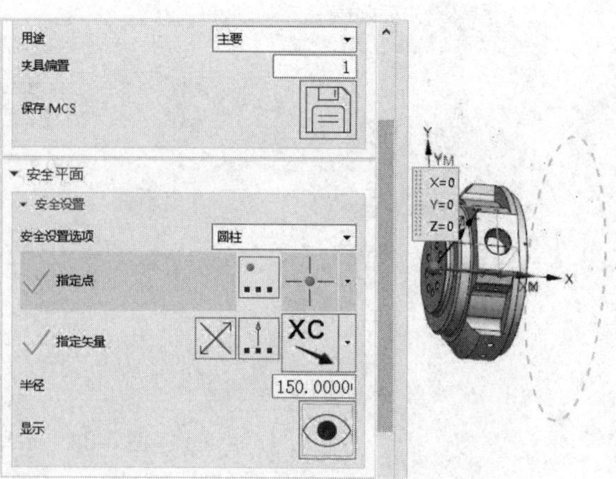

图 3-88 设置编程坐标系和安全区域

(3) 设置钻头直径为 7.3mm，设置 WORKPIECE 几何体，选取零件作为部件体，如

图 3-89 所示。

(4) 根据直径创建孔特征组。打开加工特征导航器，在对应的部件名称上单击鼠标右键，选择【查找特征】命令，如图 3-90 所示。

系统将弹出【查找特征】对话框，如图 3-91 所示。直接单击【查找特征】图标，系统自动完成特征查找工作。

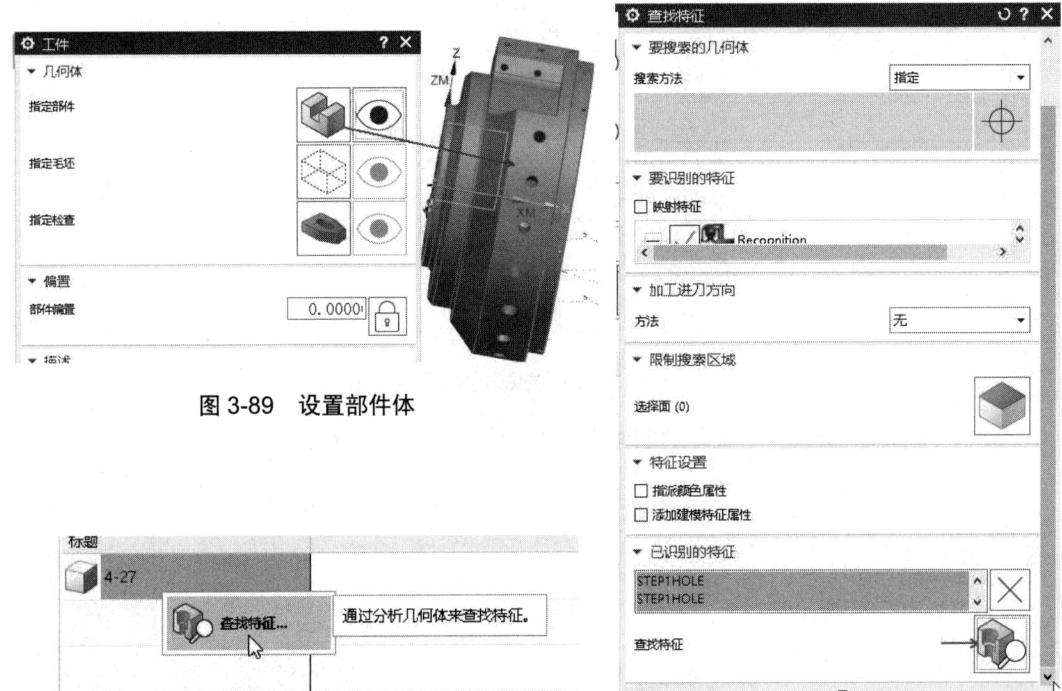

图 3-89 设置部件体

图 3-90 选择【查找特征】命令

图 3-91 【查找特征】对话框

在特征导航器中单击鼠标右键，在弹出的快捷菜单中选择【配置列】命令，设置孔直径为唯一显示的列，如图 3-92 所示。

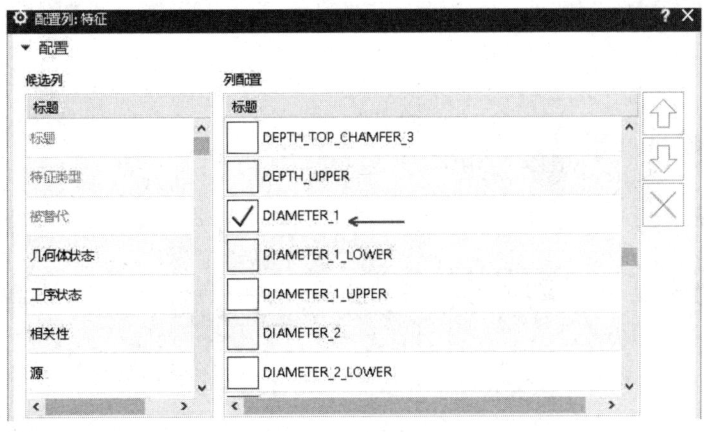

图 3-92 设置配置列

在特征导航器中选取所有直径为 7.3 的孔，右击，在弹出的快捷菜单中选择【特征成组】命令，如图 3-93 所示。

系统将弹出【特征成组】对话框，直接单击【创建特征组】图标，完成特征组的创建，如图 3-94 所示。

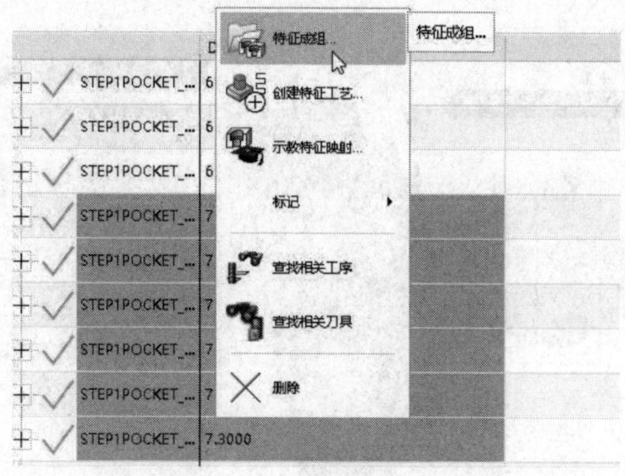

图 3-93　创建特征组

在几何体导航器中，可以看到创建的特征组，如图 3-95 所示。

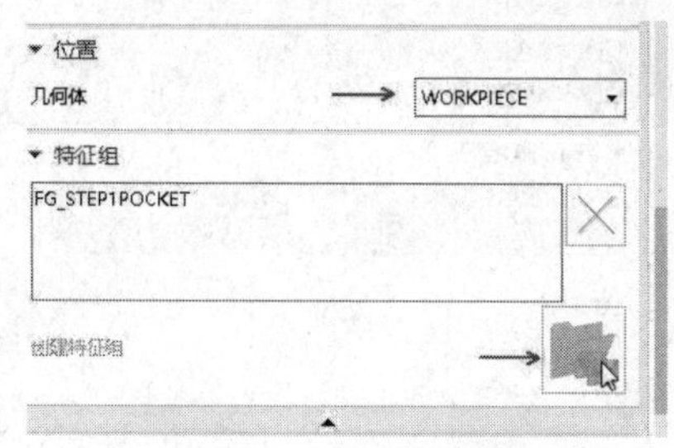

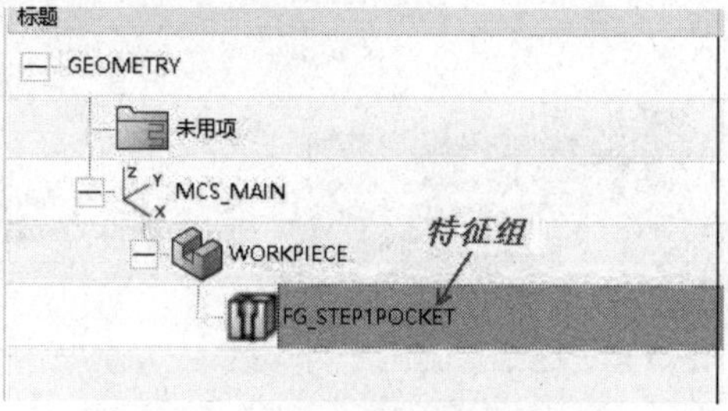

图 3-94　特征组操作

图 3-95　创建的特征组

(5)　在特征组下创建孔加工操作，如图 3-96 所示。设置主轴转速和进给速度，如图 3-97 所示。

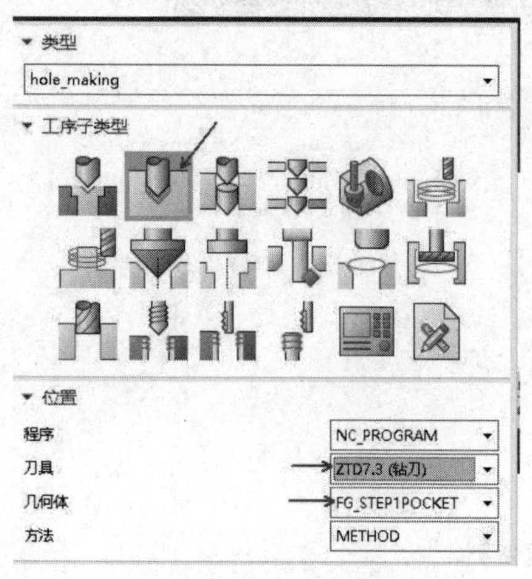

图 3-96　创建孔加工操作

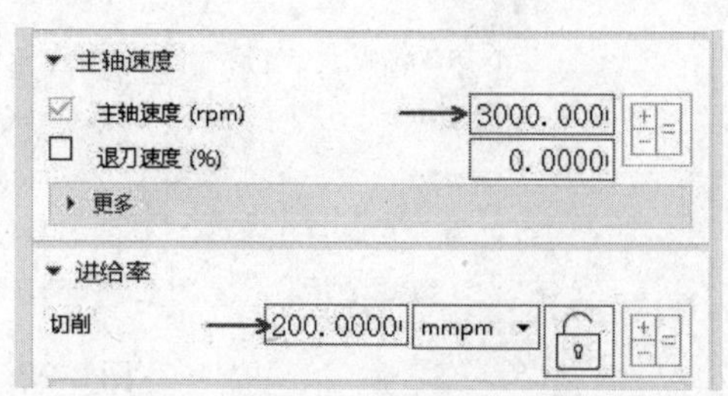

图 3-97　设置主轴转速和进给速度

其他参数采用默认设置，计算完成孔加工刀轨的创建，如图 3-98 所示。

(6) 验证刀轨是否正确。后置处理时查看 NC 程序，如图 3-99 所示。可见在 NC 程序中安全高度和 R 面高度完全正确，是一个完美的 NC 程序。

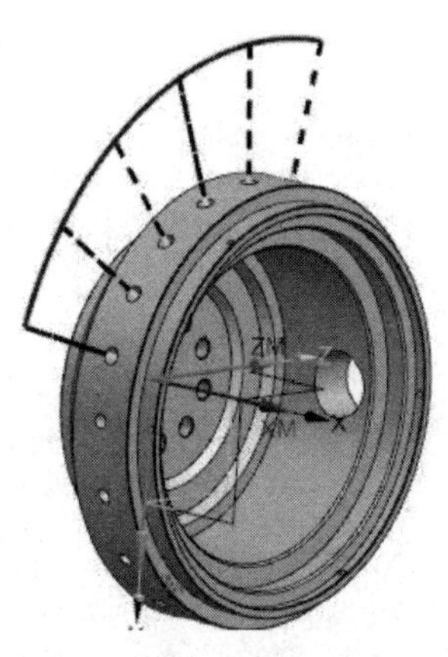

图 3-98 孔加工刀轨

```
G40 G49 G80 G90
G91 G28 Z0.0 M09
M05
T01 M06
G00 G90 G54 A-78.
G00 X54.75 Y0.0 S3000 M03
G43 Z150. H01 M08
G98 G81 X54.75 Y0.0 Z67.807 R95. F200.
G00 Z150.
G80
G00 X54.75 Y0.0 A-95.
G98 G81 Z67.807 R95. F200.
G00 Z150.
G80
G00 X54.75 Y0.0 A-112.
G98 G81 Z67.807 R95. F200.
G00 Z150.
G80
G00 X54.75 Y0.0 A-129.
G98 G81 Z67.807 R95. F200.
```

图 3-99 NC 程序

小结：定轴加工，机床侧的操作取决于采用什么样的后置处理器。如果是普通的后置处理器，编程坐标系原点必须位于四轴的旋转轴线上，必须按照零件相对于旋转轴线的实际安装位置调整 CAM 软件中的零件与编程坐标系原点之间的位置关系，CAM 软件的虚拟世界必须与机床侧的真实世界完全一样，即需要反复调整；如果采用具有坐标转换宏功能的后置处理器，零件安装只需要考虑加工工艺需要，其编程坐标系原点位置与 CAM 软件中的设置相同，类似于三轴机床的加工编程。

第4章

曲线/点驱动方法

4.1 曲线/点驱动方法的基本思想

曲线驱动方法基础知识讲解

曲线驱动方法是最好理解的多轴加工方法。刀具沿指定的曲线运动产生刀轨，在此基础上添加刀轴矢量和投影矢量，最终得到用户需要的加工刀轨。首先学习它，可以屏蔽掉驱动方法的干扰，专心理解刀轴矢量和投影矢量对多轴刀轨的影响。

要想创建曲线驱动刀轨，就必须构建满足要求的曲线。NX 提供以下方法创建驱动曲线。

(1) 直接在曲面上绘制线。

(2) 使用面上偏置曲线的方法，创建驱动曲线。

(3) 使用曲线缠绕/展开方法，创建驱动曲线。此时应选取底面曲线进行操作。

使用曲线驱动方法，最常用的场合是刻字和倒斜角。当然也可以使用曲线驱动方法对圆柱槽的底面进行精加工和联动开粗。

4.2 刀轨转曲线的基本思想

缠绕/展开曲线方法，用于一个区域加工时，常常需要使用刀轨转曲线的方法进行加工。所谓刀轨转曲线，实际上就是将平面刀轨转换为曲线，然后再缠绕到对应的圆柱面上。此时需要定制专用的后置处理器，该后置处理器可以将 2D 加工刀轨转化为点文件，在此基础上，再通过点文件重构样条曲线，最后将平面曲线缠绕到对应的圆柱面上，得到曲线驱动方法所需要的曲线。这种方法实际上就是 Mastercam 软件中的替换轴加工方法。

刀轨转曲线，实际上就是将 2D 加工方法变通应用于四轴联动加工，或者说是通过刀轨转曲线，将 2D 加工与四轴加工联系起来。

4.3 三轴转四轴专用后处理器

如何将 3D 刀轨直接转化为四轴刀轨，而不进行刀轨转曲线的操作呢？NX 软件本身不提供这种方法，但是用户可以开发专用的后置处理器以实现这种操作，即直接实现三轴转四轴刀轨的操作，具体操作方法可参考后面的典型案例。使用这种方法的好处是：可以使用所有的 2D、3D 加工方法，直接将它们转化为四轴刀轨。

刀轨转曲线和三轴刀轨直接转四轴，本质上是传统 2D 和 3D 加工方法在四轴加工上的应用，使用的多轴加工方法本质上是曲线/点驱动方法。

4.4 典型案例

案例 4-1：四轴加工倒斜角

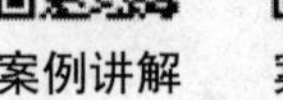

案例讲解　案例分析

倾斜角零件如图 4-1 所示。

任务 1：摆正图形，使 WCS 位于零件左侧中心处。

加工前，一定要注意图形的摆放，可以使图形处于俯视图状态，来查看是否满足四轴加工的需要。如果图形摆放不符合要求，可通过图形移动的方法摆正零件。因为这个零件在立式四轴机床上加工，所以需要使 WCS 坐标系位于图形的左侧，如图 4-2 所示。

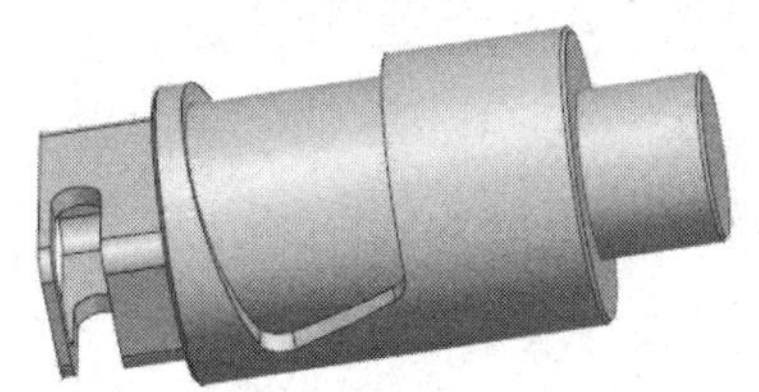

图 4-1 倒斜角零件

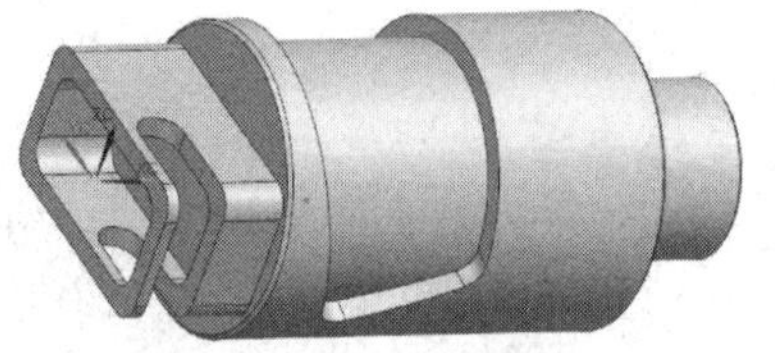

图 4-2 符合加工要求的图形摆放

任务 2：通过拆分体控制加工进刀点。

使用基准平面 XC-ZC 拆分体，具体操作如图 4-3 所示。

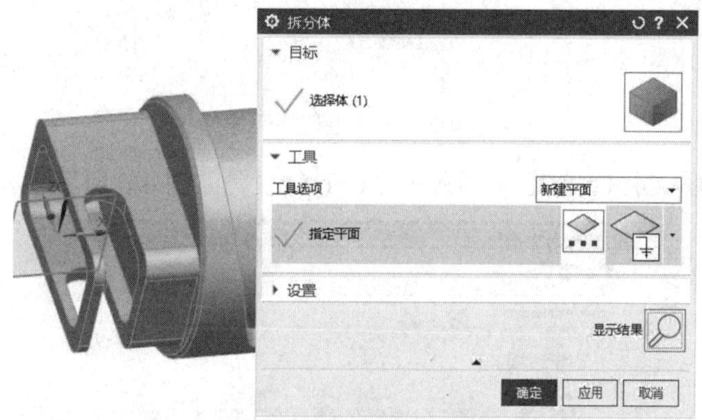

图 4-3 拆分体操作

任务 3：使用曲线/点驱动方法创建第 1 个倒角加工。

(1) 进入加工模块，定义一把直径为 10 的倒角刀，如图 4-4 所示。

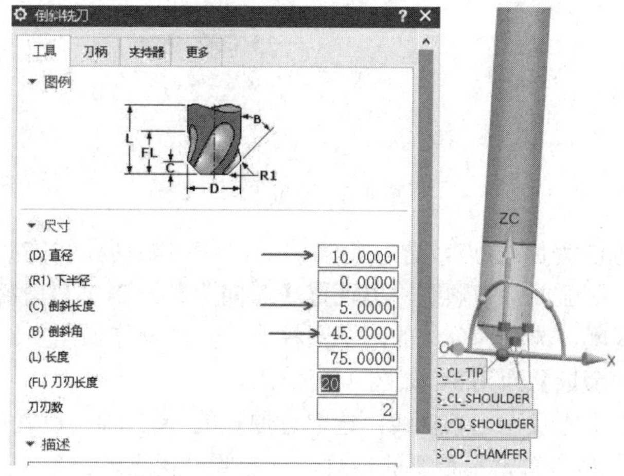

图 4-4 设置倒斜角刀参数

设置编程坐标系与 WCS 重合，设置 WORKPIECE，只设置毛坯几何体，选取两个拆分后的几何体，如图 4-5 所示，用于后面的 3D 加工仿真。

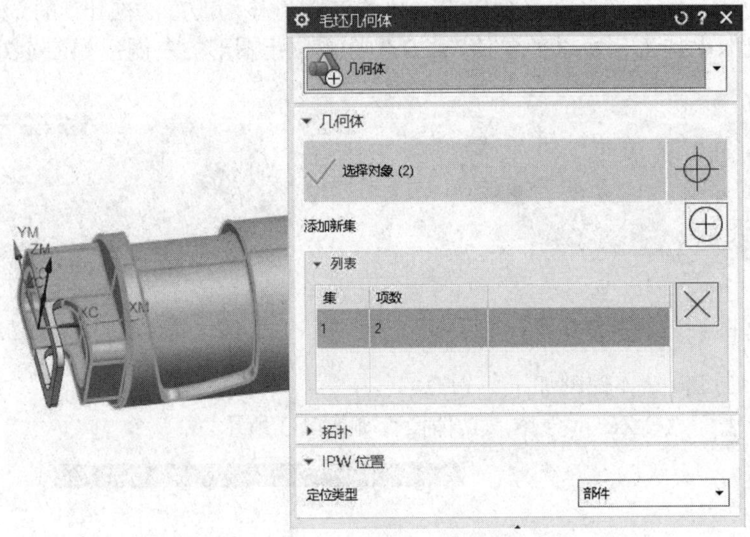

图 4-5 设置毛坯几何体

(2) 在几何体 WORKPIECE 下插入工序，具体设置如图 4-6 所示。

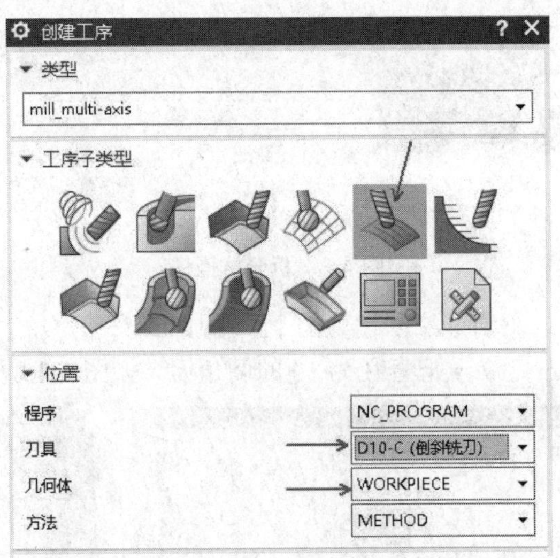

图 4-6 设置工序

(3) 设置驱动方法为曲线/点，选取驱动曲线，使用相切曲线方式选取圆柱槽上边沿线，注意箭头方向，保证加工为顺铣，再设置【左偏置】为 2，具体操作如图 4-7 所示。

(4) 指定切削区域，选取拆分体的两个圆柱面，具体操作如图 4-8 所示。

(5) 设置【部件余量】为-0.3，如图 4-9 所示。

(6) 设置刀轴矢量方式为远离直线，选取过原点的 XC 轴；设置投影矢量为刀轴，如图 4-10 所示。刀轴矢量设置是很重要的参数，一定要设置正确。

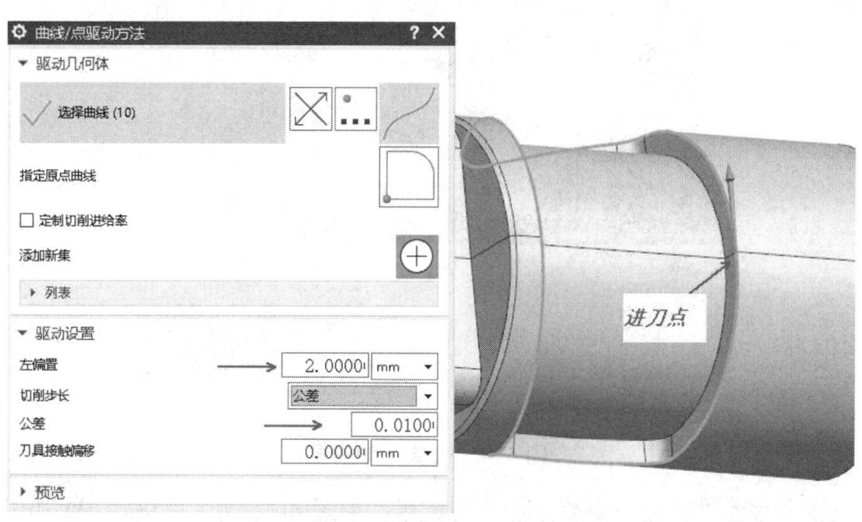

图 4-7 设置驱动曲线参数

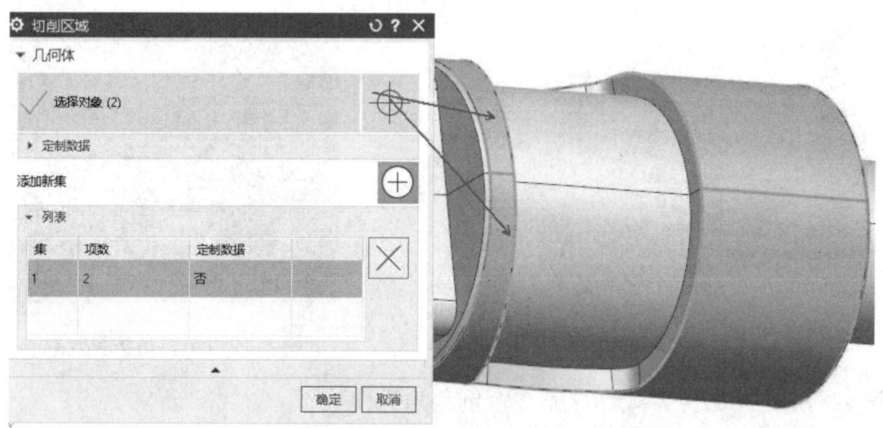

图 4-8 指定切削区域

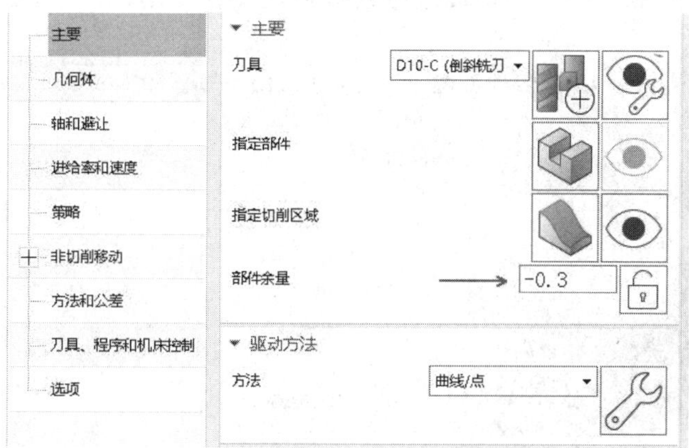

图 4-9 设置部件余量

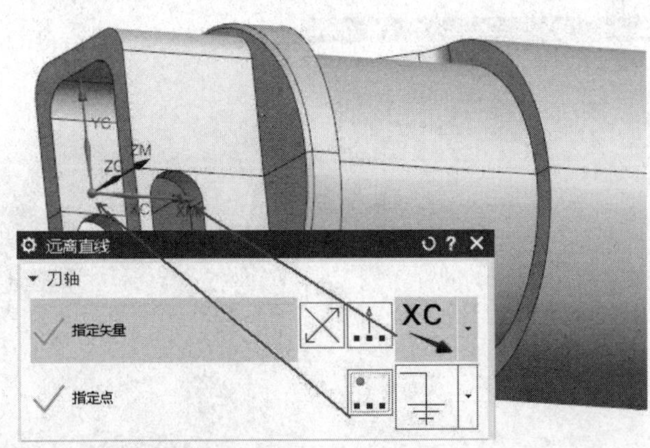

图 4-10　设置刀轴矢量

(7) 设置其他参数，完成倒斜角加工的创建，如图 4-11 所示。进行 3D 加工仿真，倒斜角仿真效果如图 4-12 所示。

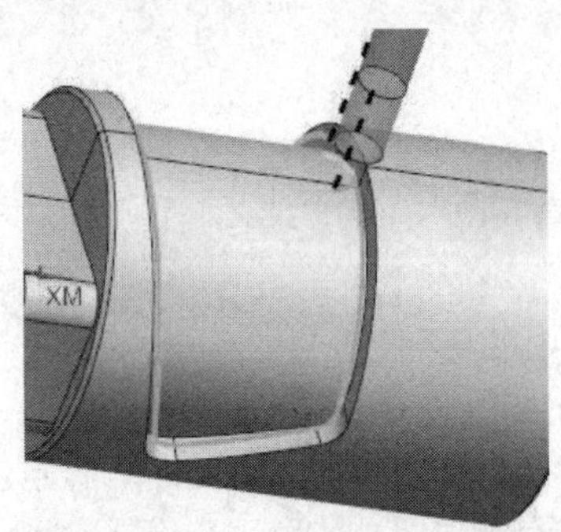

图 4-11　倒斜角刀轨

图 4-12　倒斜角仿真效果

任务 4：使用曲线/点方式创建第 2 个倒斜角操作。

基本操作与前面的倒斜角操作类似，不同之处是驱动曲线和刀轴矢量，下面重点讲解其不同之处。

(1) 选取驱动曲线，使用相切曲线方式选取左侧槽上边沿线，注意箭头的位置和方向，如图 4-13 所示。

(2) 设置【左偏置】和【公差】参数，如图 4-14 所示。

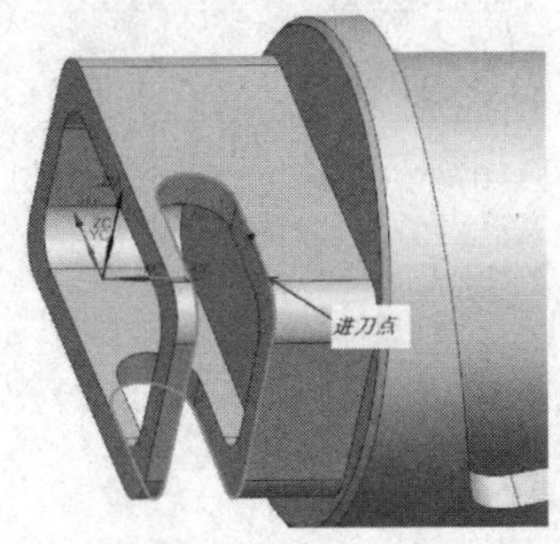

图 4-13　选取驱动曲线

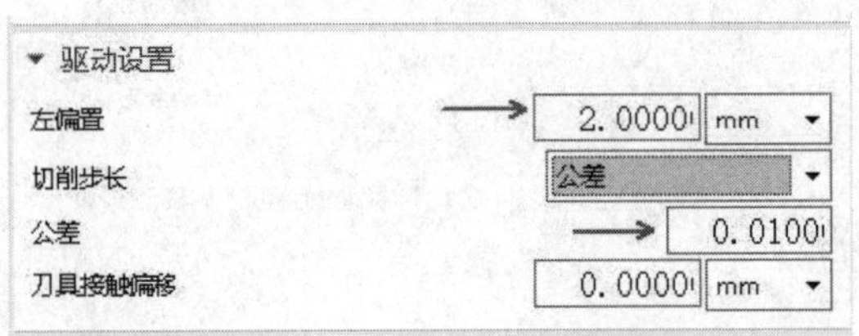

图 4-14　设置驱动参数

(3) 指定切削区域，使用相切曲面方式选取整个左侧零件面，具体操作如图 4-15 所示。

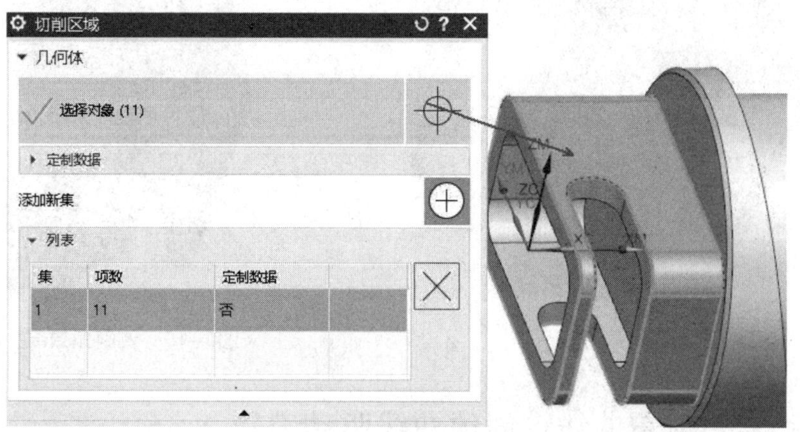

图 4-15 指定切削区域

设置【部件余量】为-0.3，如图 4-16 所示。

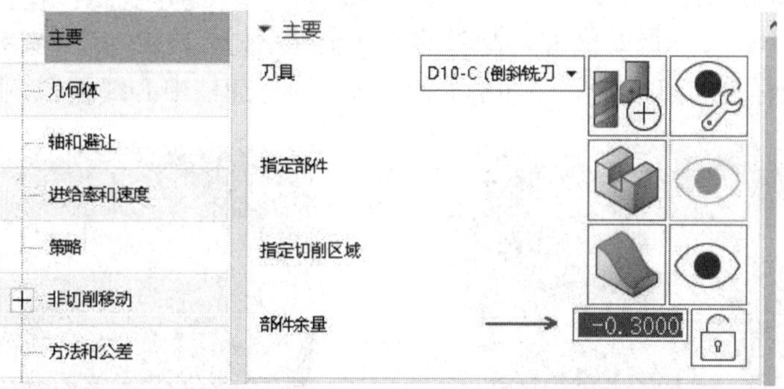

图 4-16 设置部件余量

(4) 设置刀轴矢量为【垂直于部件】，投影矢量为刀轴，如图 4-17 所示。

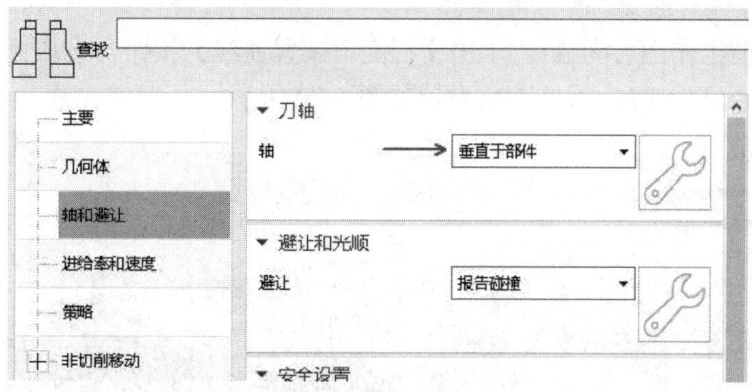

图 4-17 设置刀轴矢量

(5) 设置其他参数，完成第 2 个倒斜角操作，如图 4-18 所示。进行 3D 加工仿真，倒斜角效果如图 4-19 所示。

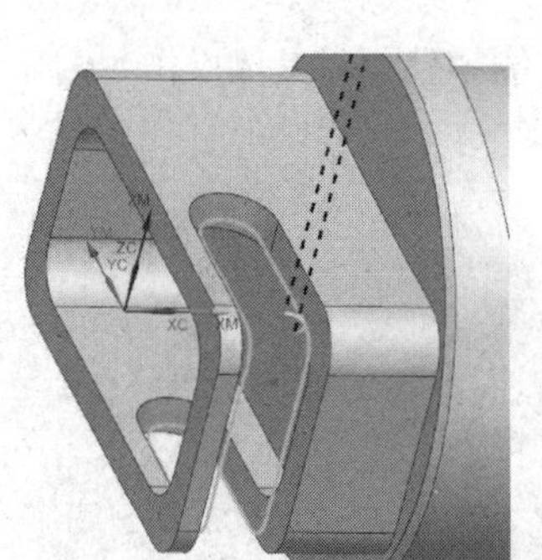

图 4-18 倒斜角刀轨

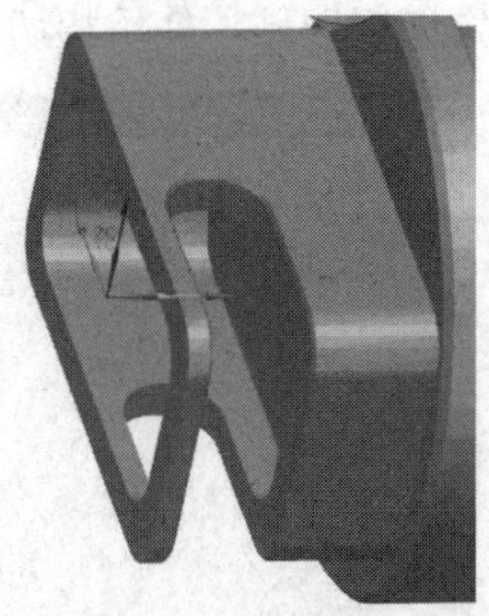

图 4-19 倒斜角效果

案例 4-2：通过偏置曲线，创建曲线驱动刀轨

案例讲解

案例分析

案例讲解补充

创建曲线驱动刀轨的零件如图 4-20 所示。

任务 1：设置加工坐标系。

在建模模块中，打开原始文件，此时的工件坐标系如图 4-21 所示。坐标系原点位于右端面圆心点，XC 轴与圆柱中心线重合，满足加工要求。

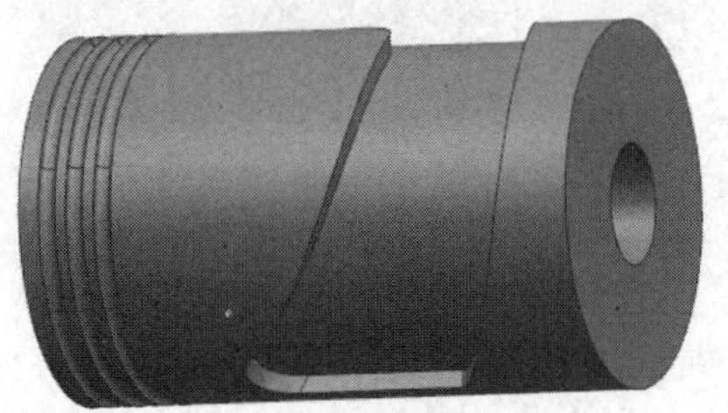

图 4-20 零件图

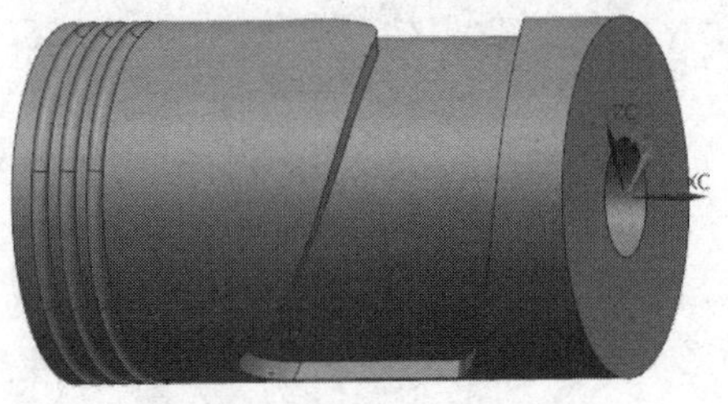

图 4-21 原始的工件坐标系

任务 2：创建偏置曲线。

(1) 设置当前工作图层为 11。单击【在面上偏置曲线】按钮，选取槽底面的边线进行偏置，设置偏置距离为 3.2，具体参数设置如图 4-22 所示。

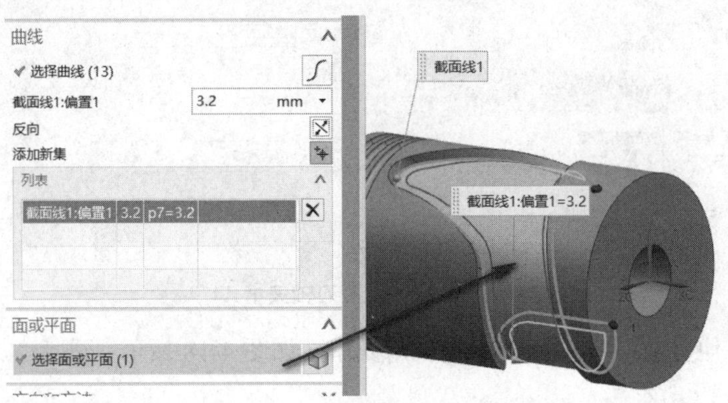

图 4-22 设置偏置曲线参数

(2) 单击【在面上偏置曲线】按钮，对相同的零件边线继续进行偏置处理，具体参数设置如图 4-23 所示。

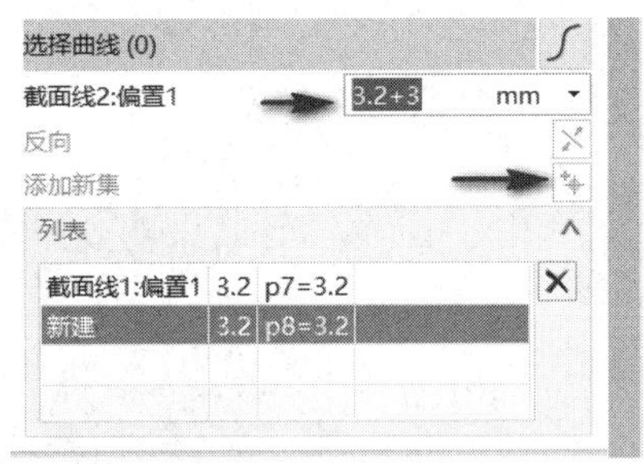

图 4-23 再次设置偏置曲线参数

使用相同的方法，进行多次偏置曲线操作，每次的偏置距离递增 3，具体效果如图 4-24 所示。

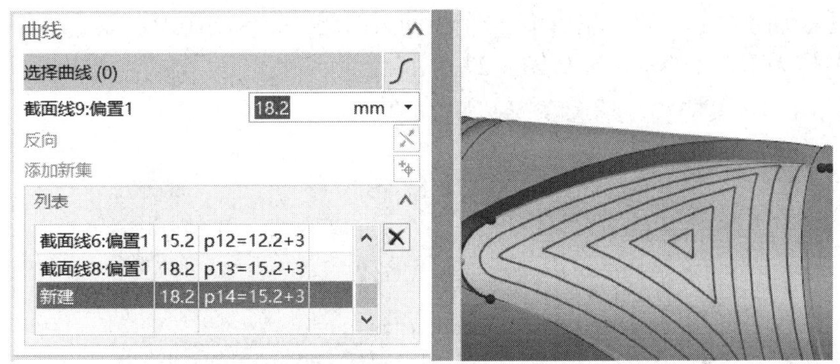

图 4-24 多次偏置的曲线效果

任务 3：使用曲线驱动方式加工圆柱槽。

(1) 进入加工模块，首先设置编程坐标系参照工件坐标系，即两个坐标系重合，然后创建直径为 6 的端铣刀，最后创建可变轴轮廓铣刀轨，如图 4-25 所示。

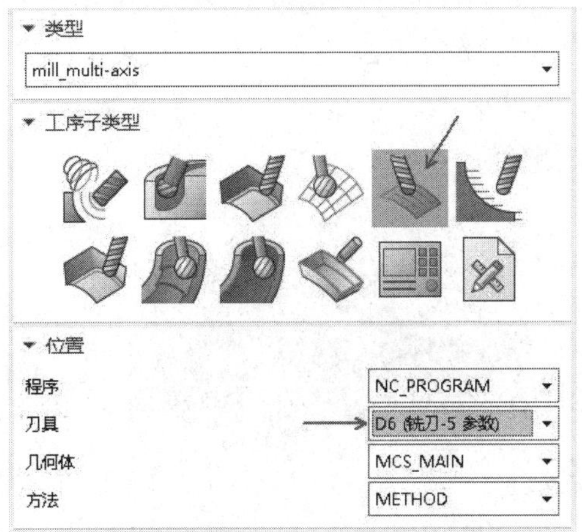

图 4-25 创建可变轴轮廓铣刀轨

(2) 使用【曲线/点】驱动方式创建刀轨，选取上面创建的偏置曲线作为驱动曲线，选取前限定选取方式为【相连曲线】，由内向外选取，连续选取两条偏置曲线，具体操作如图 4-26 所示。

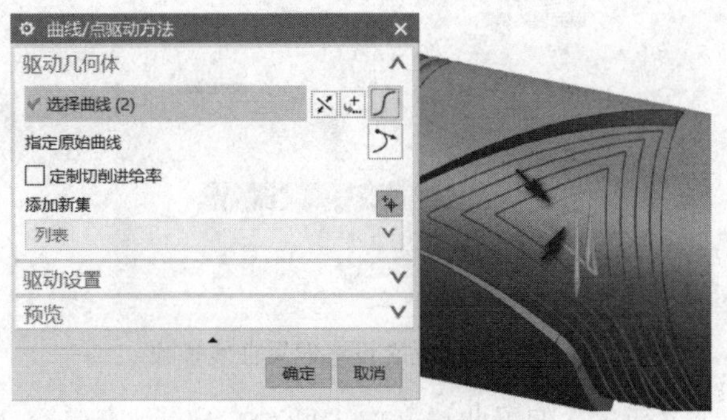

图 4-26 选取的偏置曲线

单击【添加新集】按钮，完成第 1 个驱动组的选取。转动图形，然后选取另一条最内侧偏置曲线作为第 2 个驱动组，如图 4-27 所示。

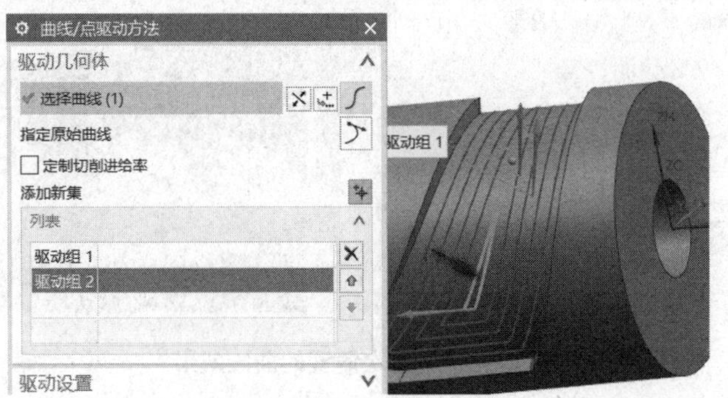

图 4-27 选取第 2 个驱动组

创建第 3 个驱动组，由内向外，依次选取剩下的所有偏置曲线作为第 3 个驱动组，注意每一条偏置曲线的箭头方向应相同，具体操作如图 4-28 所示。

(3) 设置刀轴矢量方式为【远离直线】，然后选取 XC 轴；设置投影矢量为【刀轴】，具体参数设置如图 4-29 所示。

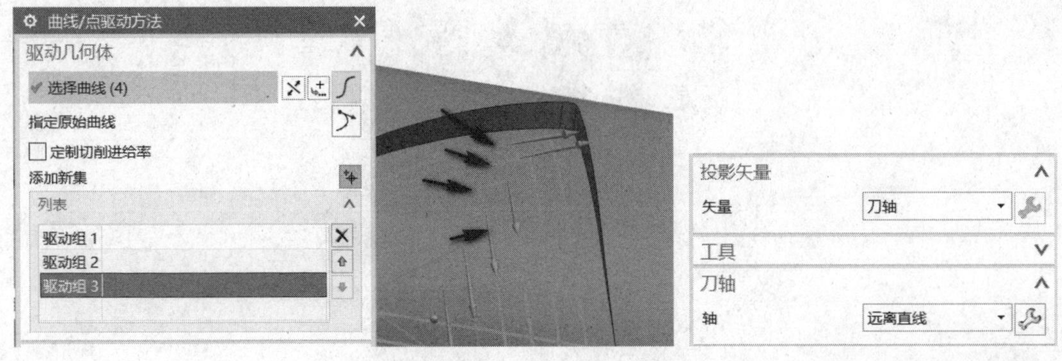

图 4-28 第 3 个驱动组设置　　图 4-29 刀轴矢量和投影矢量设置

(4) 指定部件，设置选取方式为【曲面】，然后选取圆柱底面作为部件表面，如图 4-30 所示。

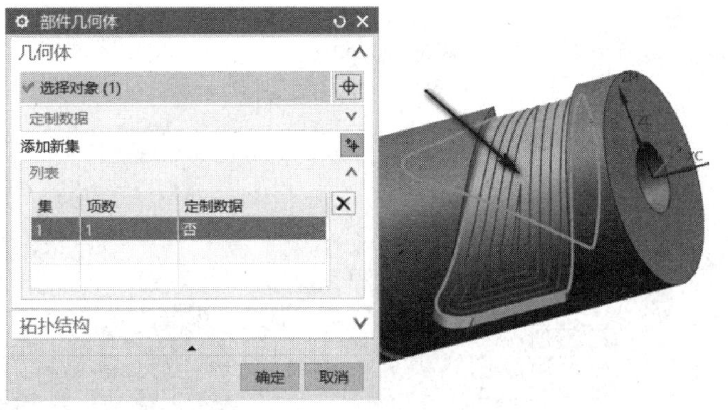

图 4-30 指定的部件表面

(5) 设置【多刀路】加工参数和余量加工参数，如图 4-31 所示。

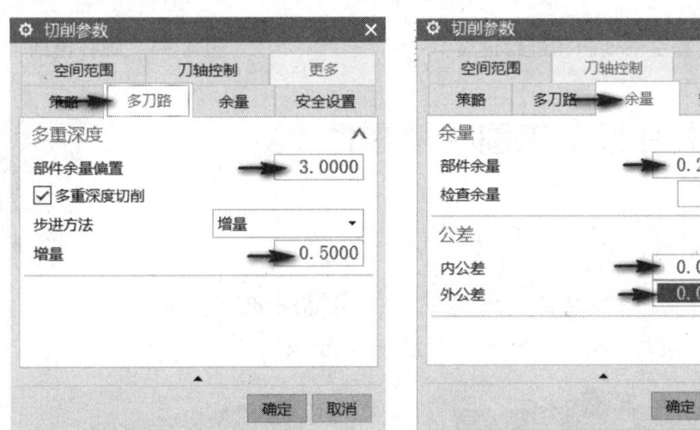

图 4-31 加工参数设置

(6) 设置分层加工时的抬刀参数，以工件坐标系 XC 轴为中心线的圆柱，设置【半径】为 50，具体设置如图 4-32 所示。

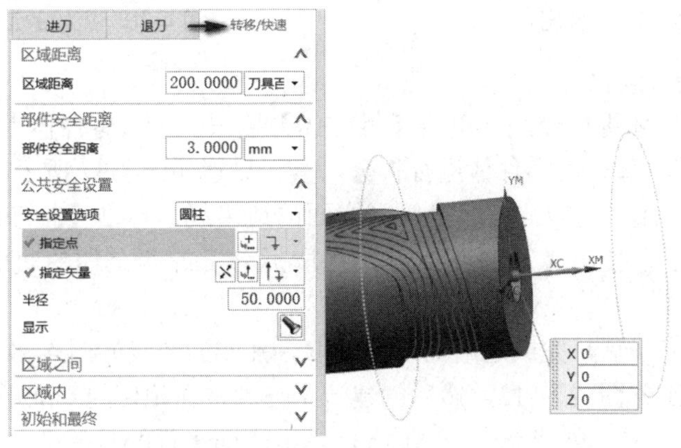

图 4-32 设置分层加工时的抬刀参数

(7) 设置主轴转速和进给速度，具体设置如图 4-33 所示。

(8) 所有参数设置完毕后，计算生成圆柱槽的加工刀轨，如图 4-34 所示。

图 4-33 设置主轴转速和进给速度

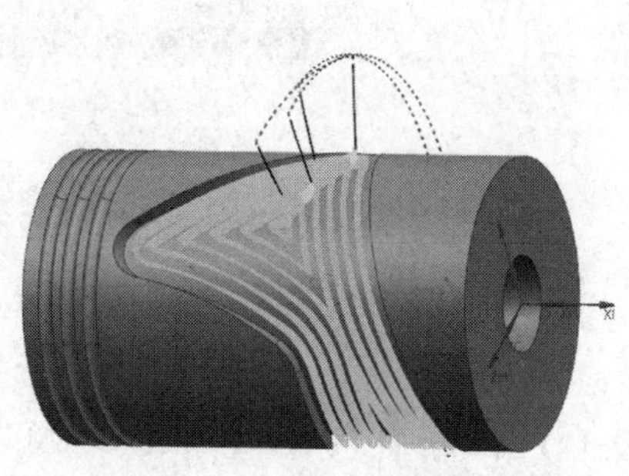

图 4-34 圆柱槽的加工刀轨

案例 4-3：刀轨转曲线加工圆柱槽零件

案例讲解　案例分析

圆柱槽零件如图 4-35 所示。

任务 1：设置加工坐标系。

在建模模块中，打开原始文件，此时的工件坐标系如图 4-36 所示。坐标系原点位于左端面圆心点，XC 轴与圆柱中心线重合，满足加工要求。

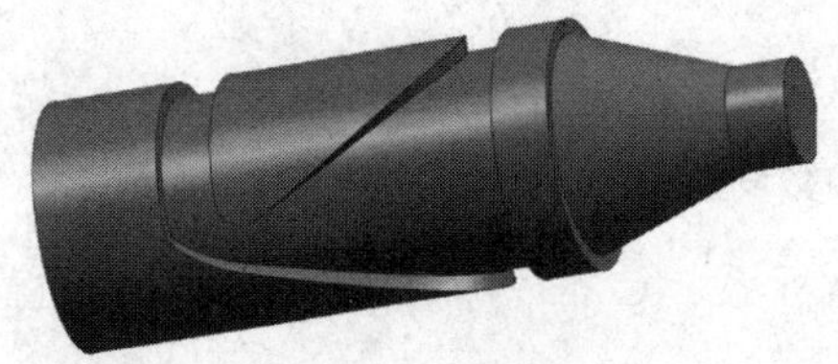

图 4-35 零件图

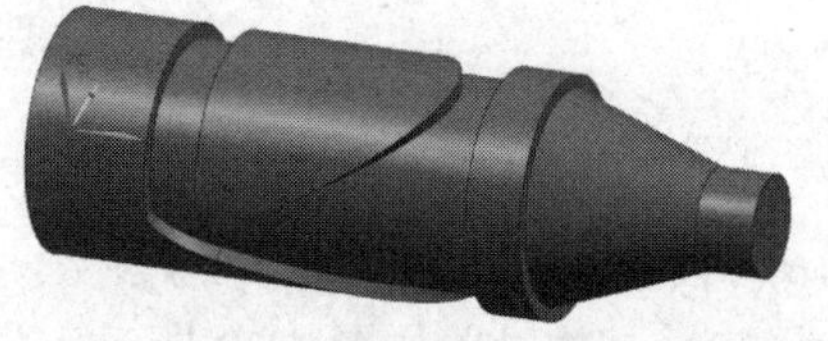

图 4-36 原始的工件坐标系

任务 2：创建展开曲线。

(1) 首先对零件体进行分割。单击【拆分体】按钮，选取零件体为目标体，选取基准平面 XC-ZC 作为工具体，对零件体进行拆分，具体设置如图 4-37 所示。

(2) 设置当前工作图层为 11，然后提取面的边沿线。单击【抽取曲线】按钮，打开【抽取曲线】对话框，使用【边曲线】方式抽取拆分后的两个体的底面边线，如图 4-38 所示。

(3) 参数设置完毕后，完成边沿曲线的抽取。抽取的曲线如图 4-39 所示。

(4) 设置当前工作图层为 12，然后创建一个与圆柱面相切的基准平面。经分析可知：槽底面的圆柱半径为 35。创建一个与 XC-YC 基准平面平行的基准平面，平行距离为 35，具体操作如图 4-40 所示。

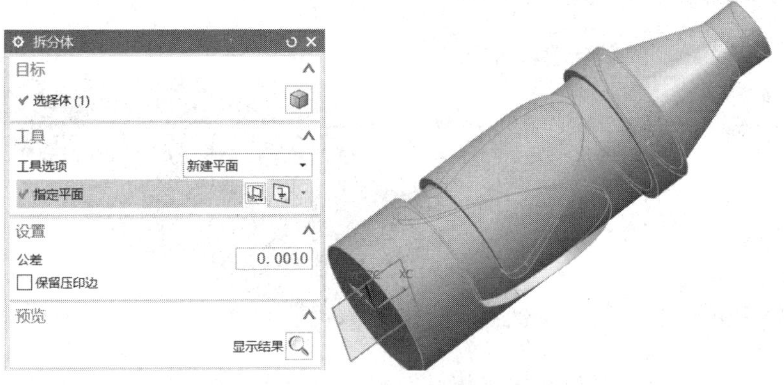

图 4-37　拆分体设置

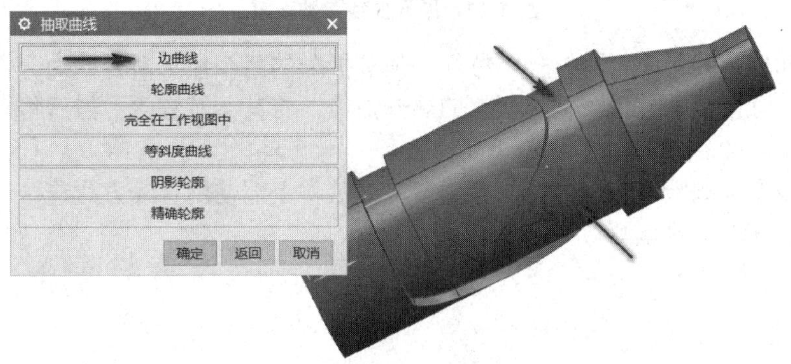

图 4-38　抽取曲线设置

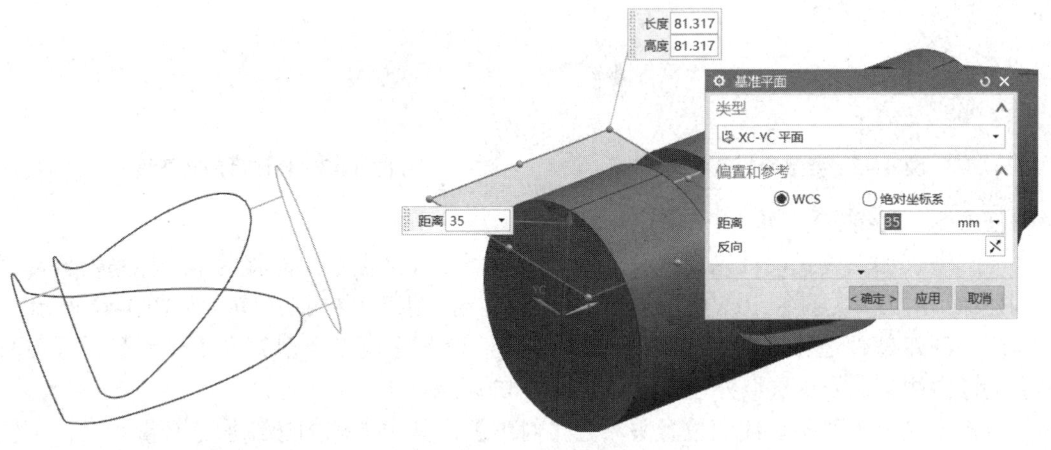

图 4-39　抽取的曲线　　　　图 4-40　创建的基准平面

(5) 展开抽取的曲线。单击【缠绕/展开曲线】按钮，打开【缠绕/展开曲线】对话框，选取【展开】方式，然后框取前面抽取的曲线，再在系统提示下依次选取槽的底面圆柱面和与它相切的基准平面，具体操作如图 4-41 所示。

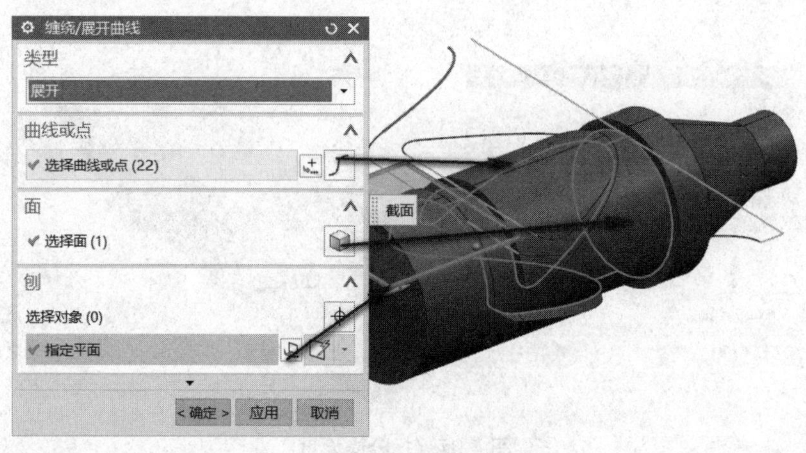

图 4-41　展开曲线参数设置

(6) 从部件导航器中删除拆分体特征，使被拆分的两个体重新合并为一个完整的体。首先单击【移除参数】按钮，框选所有的展开曲线，将其参数删除；然后将多余的线段删除，具体如图 4-42 所示。

中间的线全部删除，下端的线删除一条，然后将上端使用直线方式连接，使之构成一个单一的封闭环，如图 4-43 所示。

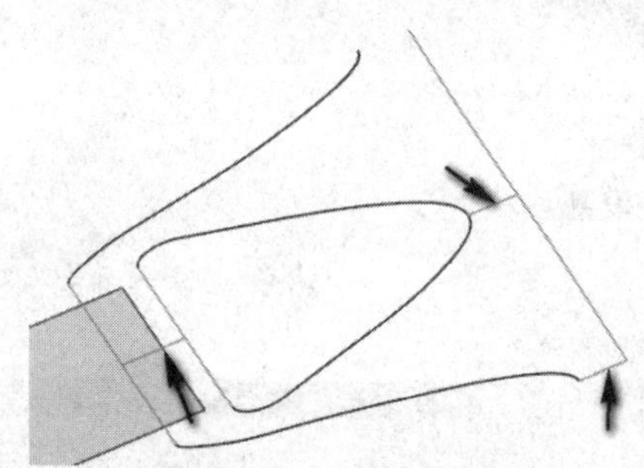

图 4-42　要删除的多余线

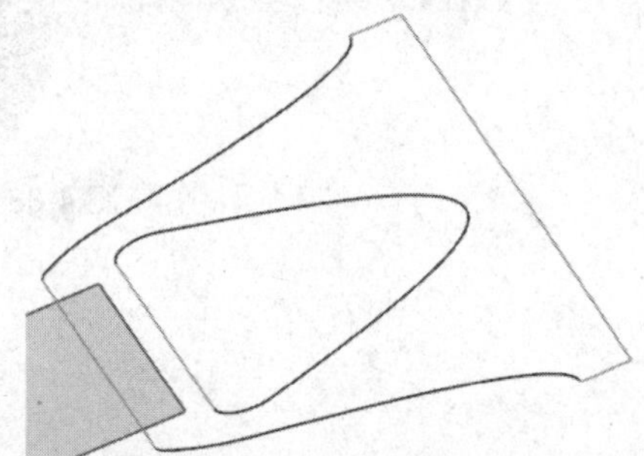

图 4-43　修改后的展开线

任务 3：创建 2D 刀轨。

(1) 进入加工模式，首先设置编程坐标系参照工件坐标系，即将两个坐标系重合，然后创建加工用刀具为直径 10 的端铣刀。在此基础上，创建 2D 加工刀轨，如图 4-44 所示。

(2) 创建部件边界。使用【曲线/边】方式，设置【边界类型】为【封闭】，【刀具侧】为【内侧】，依次选取外边沿线，如图 4-45 所示。

重新定义上下两条边线的位置关系为【对中】，其中上侧的边线加工余量为 0，下侧边线的加工余量为 0.1，具体如图 4-46 所示。

外边沿线选取完毕后，单击【创建下一个边界】按钮，完成外边界的设定。继续定义第 2 个边界，设置【刀具侧】为【外侧】，依次选取图中内侧带箭头的边界线，如图 4-47 所示。

(3) 指定底面。使用【两直线】方式，创建一个基准平面作为零件底面，具体操作如图 4-48 所示。

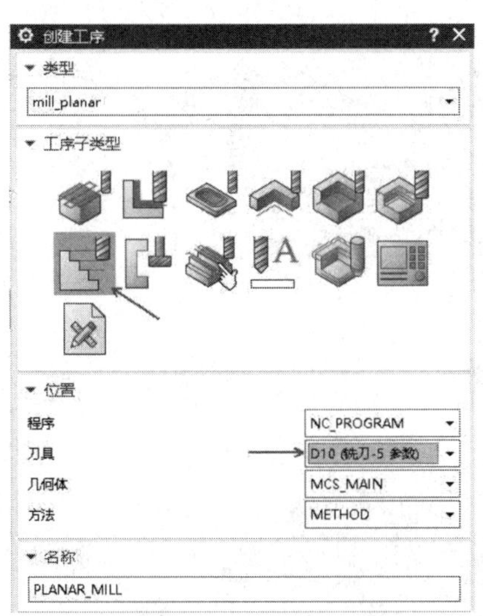

图 4-44　2D 刀轨设置

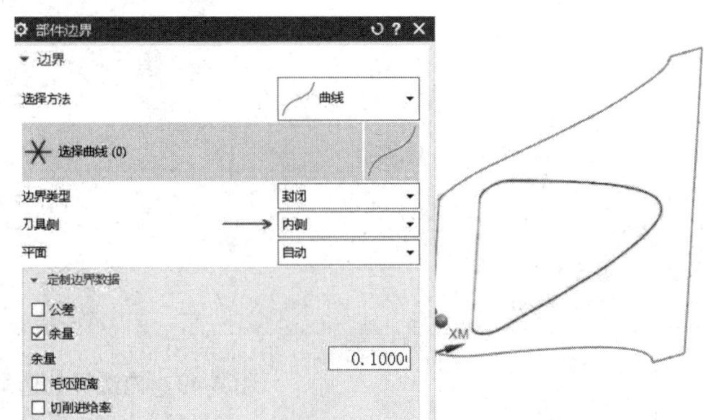

图 4-45　外边沿线选择

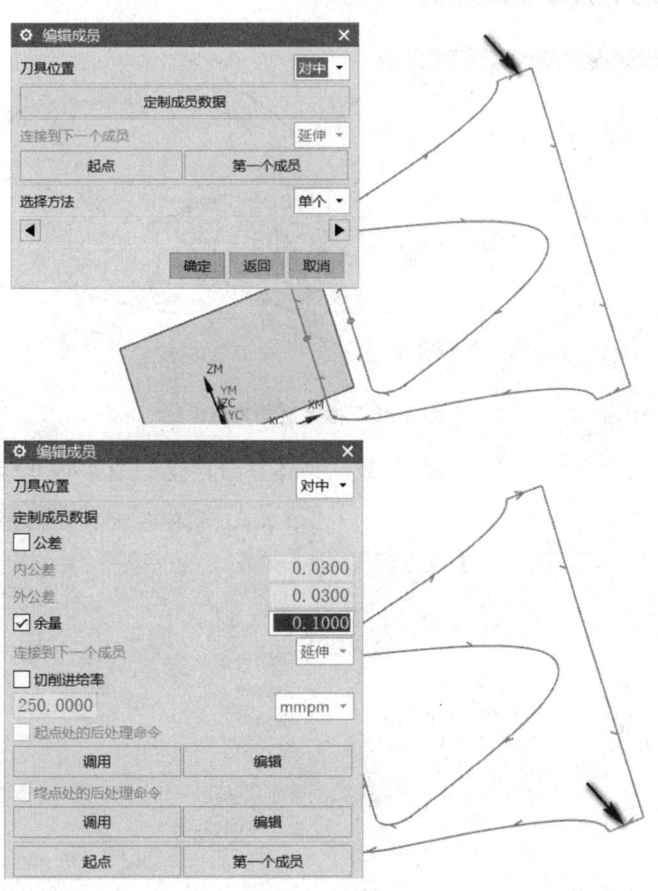

图 4-46　边界定义

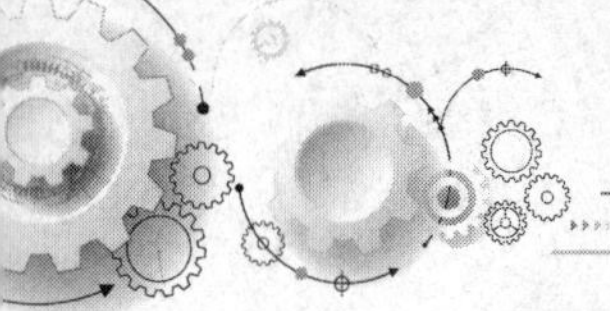

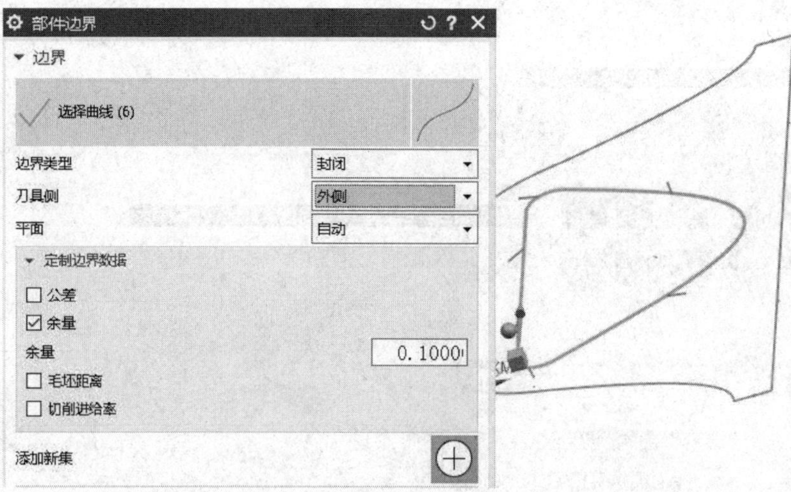

图 4-47　内边界的选取

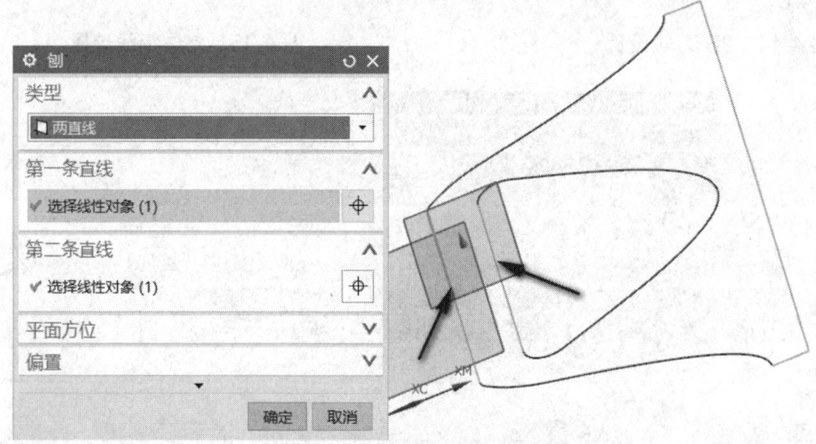

图 4-48　指定底面方式

(4) 设置 2D 刀轨切削模式和切削参数，具体参数设置如图 4-49 所示。

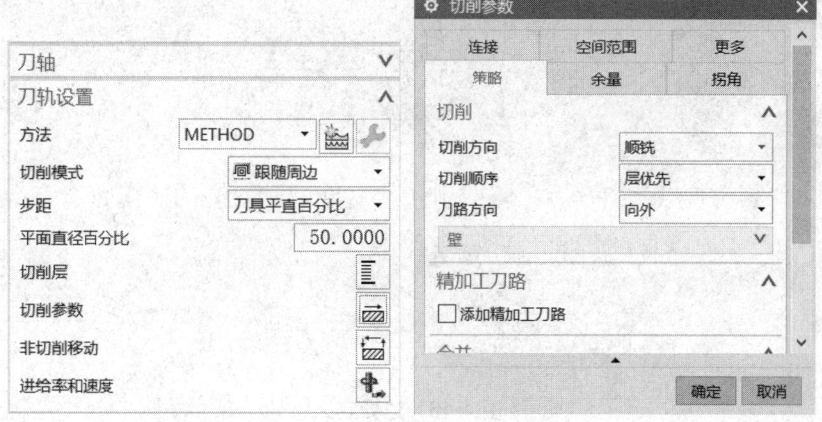

图 4-49　设置 2D 参数

(5) 设置非切削移动，具体参数设置如图 4-50 所示。

(6) 不需要设置主轴转速和进给速度。生成的 2D 刀轨如图 4-51 所示。

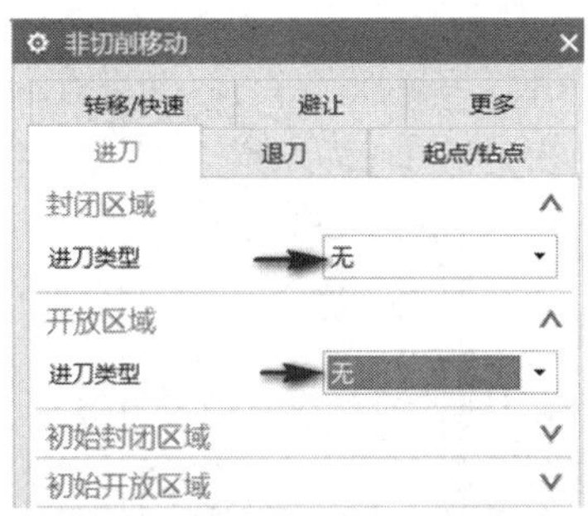

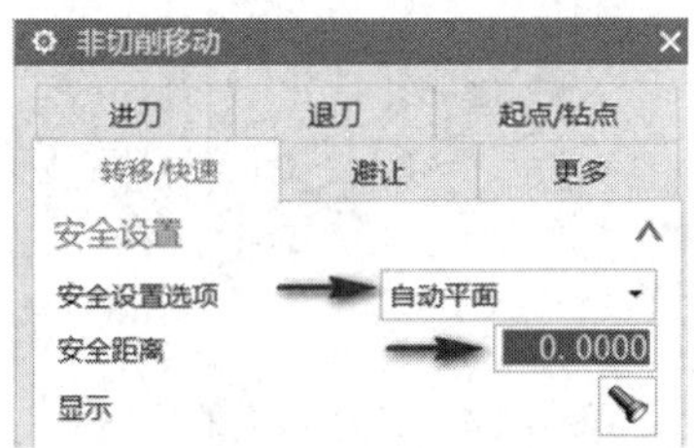

图 4-50　设置非切削参数

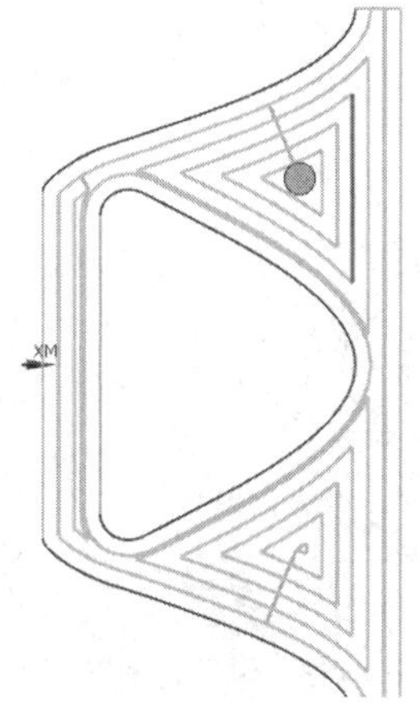

图 4-51　2D 刀轨

任务 4：后置处理刀轨并将刀轨转曲线。

(1) 使用定制的后置处理器，对生成的 2D 刀轨进行后置处理，生成的文件为点位数据，如图 4-52 所示。

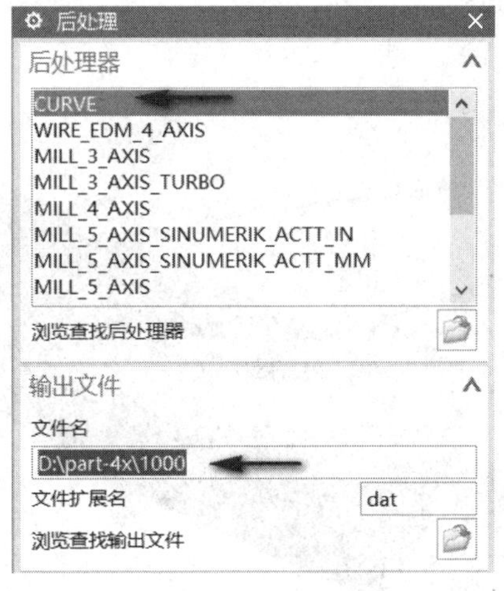


```
123.709 57.36 35.
122.637 56.904 35.
124.339 55.951 35.
126.  54.93 35.
126.  58.356 35.
124.366 57.643 35.
123.709 57.36 35.
121.742 61.957 35.
118.75 60.663 35.
115.734 59.427 35.
112.694 58.25 35.
111.044 57.608 35.
115.245 55.357 35.
119.389 53.001 35.
123.268 50.773 35.
127.081 48.43 35.
130.822 45.976 35.
```

图 4-52　后置处理

(2) 进入零件建模模块，将当前工作图层设置为 13。使用【样条】对话框中的【通过点】按钮创建曲线阶次为 1 的曲线，选取刚才后置处理产生的文件 1000.dat，具体操作如图 4-53 所示。

操作完毕后，创建的刀轨转曲线如图 4-54 所示。

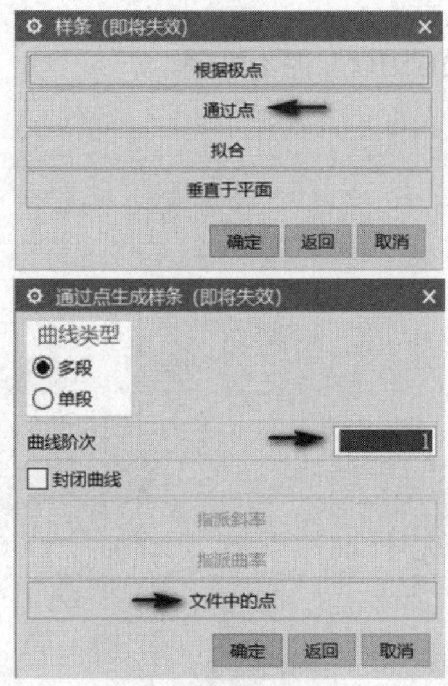

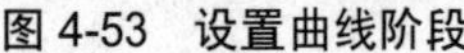

图 4-53　设置曲线阶段

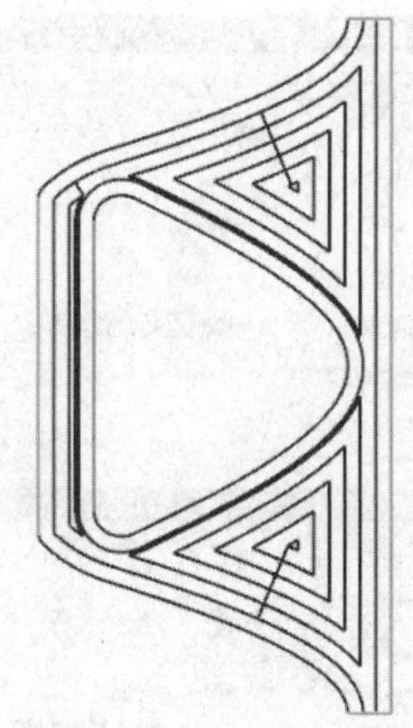

图 4-54　刀轨转成的曲线

任务 5：将刀轨转成的曲线缠绕到圆柱面上。

(1)　重新设置当前工作图层为 14。单击【缠绕/展开曲线】按钮，打开【缠绕/展开曲线】对话框，选取要缠绕的曲线为刀轨转成的曲线，然后在系统提示下选取槽的圆柱底面和与之相切的基准平面，具体设置如图 4-55 所示。

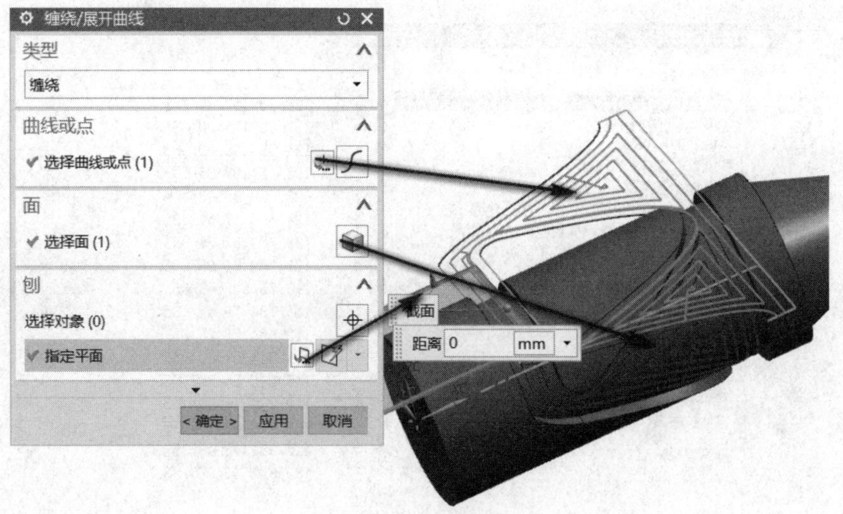

图 4-55　设置缠绕参数

(2)　所有参数设置完毕后，生成的缠绕曲线如图 4-56 所示。

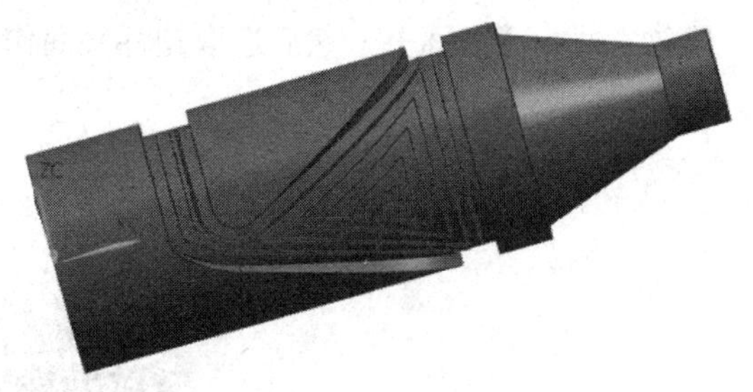

图 4-56　生成的缠绕曲线

任务 6：使用曲线/点驱动方式加工圆柱槽。

(1) 重新进入加工模块，然后创建可变轴轮廓铣刀轨，如图 4-57 所示。

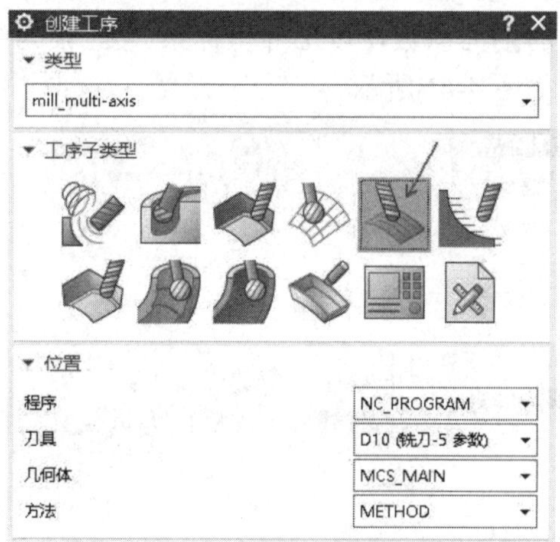

图 4-57　创建可变轴轮廓铣刀轨

(2) 使用曲线/点驱动方式创建刀轨，选取上面创建的缠绕曲线作为驱动曲线，具体操作如图 4-58 所示。

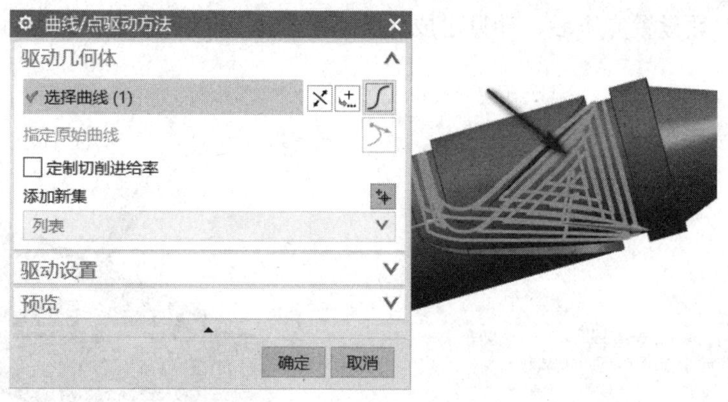

图 4-58　选取的驱动曲线

(3) 设置刀轴方式为【远离直线】，然后选取 XC 轴；设置投影矢量为【刀轴】，具体参数设置如图 4-59 所示。

(4) 指定部件，设置选取方式为【曲面】，然后选取圆柱底面作为部件表面，如图 4-60 所示。

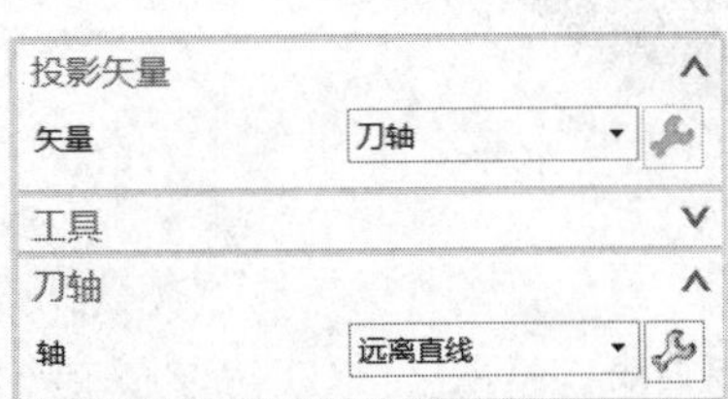

图 4-59　设置刀轴和投影矢量

图 4-60　指定的部件表面

(5) 设置多刀加工参数，如图 4-61 所示。

(6) 设置分层加工时的抬刀参数，以工件坐标系 XC 轴为中心线的圆柱，设置【半径】为 50，具体参数设置如图 4-62 所示。

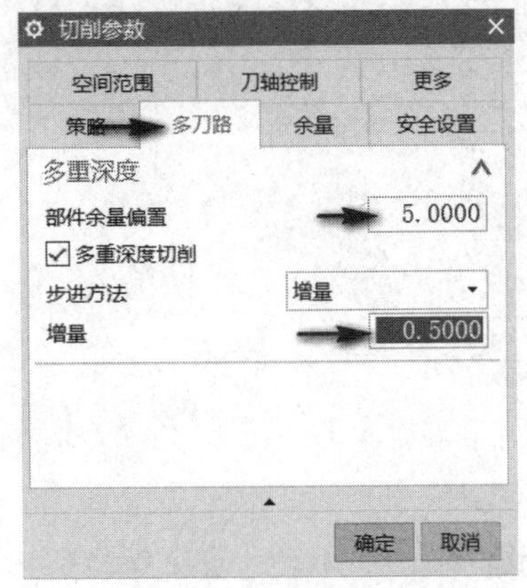

图 4-61　多刀加工参数设置

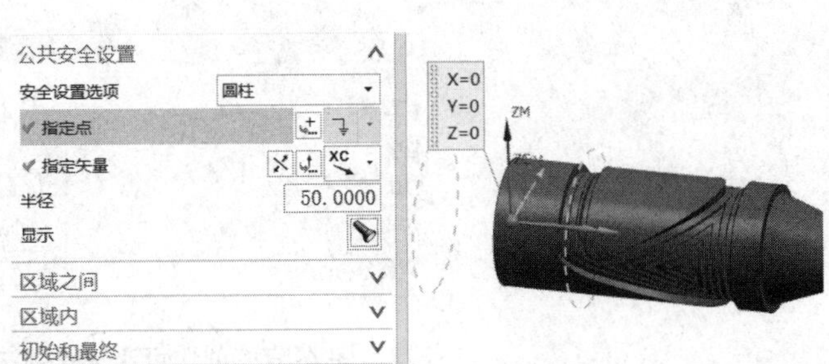

图 4-62　分层抬刀参数设置

(7) 设置主轴转速和进给速度，如图 4-63 所示。

(8) 所有参数设置完毕后，计算生成圆柱槽的加工刀轨，如图 4-64 所示。

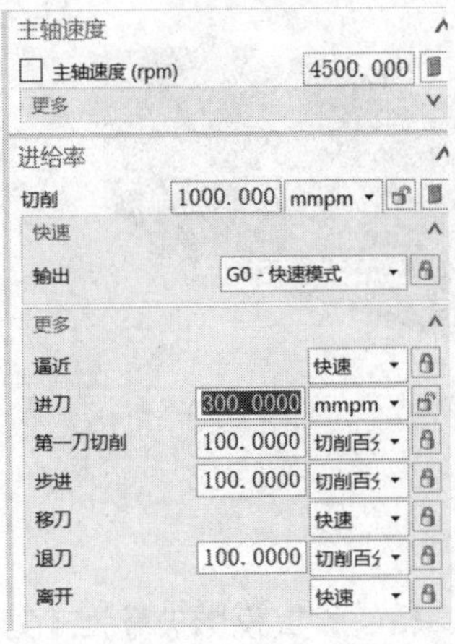

图 4-63　设置主轴转速和进给速度

图 4-64　圆柱槽的加工刀轨

说明

侧面如果要保留加工余量，可以使用骗刀法，即大刀编程、小刀加工。

案例4-4：三轴转四轴刀轨操作

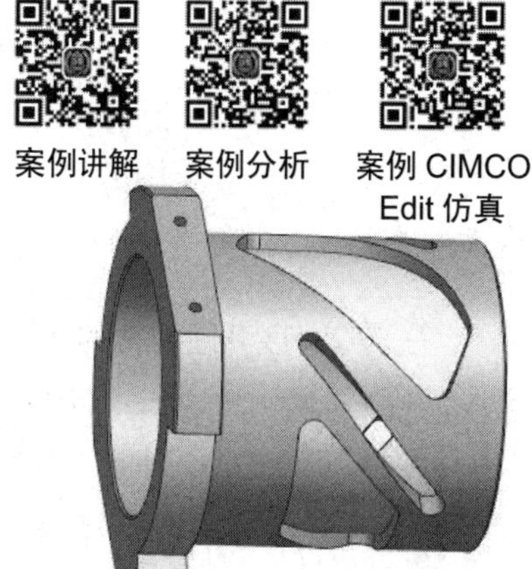

图 4-65 四轴零件

三轴转四轴后处理，在编程时，展开平面必须是XC-YC 平面的平行平面。将圆柱底面上的线展开成平面图，然后对平面图直接进行编程加工；也可以将展开平面图转换为3D 图，使用3D 功能进行加工编程。无论哪种编程，都需要注意以下三点：①刀轴矢量设置为+ZM轴；②运动输出类型为直线；③在【描述】处输入直径，告诉后置处理器缠绕直径的大小。

三轴转四轴后处理，省掉了刀轨转曲线和缠绕曲线的功能，相当于 Mastercam 中的替换轴操作。其优点是支持所有的 2D、3D 加工操作，编程简单方便；缺点是在 NX 软件中看不到四轴刀轨，刀轨效果不直观，需要借助 CIMICO 等软件才能看到。

三轴转四轴的后置处理，其内部的机床四轴属性定义必须与真实机床的四轴属性定义完全一致，否则 NC 程序就会不正确。

四轴零件如图 4-65 所示。

任务 1：摆放图形，使其满足加工要求。

(1) 使用从坐标系到坐标系的方法，移动图形，使其满足四轴加工要求。指定起始坐标系，具体操作如图 4-66 所示。

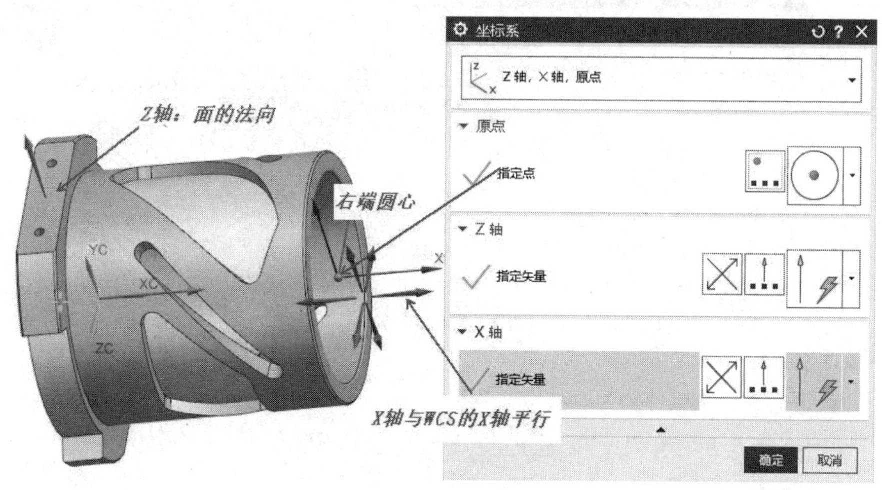

图 4-66 移动图形操作

(2) 指定目标坐标系为绝对坐标系，选取零件图形，进行移动操作，完成后的图形如图 4-67 所示。

图 4-67　移动后的图形

任务 2：展开圆柱槽的底面曲线，创建满足加工要求的 3D 图形。

(1) 设置工作图层为 100，然后创建一个基准平面。这个基准平面必须与圆柱底面相切且平行于 XC-YC 平面，具体操作如图 4-68 所示。

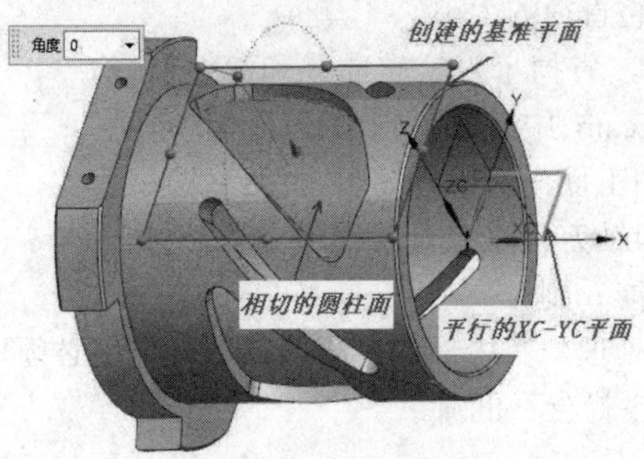

图 4-68　创建基准平面

(2) 展开两个区域的圆柱底面边线，具体操作如图 4-69 所示。

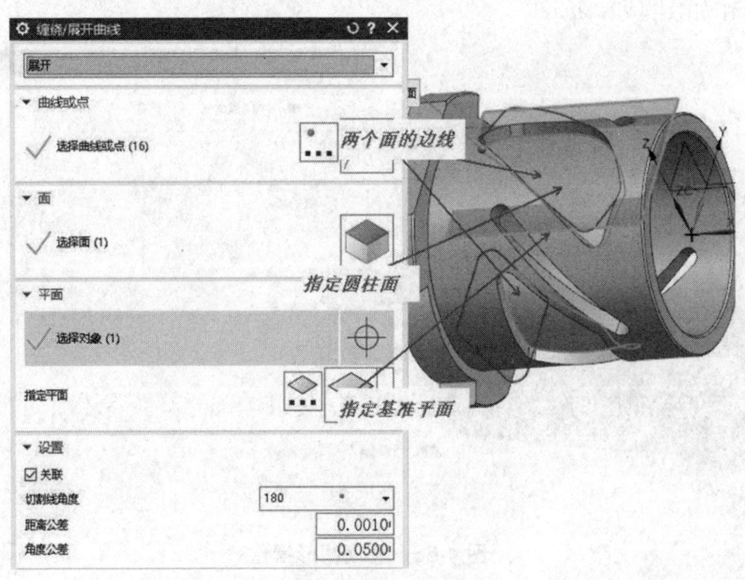

图 4-69　展开曲线操作

隐藏零件，可以查看展开的平面曲线，如图 4-70 所示。

(3) 将平面图形转换为满足加工要求的 3D 图形。首先创建一个任意大小的外边框，如图 4-71 所示。

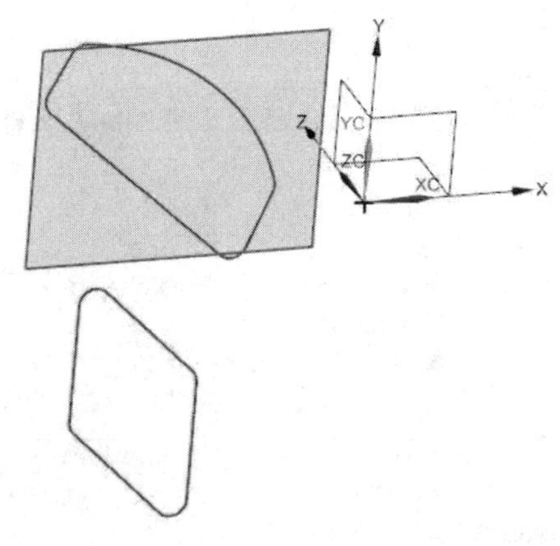

图 4-70 展开的平面曲线

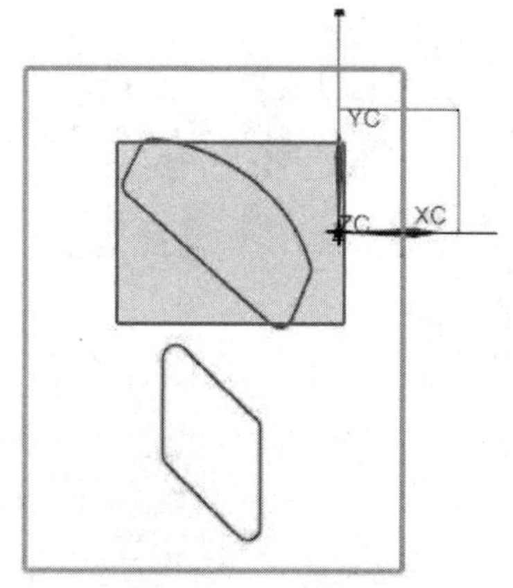

图 4-71 外边框

由于圆柱槽深度为 6mm，使用拉伸方法向上拉伸 6mm，向下拉伸 2mm，创建一个实体，如图 4-72 所示。

使用两个展开线框，向上拉伸去除材料，形成加工用的腔体，最终的加工用 3D 图如图 4-73 所示。

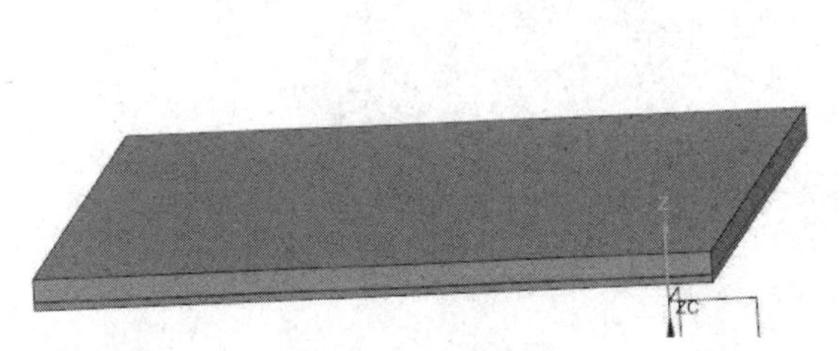

图 4-72 拉伸实体

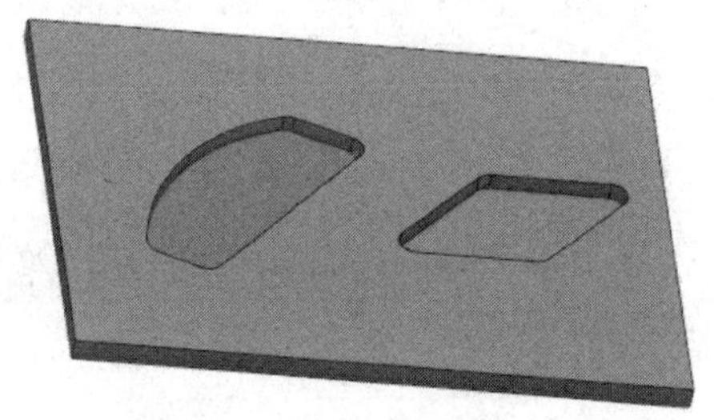

图 4-73 加工用 3D 图

任务 3：创建三轴刀轨。

(1) 进入加工模块，设置编程坐标系与 WCS 重合。定义一把直径为 8mm 的铣刀，创建一个三轴动态铣粗加工操作，如图 4-74 所示。

(2) 设置行距和切削参数，如图 4-75 所示。

(3) 定义加工区域，使用修剪边界的方式，选取两个槽的底面边界，修剪外侧刀轨，具体操作如图 4-76 所示。

(4) 定义切削层。设置【范围类型】为【单个】，顶部为零件的顶面，底部为槽的底面，具体操作如图 4-77 所示。

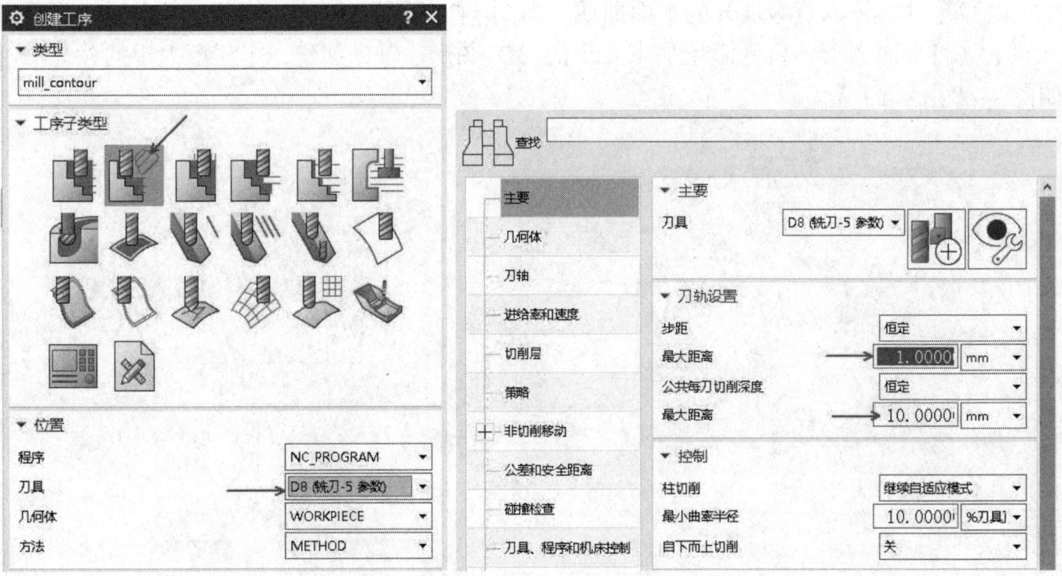

图 4-74　三轴刀轨创建　　　　　图 4-75　切削参数设置

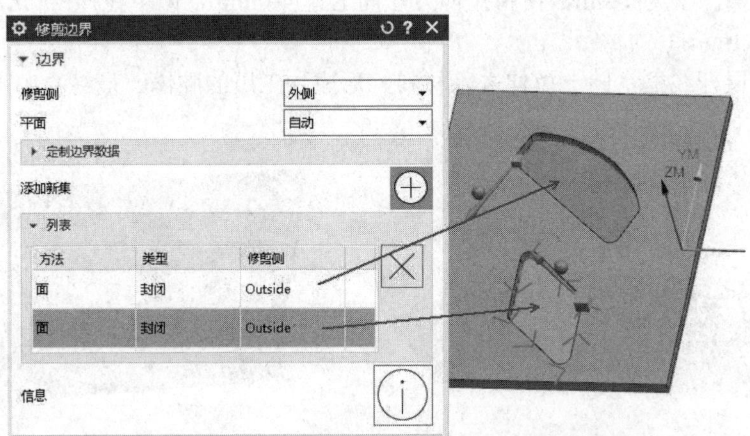

图 4-76　定义加工范围

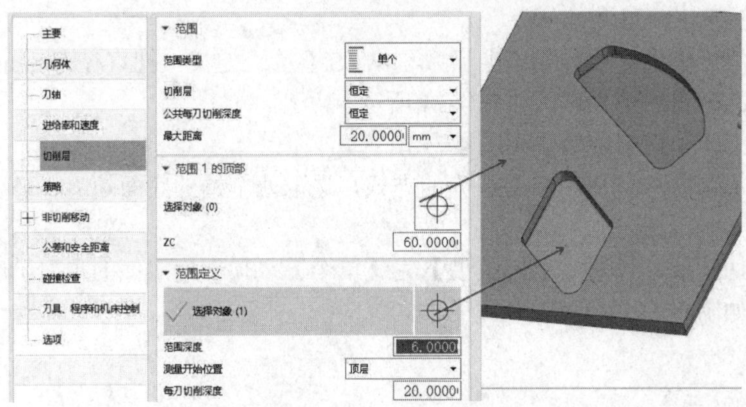

图 4-77　定义切削范围

(5) 设置加工余量为 0.3mm，设置刀轴矢量为+ZM 轴。这个参数一定要设置正确，如图 4-78 所示。

(6) 设置【运动输出类型】为【直线】，输出缠绕圆柱面的直径为 108，具体操作如图 4-79 所示。这也是两个重要的参数，一定要设置正确。

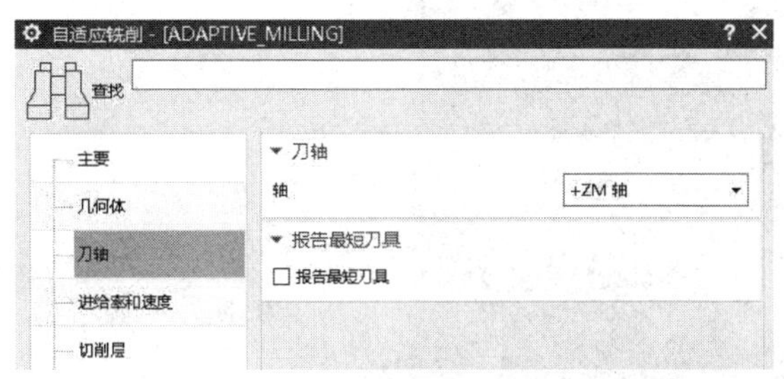

图 4-78　刀轴矢量设置

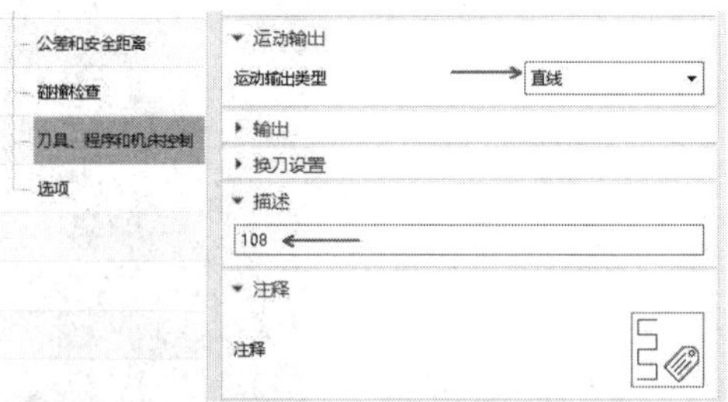

图 4-79　设置运动输出类型和缠绕圆柱面的直径

(7) 设置其他加工参数，完成动态铣刀轨的创建，如图 4-80 所示。

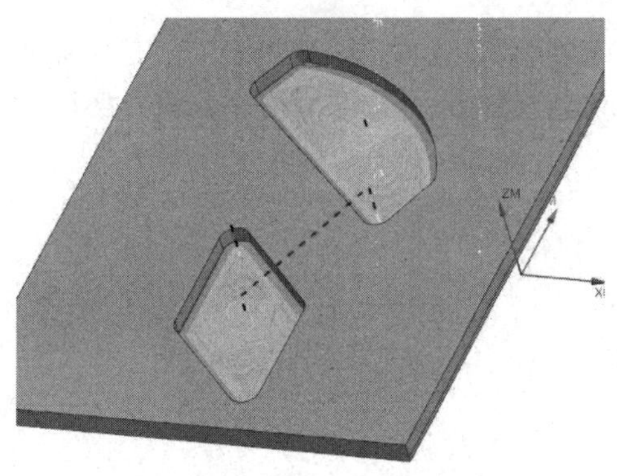

图 4-80　3D 动态铣刀轨

任务 4：三轴转四轴后置处理。

(1) 使用专用的三轴转四轴后置处理器进行后处理，如图 4-81 所示；生成四轴 NC 程序，如图 4-82 所示。

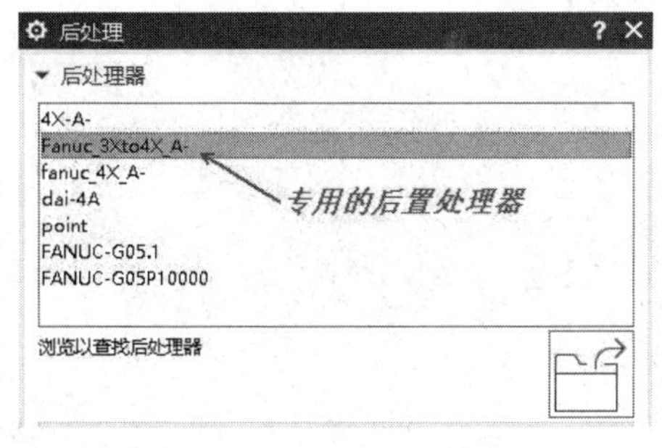

图 4-81　专用的后置处理器

```
%
O0051
G00 G40 G17 G90 G80 G49 G94 G21
G91 G28 Z0
T1 M6
M01
G90 G54
G00 X-48.764 A3.6 Y0.
M8
G17 G90 G43 Z70.3 H01 S4500. M3
Z63.
G1 X-48.755 A3.642 Z62.999 F1000.
G1 X-48.678 A4.334 Z62.988
G1 X-48.72 A5.029 Z62.976
G1 X-48.881 A5.705 Z62.965
G1 X-49.155 A6.338 Z62.953
G1 X-49.532 A6.908 Z62.942
G1 X-50.001 A7.396 Z62.93
G1 X-50.546 A7.785 Z62.919
G1 X-51.148 A8.063 Z62.907
G1 X-51.787 A8.22 Z62.896
G1 X-52.443 A8.252 Z62.885
G1 X-53.094 A8.156 Z62.873
G1 X-53.717 A7.937 Z62.862
G1 X-54.292 A7.601 Z62.85
G1 X-54.8 A7.16 Z62.839
G1 X-55.225 A6.628 Z62.827
```


图 4-82　生成的四轴 NC 程序

(2) 将零件图形导出为 STL 格式，打开 CIMCO 软件，可以查看四轴刀轨，来判断 NC 程序的对错，如图 4-83 所示，可见四轴程序是正确的。

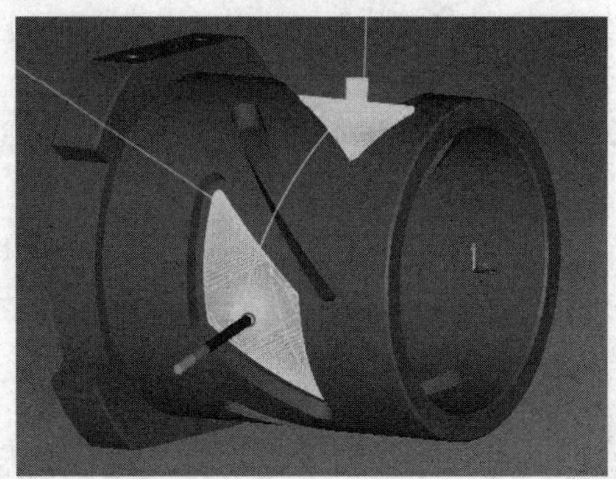

图 4-83　CIMCO 软件中的刀轨

注意

CIMCO 软件中定义的四轴机床，其四轴属性必须与实际四轴机床的属性相同，否则仿真结果会出现错误。

第5章

边界驱动方法

5.1 边界驱动方法的基本思想

边界驱动
方法讲解

边界驱动方法的基本思想是朝向曲线的投影原理，圆柱面上的线按朝向直线的投影方法可以产生平面曲线，反之，平面上的线按朝向直线的投影原理也可以得到圆柱面的投影曲线。所谓加工，就是刀具轨迹覆盖整个加工面，直接创建圆柱面上的刀具轨迹比较困难，但产生平面边界范围的加工轨迹方法很多。将 2D 加工的刀路轨迹投影到圆柱面上，便是一个很好的方法。从本质上看，它与替换轴加工中的刀轨转曲线是一样的，只是边界驱动方法是将平面刀轨直接投影到圆柱面上。

边界驱动方法实现了将 2D 加工方法应用于圆柱面加工的目的，也可以说是将传统 2D 加工方法与多轴加工联系起来的一个途径。

投影平面的创建，推荐使用【视图平面】方法，这种方法快捷简单。

5.2 边界驱动方法的基本操作

边界驱动方法，首先要得到一个封闭的平面投影边界。这个边界最好位于圆柱面边界的附近，即投影边界和原始边界之间大小差别较小，这样的好处是平面刀轨接近于投影后的圆柱面刀轨，因此必须构建合理的投影平面。

边界驱动方法的投影方法是朝向直线，通常需要过圆柱体中心做一条中心线，该中心线与圆柱体的轴线共线。为解决临界值问题，对于粗加工来说，空间边界线最好偏置一个刀具半径+加工余量；对于精加工来说，空间边界线偏置一个刀具半径。在创建 2D 刀轨时，刀具中心相对于投影平面边界线的位置关系为【对中】。将 2D 刀轨投影到圆柱面上时，投影矢量定义为【朝向直线】，刀轴矢量为【远离直线】。

边界驱动方法产生的四轴刀轨，其侧面加工余量通过空间边界线偏置得到，底面加工余量可以通过软件直接设置。边界驱动方法，可以用于创建圆柱面的精加工，也可以用于圆柱槽的粗加工。它的缺点是只能加工小于 180° 的圆柱面范围。

由于边界驱动方法不需要定制专用的后置处理器，对小于 180° 的圆柱面精加工或圆柱槽粗加工，推荐使用这种方法。

5.3 典 型 案 例

案例 5-1：边界驱动粗加工

案例加工

案例分析

边界驱动粗加工零件如图 5-1 所示。

任务 1：设置加工坐标系。

在建模模块中，打开原始文件，此时的工件坐标系如图 5-2 所示。坐标系原点位于右端面圆心点，XC 轴与圆柱中心线重合，满足加工要求。

图 5-1　零件图

图 5-2　原始的工件坐标系

任务 2：创建辅助曲线。

(1) 设置当前工作图层为 11。单击【直线】按钮，捕捉圆弧端点作为直线起点，做平行于 XC 轴的直线段，如图 5-3 所示。

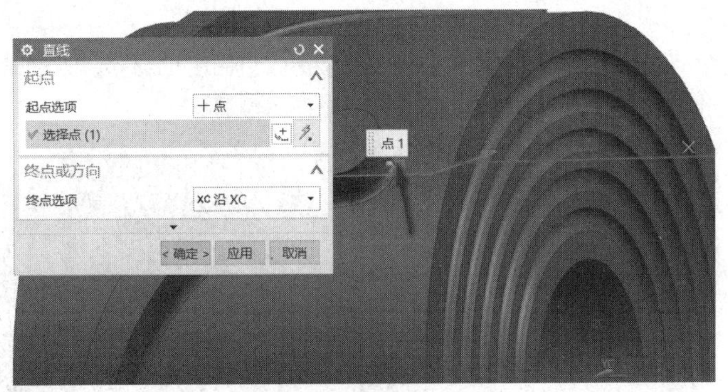

图 5-3　绘制直线段

使用相同的方法，绘制其他三条平行于 XC 轴的直线段，如图 5-4 所示。

(2) 单击【在面上偏置曲线】按钮，选取与圆弧底面相接的一圈曲线向外偏置，偏置距离设置为 3.2，选取的曲面是圆柱底面，具体参数设置如图 5-5 所示。

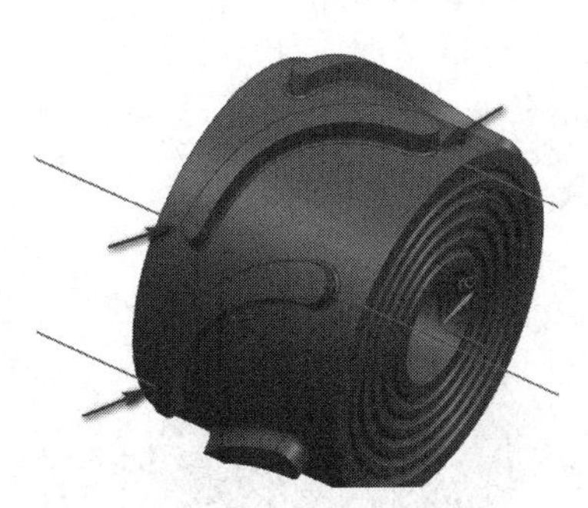

图 5-4　绘制的其他三条直线段

图 5-5　设置偏置曲线参数

参数设置完毕后，生成的偏置曲线如图 5-6 所示。使用相同的方法，对相邻的另一侧曲线进行偏置曲线操作，偏置后的曲线如图 5-7 所示。

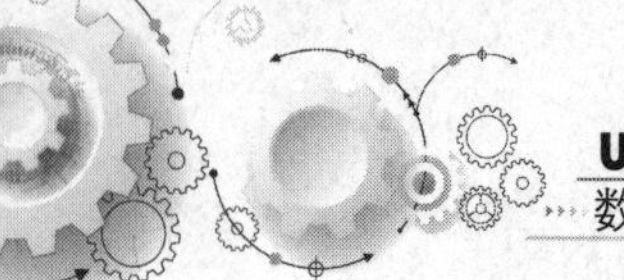

(3) 抽取两侧边曲线，单击【抽取曲线】按钮，选取【边曲线】方式，抽取两侧的圆曲线，如图 5-8 所示。

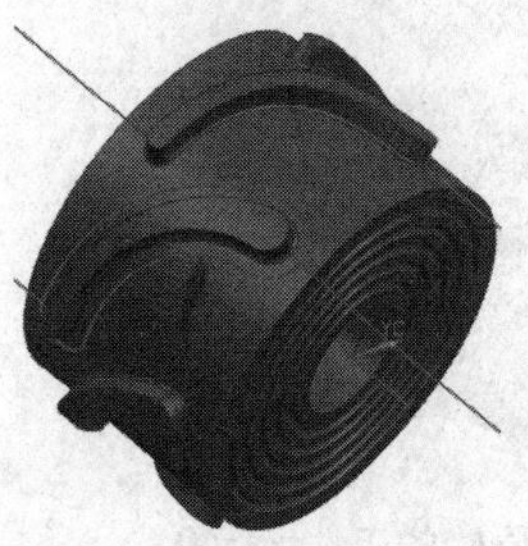

图 5-6　第 1 条偏置曲线

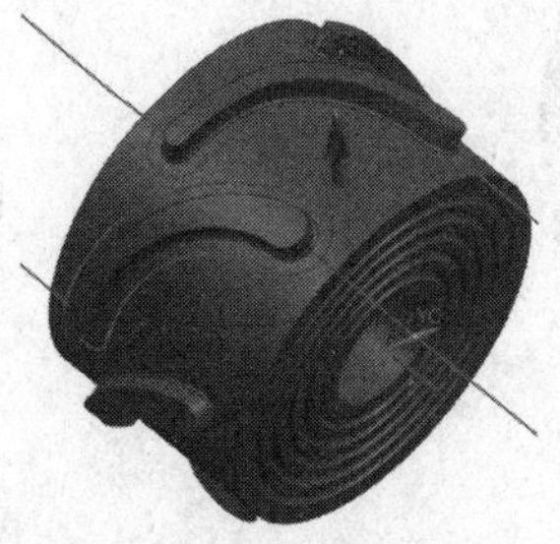

图 5-7　第 2 条偏置曲线

图 5-8　抽取的边曲线

 说明

也可以通过【抽取几何体】按钮，抽取两侧的圆曲线。

(4) 创建复合曲线。单击【复合曲线】按钮，限定曲线选取方式为【在相交处停止】，选取创建的辅助线，构成一个封闭环，如图 5-9 所示。

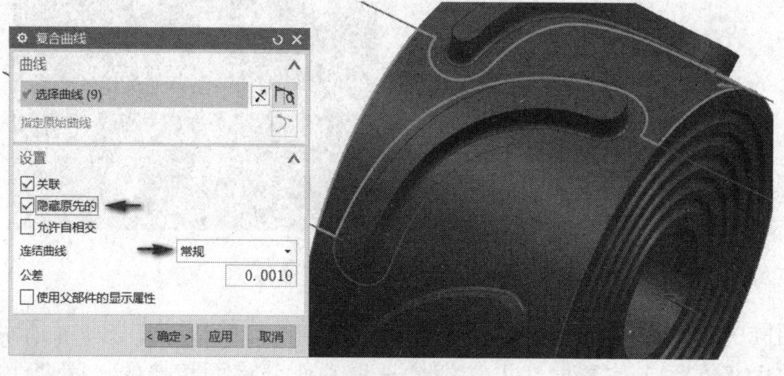

图 5-9　创建的复合曲线

(5) 创建一条过原点与 XC 轴重合的直线段，如图 5-10 所示。

(6) 创建一个基准平面。使用【两直线】方式创建一个基准平面，如图 5-11 所示。

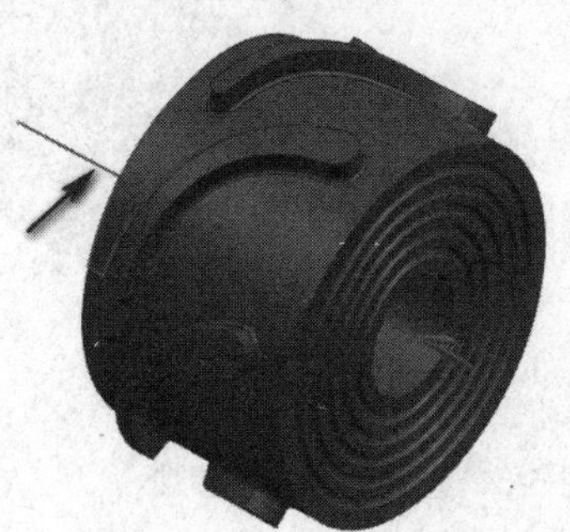

图 5-10　绘制的直线段

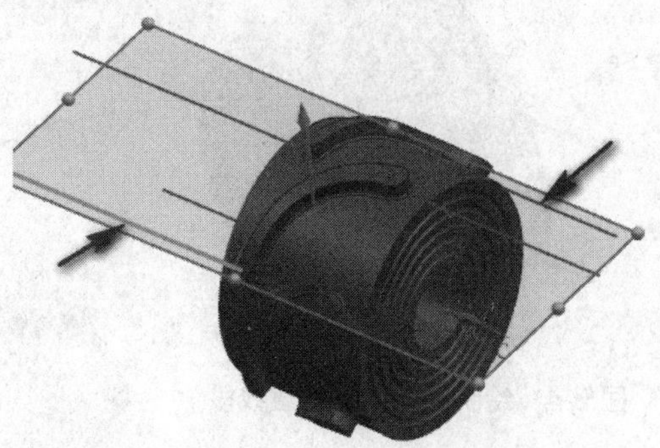

图 5-11　创建的基准平面

(7) 设定当前工作图层为 12，创建投影曲线。单击【投影曲线】按钮，选取组合曲线，以朝向直线方式进行投影，选取刚才绘制的与 XC 轴重合的直线段，将曲线投影到上面创建的基准平面上，具体操作如图 5-12 所示。

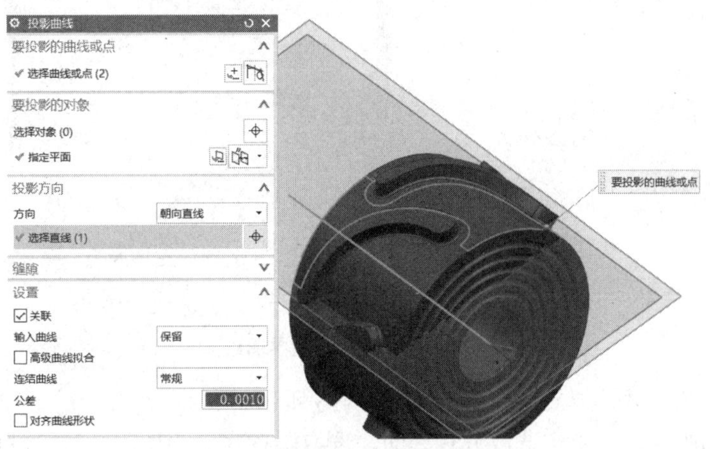

图 5-12 投影曲线操作

参数设置完毕后，生成的投影曲线如图 5-13 所示。

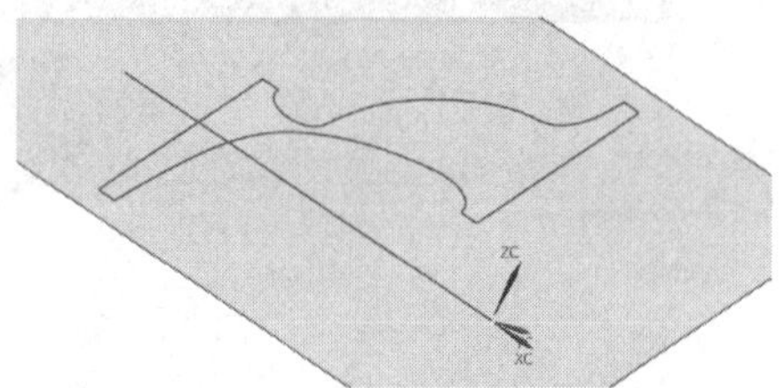

图 5-13 生成的投影曲线

任务 3：使用边界驱动方法创建刀轨。

(1) 进入加工模块，首先设置编程坐标系参考工件坐标系，即两个坐标系重合，然后创建直径为 6 的端铣刀，最后创建可变轴轮廓铣刀轨，如图 5-14 所示。

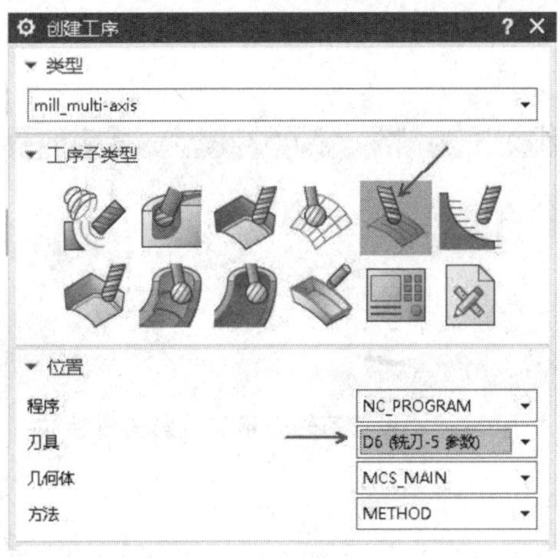

图 5-14 创建可变轴轮廓铣刀轨

(2) 使用【边界】驱动方式创建刀轨，选取上面创建的投影曲线作为边界曲线，限定选取方式为【相连曲线】，具体操作如图 5-15 所示。

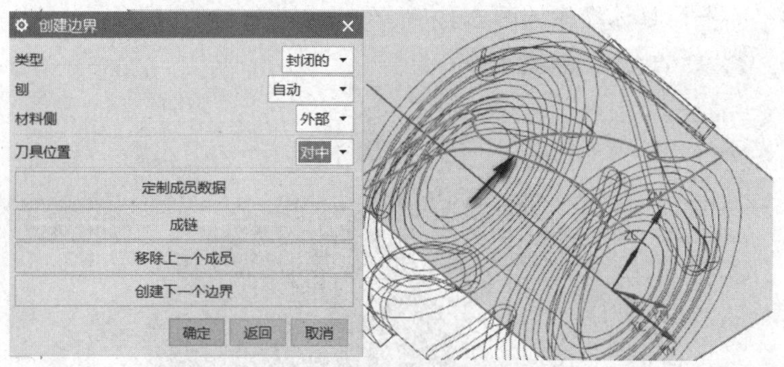

图 5-15 选取的边界曲线

(3) 设置走刀方式，具体参数设置如图 5-16 所示。

(4) 指定切削区域。限定选取方式为面，选取圆柱底面为切削区域，具体操作如图 5-17 所示。

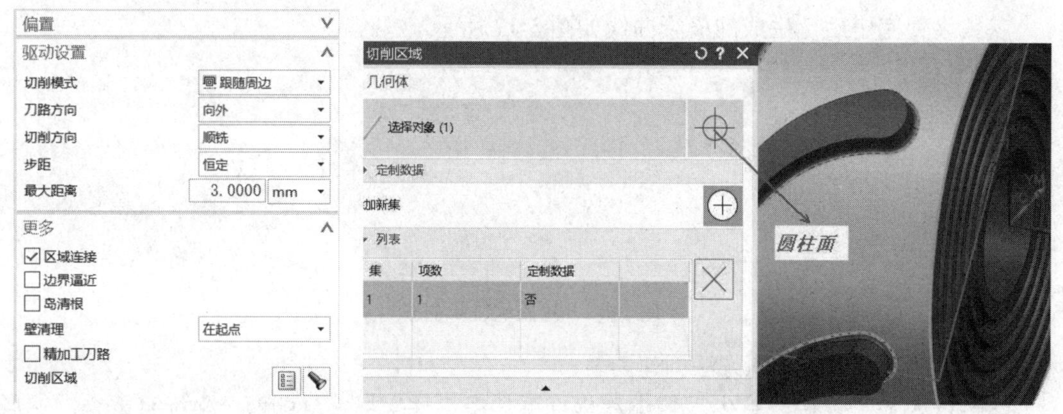

图 5-16 设置走刀参数

图 5-17 指定切削区域

(5) 设置刀轴矢量为【远离直线】，然后选取 XC 轴；设置投影矢量为【刀轴】，具体参数设置如图 5-18 所示。

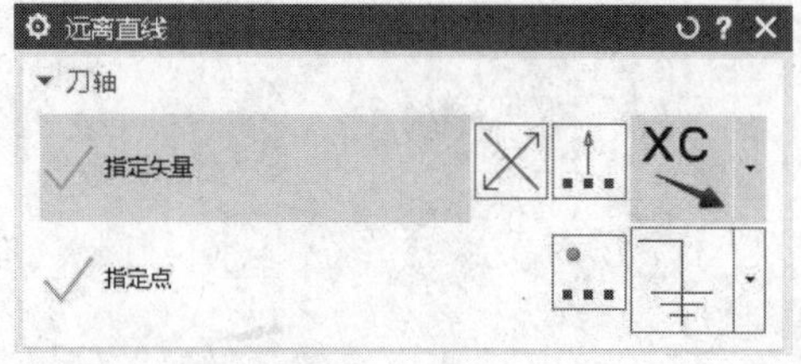

图 5-18 设置刀轴矢量和投影矢量参数

说明

投影矢量设置为【朝向直线】，该直线为过原点的 XC 直线，效果相同。

(6) 设置底面加工余量参数，如图 5-19 所示。

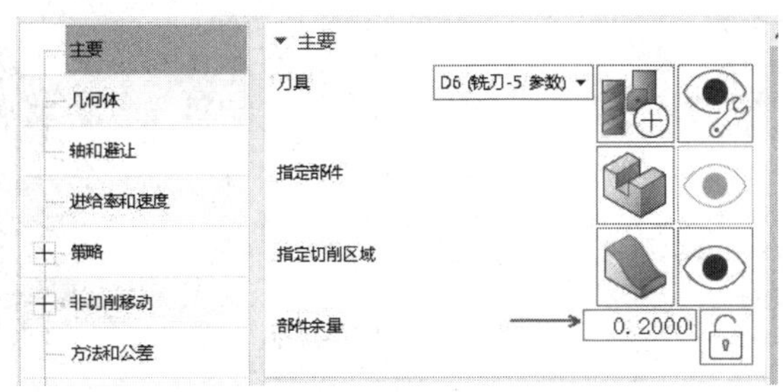

图 5-19　设置加工余量参数

(7) 设置安全区域参数，以工件坐标系 XC 轴为中心线的圆柱，设置【半径】为 100，具体设置如图 5-20 所示。

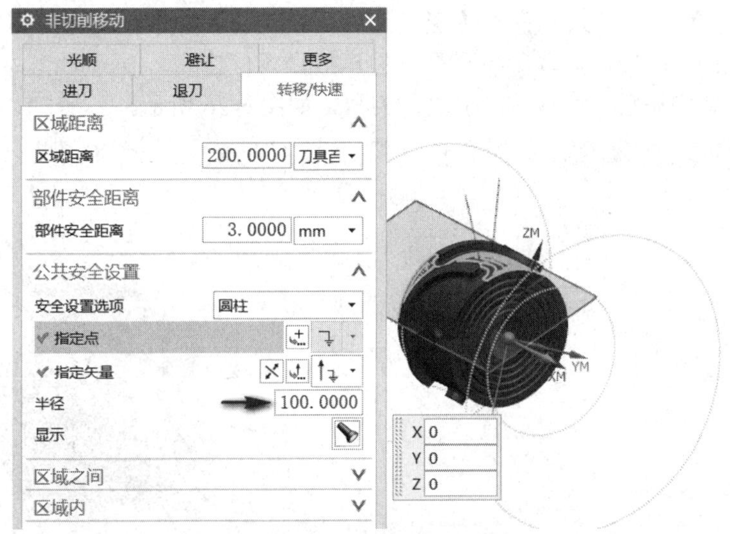

图 5-20　安全区域参数设置

(8) 设置主轴转速和进给速度，具体设置如图 5-21 所示。

(9) 所有参数设置完毕后，计算生成圆柱槽的加工刀轨，如图 5-22 所示。

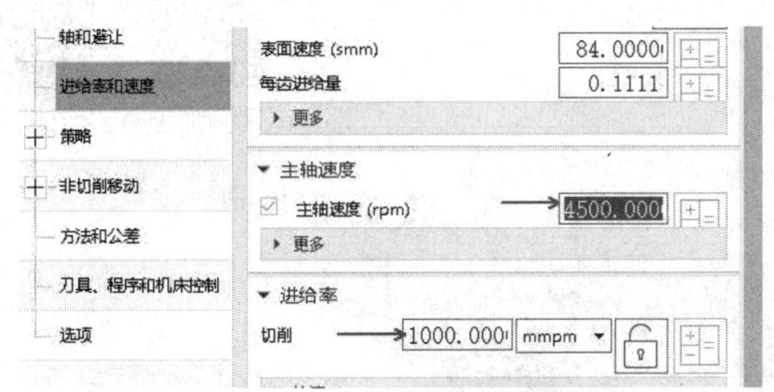

图 5-21　设置主轴转速和进给速度

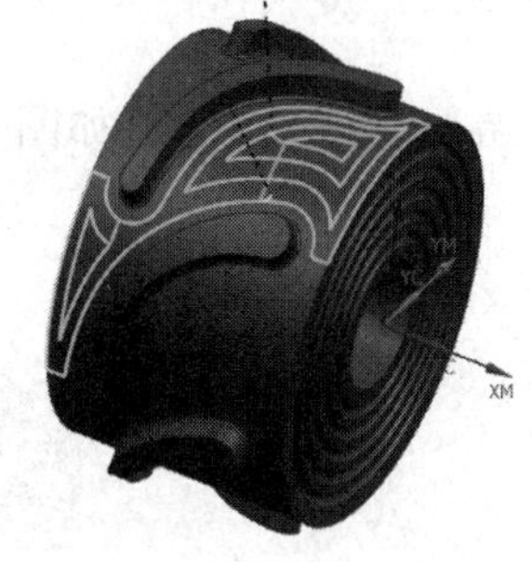

图 5-22　圆柱槽的加工刀轨

(10) 创建多层刀轨，参数设置如图 5-23 所示；生成的刀轨如图 5-24 所示。

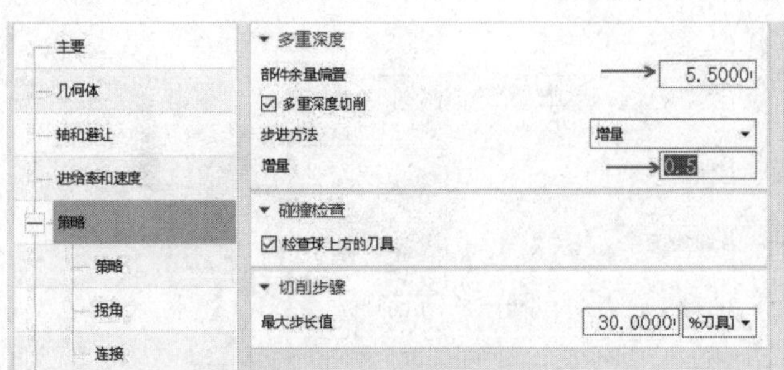

图 5-23　多层刀轨参数设置

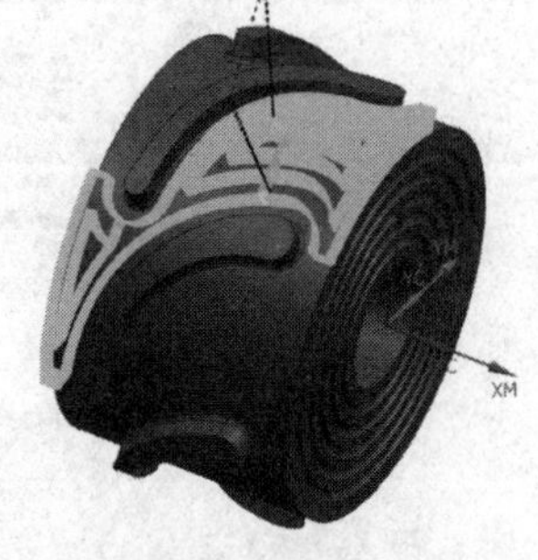

图 5-24　生成的多层刀轨

任务 4：绕直线旋转复制刀轨。

(1)　在部件导航器中选中生成的程序，单击鼠标右键，在弹出的快捷菜单中依次选取【对象】和【变换】命令，系统弹出【变换】对话框，设置绕直线旋转的相关参数，选取的直线是过原点的 XC 轴，具体参数设置如图 5-25 所示。

(2)　参数设置完毕后，生成旋转复制的刀轨，如图 5-26 所示。

图 5-25　【变换】对话框

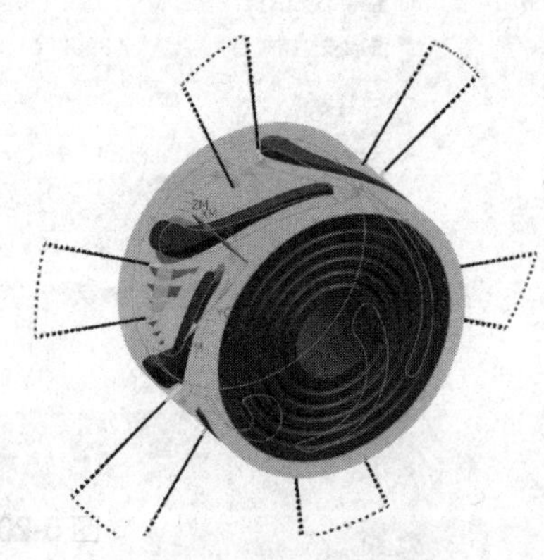

图 5-26　旋转复制的刀轨

案例 5-2：边界驱动精加工

案例加工

案例分析

边界驱动精加工零件如图 5-27 所示。

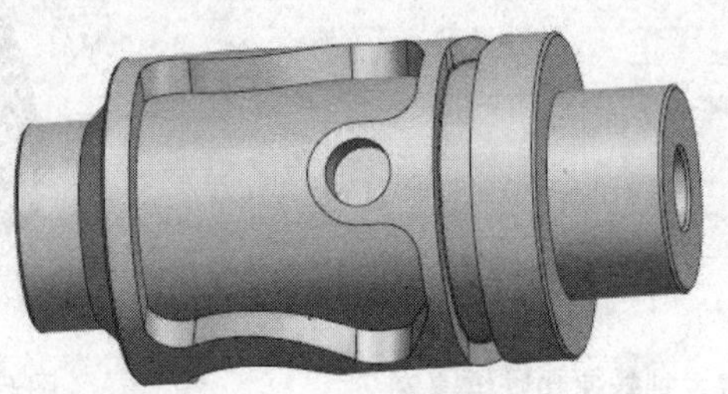

图 5-27　圆柱体零件

任务 1：创建投影曲线。

(1) 设置图层为 100。在面上偏置曲线，加工所用的刀具为直径 8mm 的铣刀，在面上偏置曲线距离为 4，偏置后的曲线如图 5-28 所示。

(2) 选取三个合适的点，创建一个投影基准平面，如图 5-29 所示。

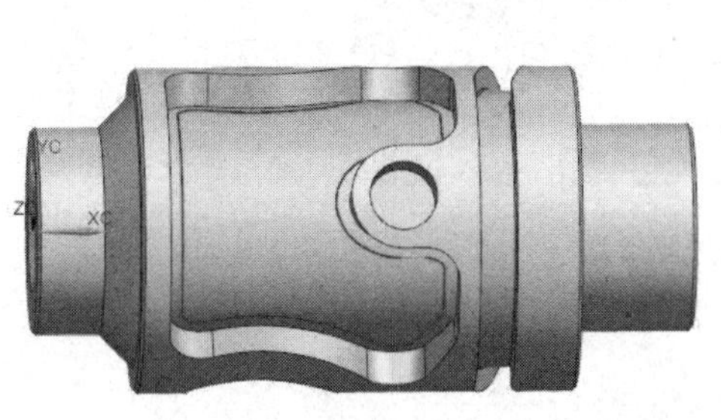

图 5-28 面上的偏置曲线

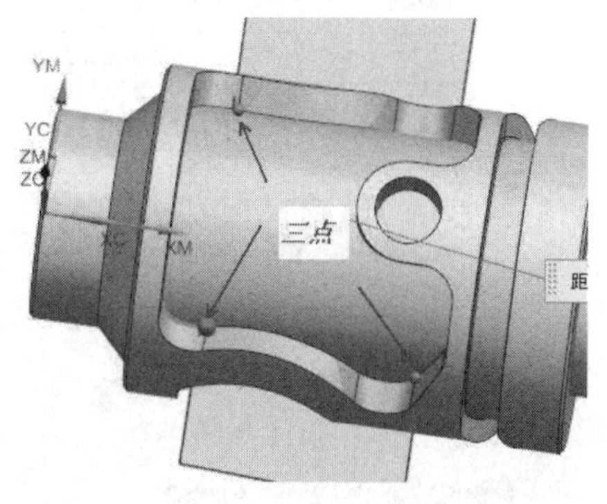

图 5-29 创建的投影平面

(3) 绘制一条过圆心且平行于 XC 轴的直线段，用作投影直线，如图 5-30 所示。

(4) 创建朝向直线的投影曲线，要投影的曲线是面上偏置曲线，投影平面为过三点做的基准平面，朝向的直线是过圆心的辅助直线，生成的平面投影曲线如图 5-31 所示。

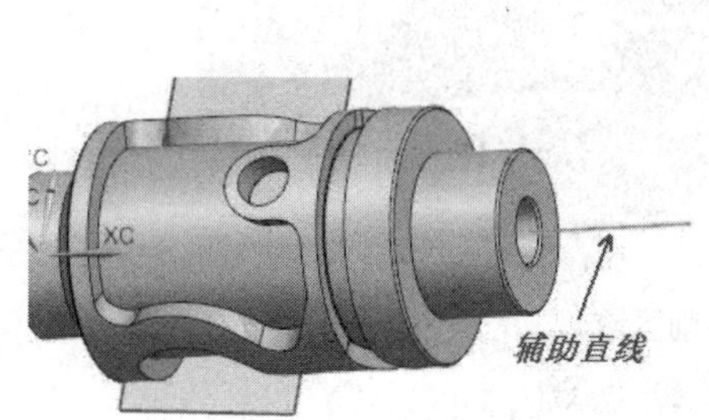

图 5-30 辅助直线

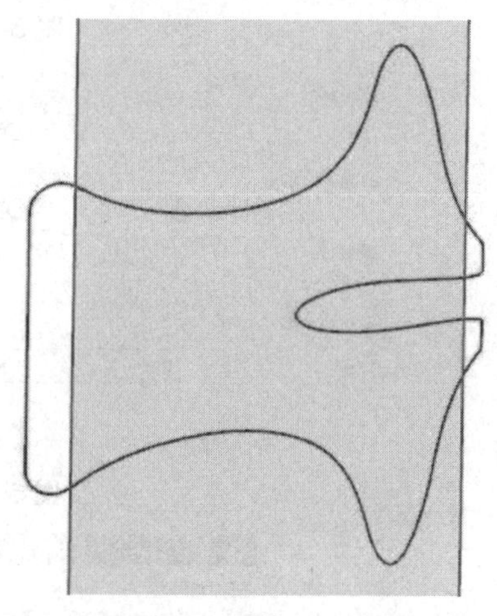

图 5-31 平面投影曲线

任务 2：使用边界驱动方法创建圆柱槽底面的精加工刀轨。

(1) 进入加工模块，定义直径为 8mm 的铣刀。创建边界驱动的可变轴刀轨，边界参数设置如图 5-32 所示。

(2) 设置走刀参数，如图 5-33 所示。

(3) 指定切削区域，选取圆柱槽底面，如图 5-34 所示。

(4) 设置刀轴矢量为【远离直线】，该直线为过原点的 XC 轴，如图 5-35 所示。

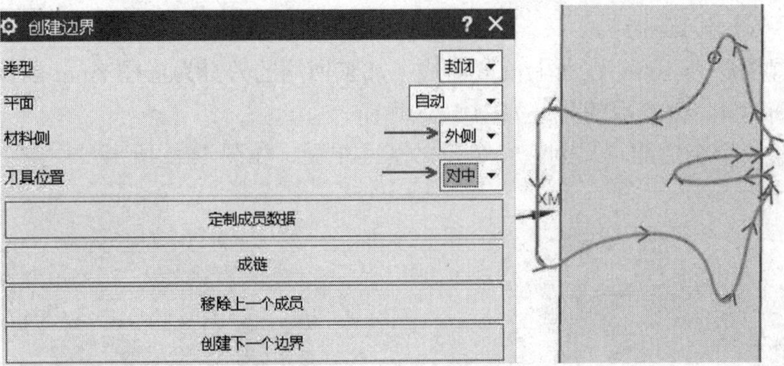

图 5-32 设置边界参数

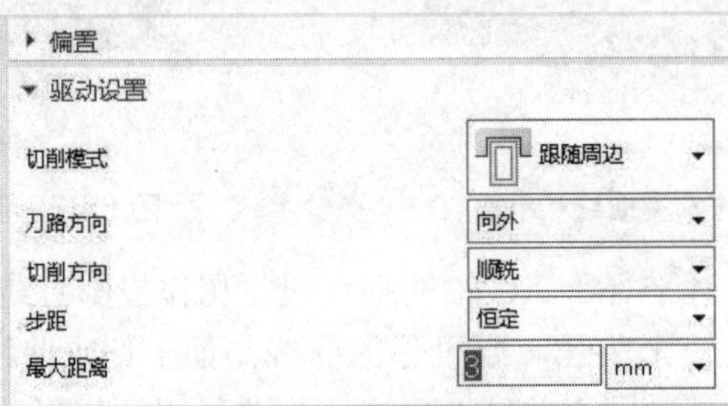

图 5-33 设置走刀参数

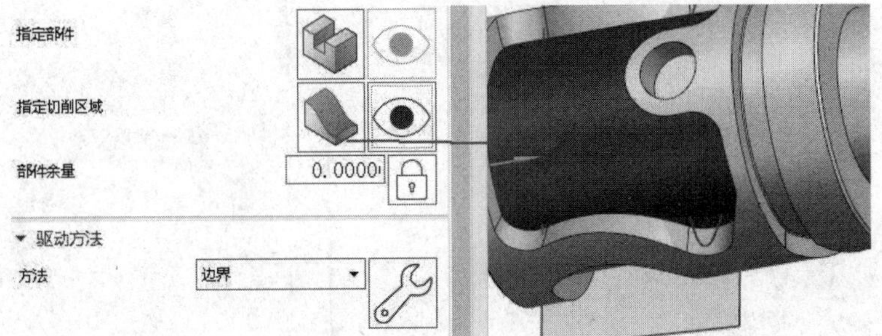

图 5-34 指定切削区域

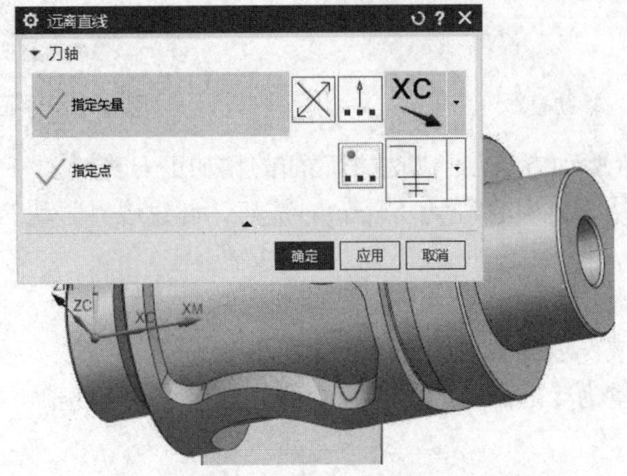

图 5-35 设置刀轴矢量

(5) 设置投影矢量方式为【朝向直线】，选取前面做的过圆心辅助直线，如图 5-36 所示。

(6) 设置其他参数，完成圆柱底面的精加工刀轨创建，如图 5-37 所示。

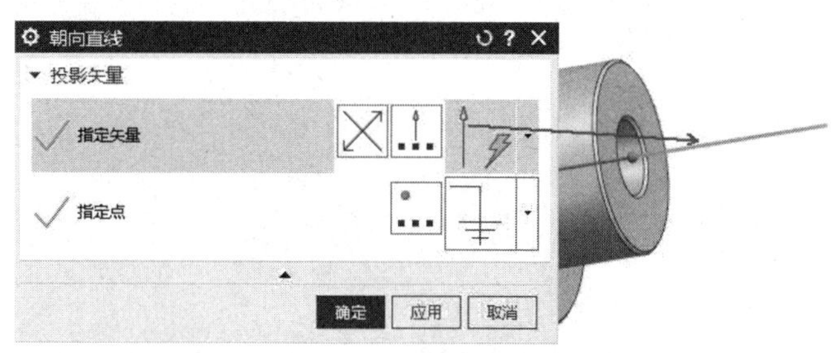

图 5-36 设置投影矢量

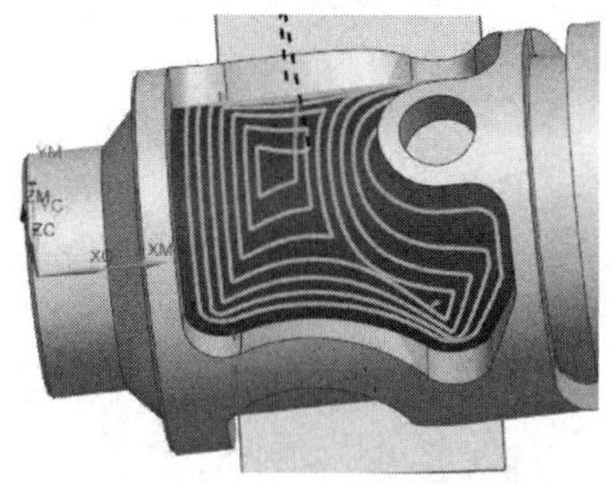

图 5-37 圆柱底面的精加工刀轨

说明

如果进退刀与零件过切，可以指定部件，选取整个零件，软件将自动产生无过切的加工刀轨。

(7) 刀轨有尖角，可以生成圆滑刀轨，设置拐角参数，如图 5-38 所示。

(8) 重新生成刀轨，如图 5-39 所示。

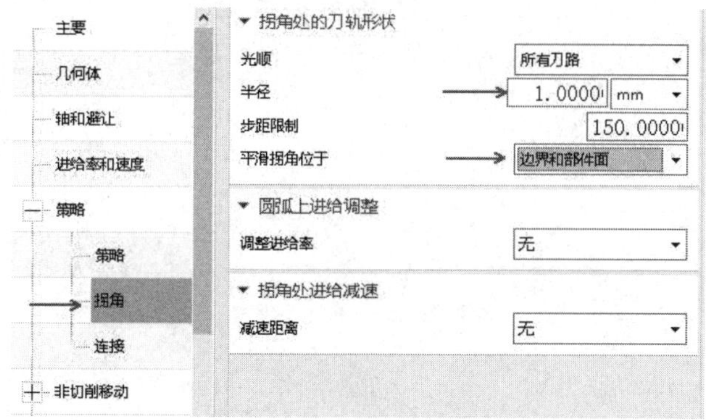

图 5-38 设置拐角参数

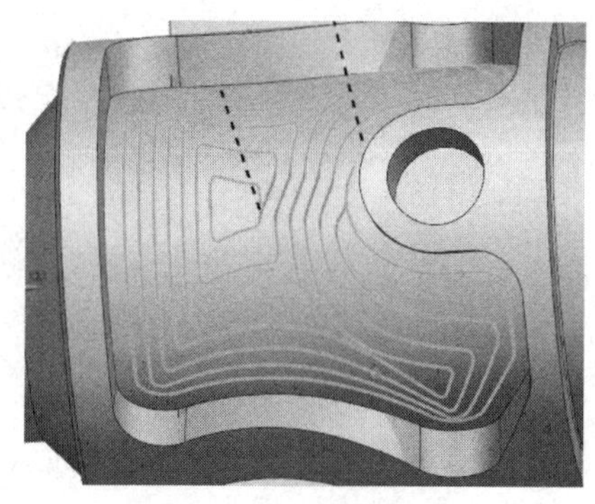

图 5-39 生成的圆滑刀轨

第6章

曲面区域驱动方法

6.1 曲面区域驱动方法的基本思想

曲面区域方法讲解

曲面区域驱动方法，其核心为曲面的 UV 线方向，系统产生沿曲面的 U 或 V 线的刀轨，这是最典型的多轴加工方法。如果零件面的 U、V 线方向可以满足加工要求，则直接使用零件面作为驱动面；如果零件面本身不能满足加工要求，则必须构造驱动面。另外，如果加工面是由很多零散面组成，通常也必须构造驱动面。

构造驱动面的基本原则：①UV 线方向可以满足加工要求；②驱动面要光顺，并且尽量做成一个整体，即一张面，这对于零散面的加工特别重要，可以保证大小面的刀轨均匀一致；③驱动面要尽量接近于加工面。

构造驱动面的好处是，可以使多轴曲面加工操作化繁为简，变不可能为可能，因此构造合适的驱动面通常是复杂曲面加工的基本功。

曲面区域驱动方法支持各种类型的刀具加工。

说明

三轴曲面加工，其轨迹线一般为相交线；多轴曲面加工，其轨迹线为曲面或驱动面的 UV 线。

6.2 曲面区域驱动的基本操作

曲面区域驱动方法，尤其是在构建驱动面的情况下，是典型的多轴加工编程思路。驱动面的目的是产生合理的刀轨，刀轴矢量是为了控制刀具轴线的方向，防止加工过程中刀具与零件碰撞或过切，投影矢量是为了控制加工的区域，即刀轨向哪些零件投影，从而实现加工。

创建的驱动曲面，是否满足加工要求，要查看其 UV 线方向，这很重要。另外，多轴加工时，编程人员要替软件考虑一些问题，或提供一些便利，否则完全靠软件来计算，有时比较困难，如同多重解和投影矢量问题，必须由编程人员加以干预。刀具相对于驱动面边界的位置关系也很重要，刀心对中，无论是曲面区域驱动还是后面要讲解的流线驱动，都是不错的方法。

此外，驱动面的大小也很重要，有时驱动面需要偏置一个刀具半径，如同边界驱动方法，边界线也需要偏置一个刀具半径。

驱动面的大小，也可以在已有驱动面的基础上通过修改百分比来控制，如图 6-1 所示。

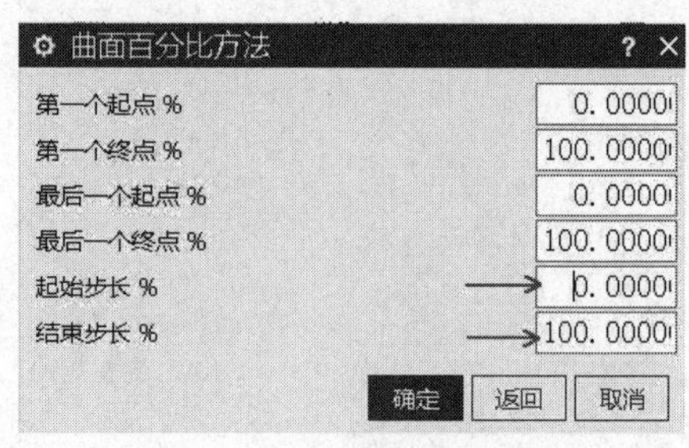

图 6-1 控制驱动面大小的参数

6.3 典型案例

案例6-1：类回转体零件精加工

案例加工

案例分析

类回转体零件如图6-2所示。

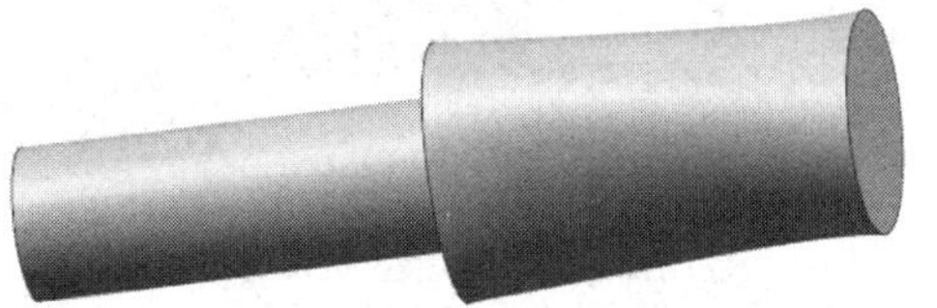

图6-2 零件图

任务1：设置工件坐标系。

(1) 在建模模块中，打开原始文件，此时的工件坐标系如图6-3所示，YC轴位于圆柱中心线。

(2) 改变工件坐标的指向，使原点位于左侧端面圆心，XC轴指向右侧，如图6-4所示。

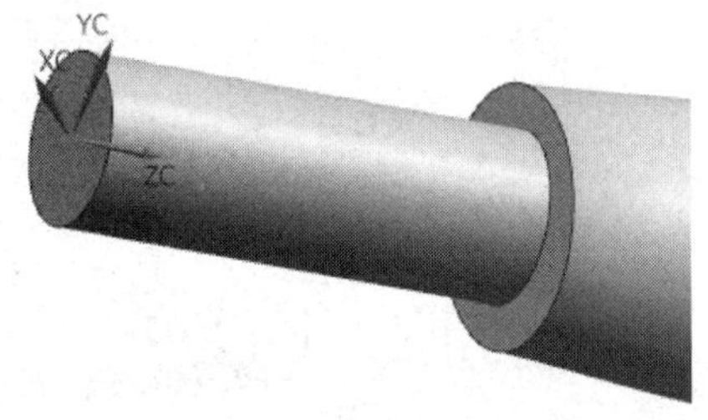

图6-3 原始的工件坐标系

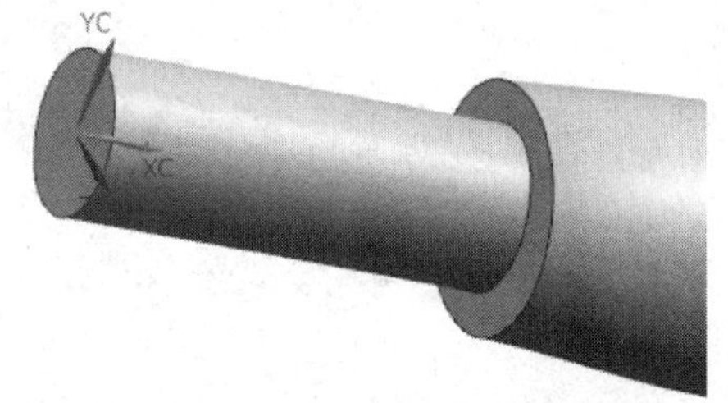

图6-4 工件坐标系的位置

任务2：创建辅助曲面。

设置工作图层为11。使用拉伸特征创建一个圆柱面，作为后面加工用的驱动面，如图6-5所示。圆柱的直径为70，长度与对应的类圆柱体等长。

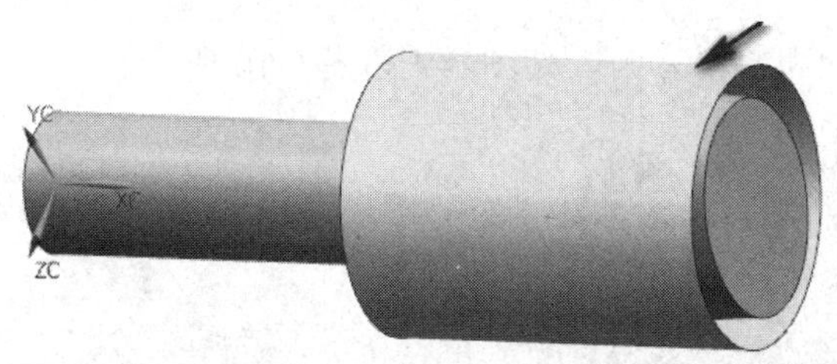

图6-5 拉伸曲面

任务3：使用曲面驱动方式对类圆柱体面进行四轴精加工。

(1) 进入加工模块，首先设置编程坐标系，参考工件坐标系，使编程坐标系与工件坐标系重合。设置安全区域为过工件坐标系原点以XC轴为中心线的圆柱体，设置【半径】为 50，如图 6-6 所示。

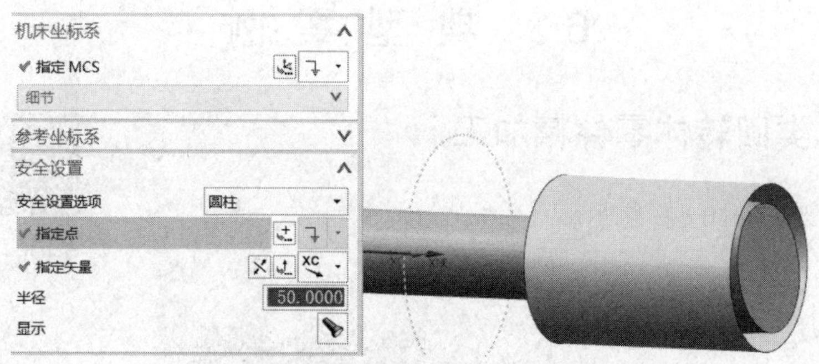

图 6-6 安全区域设置

(2) 创建名为 R4、直径为 8 的球刀作为加工刀具。

(3) 创建可变轮廓铣刀轨，具体参数设置如图 6-7 所示。

(4) 首先设置驱动方法为【曲面】，然后选取前面创建的辅助圆柱面，其他参数设置如图 6-8 所示，【刀具位置】设置为【对中】。

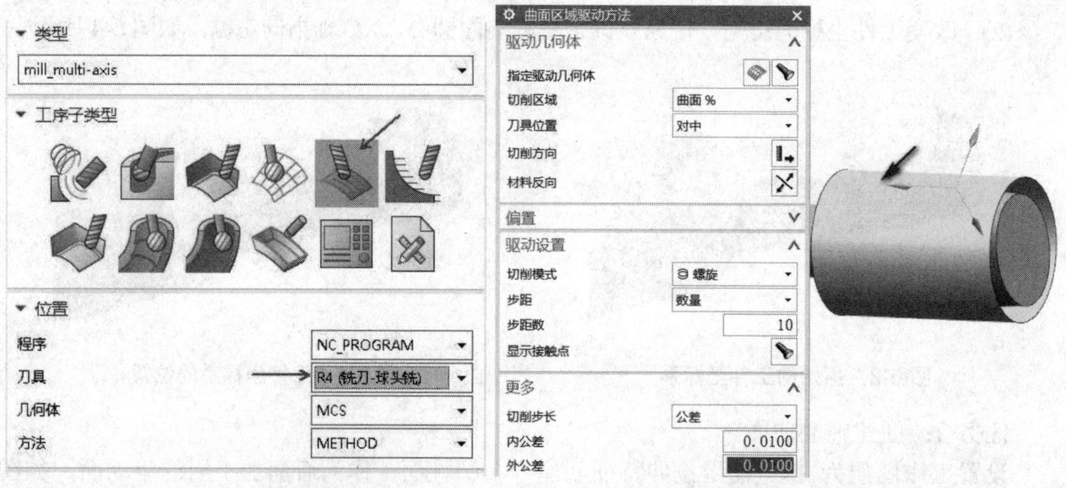

图 6-7 可变轮廓铣刀轨参数设置

图 6-8 曲面驱动方法参数设置

(5) 定义切削方向和材料方向，如图 6-9 和图 6-10 所示。

图 6-9 定义切削方向

图 6-10 定义材料方向

(6) 设置刀轴矢量为【远离直线】，选取过工件坐标系原点的 XC 轴作为参照；设置投影矢量为【刀轴】。

(7) 指定部件几何体，选取零件右端的类圆柱面，如图 6-11 所示。

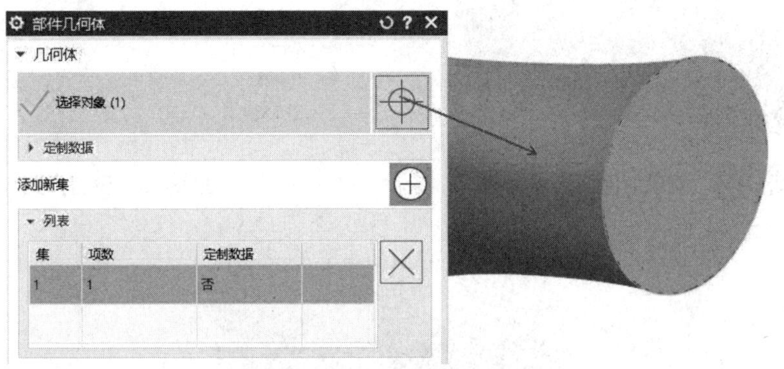

图 6-11　指定部件几何体

注意

此处是以面的方式指定部件几何体，而不是指定切削区域。也可以不指定部件几何体，而是直接指定切削区域，但此时避让用的圆柱半径要足够大，否则进退刀时会有问题。

(8) 设置切削参数，首先设置加工余量和公差，如图 6-12 所示。

(9) 设置非切削参数，将【安全设置选项】设置为【使用继承的】，如图 6-13 所示。

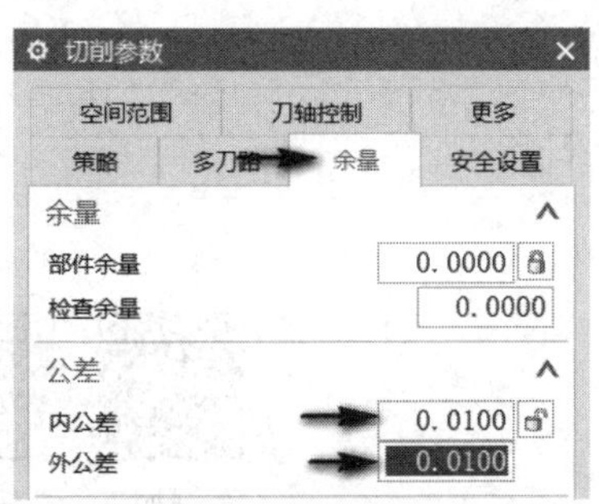

图 6-12　设置切削参数

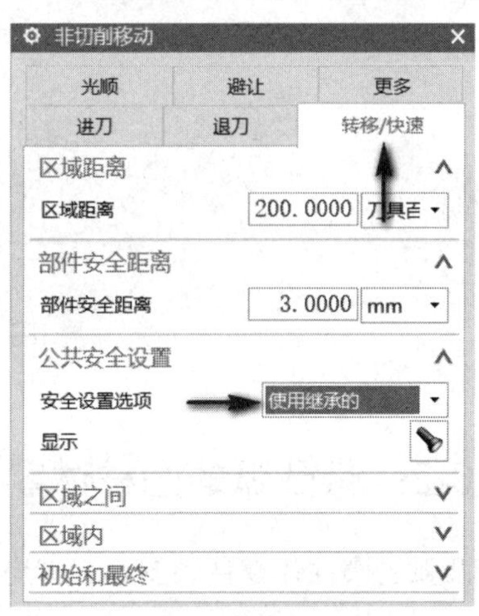

图 6-13　设置安全参数

(10) 所有参数设置完毕后，生成类圆柱面的四轴精加工刀轨，如图 6-14 所示。

(11) 将刀轨加密，重新设置步距数，如图 6-15 所示。

(12) 参数设置完毕后，重新生成刀轨，此时的精加工刀轨如图 6-16 所示。

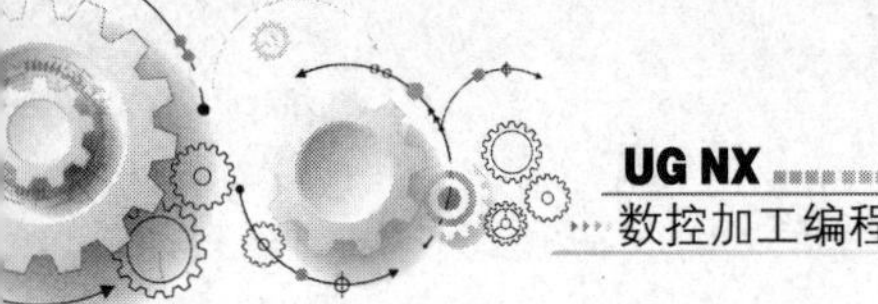

图 6-14　创建的底面刀轨

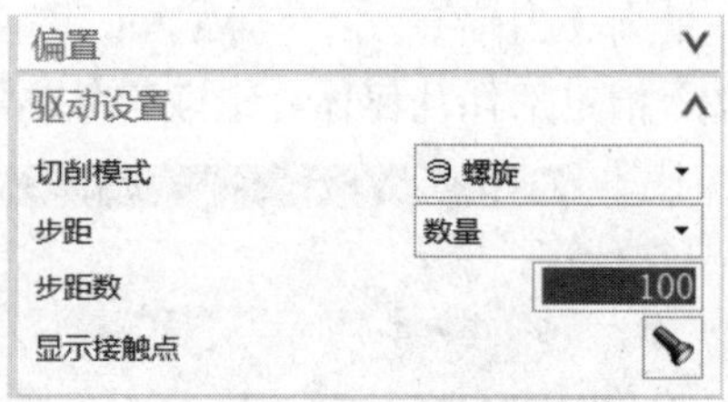

图 6-15　设置步距

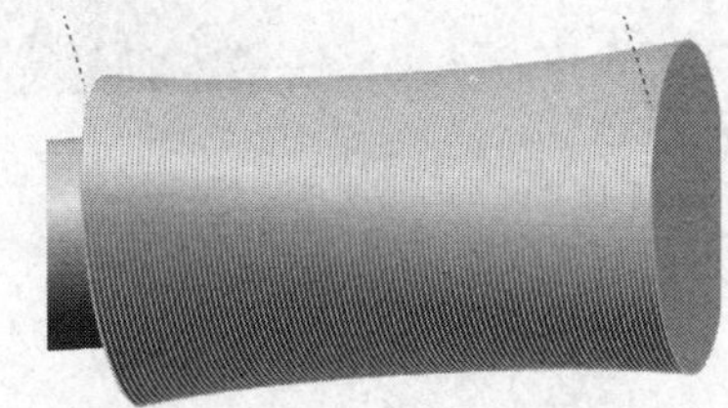

图 6-16　精加工刀轨

说明

案例 6-1 主要是为了讲解曲面驱动的编程方法，实际上，本零件直接使用零件面作为驱动面也可以加工，此时不需要指定部件体和切削区域，因为它的 UV 线对于螺旋加工是满足要求的，如图 6-17 所示。

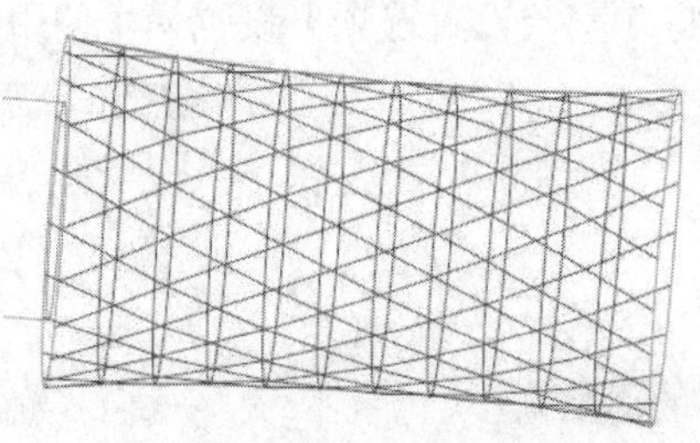

图 6-17　UV 线情况

案例 6-2：带凸弧的圆柱体零件精加工

案例加工　案例分析

带凸弧的圆柱体零件如图 6-18 所示。

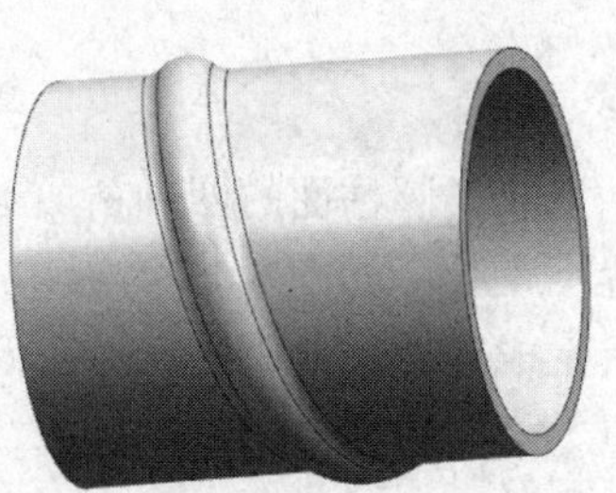

图 6-18　零件图

任务 1：设置工件坐标系。

(1) 在建模模块中，打开原始文件，此时的工件坐标系如图 6-19 所示，ZC 轴位于圆柱中心线。

(2) 改变工件坐标轴的指向，使原点位于左侧端面圆心，XC 轴位于圆柱中心线且指向右侧，如图 6-20 所示。

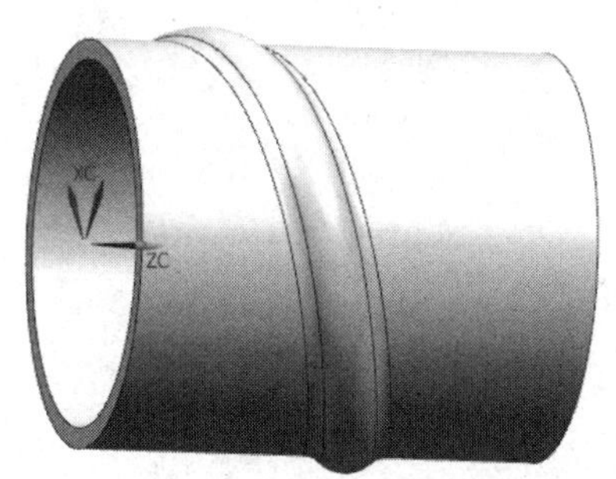

图 6-19　原始的工件坐标系

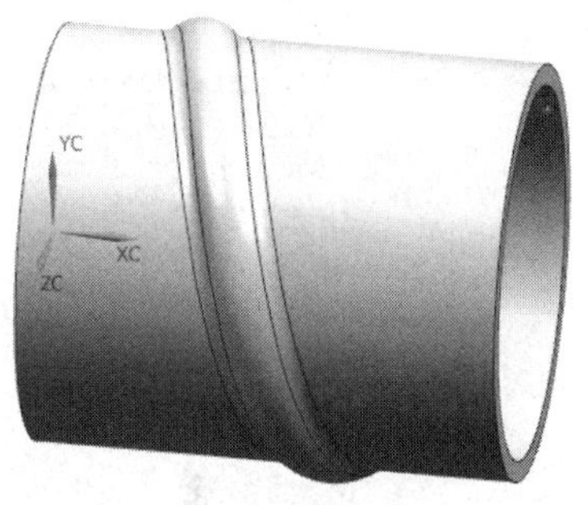

图 6-20　调整后的工件坐标系

任务 2：创建驱动面。

(1) 设置工作图层为 11。单击【抽取曲线】按钮，抽取零件圆弧的一条边沿线，具体操作如图 6-21 所示。

图 6-21　抽取曲线操作

(2) 使用点到点方式复制抽取的曲线。按 Ctrl+T 组合键，系统将弹出【移动对象】对话框，设置工作方式为【点到点】，对抽取的曲线进行复制，具体操作如图 6-22 所示。

采用相同的方法，在抽取曲线的右侧复制两条曲线，最终的图形如图 6-23 所示。

(3) 调整曲线段之间端点重合且相切。双击下方线段，手动移动使相应端点重合，并定义线段之间 G1 约束，如图 6-24 所示。

(4) 绘制一条平行于 XC 轴的直线段，长度为 39.99，如图 6-25 所示。

说明

螺旋线的螺距为 40，绘制的直线段要稍小于它，如 39.99，否则后面的修剪面操作会出问题。

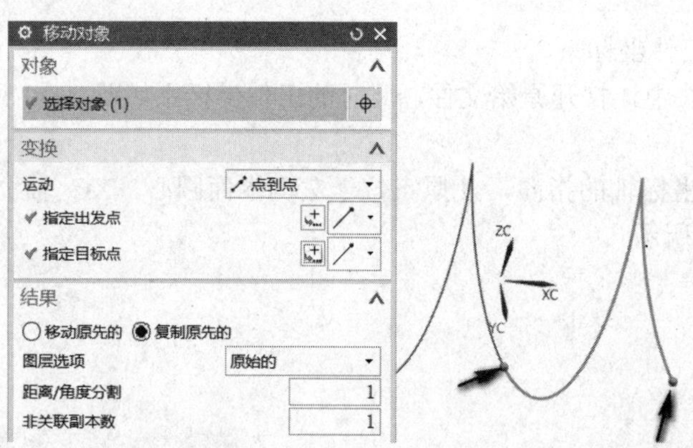

图 6-22　复制曲线操作

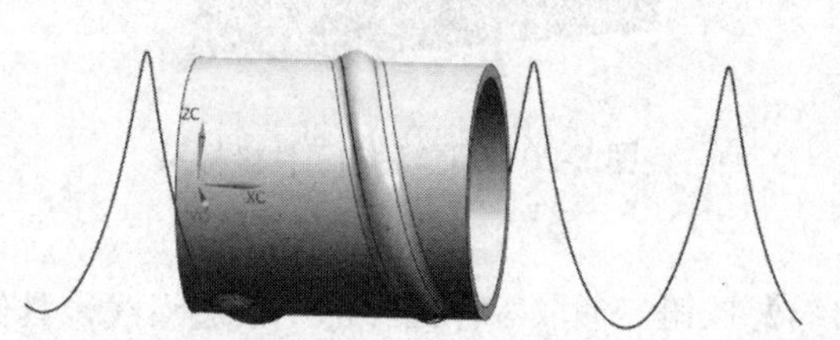

图 6-23　复制后的图形

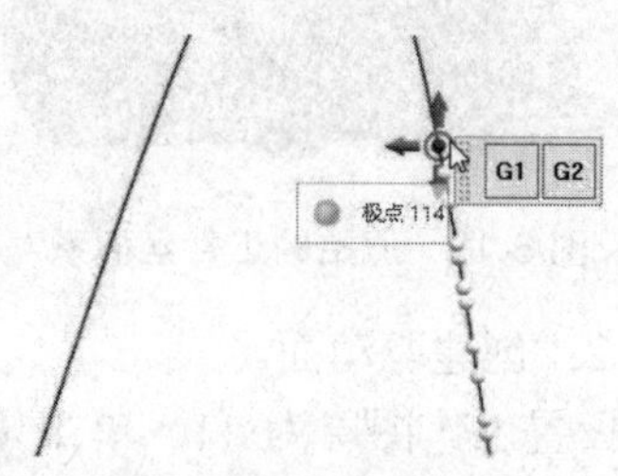

图 6-24　设置 G1 约束

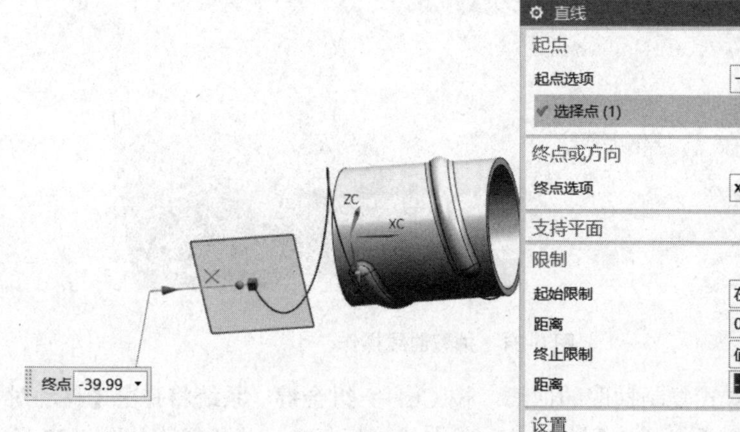

图 6-25　绘制的直线段

(5) 设置工作图层为 12，使用扫掠方式创建辅助曲面。单击【扫掠】按钮，选取直线段为截面线串，螺旋状复制曲线为引导线，创建扫掠曲面，如图 6-26 所示。

查看扫掠曲面的 UV 线方向，如图 6-27 所示，满足加工要求。

(6) 裁剪扫掠曲面，使之与零件等长。其方法为：单击【修剪体】按钮，选取扫掠曲面为目标体，创建一个与零件端面重合的基准平面作为工具体，完成曲面的修剪，具体操作如图 6-28 所示，完成后的图形如图 6-29 所示。

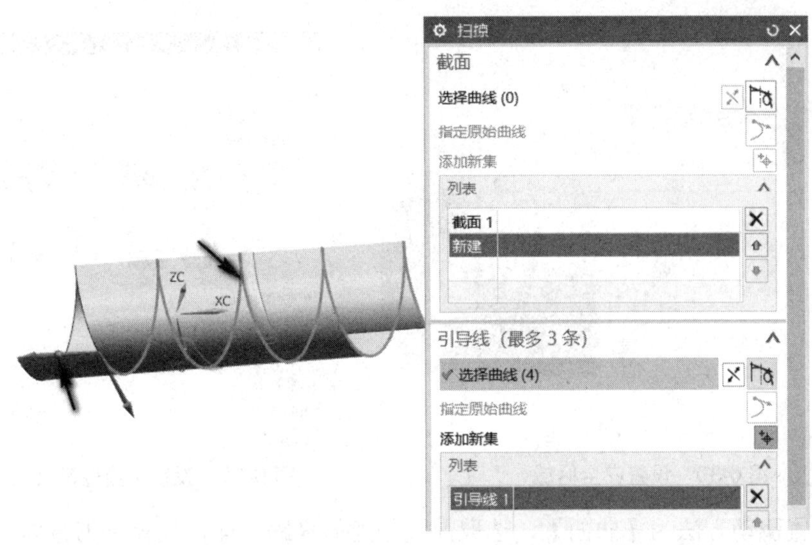

图 6-26　创建扫掠曲面操作

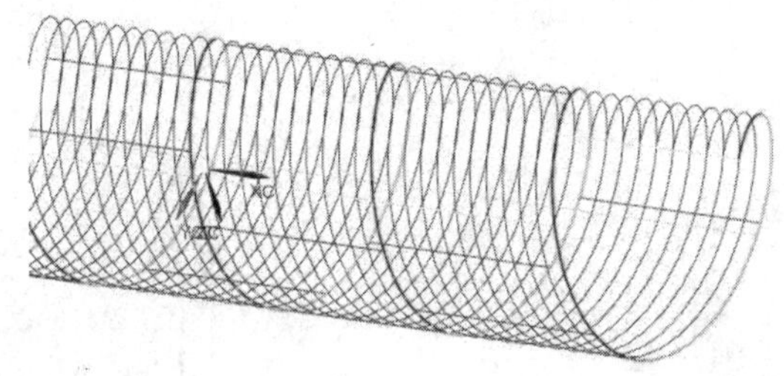

图 6-27　UV 线方向

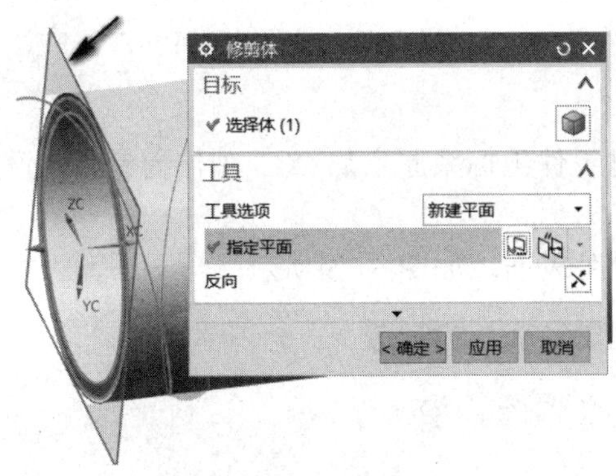

图 6-28　曲面修剪操作

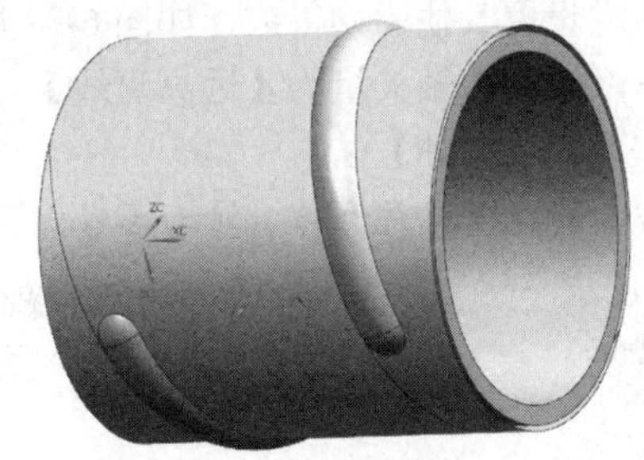

图 6-29　修剪后的曲面

任务 3：使用曲面驱动方式圆柱体外表面进行四轴精加工。

(1) 进入加工模块，首先设置编程坐标系，参考工件坐标系，使编程坐标系与工件坐标系重合。设置安全区域为过工件坐标系原点以 XC 轴为中心线的圆柱体，设置【半径】为 40，如图 6-30 所示。

(2) 创建名为 R2、直径为 4 的球刀作为加工刀具。

(3) 创建可变轮廓铣刀轨，具体参数设置如图 6-31 所示。

图 6-30　设置安全区域

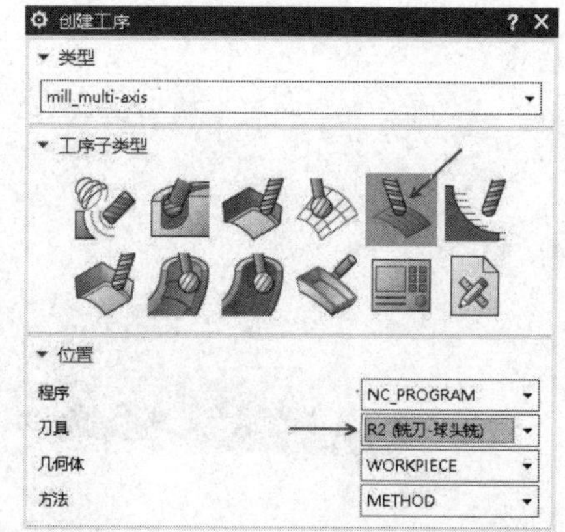

图 6-31　设置可变轮廓铣刀轨参数

(4) 设置驱动方法为【曲面】，选取前面创建的辅助曲面，设置走刀方向，如图 6-32 所示，刀具位置为【对中】；设置材料侧，如图 6-33 所示，指向外侧。

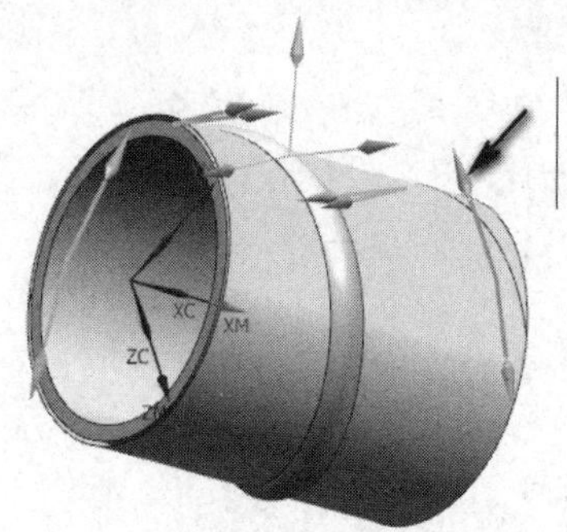

图 6-32　设置走刀方向

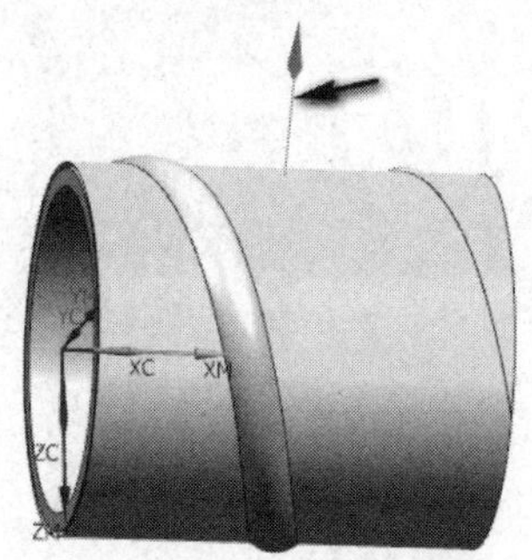

图 6-33　设置材料侧

(5) 设置其他驱动参数，如图 6-34 所示。

(6) 设置刀轴矢量为【远离直线】，选取过工件坐标系原点的 XC 轴作为参照；设置投影矢量为【刀轴】。

(7) 指定部件几何体，选取零件的整个圆柱外表面，如图 6-35 所示。

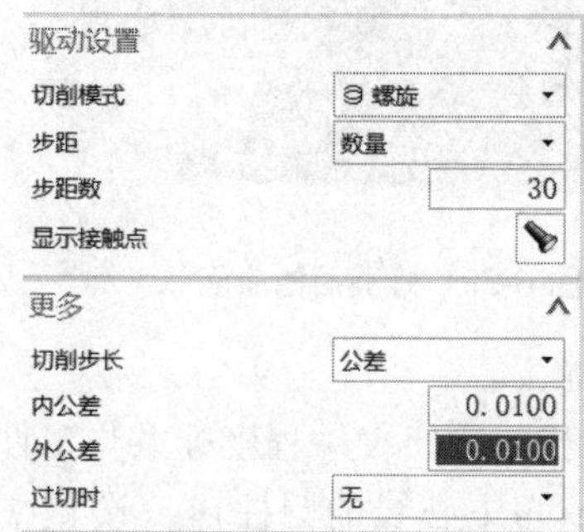

图 6-34　设置驱动参数

图 6-35　指定部件几何体

(8) 设置切削参数，首先设置加工余量和公差，如图 6-36 所示。

(9) 设置非切削参数，将【安全设置选项】设置为【使用继承的】，如图 6-37 所示。

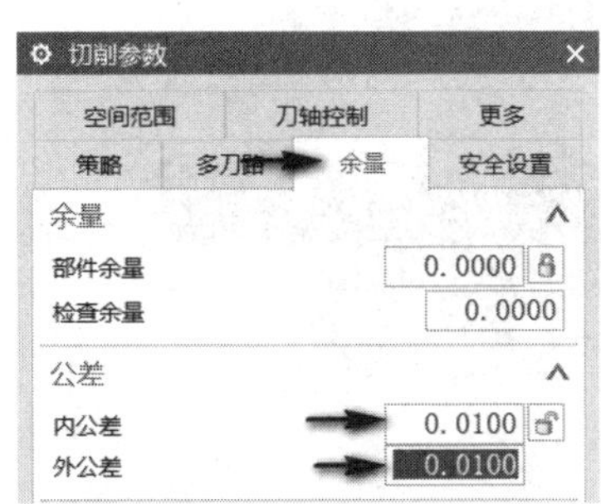

图 6-36　设置切削参数

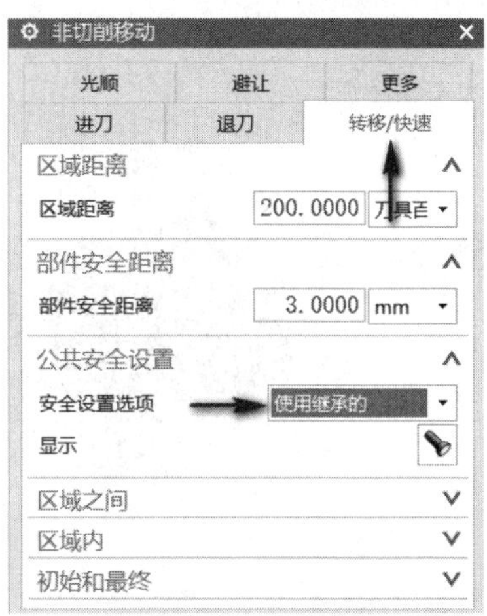

图 6-37　设置安全参数

(10) 所有参数设置完毕后，生成曲面驱动方式的四轴精加工刀轨，如图 6-38 所示。

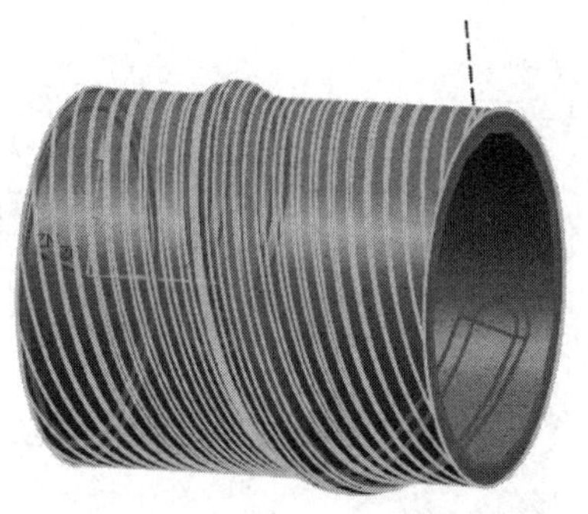

图 6-38　创建的精加工刀轨

案例 6-3：多凸台圆柱体加工

案例加工

案例分析

多凸台圆柱体如图 6-39 所示。

图 6-39　多凸台圆柱体

任务 1：创建毛坯。

该零件的加工，粗加工使用型腔铣定轴加工；精加工主要使用多轴曲面区域驱动方法，如图 6-40 所示。

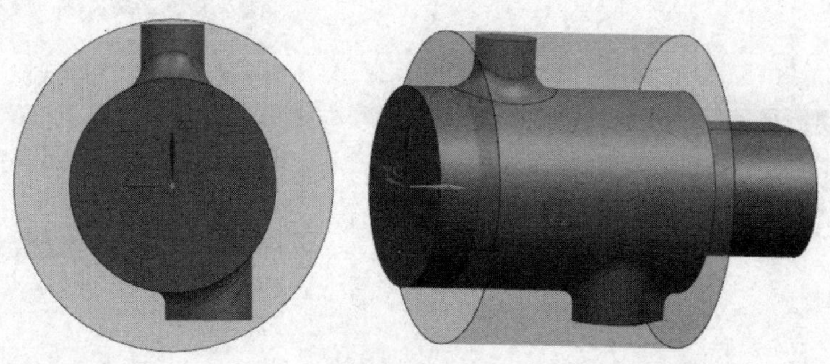

图 6-40 毛坯

任务 2：创建定轴型腔铣。

使用定轴型腔铣，对部件进行两侧粗加工。

(1) 创建型腔铣粗加工，如图 6-41 所示。

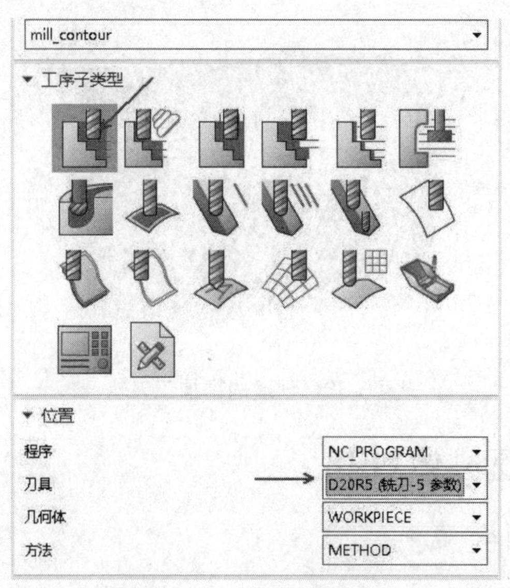

图 6-41 创建型腔铣工序

(2) 设置部件和毛坯，选取整个零件作为部件，选取创建的毛坯作为毛坯，具体设置如图 6-42 所示。

(3) 设置刀轨修剪边界，具体操作如图 6-43 所示。

(4) 设置刀轴矢量和工艺参数，如图 6-44 所示。

(5) 设置切削层，最低深度为圆柱中心下方 6mm，具体操作如图 6-45 所示。

(6) 设置加工余量为 0.5mm，再设置其他参数，完成刀轨创建，如图 6-46 所示。

(7) 复制、粘贴刀轨，创建另一侧的定轴型腔铣刀轨，刀轴矢量反向，其他参数设置类似，完成后的刀轨如图 6-47 所示。

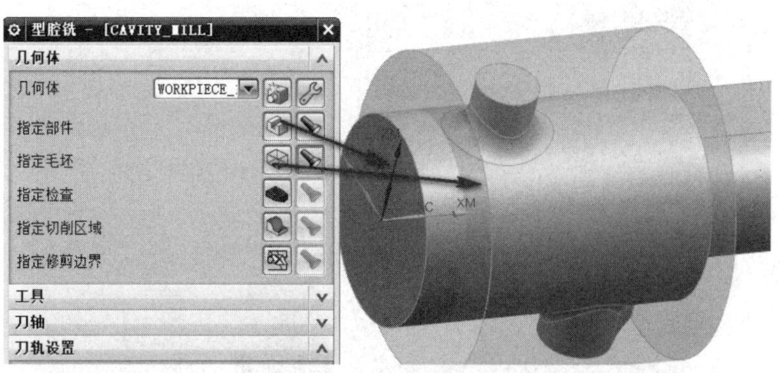

图 6-42 部件和毛坯设置

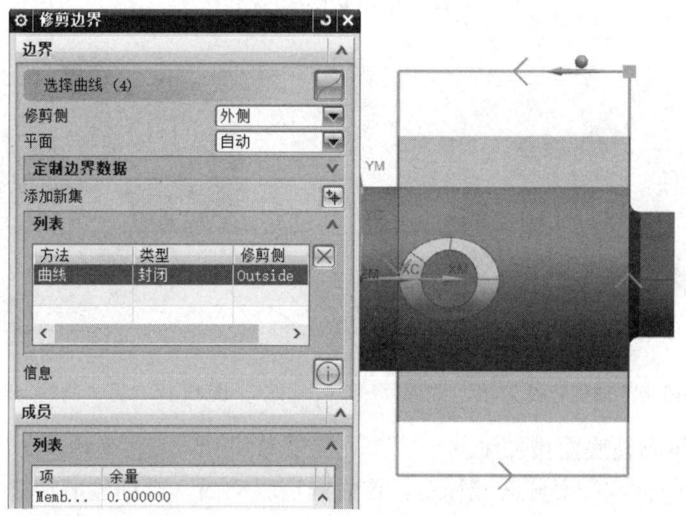

图 6-43 修剪边界

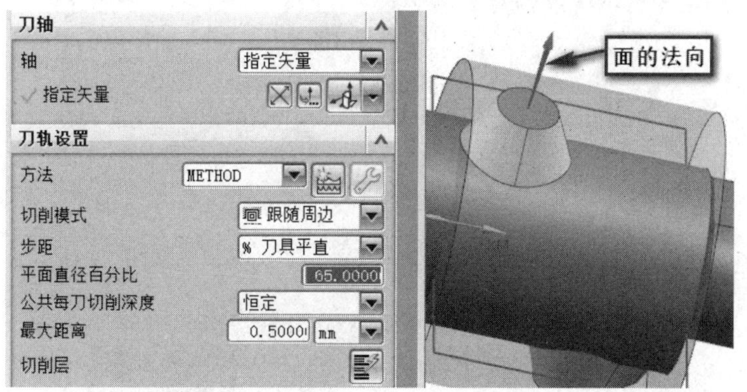

图 6-44 设置刀轴矢量和工艺参数

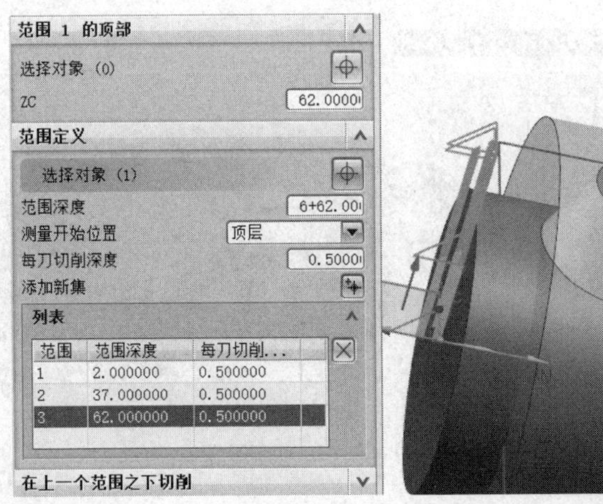

图 6-45　切削层控制

图 6-46　定轴型腔铣刀轨

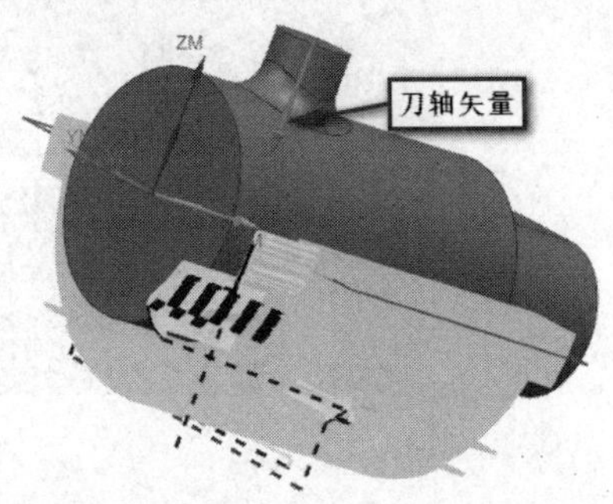

图 6-47　另一侧的定轴型腔铣

任务 3：多轴圆柱底面精加工。

由于有两个凸台，需要分区域加工。首先构造驱动面，再创建多轴加工刀轨。

(1) 使用拉伸方式，创建一个圆柱辅助面，如图 6-48 所示。

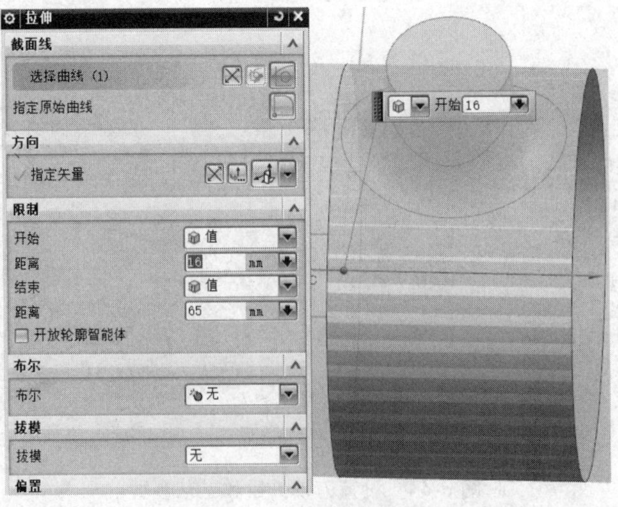

图 6-48　拉伸圆柱面

(2) 使用圆弧边界修剪多余面，具体操作如图 6-49 所示。

(3) 创建两个与 XC-ZC 对称的基准平面，距离为 1mm，然后使用基准平面修剪驱动面，将两个基准平面之间的面移除，具体操作如图 6-50 所示。

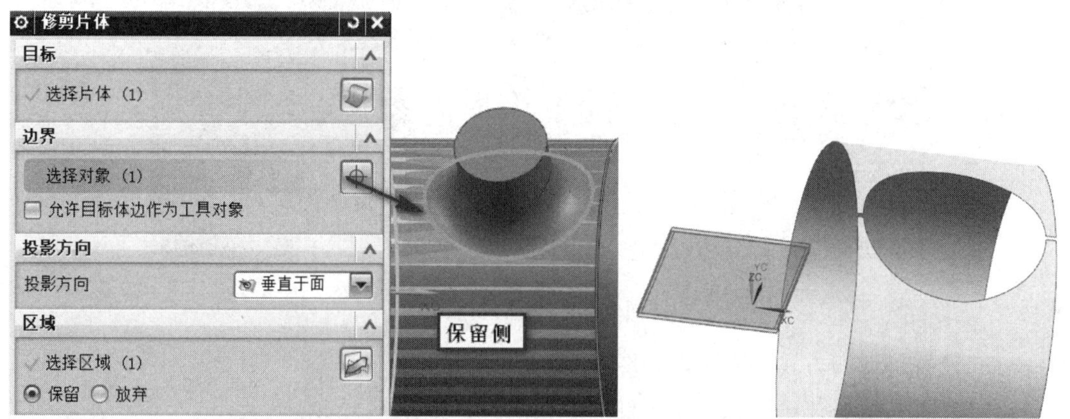

图 6-49 修剪面操作　　图 6-50 修剪驱动面

(4) 使用 D12R2 的刀具创建圆柱面精加工。首先创建驱动刀轨，选取上面创建的辅助面作为驱动面，具体设置如图 6-51 所示。

(5) 设置刀轴矢量，四轴相对于驱动体，并设置前倾角，如图 6-52 所示。

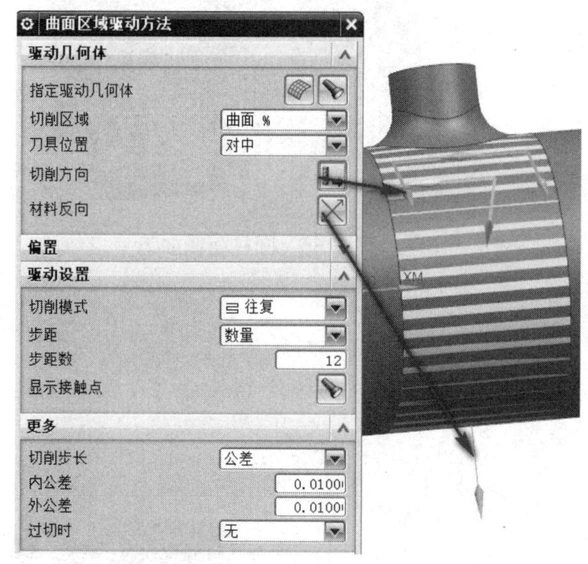

图 6-51 设置驱动参数

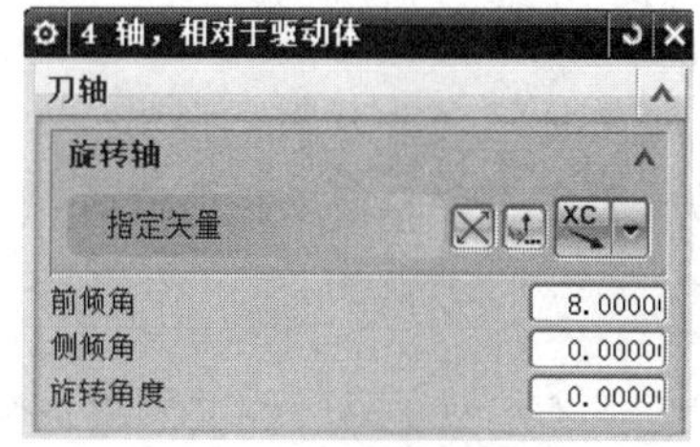

图 6-52 设置刀轴矢量

(6) 设置投影矢量为【朝向直线】，朝向圆柱中心线；设置部件为圆柱面，检查体为两个圆弧面，如图 6-53 所示。

说明

刀轴矢量为四轴相对于驱动体，设置了前倾角，投影矢量不能使用刀轴。

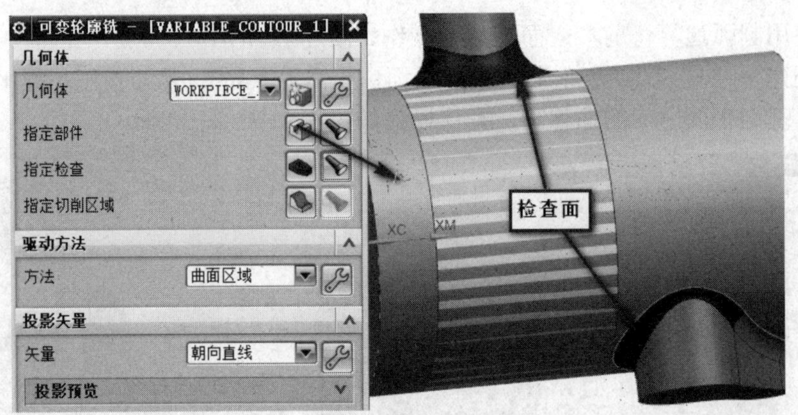

图 6-53 设置几何体

(7) 设置进退刀方式为光顺，如图 6-54 所示。

(8) 设置其他参数，完成部分圆柱面的精加工，如图 6-55 所示。

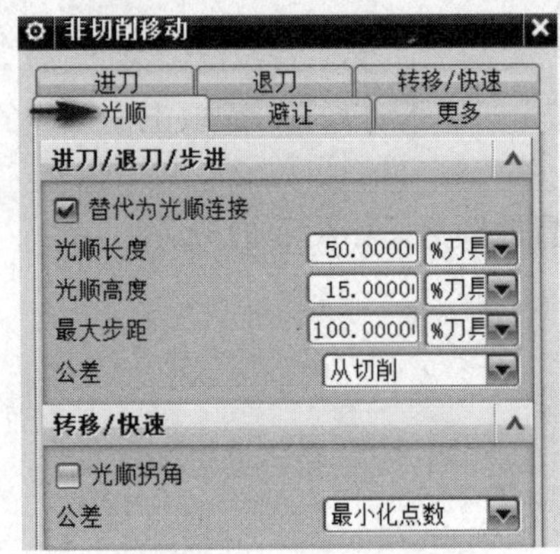

图 6-54 设置进退刀

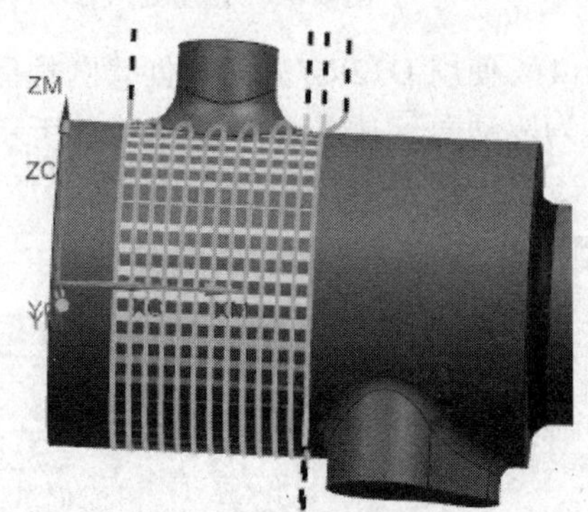

图 6-55 圆柱面精加工

说明

必须将驱动面分割，形成一个空隙，这样创建的刀轨在空隙处形成折返刀轨，否则在驱动面的中间部分形成折返刀轨，效果不理想。

任务 4：创建另一侧的圆柱面精加工。

(1) 使用类似方法，创建驱动面，如图 6-56 所示。

需要注意的是，创建的驱动面要搭接，如图 6-57 所示。

(2) 使用与上面相同的方法创建圆柱面精加工，生成的刀轨如图 6-58 所示。

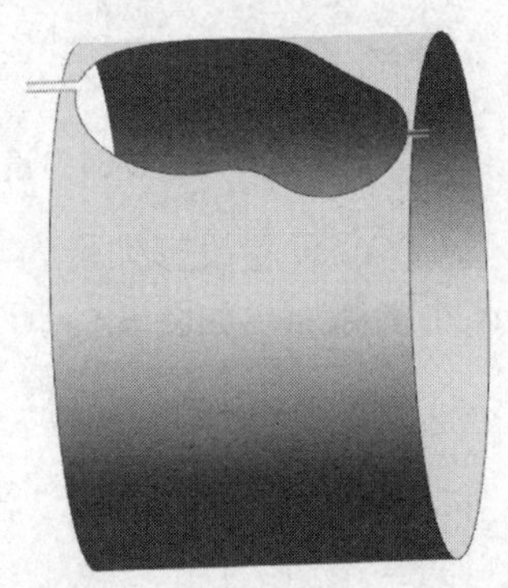

图 6-56 创建的另一个驱动面

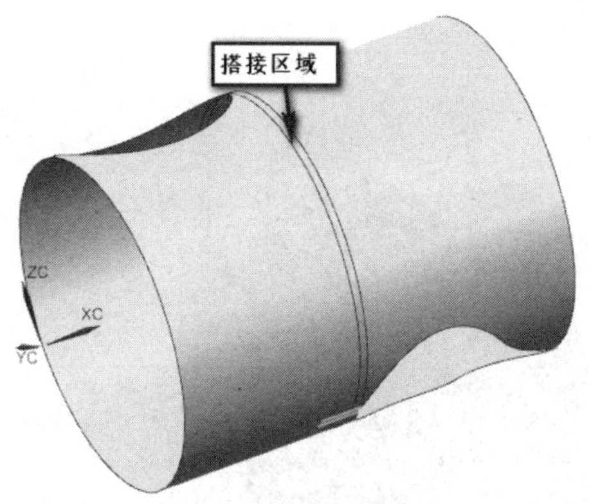

图 6-57　搭接状态

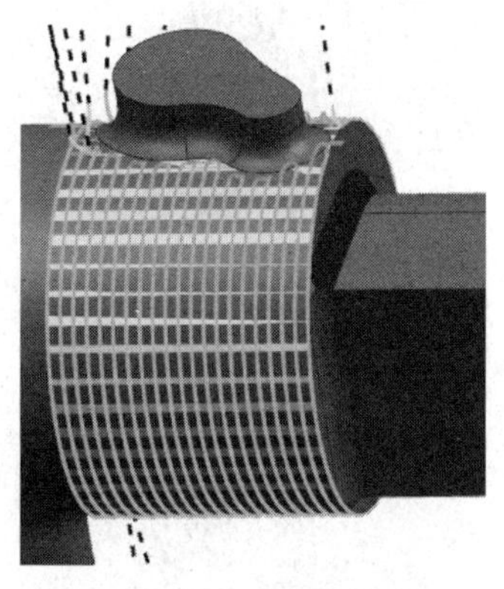

图 6-58　圆柱面精加工刀轨

任务 5：使用定轴方式对凸台进行精加工。

(1)　使用曲线组方法或直纹面方法创建驱动面，如图 6-59 所示。

(2)　创建三轴区域轮廓铣，如图 6-60 所示。

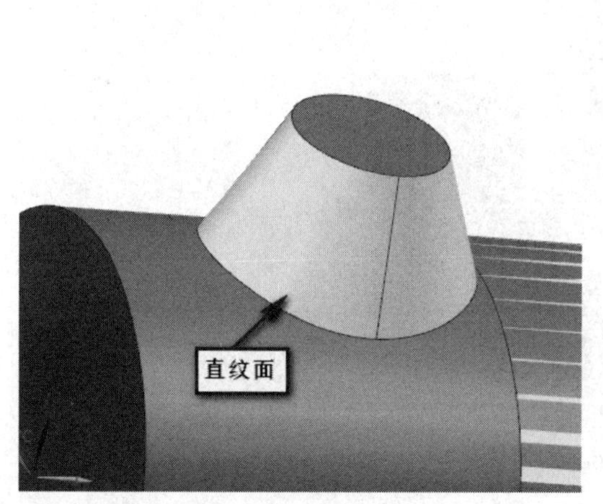

图 6-59　驱动面

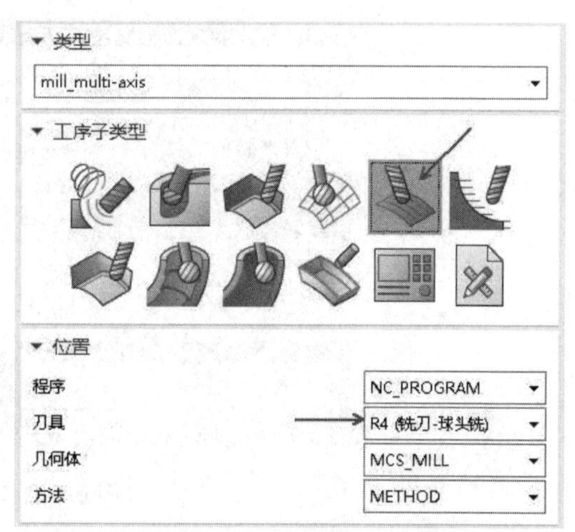

图 6-60　三轴区域轮廓铣

(3)　设置驱动方法为曲面区域，选取辅助面为驱动面，设置驱动几何参数，如图 6-61 所示。

(4)　定义部件体，限定方式为面，选取三个面，如图 6-62 所示。

(5)　设置刀轴矢量、投影矢量和其他参数，刀轴矢量为指定矢量，设置为面的法向，完成定向曲面加工刀轨的创建，如图 6-63 所示。

使用相同的方法，创建另一个凸台的精加工刀轨。

(6)　创建驱动面，如图 6-64 所示。

(7)　创建一个拉伸曲面和凸台面，构成几何体，如图 6-65 所示。

(8)　设置刀轴矢量和投影矢量，刀轴矢量为指定矢量，设置为面的法向，完成定轴加工刀轨的创建，如图 6-66 所示。

图 6-61 设置驱动几何参数

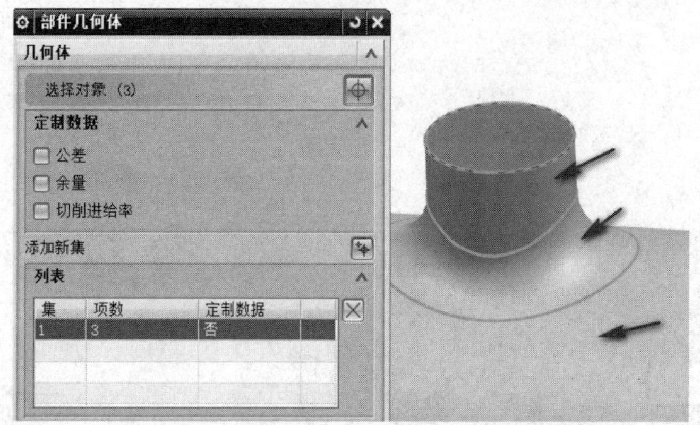

图 6-62 定义几何体

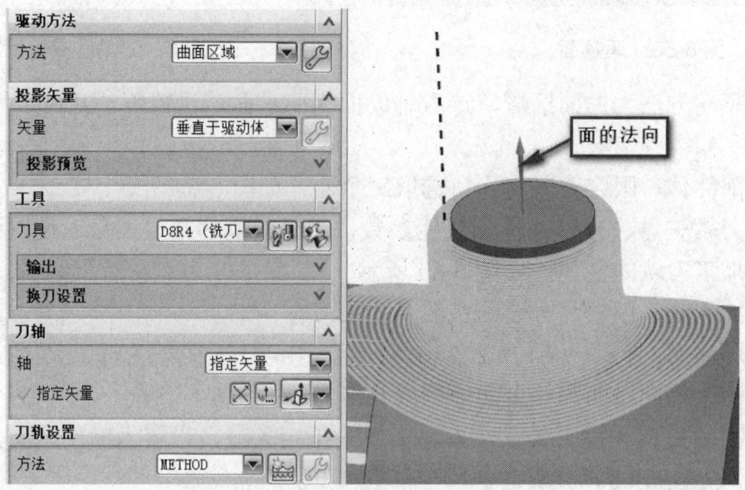

图 6-63 设置刀轴矢量和投影矢量

图 6-64　驱动面

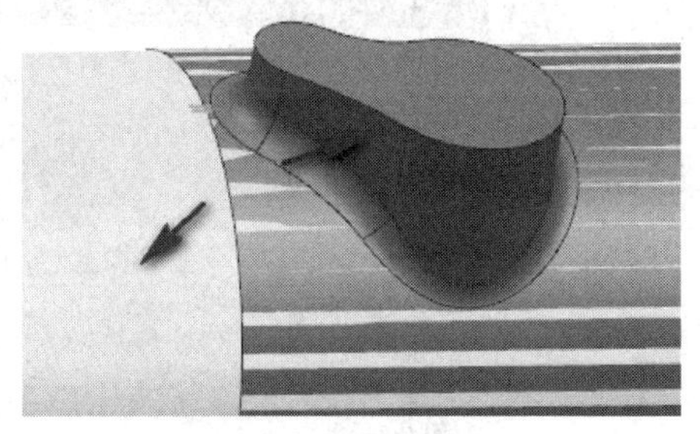

图 6-65　几何体

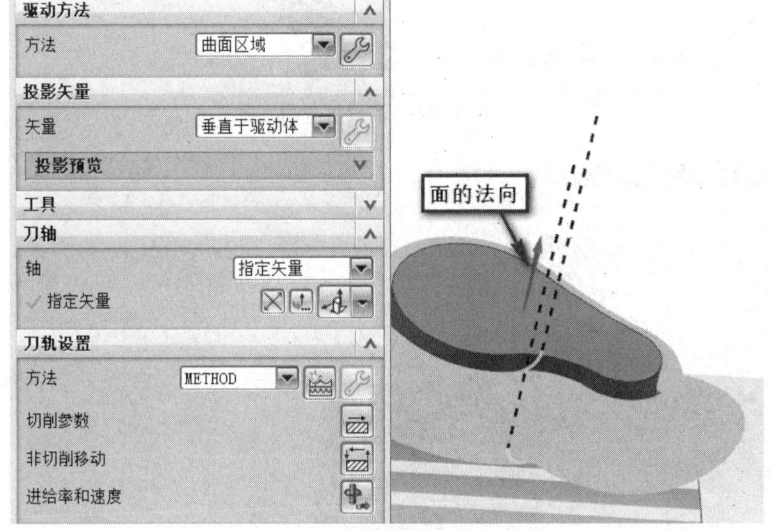

图 6-66　凸台精加工刀轨

说明

刀具如果设置得太大，也会影响刀轨的创建。此处如果设置球刀直径为 12，刀半径大于圆角半径，则创建刀轨的时间很长，且创建的刀轨不理想。

任务 6：创建半圆柱面精加工。

(1)　继续使用曲面驱动方法进行加工，刀具名称为 D12R2 的铣刀。使用限定面方式定义部件几何体。选取的部件如图 6-67 所示，共有 3 个面。

(2)　使用部件面作为驱动面。选取圆弧面作为驱动面并设置参数，只选取圆弧面，如图 6-68 所示。

(3)　设置切削区域大小，防止刀具过切圆弧，如图 6-69 所示。

(4)　设置刀轴矢量，如图 6-70 所示。

(5)　设置投影矢量为【朝向直线】，该直线为圆柱中心线；设置其他参数，完成半圆柱面的精加工，如图 6-71 所示。

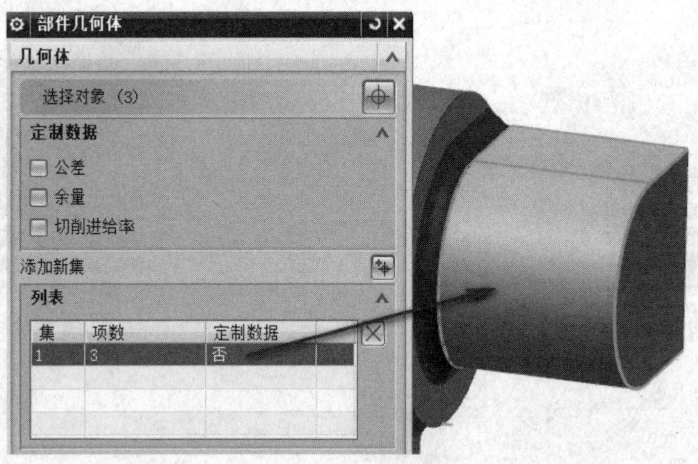

图 6-67　定义部件体

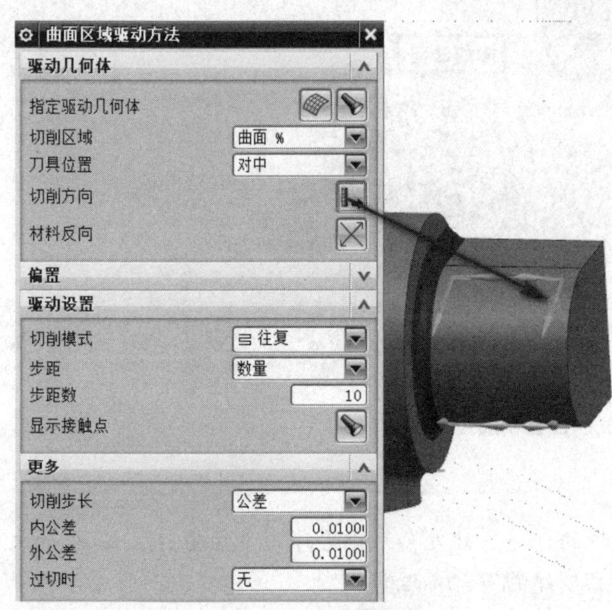

图 6-68　设置驱动参数

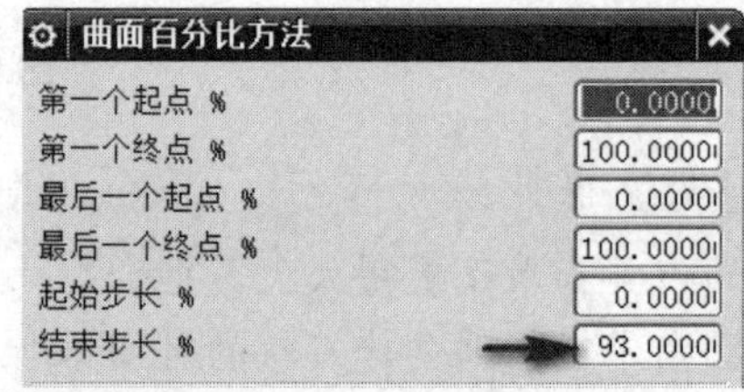

图 6-69　设置切削区域

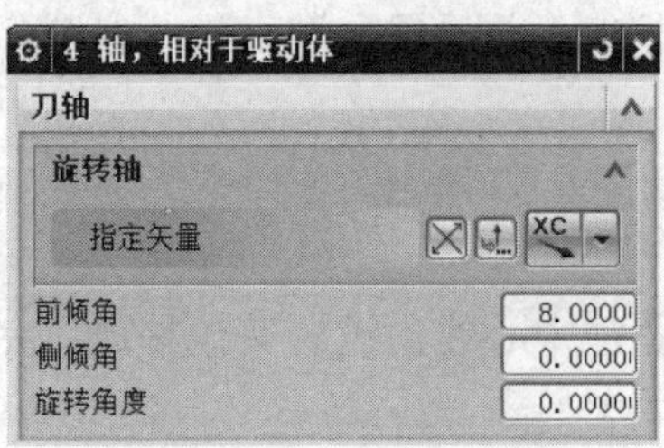

图 6-70　设置刀轴矢量

图 6-71　半圆柱面精加工

任务7：侧面及圆角精加工。

使用曲线/点驱动方法创建多轴加工。

(1) 创建辅助部件。使用拉伸方法，创建一个拉伸曲面，如图6-72所示。

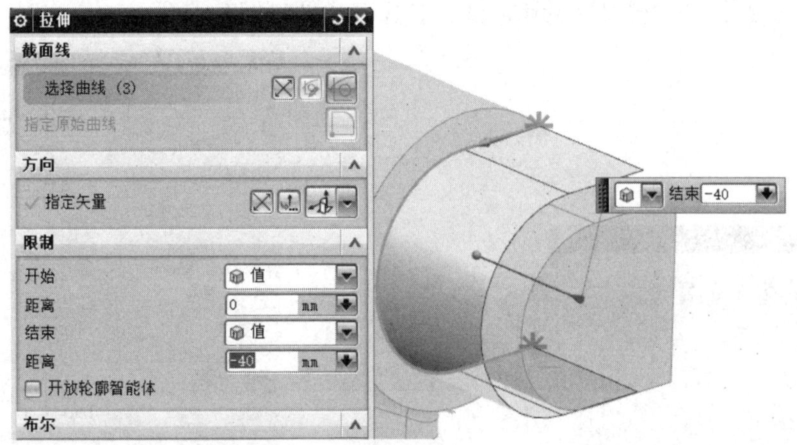

图6-72　拉伸曲面

(2) 将拉伸曲面的两端向外延伸10mm，具体操作如图6-73所示。

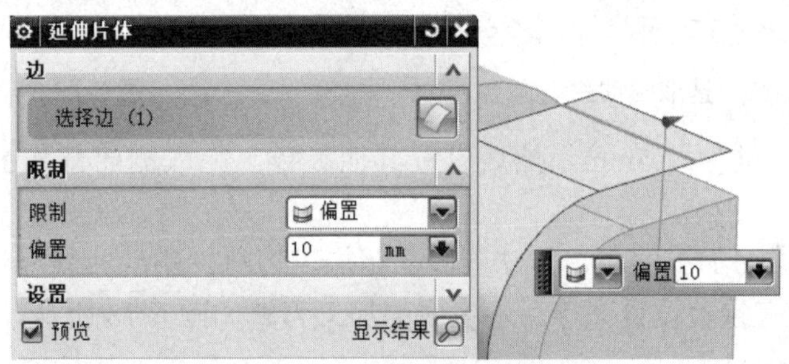

图6-73　延伸曲面的操作

(3) 使用【面上偏置曲线】命令，偏置两条驱动曲线，如图6-74所示。

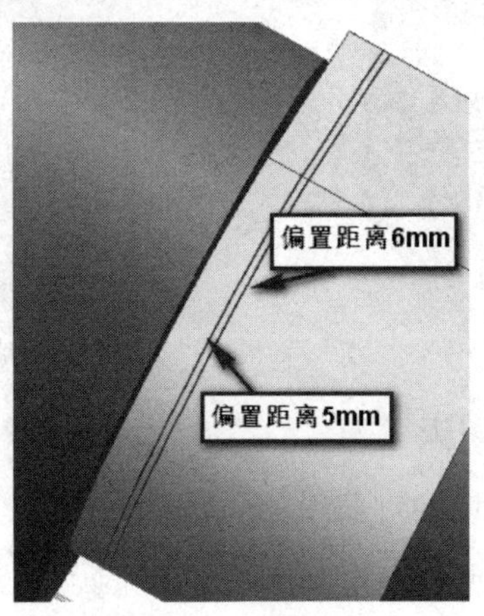

图6-74　偏置曲线

(4) 使用 D12R2 刀具加工侧面，不含圆角。驱动方法使用曲线/点，具体操作如图 6-75 所示，选取外侧曲线。

(5) 选取部件为前面创建的拉伸曲面，设置刀轴矢量为四轴垂直于部件，投影矢量为【朝向直线】，朝向的直线是圆柱中心线，具体参数设置如图 6-76 所示。

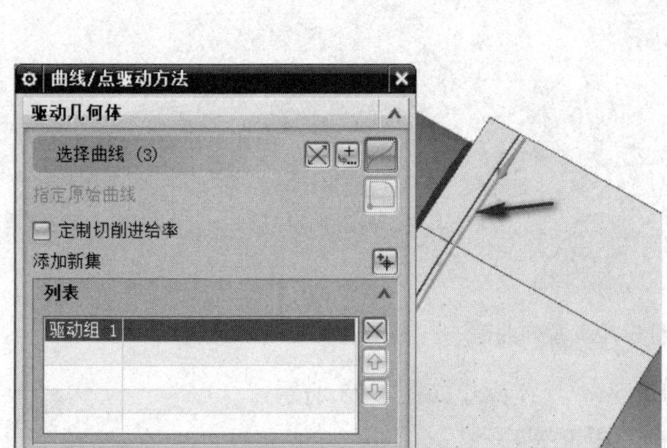

图 6-75 选取驱动曲线

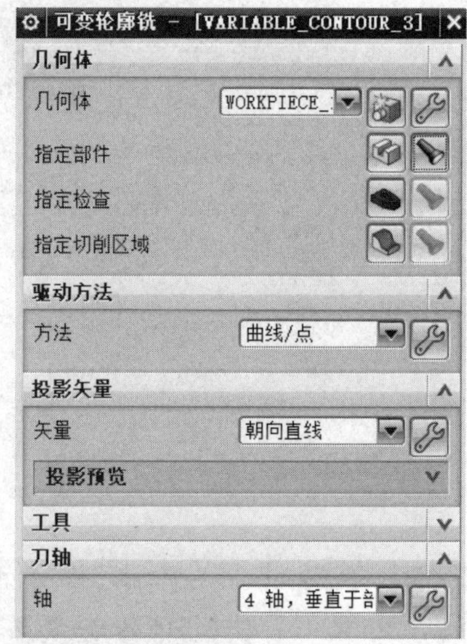

图 6-76 设置参数

(6) 设置加工余量为-1.5mm，然后设置其他参数，完成侧面精加工刀轨的创建，如图 6-77 所示。

(7) 使用 R5 球刀加工圆角，方法同侧面精加工刀轨。驱动曲线为内侧偏置曲线，加工余量为-5mm，所有参数设置完毕后，生成的加工刀轨如图 6-78 所示。

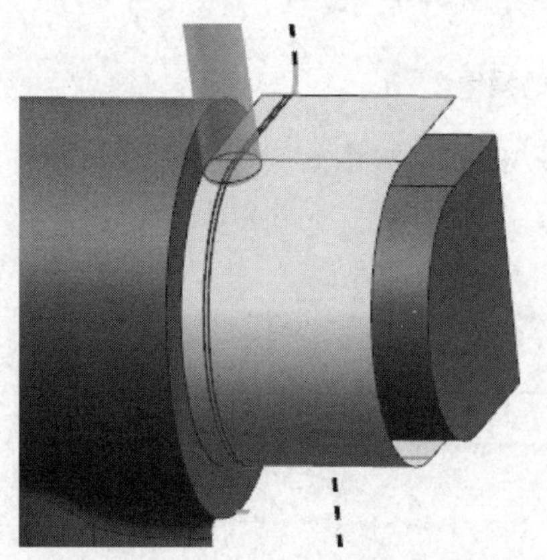

图 6-77 侧面精加工刀轨

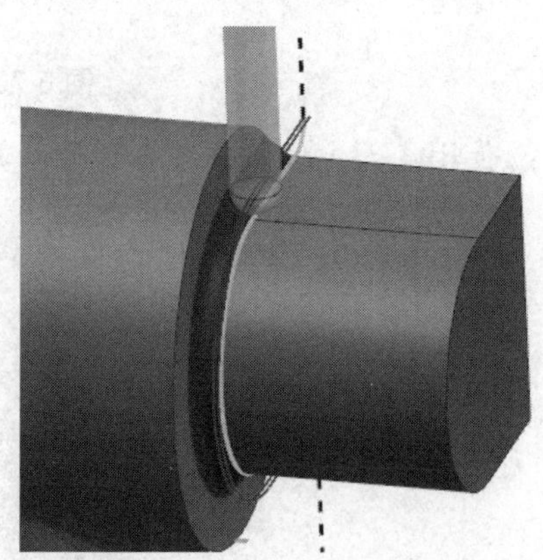

图 6-78 圆角加工刀轨

这就是典型的成形刀轨。即通过使用复杂形状的刀具，简单的机床切削运动，来实现零件形状的加工。驱动方法为曲线/点，这与 2D 加工的思路类似。

第7章

流线驱动方法

7.1　流线驱动方法的基本思想

流线驱动
基础知识讲解

流线驱动方法类似于曲面驱动方法，可以将其看作是隐式的驱动曲面。与曲面驱动方法相比，流线驱动方法的操作较为简单，只需选取或构造较为合理的流线即可。构建流线驱动时，它的基本操作如同通过曲线网格构造曲面，可以定义两组曲线：一组为主曲线，另一组为交叉曲线。刀具相对于驱动流线的位置关系最好为对中，这样可以生成较为完美的驱动刀轨。

流线驱动方法可以支持各种类型的刀具。

7.2　流线驱动方法的操作

流线驱动方法要求构造的隐式曲面尽量与加工面的形状类似，即贴面。除直接选取的两组曲线外，系统还提供了自动添加中间曲线的方法，如图 7-1 所示，这样更加方便了隐式曲面的构建。

对于整个加工范围的大小，可以通过修改百分比进行调整，如图 7-2 所示。

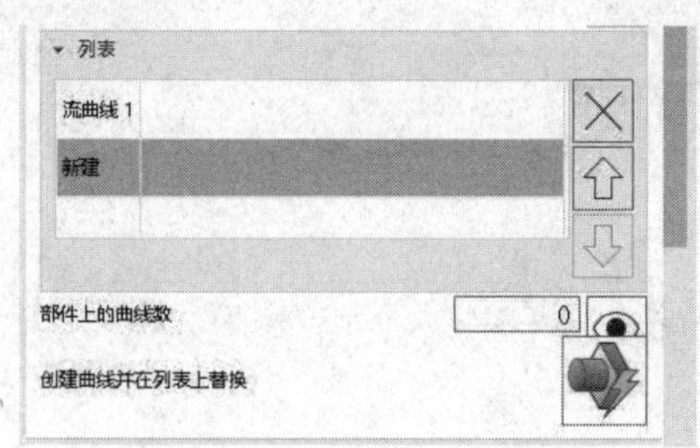

图 7-1　自动添加中间曲线

图 7-2　加工范围大小控制

流线驱动方法在定义刀轨步距时，可以使用【恒定】选项，即可以直接设置步距数值或参考刀具直径设置步距数值，这是曲面区域驱动方法不支持的。

7.3　典 型 案 例

案例 7-1：端面流线驱动加工

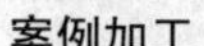
案例加工

案例分析

端面加工部件如图 7-3 所示。

图 7-3　端面加工部件

任务 1：创建辅助驱动体。

(1) 创建一个拉伸特征，具体操作如图 7-4 所示。这是一个独立的部件体。

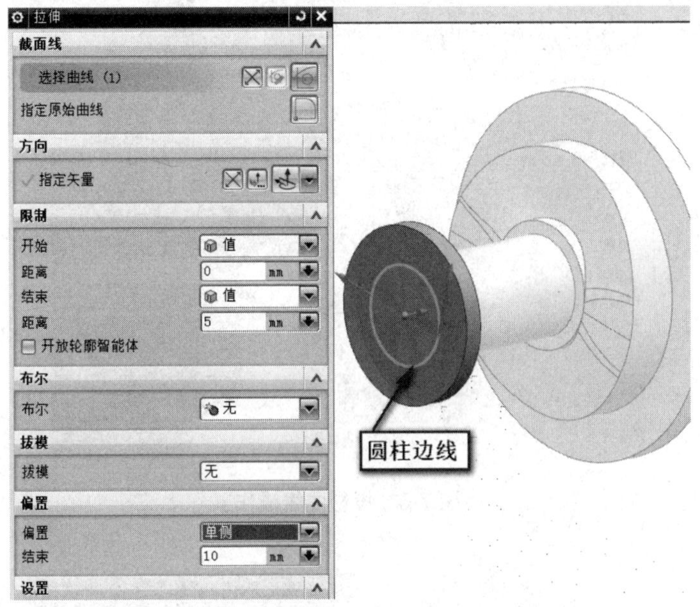

图 7-4 拉伸体

(2) 使用替换面操作控制拉伸特征直径的大小，具体操作如图 7-5 所示。

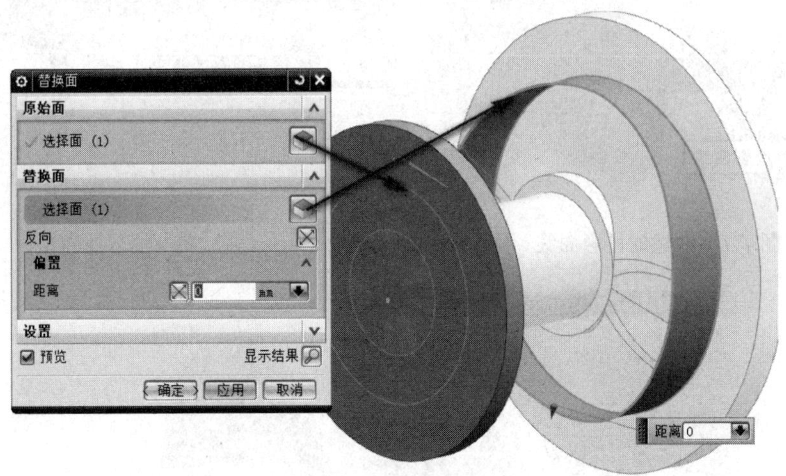

图 7-5 替换面操作

(3) 投影曲线操作。将圆柱边线投影到拉伸体的右端面上，具体操作如图 7-6 所示。生成的投影曲线如图 7-7 所示。

(4) 抽取拉伸体右端面，具体操作如图 7-8 所示。

(5) 使用投影曲线进行曲面的修剪操作，如图 7-9 所示。

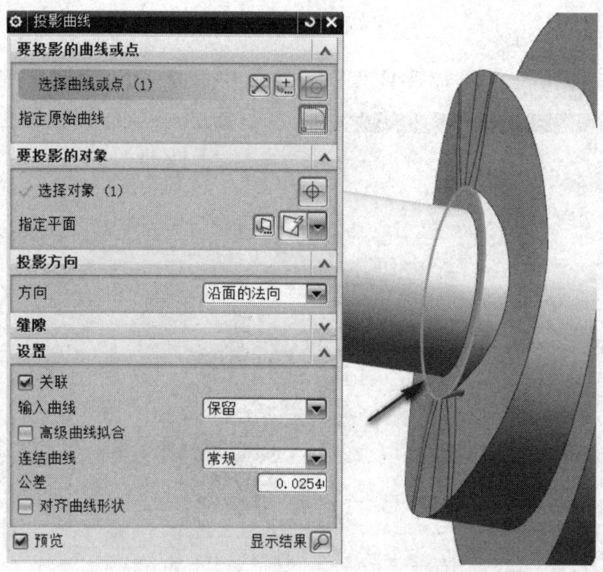

图 7-6 投影曲线操作

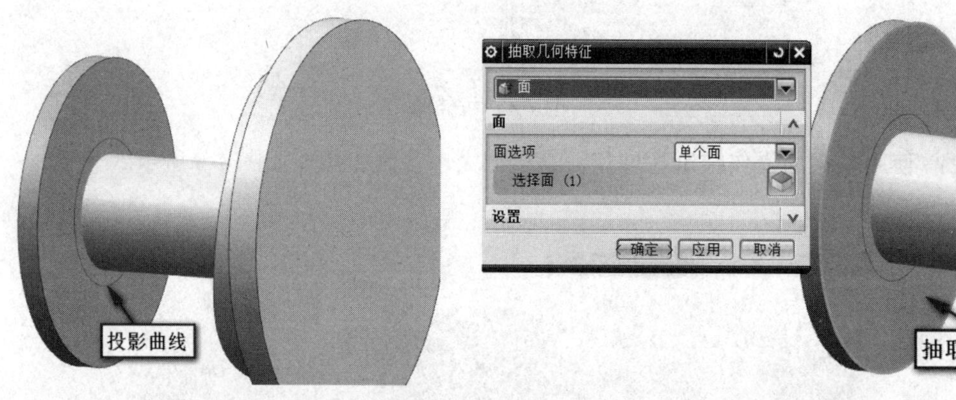

图 7-7 创建的投影曲线

图 7-8 抽取曲面操作

图 7-9 修剪体操作

修剪后的曲面如图 7-10 所示。

(6) 设置 WCS，原点位于圆的中心，XC 轴与圆柱中心线重合，如图 7-11 所示。

图 7-10 修剪后的曲面

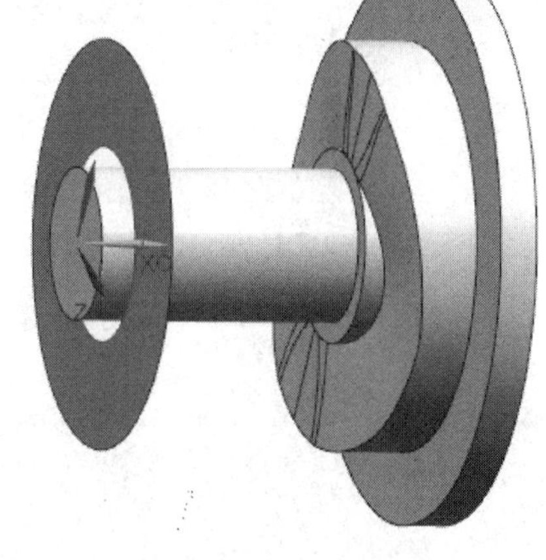

图 7-11 设置工件坐标系

任务 2：使用流线驱动方法创建多轴加工刀轨。

(1) 使 MCS 与 WCS 重合。设置一把直径为 10mm 的端铣刀，然后设置安全区域为一个圆柱区域，具体操作如图 7-12 所示。

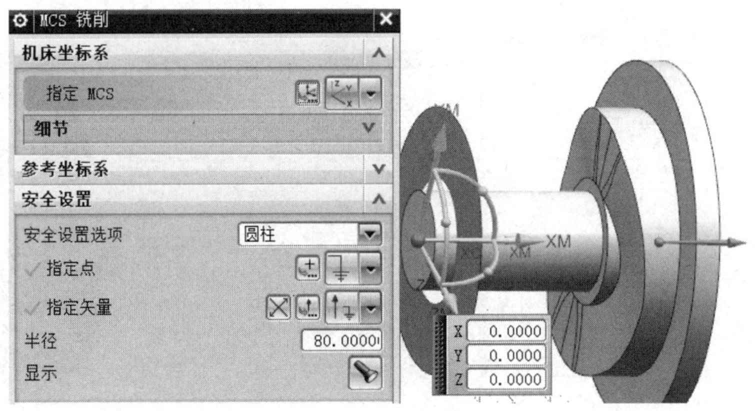

图 7-12 设置安全区域

(2) 选取两条圆边线作为流曲线，具体操作如图 7-13 所示，注意箭头方向要相同。

(3) 设置驱动刀轨的工艺参数，如图 7-14 所示。

(4) 选取整个部件作为部件体，选取整个端面作为切削区域，具体操作如图 7-15 所示。

(5) 设置刀轴矢量为远离直线，该直线为过原点的 XC 轴；设置投影矢量为指定矢量，指定 XC，具体操作如图 7-16 所示。

(6) 设置非切削移动参数，具体设置如图 7-17 所示。

当所有参数设置完毕后，即可完成多轴加工刀轨的创建，如图 7-18 所示。

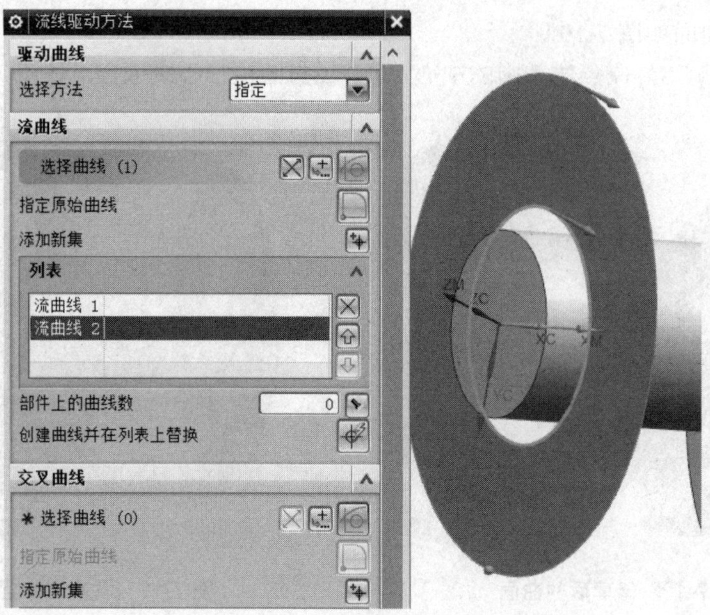

图 7-13　选取驱动流线

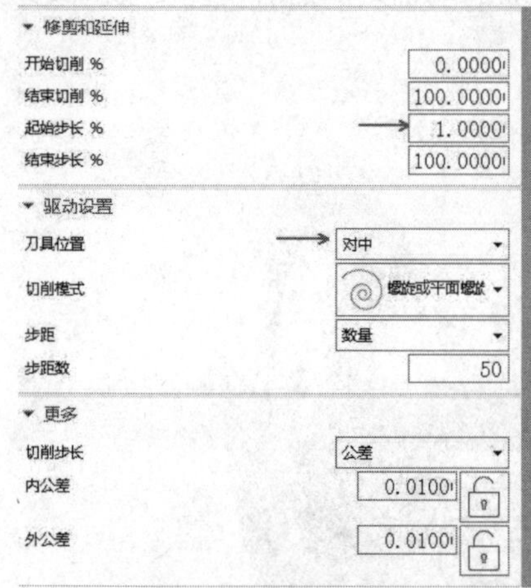

图 7-14　设置工艺参数

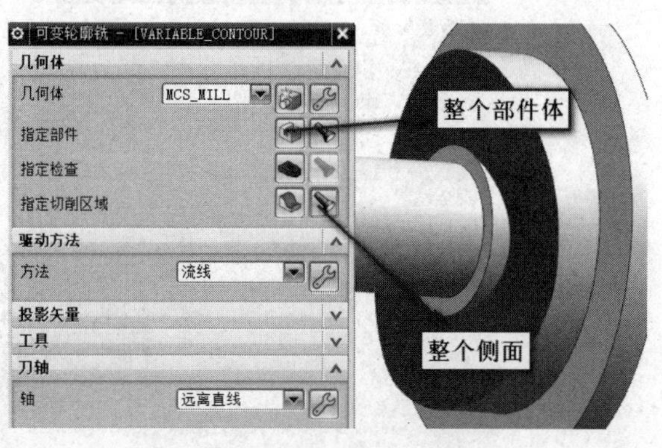

图 7-15　设置部件体和切削区域

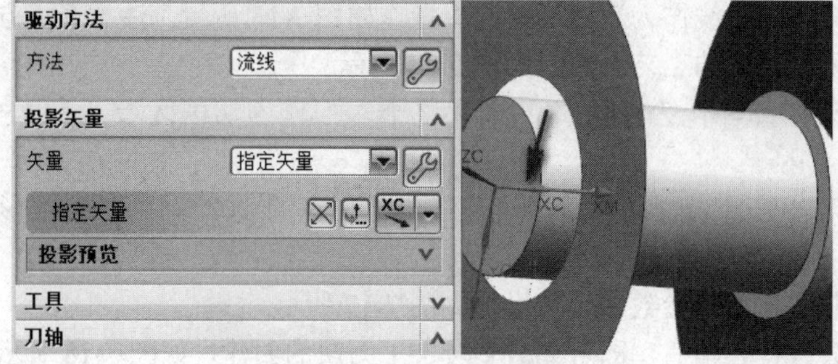

图 7-16　指定投影矢量

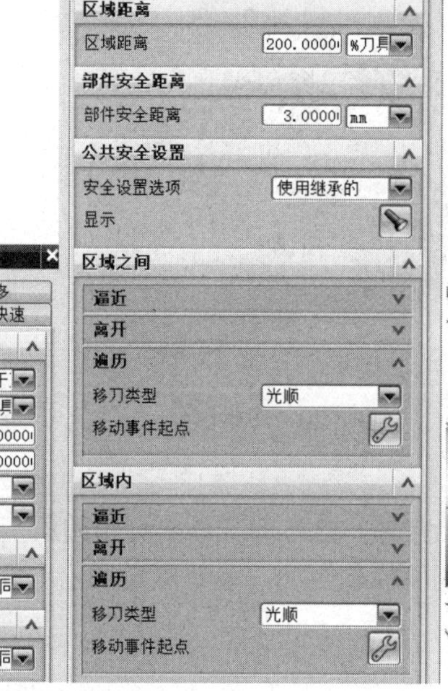

图 7-17　设置非切削移动参数

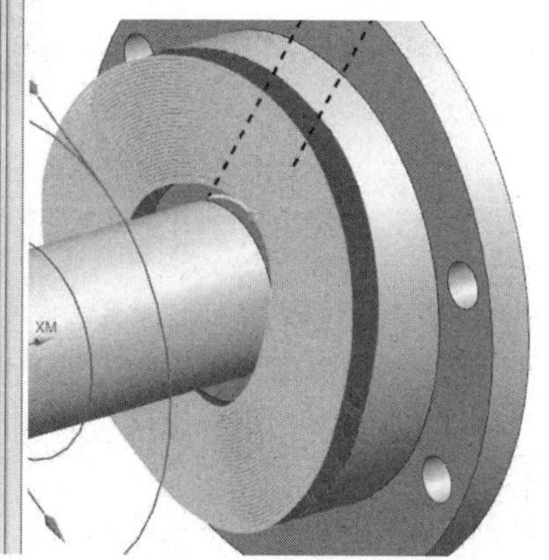

图 7-18　多轴加工刀轨

说明

也可以使用曲面驱动方法进行加工，但是必须使用艺术曲面方式构造驱动面，原始的零件面不能用于驱动曲面，因为它的 UV 线不符合加工要求。艺术曲面构造的驱动面，其 UV 线如图 7-19 所示，可以满足螺旋走刀的要求。

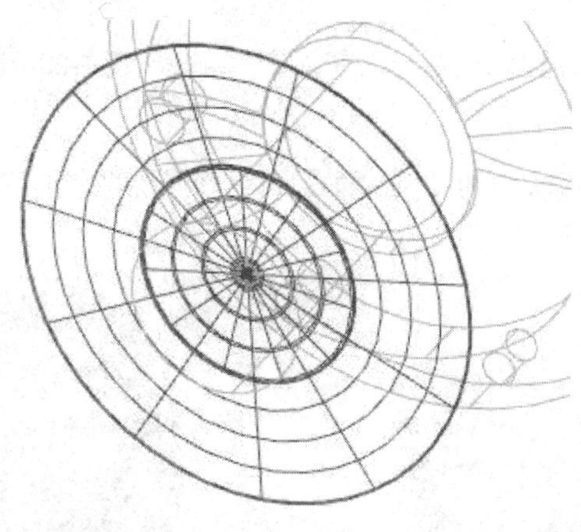

图 7-19　艺术曲面的 UV 线

案例 7-2：圆柱槽形零件粗加工

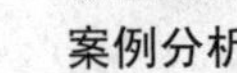

圆柱槽形零件如图 7-20 所示。

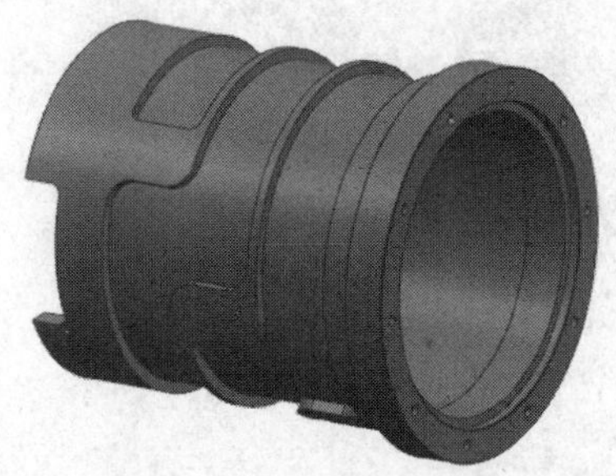

图 7-20　零件图

任务 1：设置加工坐标系。

(1)　在建模模块中，打开原始文件，此时的工件坐标系如图 7-21 所示。

(2)　改变工件坐标系的位置和坐标轴指向，使其原点位于右侧端面圆心，X 轴指向右侧，如图 7-22 所示。

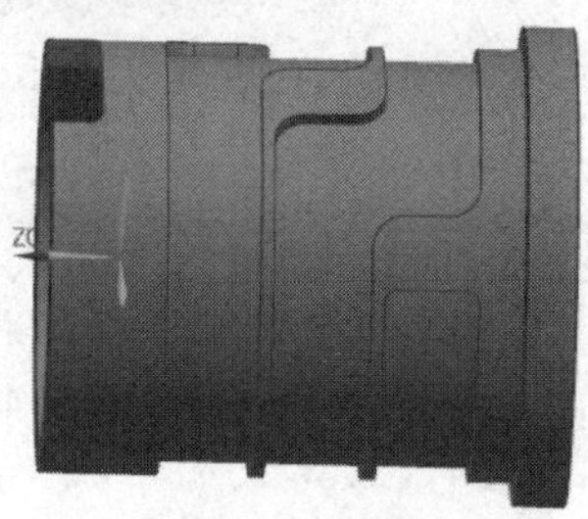

图 7-21　原始的工件坐标系

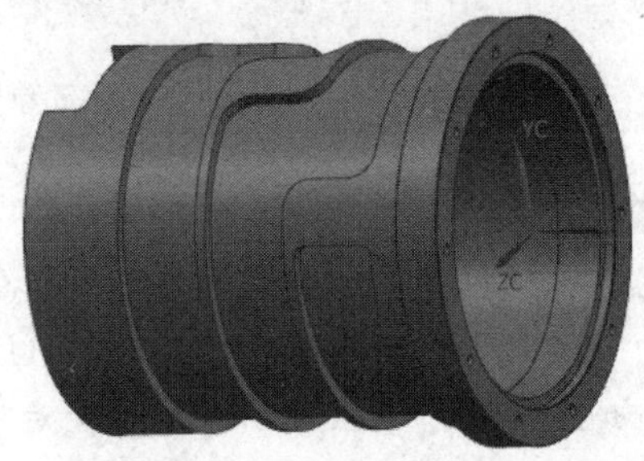

图 7-22　设置编程坐标系位置

任务 2：创建加工辅助线。

(1)　使用同步建模模块中的【删除面】命令，删除两侧多余的四个圆角，如图 7-23 所示，删除后的效果如图 7-24 所示。

图 7-23　要删除的圆角

图 7-24　删除圆角后的效果

(2) 设置当前工作图层为 11，使用【在面上偏置曲线】命令，对底面的四条边线向内侧偏置，偏置距离为 3.2，如图 7-25 所示。

在选取边线时，左右两侧可限定为【相切曲线】，前后两侧可设置为【单条曲线】，以便顺利地选取需要偏置的曲线。最终的偏置结果如图 7-26 所示。

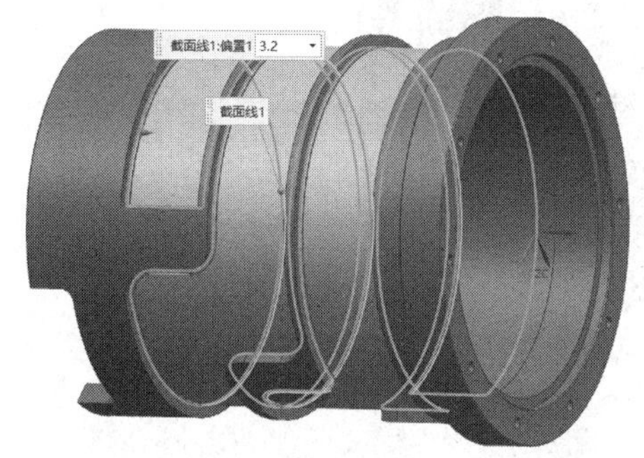

图 7-25　设置偏置曲线参数

图 7-26　偏置的四条曲线

(3) 使用【相交曲线】命令，创建其他辅助曲线。其方法为：第一个面选取零件底面，第二个面使用【点/方向】命令创建的基准平面，选取的点是底面边线的一个端点，如图 7-27 所示。

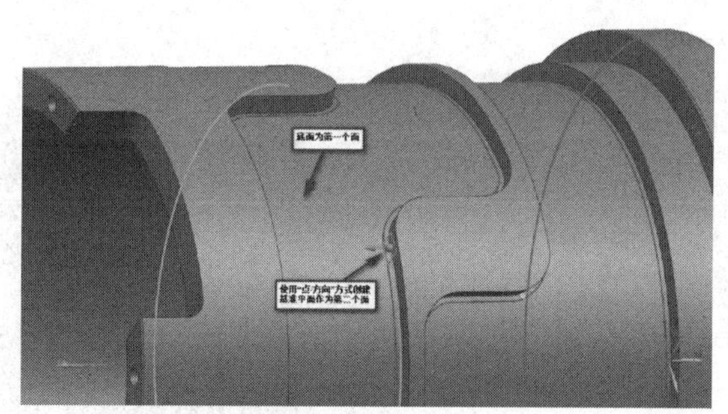

图 7-27　两个相交面

注意：应取消选中【相交曲线】对话框中【设置】处的【关联】复选框，这样可以方便删除多余的相交曲线。生成的相交曲线如图 7-28 所示。

使用相同的方法创建其他相交曲线，要注意创建的基准平面方向。生成的其他相交曲线如图 7-29 所示。

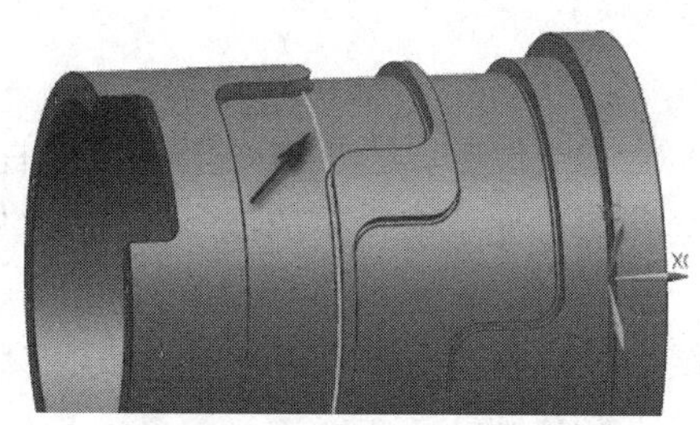

图 7-28　生成的相交曲线

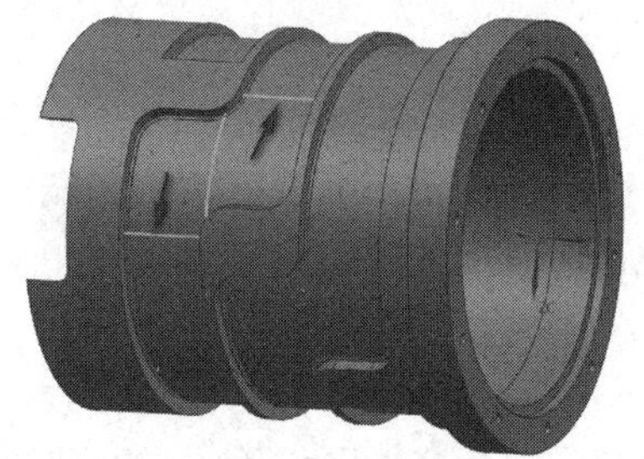

图 7-29　创建的相交曲线

使用相同的方法，创建另一拐角的三条相交曲线，如图 7-30 所示。

图 7-30　创建另外三条相交曲线

任务 3：进入加工模块，设置相关参数。

(1)　首先参照工作坐标系设置加工坐标系，然后进行安全区域设置，设置以 XC 轴为中心线的圆柱体，半径为 200，如图 7-31 所示。

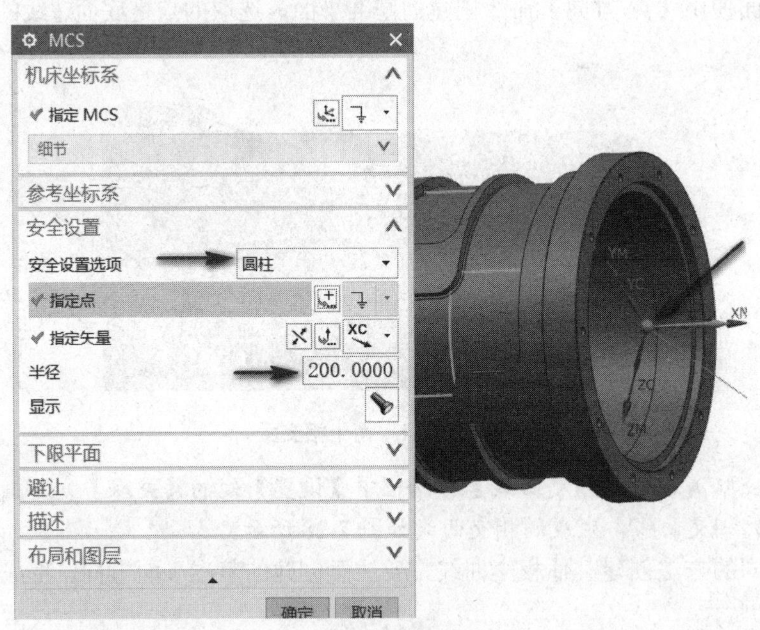

图 7-31　设置参数

(2)　创建刀具，设置直径为 6 的端铣刀作为粗加工刀具。

(3)　创建可变轮廓铣刀轨。首先设置驱动方法为【流线】，选取左右两条偏置曲线为主曲线，选取曲线时，先设置【在相交处停止】选项，方便选取需要的曲线，选取的曲线如图 7-32 所示。

(4)　选取另一个方向的辅助曲线作为交叉曲线。注意每次选取前先设置【在相交处停止】选项，按顺序选取相关的辅助曲线，共有 8 条，如图 7-33 所示。

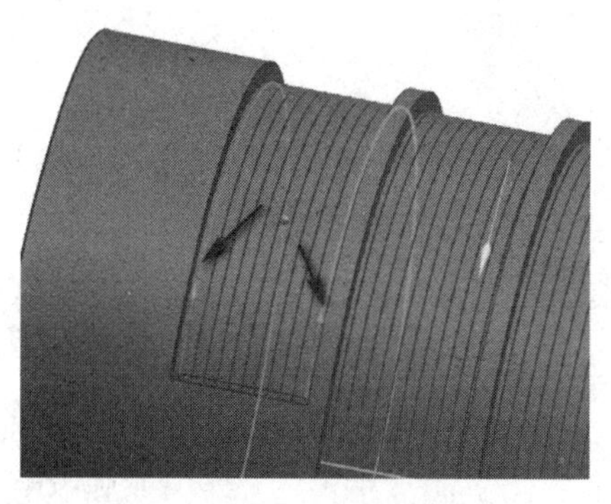

图 7-32　选取的主曲线

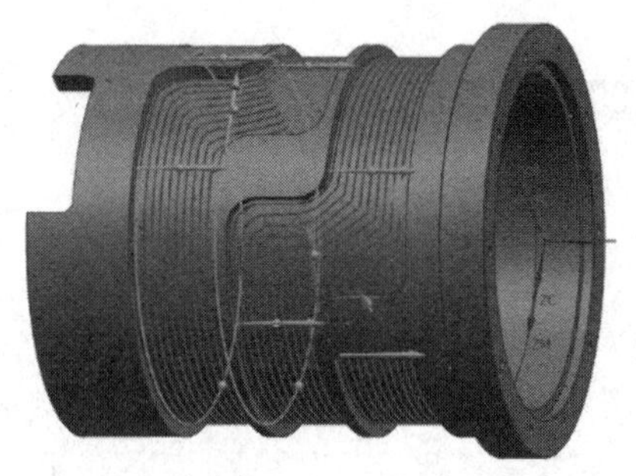

图 7-33　选取的交叉曲线

(5) 设置走刀方向，单击图中所示的箭头，如图 7-34 所示。

(6) 设置材料侧，必要时可反转箭头，使其指向外侧，如图 7-35 所示。

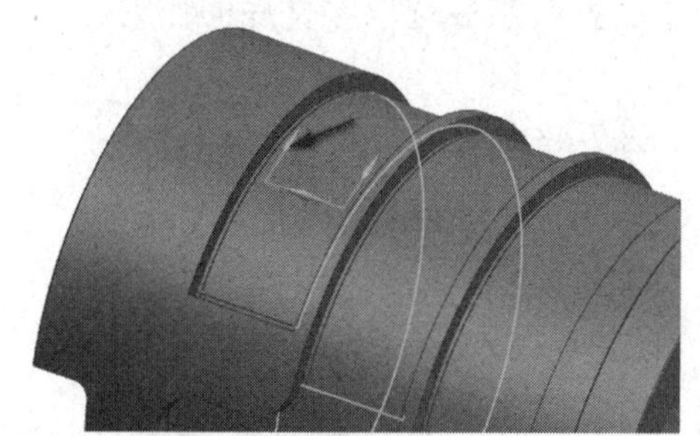

图 7-34　设置走刀方向

图 7-35　设置材料侧

(7) 进行驱动设置和步长设置。注意将【刀具位置】设置为【对中】，具体参数设置如图 7-36 所示。

(8) 设置刀轴矢量为【远离直线】，选取 XC 轴；设置投影矢量为【刀轴】，具体参数设置如图 7-37 所示。

驱动设置

刀具位置	对中
切削模式	往复
步距	数量
步距数	20

更多

切削步长	公差
内公差	0.0100
外公差	0.0100

图 7-36　设置驱动参数

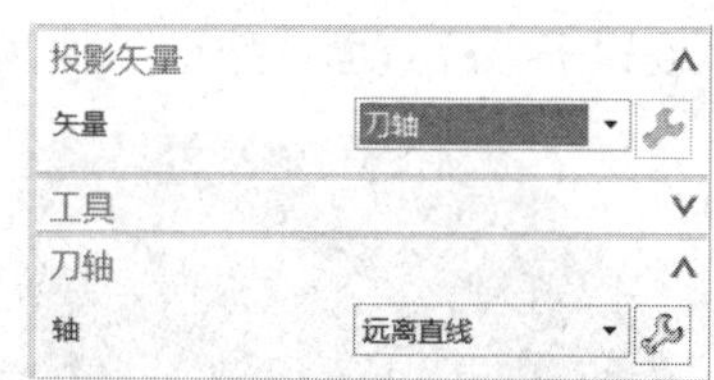

图 7-37　设置刀轴矢量和投影矢量

(9) 设置切削参数。首先设置加工余量和公差，如图 7-38 所示。

(10) 设置非切削参数，将【安全设置选项】设置为【使用继承的】，如图 7-39 所示。进刀参数采用默认设置，将【退刀类型】设置为【抬刀】，如图 7-40 所示。

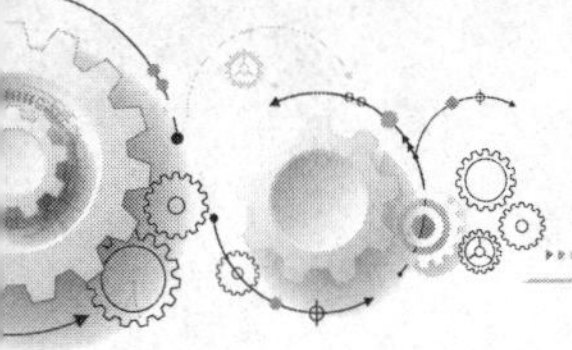

图 7-38　设置切削参数

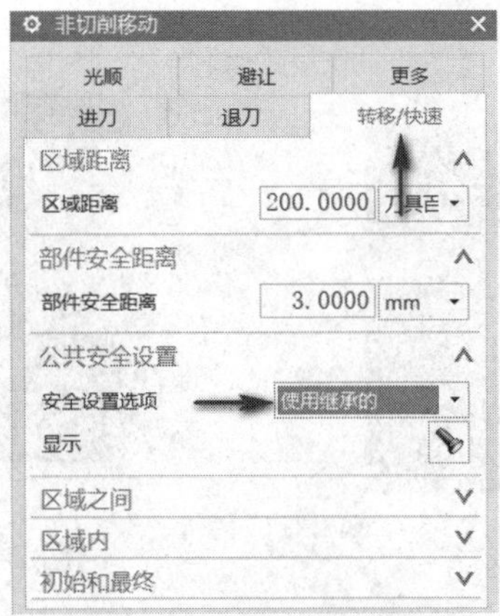

图 7-39　设置安全参数

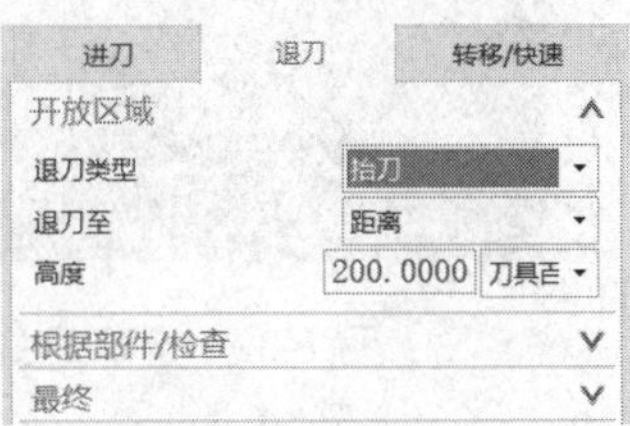

图 7-40　设置退刀

(11) 设置主轴转速和走刀速度，如图 7-41 所示。

(12) 设置【指定部件】，将选取方式设置为【面】，然后选取零件底面作为部件，如图 7-42 所示。

所有参数设置完毕后，生成底面加工刀轨，如图 7-43 所示。

图 7-41　设置主轴转速和走刀速度

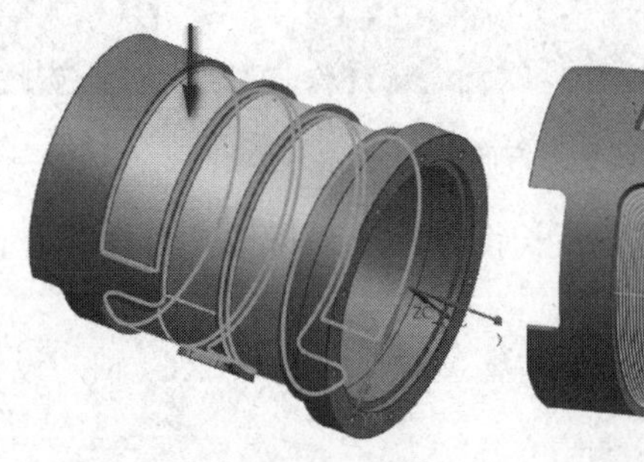

图 7-42　零件底面为部件

图 7-43　创建的刀轨

任务 4：优化刀轨。

(1) 查看默认的进刀刀轨，此时的刀轨过切零件，如图 7-44 所示。

(2) 设置干涉检查面，选取零件侧面作为干涉面，如图 7-45 所示。

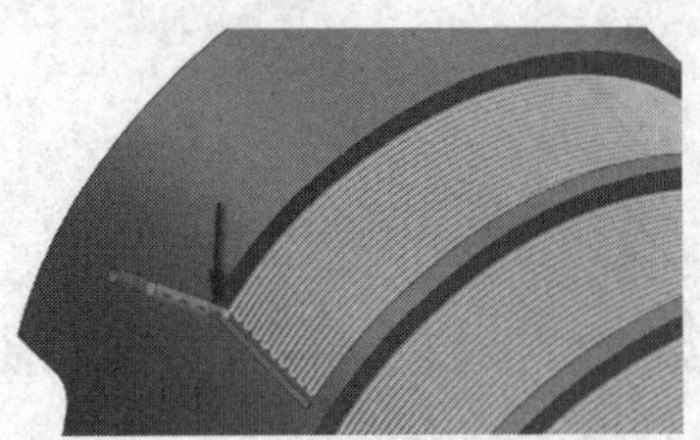

图 7-44　过切的进刀刀轨

图 7-45　设置干涉面

为了安全考虑，也可以选取整个零件作为检查体，这样刀轨最安全。

(3) 在【切削参数】对话框中，将【安全设置】选项卡中的参数都设置为 0，具体如图 7-46 所示。

(4) 重新生成刀轨，此时的进刀刀轨如图 7-47 所示，不再过切零件，满足加工要求。

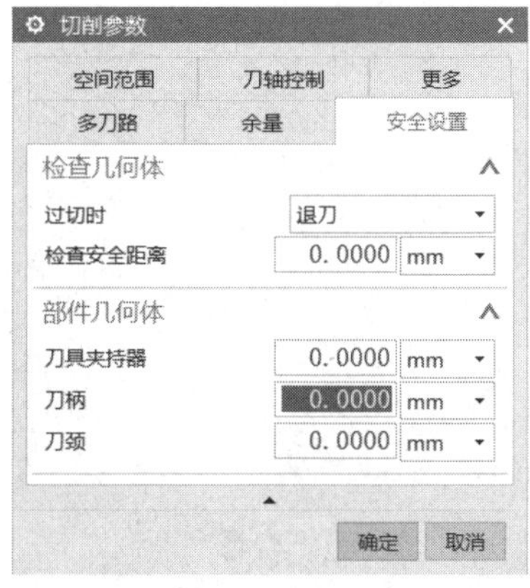

图 7-46　设置安全参数

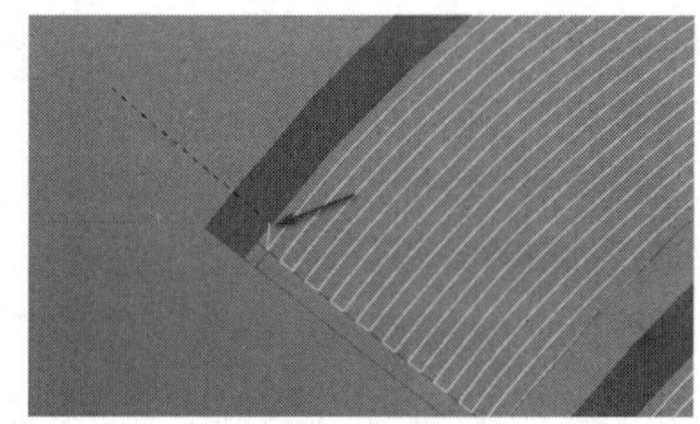

图 7-47　修改后的进刀刀轨

任务 5：创建多刀刀轨，实现合理的粗加工刀轨。

(1) 测量零件腔体深度，然后将零件分层进行粗加工，具体参数设置如图 7-48 所示。

(2) 参数设置完毕后，重新生成刀轨，如图 7-49 所示。

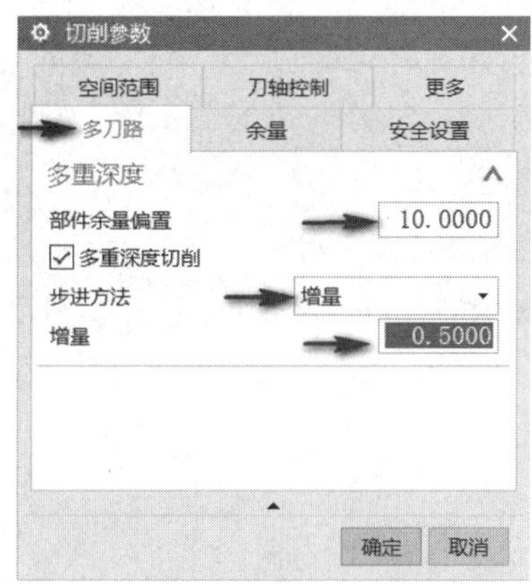

图 7-48　设置分层参数

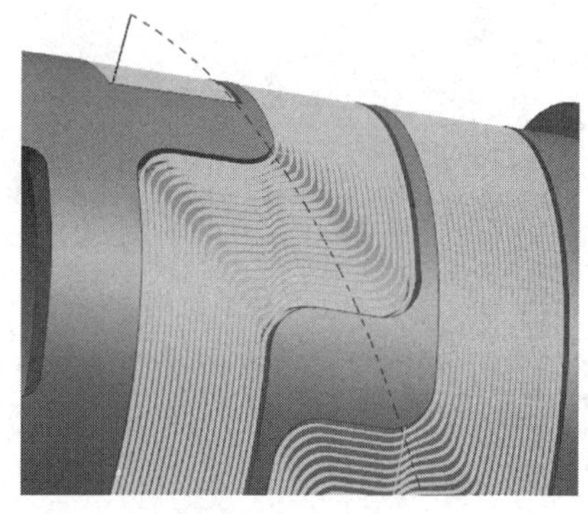

图 7-49　生成的粗加工刀轨

第8章

刀轨驱动方法

8.1 刀轨驱动的基本思想

刀轨驱动方法
基础知识讲解

多轴加工的难点是如何产生刀轨。三轴加工使用的 2D、3D 编程方法，不能直接用于多轴加工的刀轨产生，但是 2D、3D 拥有丰富的加工方式，如何将三轴加工与多轴加工联系起来是一个重要的思路，即借助于传统三轴加工的方法，产生加工轨迹线，然后将它用于多轴加工。

刀轨驱动就是一个联系三轴和多轴的重要方法。它可以使用 3D 加工产生的刀轨线，再附加多轴加工的刀轴矢量控制和投影矢量控制，实现多轴加工刀轨的创建。

当然，刀轨驱动方法也可以用于多轴加工。某些多轴加工方法，本身不支持平刀或圆鼻刀加工，只支持球刀，我们可以先创建出满足加工要求的刀轨，然后再使用刀轨驱动方法，改用平刀或圆鼻刀进行多轴加工。

8.2 刀轨驱动的基本操作

对于圆柱槽面的加工，有以下两种刀轨驱动方法。

(1) 对于小于 180 度的圆柱槽，可以先使用降下去、升起来的方法创建辅助刀轨，然后将其生成刀位文件。具体操作为：首先向下偏置曲面，距离为刀具半径值，如图 8-1 所示；然后根据实际刀轨，偏置边界线，距离为刀具半径加上加工余量，再使用偏置边界线分割偏置面，形成曲面的真正加工区域，如图 8-2 所示。

图 8-1 要偏置的面

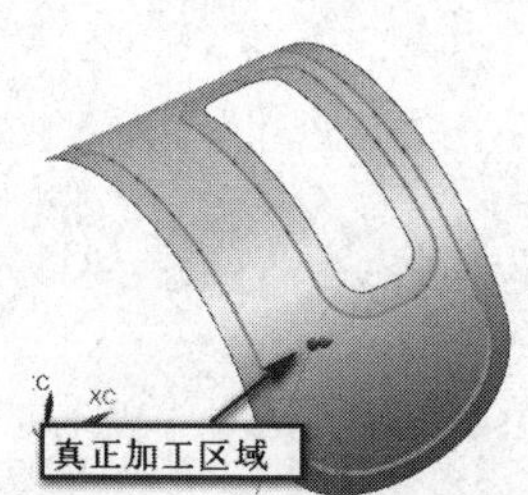

图 8-2 形成的加工区域

这种方法可称为降下去升起来法，其特点是驱动刀轨用球刀，多轴加工可以用端铣刀。这样操作的目的是让刀位点位于加工面，即变换后的驱动刀轨是球刀的刀位点，而不是通常加工的切削点。

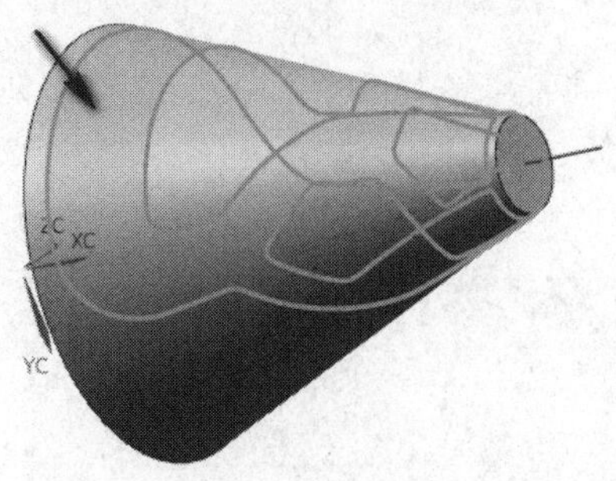

图 8-3 锥体加工面

(2) 对于 360° 的圆柱槽面，可以将加工曲面变通为一个锥体面，然后使用定轴加工的方法产生需要的刀轨线，如图 8-3 所示，这种方法称为锥体变换法。其特点是驱动刀轨用尖刀，多轴加工用各种铣刀。

使用尖刀加工产生驱动刀轨，目的也是在加工

面上产生刀位点的刀具轨迹，这些轨迹线要贴面，否则，使用其他刀具得到的刀位轨迹线是根据切削点计算处理的刀位点轨迹线，它不满足刀轨驱动法的要求。

采用这两种方法，在产生驱动刀轨时，需要固定轴加工或者使用定轴加工的方法，但其实质还是传统的 2D、3D 编程方法。

8.3 典 型 案 例

案例 8-1：降下去升起来法

加工零件如图 8-4 所示。

图 8-4 零件图

任务 1：设置工件坐标系。

(1) 在建模模块中，打开原始文件，此时的工件坐标系如图 8-5 所示，YC 位于圆柱中心线。

(2) 改变工件坐标系的指向，使原点位于左侧端面圆心，XC 轴指向右侧，如图 8-6 所示。

图 8-5 原始的工件坐标系

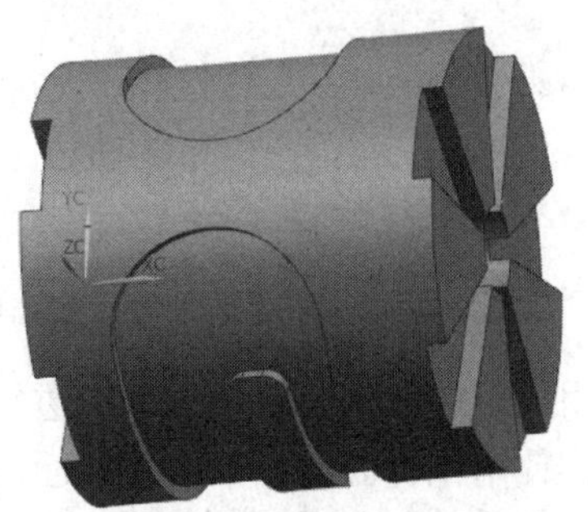

图 8-6 工件坐标系位置

任务 2：创建辅助曲面。

(1) 设置工作图层为 11，然后进行曲面偏置。单击【偏置曲面】按钮，选取圆柱底面进行偏置操作，偏置方向向内，具体操作参数设置如图 8-7 所示。

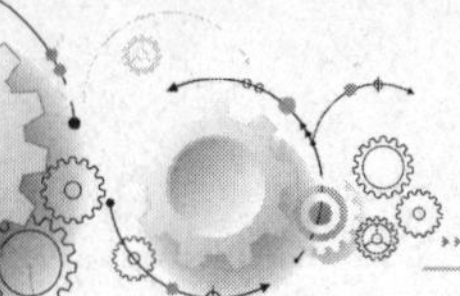

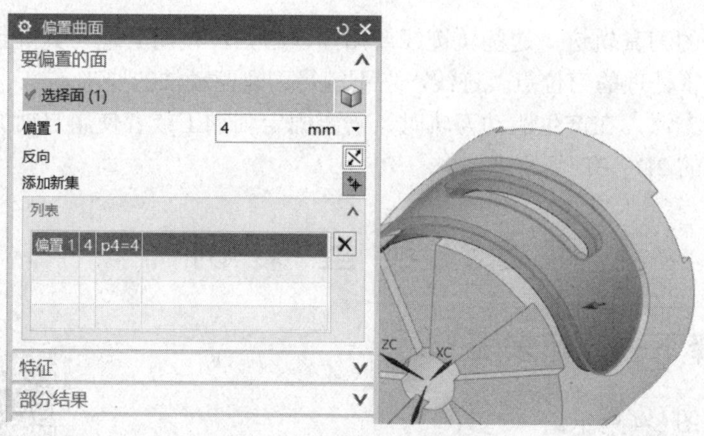

图 8-7 设置曲面加厚操作参数

说明

偏置距离值为球刀的半径值。

(2) 对偏置曲面边线进行面上曲线偏置操作。首先偏置外侧曲线，偏置距离为刀具半径加上侧面加工余量，具体操作如图 8-8 所示。

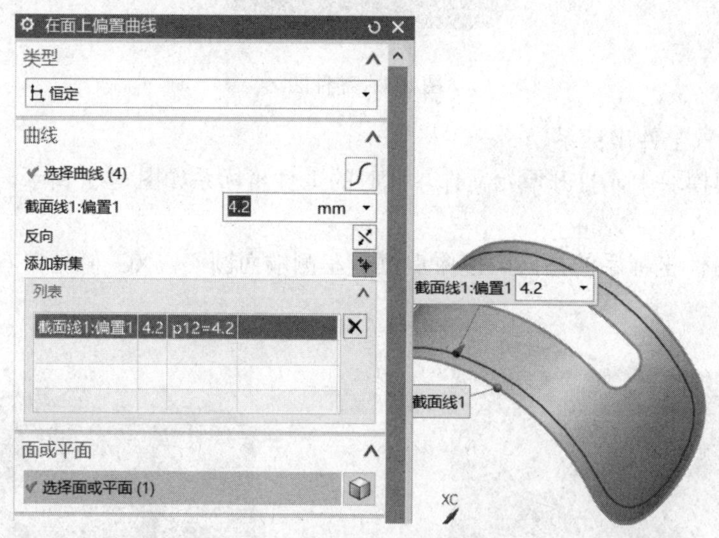

图 8-8 外侧曲线偏置操作

使用相同的方法，对内侧曲线进行偏置操作，如图 8-9 所示。

(3) 使用偏置曲线分割偏置曲面，如图 8-10 所示。

(4) 过圆柱底面的三个点创建一个基准平面，如图 8-11 所示。

说明

这个基准平面用于定义固定轴加工时的刀轴矢量。

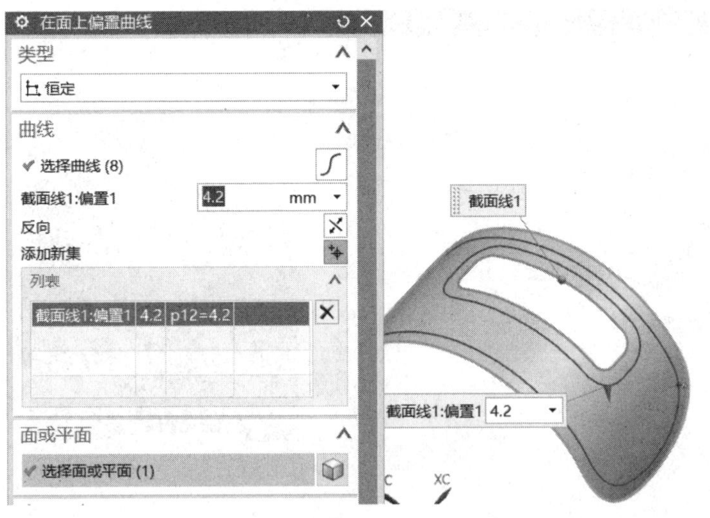

图 8-9　内侧曲线偏置操作

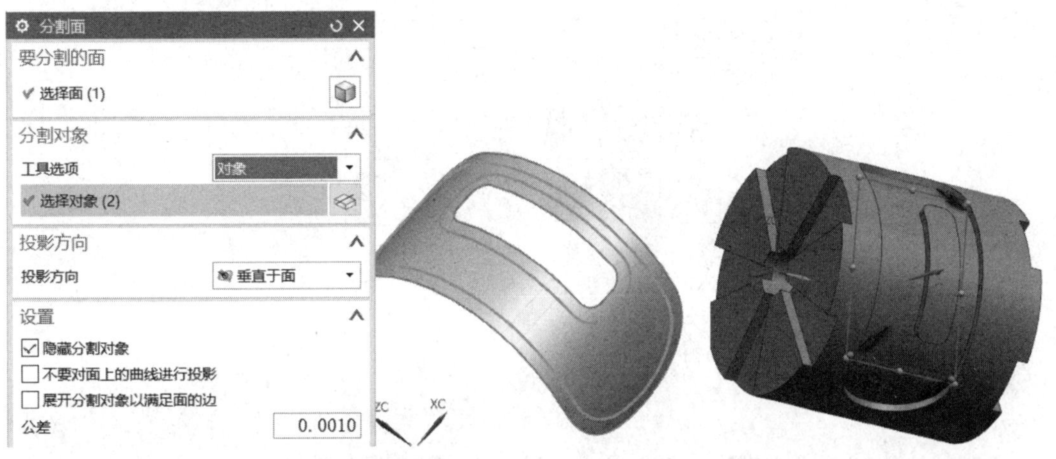

图 8-10　分割曲面操作　　图 8-11　创建的基准平面

任务 3：创建一个固定轴加工刀轨。

(1) 进入加工模块，首先参照工作坐标系设置加工坐标系，然后进行安全区域设置，设置以 XC 轴为中心线的圆柱体，半径为 80，如图 8-12 所示。

(2) 创建刀具。创建一把名为 R4、直径为 8 的球刀。

(3) 创建一个固定轴的区域轮廓铣，具体设置如图 8-13 所示。

(4) 指定部件，选取分割后的偏置曲面，如图 8-14 所示。

(5) 设置区域铣削驱动方式参数，如图 8-15 所示。

(6) 设置刀轴矢量，指定矢量为基准平面的法向，如图 8-16 所示。

(7) 设置非切削参数，如图 8-17 所示。

(8) 重新定义快速移动，将其设置为 G1 模式，并更改相关参数，具体操作如图 8-18 所示。

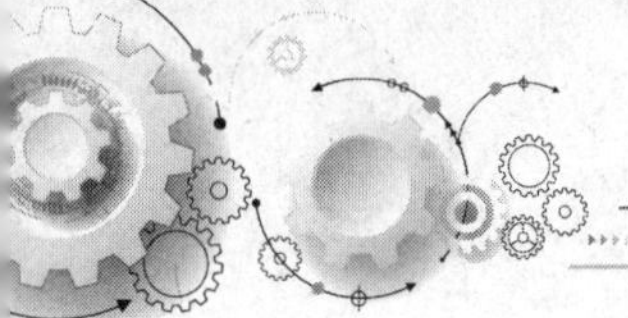

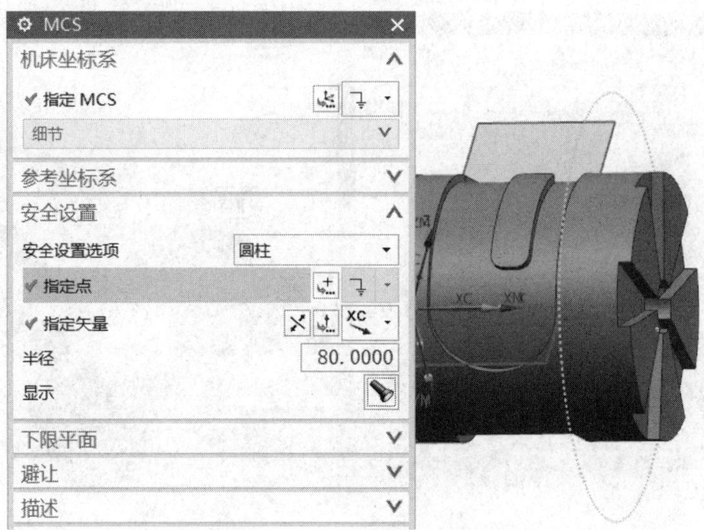

图 8-12　安全区域设置

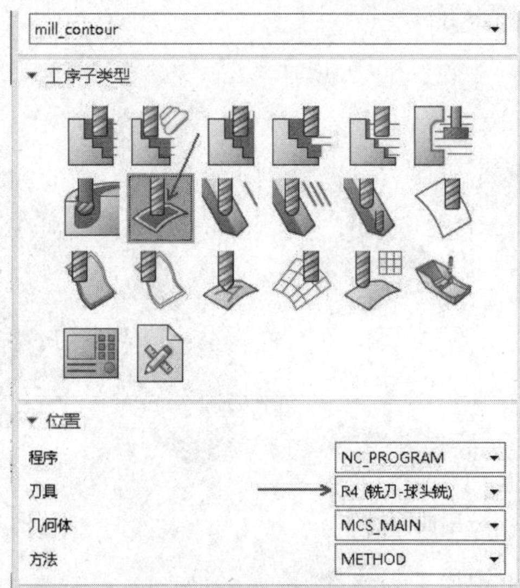

图 8-13　设置工序参数

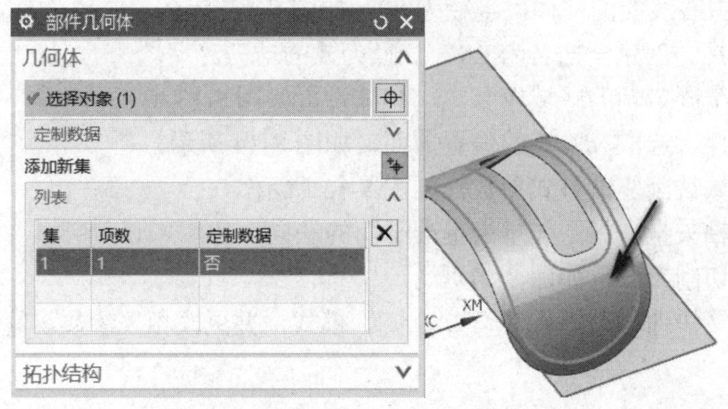

图 8-14　指定部件

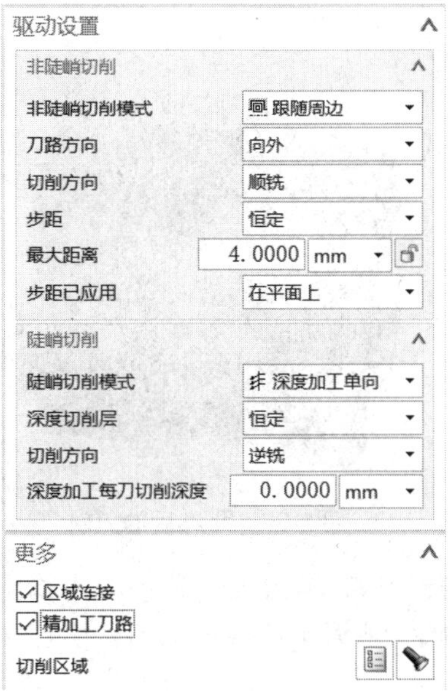

图 8-15　设置驱动参数

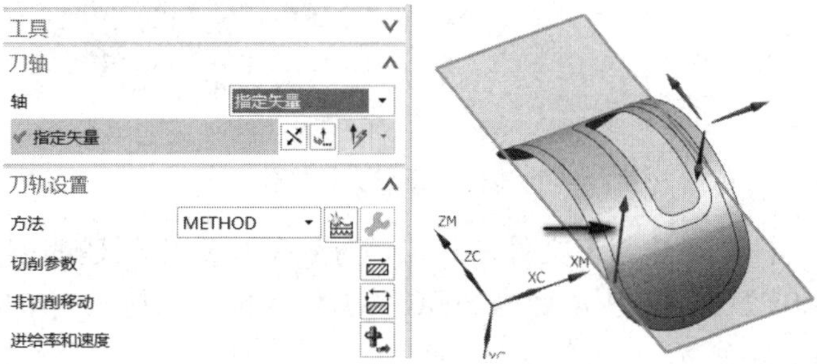

图 8-16　设置刀轴矢量

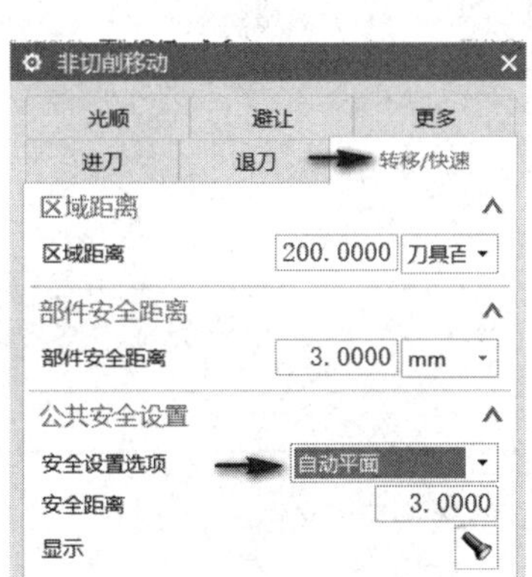

图 8-17　设置非切削参数

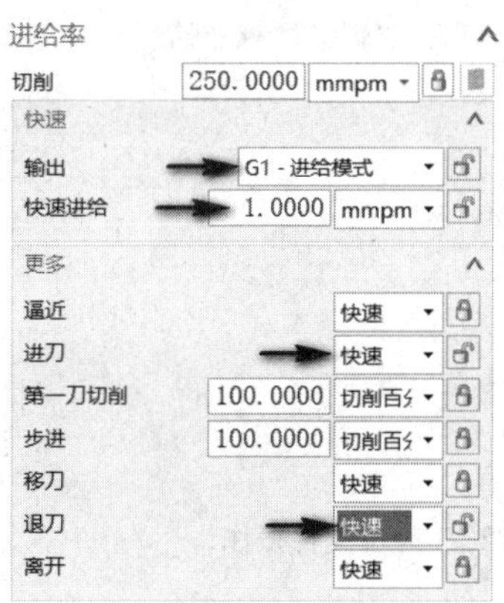

图 8-18　设置进给率

(9)　所有参数设置完毕后，计算刀轨，此时的刀轨如图 8-19 所示。

(10) 进入建模模块，调整工件坐标系的 ZC 轴与基准平面垂直，如图 8-20 所示。

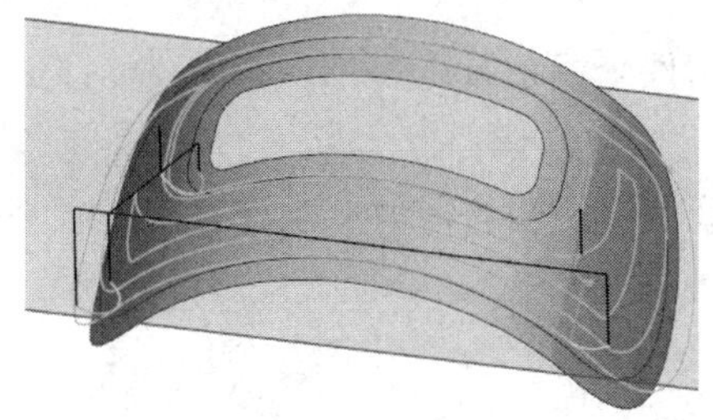

图 8-19　创建的刀轨

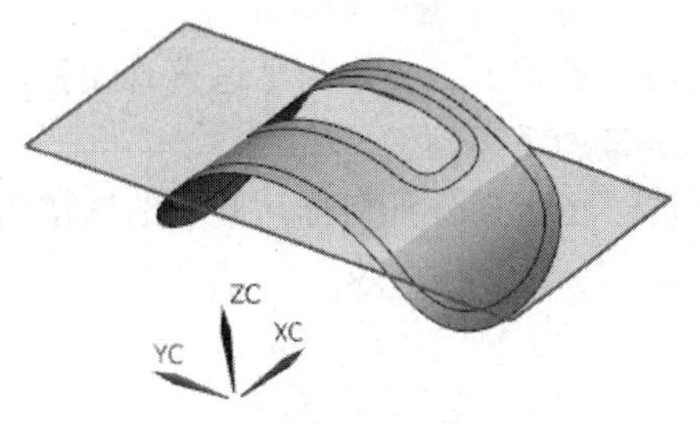

图 8-20　调整后的坐标系

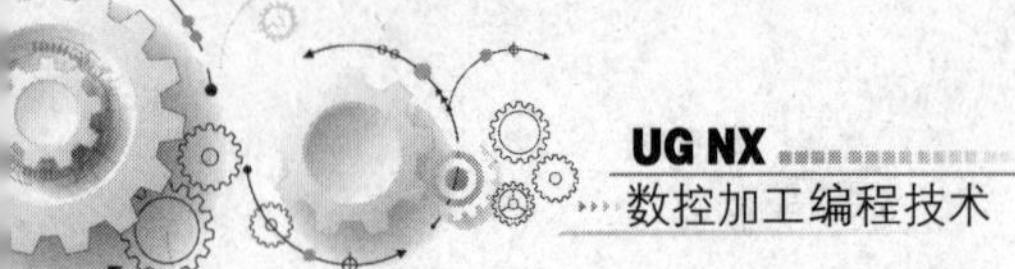

(11) 进入加工模块，对创建的刀轨进行平移变换，如图 8-21 所示；变换后的刀轨如图 8-22 所示，刀轨位于圆柱面上。

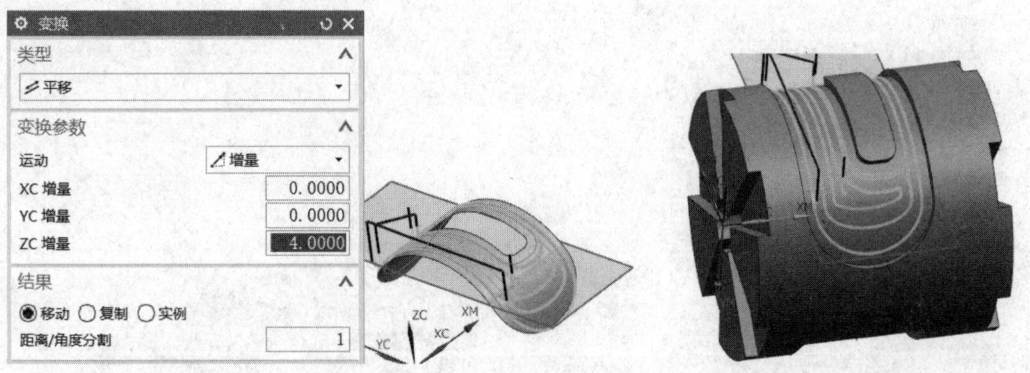

图 8-21　平移刀轨操作

图 8-22　平移后的刀轨

(12) 创建刀位文件。从工序导航器中选中创建的刀轨，然后单击工具条中的【输出 CLSF】选项，生成名为 3000 的刀位文件，具体操作如图 8-23 所示；生成的刀位文件如图 8-24 所示。

文件(F)　编辑(E)

```
TOOL PATH/CONTOUR_AREA,TOOL,A1
TLDATA/MILL,10.0000,0.0000,1000.0000,0.0000,89.0000
MSYS/-200.0000,0.0000,0.0000,1.0000000,0.0000000,0.0000000,0.0000000,1.0000000,0.0000000
$$ centerline data
PAINT/PATH
PAINT/SPEED,10
PAINT/COLOR,186
FEDRAT/MMPM,1.0000
GOTO/206.4757,-23.1766,0.0787,1.0000000,0.0000000,0.0000000
PAINT/COLOR,42
GOTO/206.2353,-22.6227,0.0768
GOTO/205.9299,-22.1019,0.0750
GOTO/205.5639,-21.6216,0.0734
GOTO/205.1428,-21.1890,0.0720
GOTO/204.6725,-20.8103,0.0707
GOTO/204.1601,-20.4910,0.0696
GOTO/203.6128,-20.2358,0.0687
GOTO/203.0389,-20.0485,0.0681
GOTO/202.4465,-19.9317,0.0677
```

图 8-23　刀位文件操作

图 8-24　刀位文件

任务 4：使用刀轨驱动方式对圆柱面进行四轴粗加工。

(1) 创建直径为 8 的端铣刀作为加工刀具。

(2) 创建可变轮廓铣刀轨，具体参数设置如图 8-25 所示。

(3) 设置驱动方法为【刀轨】，然后选取前面创建的刀位文件 3000，其他参数设置如图 8-26 所示。

(4) 设置刀轴矢量为【远离直线】，选取过工件坐标系原点的 XC 轴作为参照；设置投影矢量为【刀轴】。

(5) 指定部件几何体，选取圆柱槽的底面圆柱面，如图 8-27 所示。

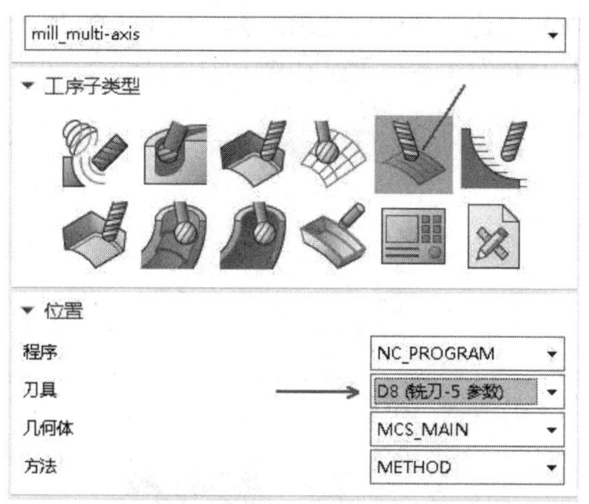

图 8-25　设置参数

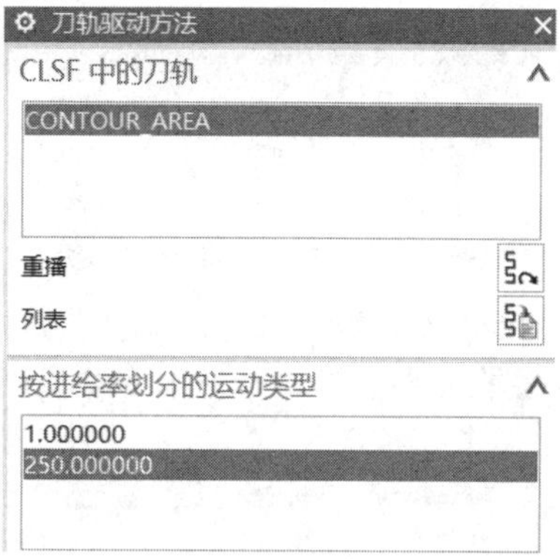

刀轨驱动方法
CLSF 中的刀轨
CONTOUR_AREA
重播
列表
按进给率划分的运动类型
1.000000
250.000000

图 8-26　选取刀轨

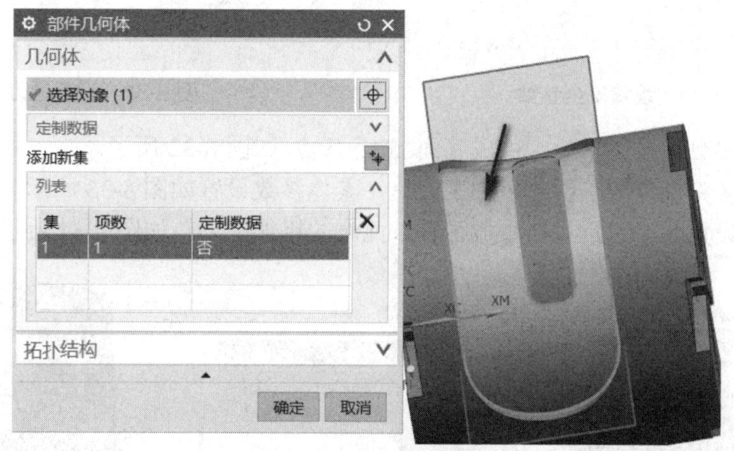

图 8-27　指定部件几何体

(6)　指定检查体，选取整个零件作为检查体，然后设置其他参数，如图 8-28 所示。

(7)　设置切削参数。首先设置加工余量和公差，如图 8-29 所示。

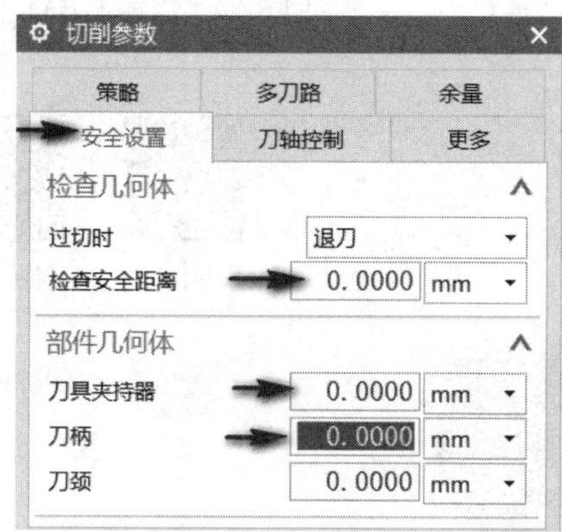

图 8-28　设置检查参数

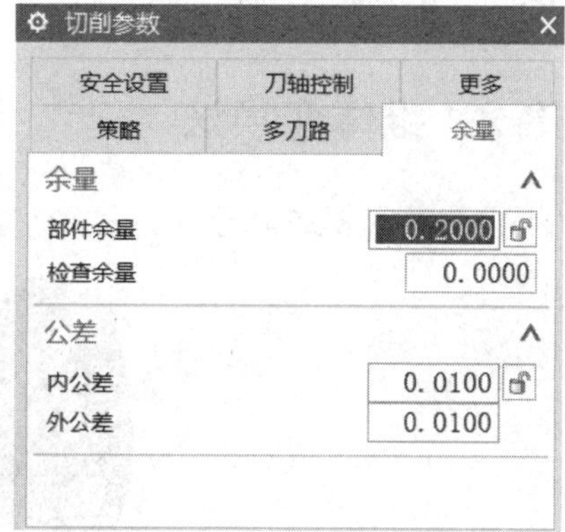

图 8-29　设置切削参数

(8) 设置非切削参数，将【安全设置选项】设置为【使用继承的】，如图 8-30 所示。进刀参数采用默认设置，将【退刀类型】设置为【抬刀】，如图 8-31 所示。

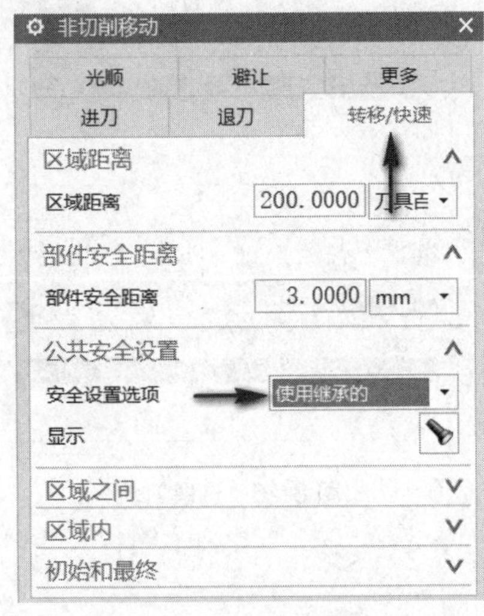

图 8-30 设置安全参数

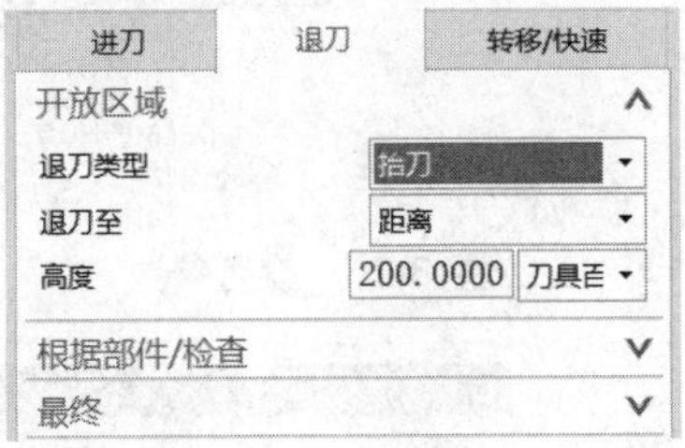

进刀
退刀
转移/快速
开放区域
退刀类型
抬刀
退刀至
距离
高度
200.0000
刀具百
根据部件/检查
最终

图 8-31 设置退刀

(9) 所有参数设置完毕后，生成底面加工刀轨，如图 8-32 所示。
(10) 设置多刀轨参数，创建粗加工刀轨，具体参数设置如图 8-33 所示。
(11) 参数设置完毕后，重新生成刀轨，此时的粗加工刀轨如图 8-34 所示。

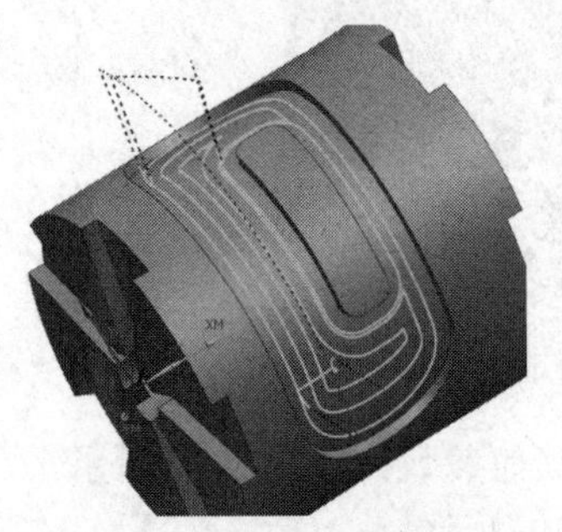

图 8-32 创建的底面刀轨

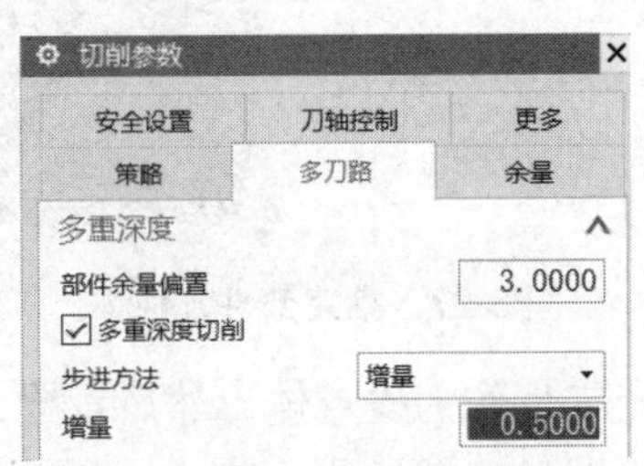

图 8-33 设置多刀轨参数

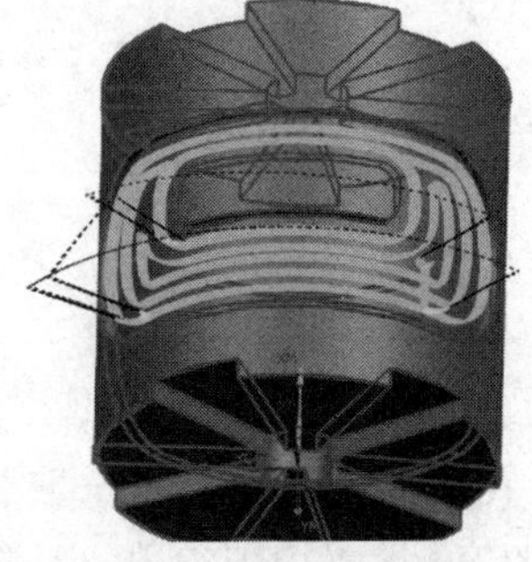

图 8-34 粗加工刀轨

案例 8-2：锥体变换法

加工零件如图 8-35 所示。

图 8-35 零件图

任务 1：设置工件坐标系。

(1) 在建模模块中，打开原始文件，此时的工件坐标系如图 8-36 所示。

(2) 改变工件坐标系的位置和坐标轴指向，使原点位于左侧端面圆心，XC 轴指向右侧，如图 8-37 所示。

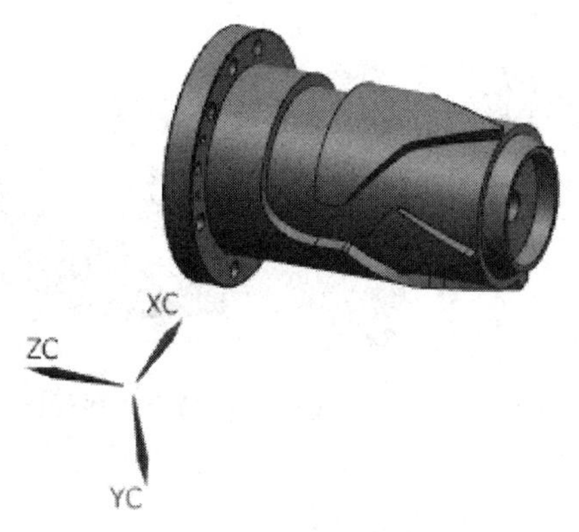

图 8-36 原始的工件坐标系

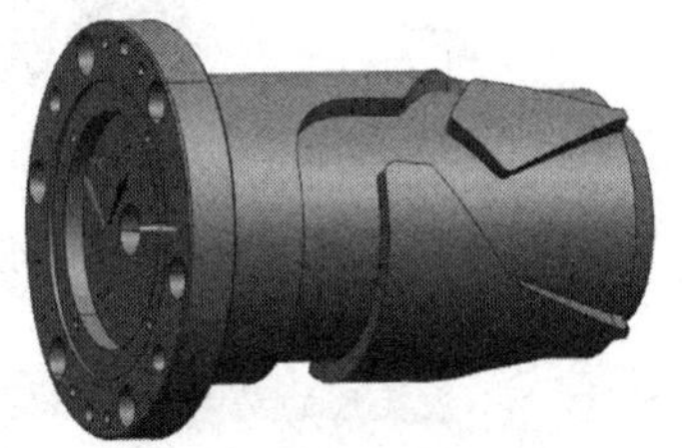

图 8-37 工件坐标系位置

任务 2：创建锥体分割面。

(1) 设置当前工作图层为 11，然后进行曲面加厚。单击【加厚】按钮，选取圆柱槽底面进行加厚操作，加厚方向向内，具体参数设置如图 8-38 所示。

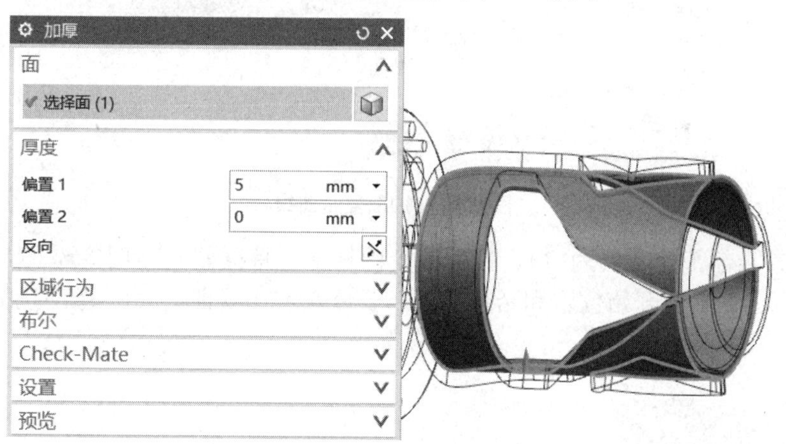

图 8-38 设置曲面加厚参数

(2) 对加厚曲面进行曲面偏置操作。单击【同步建模】区域中的【偏置区域】按钮，设置面的选取方式为【单个面】，然后框选所有的加厚面，再按住 Shift 键，选取不需要偏置的面，它们是内外圆柱面和右侧的 4 个被分割开的端面，具体操作如图 8-39 所示。

调整偏置方向，使其向内偏置，偏置完毕后的加厚体如图 8-40 所示。

(3) 设置当前工作图层为 12，创建复合曲线。单击【复合曲线】按钮，设置抽取方式为【面的边】，抽取加厚体外圆柱面上的所有线，具体操作如图 8-41 所示。

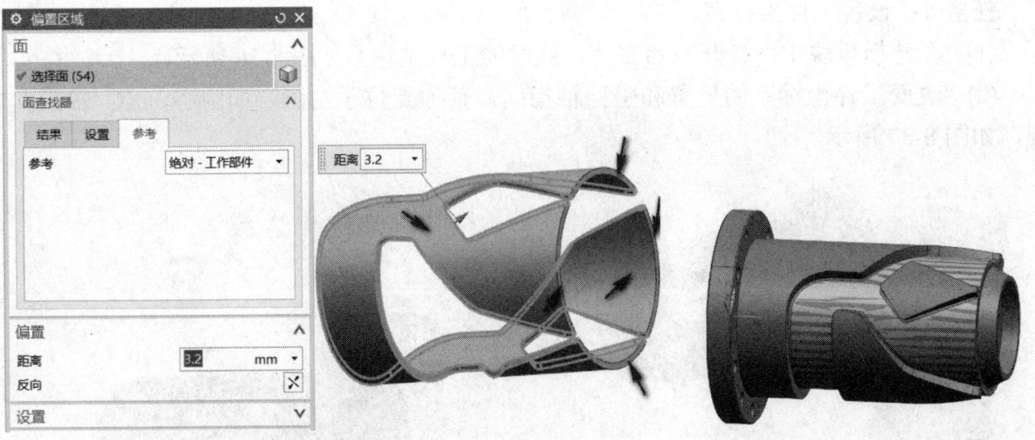

图 8-39　偏置区域操作

图 8-40　偏置后的加厚体

图 8-41　抽取复合曲线

(4)　设置当前工作图层为 13，拉伸一个圆柱体，特征截面可直接选取圆的边线，如图 8-42 所示；调整其开始位置和结束位置，长度左右比圆柱槽大，最后生成的圆柱体如图 8-43 所示。

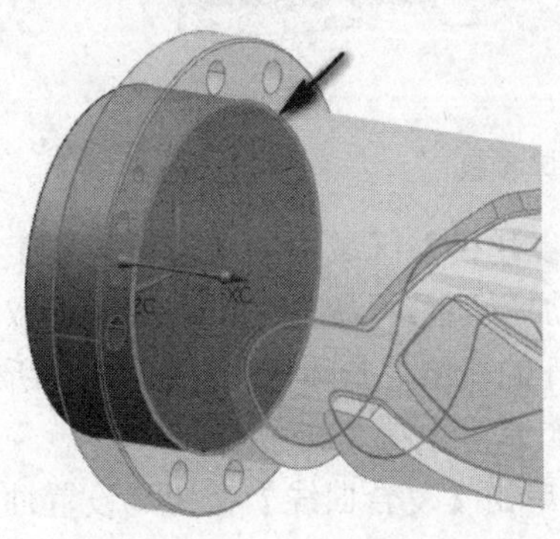

图 8-42　选取特征截面

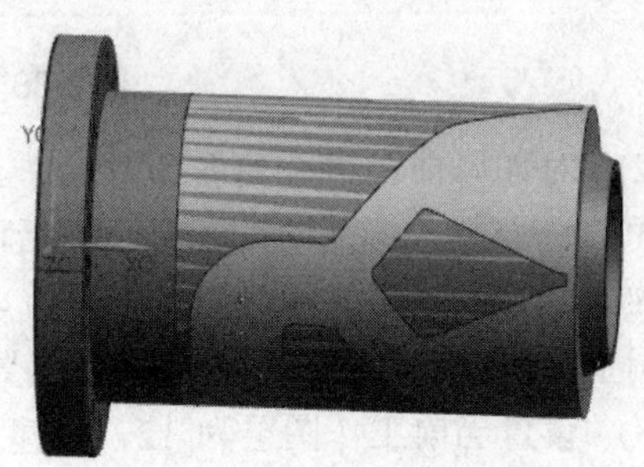

图 8-43　拉伸的圆柱体

(5)　调整拉伸圆柱面的直径大小。单击【同步建模】区域中的【调整面大小】按钮，选取圆柱面，将其直径调整为50，具体设置如图8-44所示。

图8-44　调整圆柱面的直径

(6) 将调整后的圆柱面进行拔模操作。单击【拔模】按钮，定义拔模方向为右端圆柱面的法向，拔模参考为右端圆柱面，要拔模的面为圆柱面，具体操作如图8-45所示。

(7) 绘制一条过右端面圆心且平行于XC轴的直线段，如图8-46所示。

(8) 设置工作图层为14，将抽取的复合曲线投影到圆柱面上。单击【投影曲线】按钮，以【朝向直线】方向投影曲线，具体操作如图8-47所示。

(9) 分割圆锥面。单击【分割面】按钮，选取投影曲线对圆锥面进行分割，具体操作如图8-48所示。

注意

公差值设置得太小，可能会导致无法分割曲面。

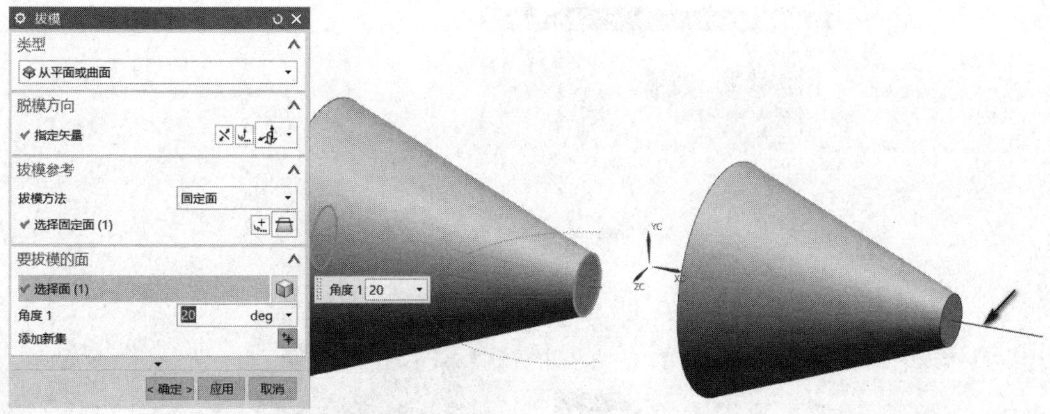

图 8-45　拔模操作　　　　图 8-46　绘制的直线段

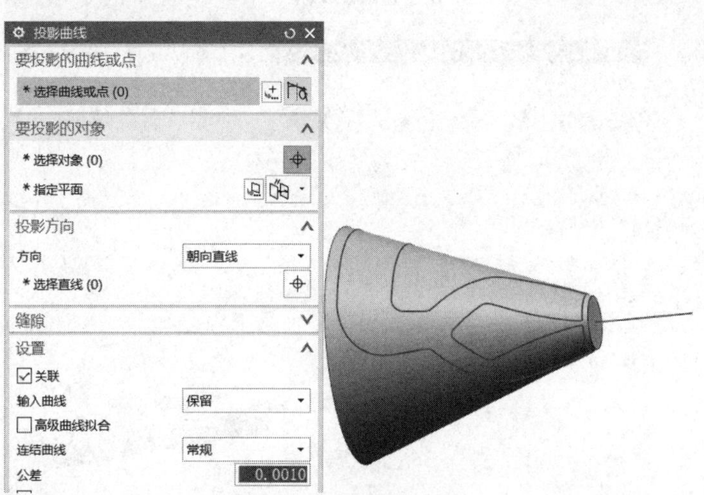

图 8-47　投影曲线操作

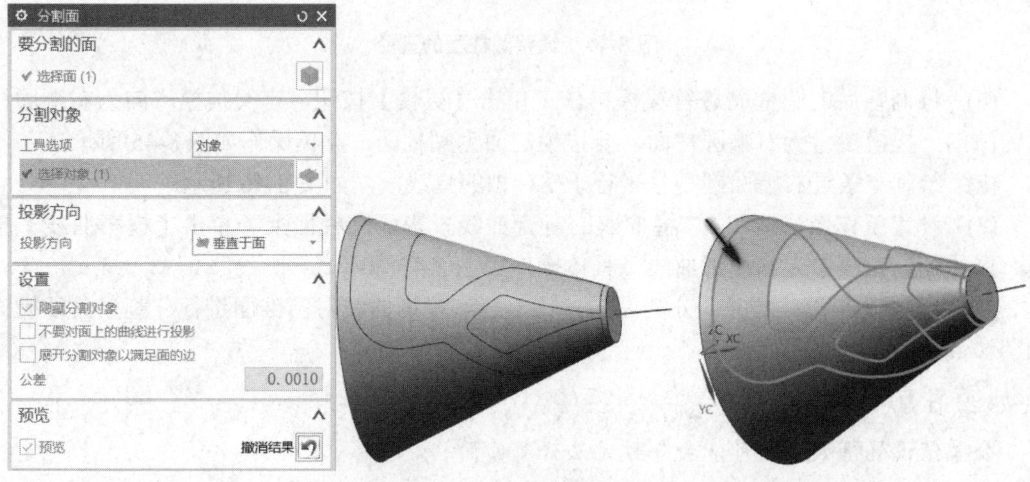

图 8-48　分割曲面操作

任务 3：创建一个固定轴加工刀轨。

(1) 进入加工模块，首先参照工件坐标系设置加工坐标系，然后进行安全区域设置，安全区域以 XC 轴为中心线的圆柱体，半径为 150，如图 8-49 所示。

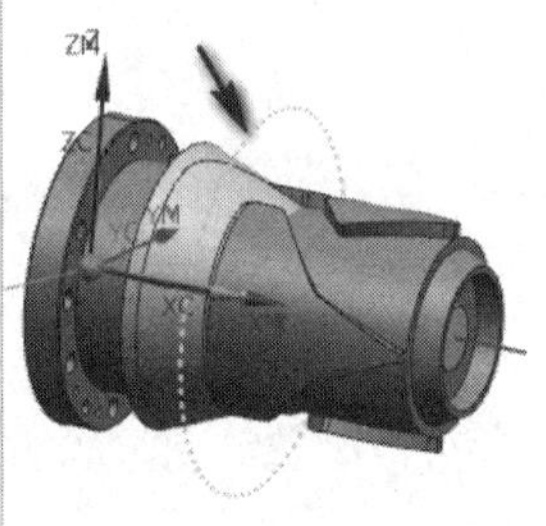

图 8-49　安全区域设置

(2) 创建刀具。创建一把名为 A1 的尖刀，具体参数设置如图 8-50 所示。

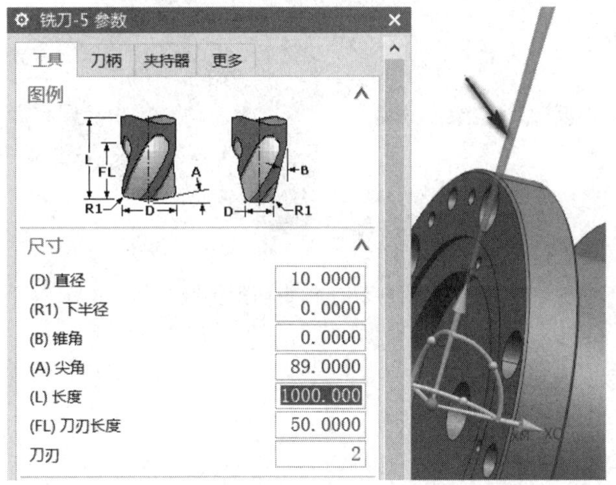

图 8-50　设置尖刀参数

(3) 创建一个固定轴的区域轮廓铣，具体参数设置如图 8-51 所示。

(4) 指定部件，选取圆锥体，如图 8-52 所示。

(5) 指定切削区域，选取前面分割的圆锥面，作为部件的加工区域部分，如图 8-53 所示。

(6) 设置驱动参数，走刀方式为同心往复，阵列中心为右端面圆弧圆心，具体参数设置如图 8-54 所示。

(7) 设置刀轴矢量，指定矢量为圆锥体右端面的法向，如图 8-55 所示。

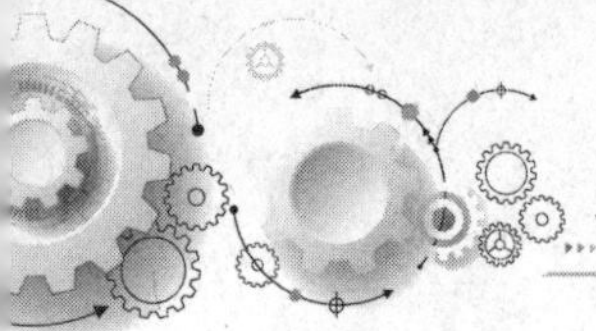

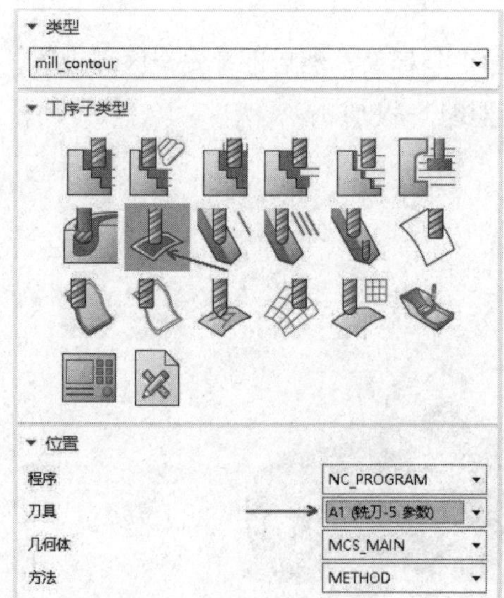

图 8-51　设置工序参数

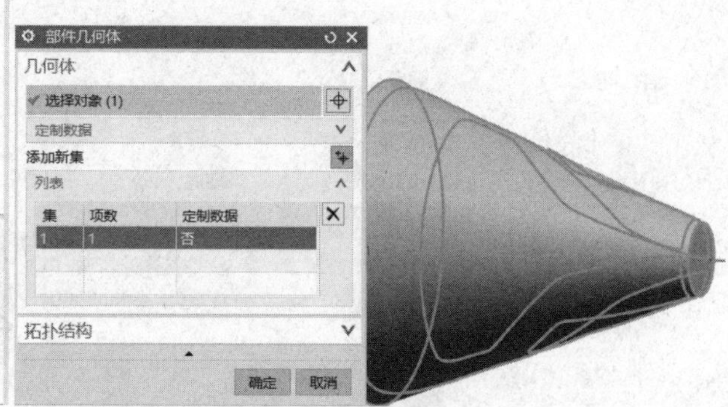

图 8-52　指定部件

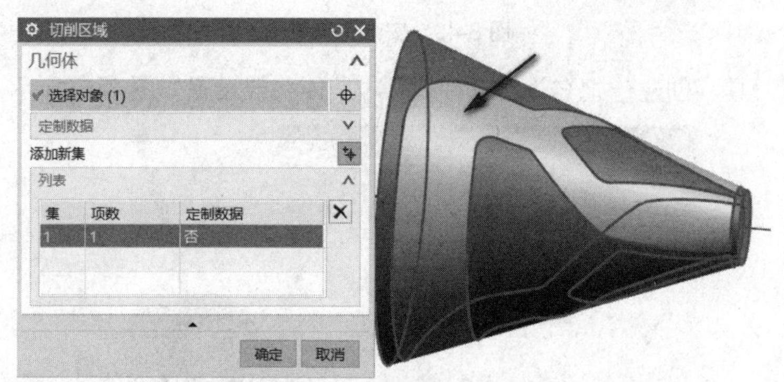

图 8-53　指定切削区域

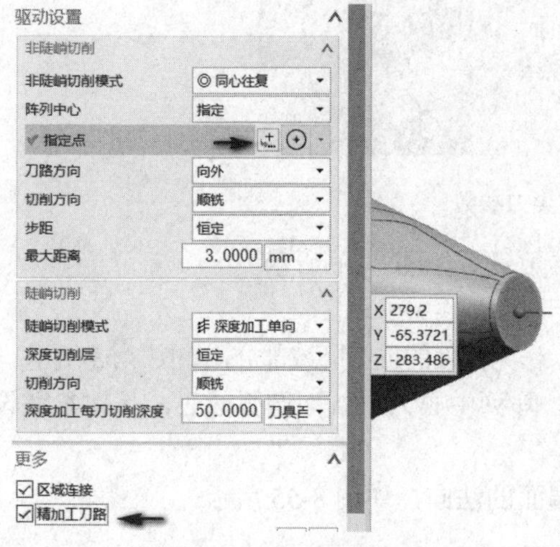

图 8-54　设置驱动参数

图 8-55　设置刀轴矢量

(8) 设置内外公差值，如图 8-56 所示。

(9) 设置非切削参数，如图 8-57 所示。

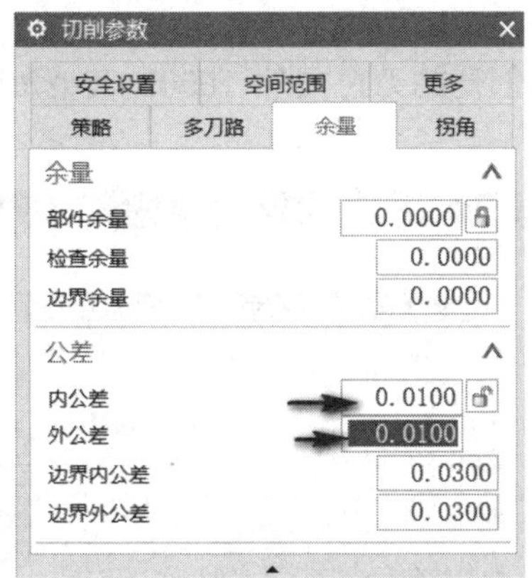

图 8-56　设置公差参数

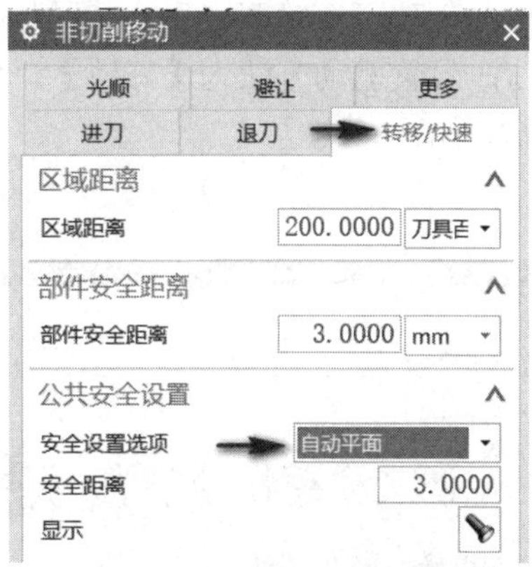

图 8-57　设置非切削参数

(10) 所有参数设置完毕后，计算刀轨，此时的刀轨如图 8-58 所示。

(11) 创建刀位文件。从工序导航器中选中创建的刀轨，然后单击工具条中的【输出 CLSF】选项，生成名为 1000 的刀位文件，具体操作如图 8-59 所示；生成的刀位文件如图 8-60 所示。

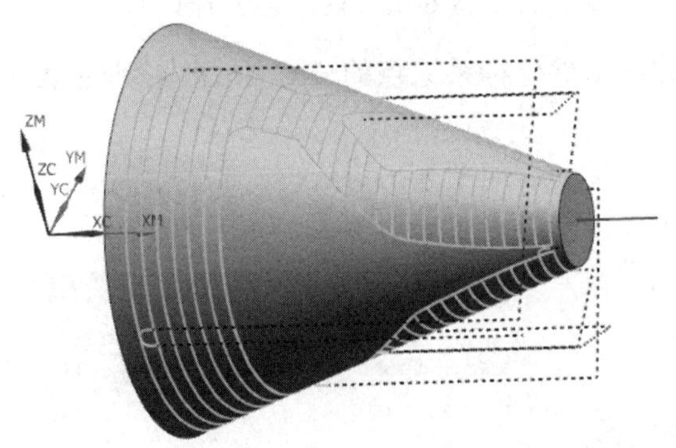

图 8-58　创建的刀轨

图 8-59　刀位文件操作

```
文件(F)  编辑(E)
TOOL PATH/CONTOUR_AREA,TOOL,A1
TLDATA/MILL,10.0000,0.0000,1000.0000,0.0000,89.0000
MSYS/279.2000,-65.3721,31.5135,0.0000000,0.0000000,1.0000000,0.0000000,1.0000000,0.0000000
$$ centerline data
PAINT/PATH
PAINT/SPEED,10
PAINT/COLOR,186
RAPID
GOTO/318.0000,-30.2213,2.0120,1.0000000,0.0000000,0.0000000
PAINT/COLOR,211
RAPID
GOTO/310.0000,-30.2213,2.0120
PAINT/COLOR,42
FEDRAT/MMPM,250.0000
GOTO/306.9626,-30.2213,2.0120
GOTO/306.3599,-30.2169,1.9765
GOTO/305.7659,-30.2034,1.8692
GOTO/305.1892,-30.1812,1.6917
GOTO/304.6383,-30.1505,1.4464
```

图 8-60　刀位文件

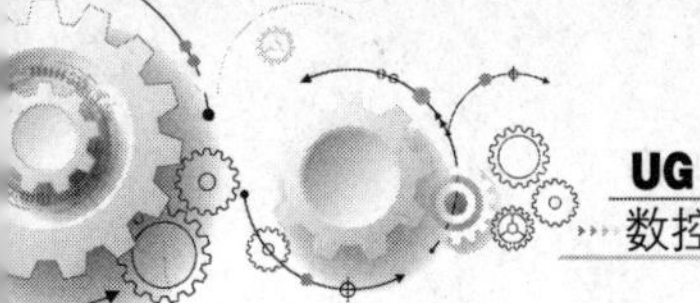

任务 4：使用刀轨驱动方式对圆柱槽进行四轴粗加工。

(1) 创建直径为 6 的端铣刀作为加工刀具。

(2) 创建可变轮廓铣刀轨，具体参数设置如图 8-61 所示。

(3) 设置驱动方法为【刀轨】，然后选取前面创建的刀位文件 1000，其他参数设置如图 8-62 所示。

图 8-61 工序参数设置

图 8-62 设置走刀方向

(4) 设置刀轴矢量为【远离直线】，选取过工件坐标系原点的 XC 轴作为参照；设置投影矢量为【刀轴】。

(5) 指定部件几何体，选取圆柱槽的底面圆柱面，如图 8-63 所示。

(6) 指定检查体，选取整个零件作为检查体，然后设置其他参数，如图 8-64 所示。

图 8-63 指定部件几何体

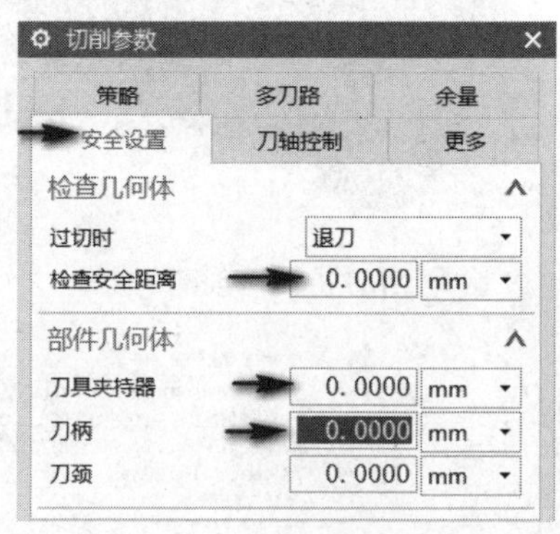

图 8-64 设置检查参数

(7) 设置切削参数，首先设置加工余量和公差，如图 8-65 所示。

(8) 设置非切削参数，将【安全设置选项】设置为【使用继承的】，如图 8-66 所示。进刀参数采用默认设置，将【退刀类型】设置为【抬刀】，如图 8-67 所示。

(9) 设置主轴转速和走刀速度，如图 8-68 所示。

图 8-65　设置切削参数

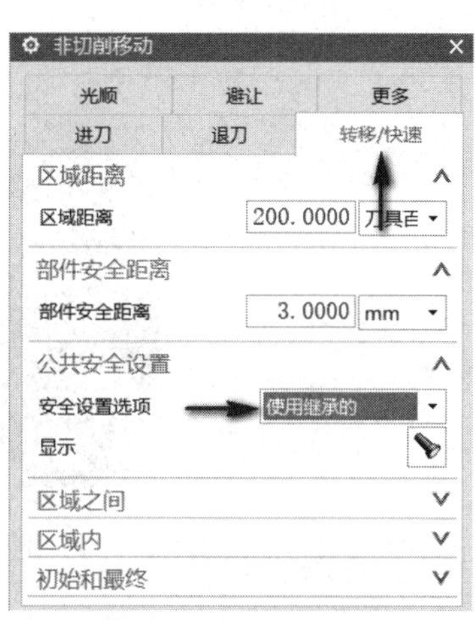

图 8-66　设置安全参数

图 8-67　设置退刀

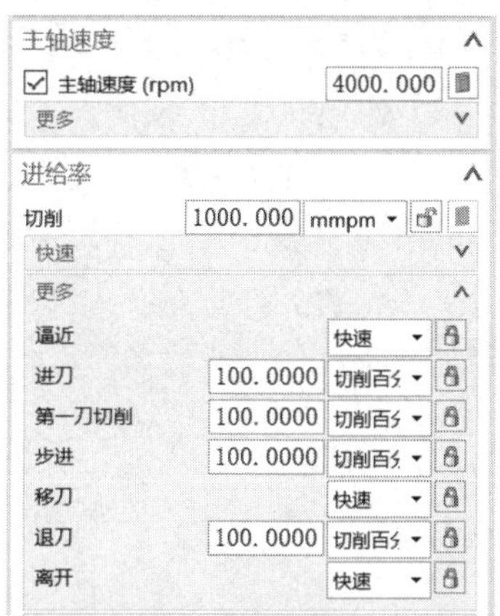

图 8-68　设置主轴转速和走刀速度

(10) 所有参数设置完毕后，生成底面的加工刀轨，如图 8-69 所示。

(11) 设置多刀轨参数，创建粗加工刀轨，具体参数设置如图 8-70 所示。

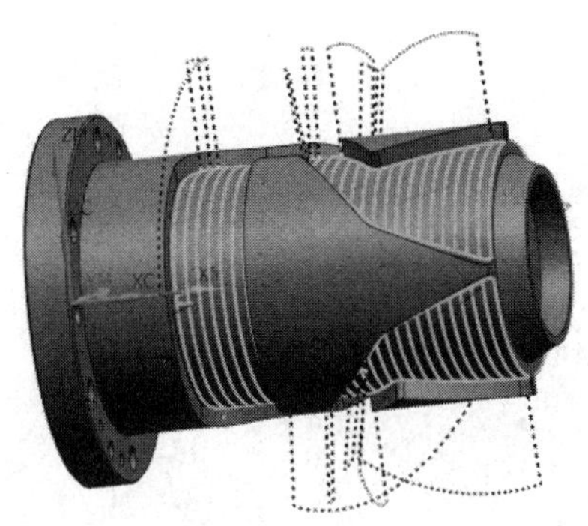

图 8-69　创建的底面刀轨

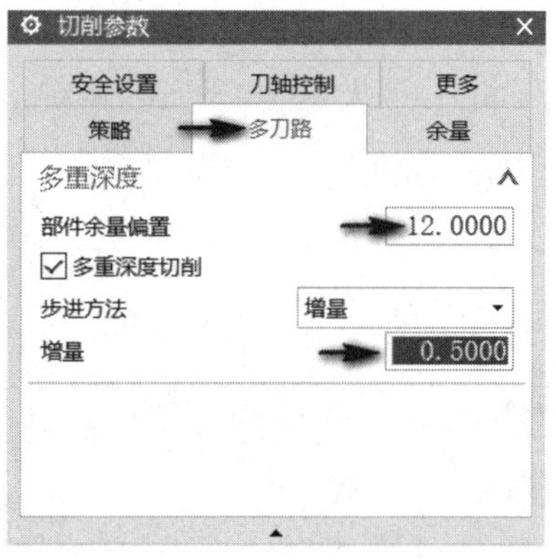

图 8-70　设置多刀轨参数

(12) 参数设置完毕后，重新生成刀轨，此时的粗加工刀轨如图 8-71 所示。

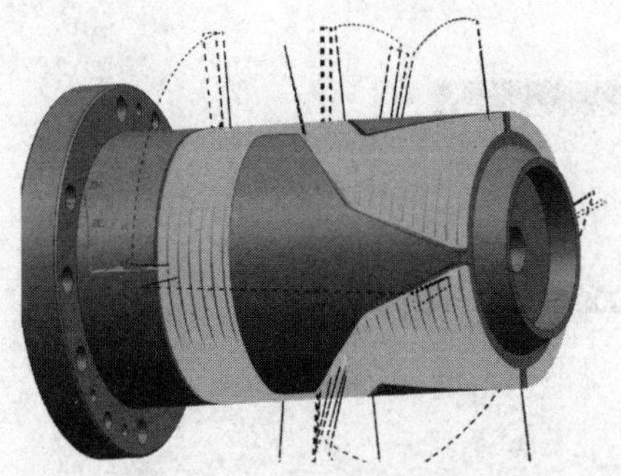

图 8-71　粗加工刀轨

第9章

外形轮廓铣和侧刃驱动

9.1 外形轮廓铣和侧刃驱动的基本思想

外形轮廓铣与侧刃驱动基础知识讲解

对于直纹面的精加工，NX 系统提供了两种常用的加工方法：外形轮廓铣和侧刃驱动。在加工时，刀具侧刃与零件侧面始终接触，但刀轴矢量则受制于曲线 UV 方向的影响。这两种加工方法，类似于 2D 加工中的轮廓铣，只是 2D 轮廓加工时刀轴矢量是固定的，而这两种方法刀轴矢量是变化的。

外形轮廓铣和侧刃驱动，通常生成的刀轨是五轴的，只有针对特定的零件侧面才能创建出四轴的刀轨，所以在使用这两种方法时要加以确认，保证刀轨类型必须是四轴的。

外形轮廓铣和侧刃驱动，其加工对象必须为指纹面。判断一个侧面是否为直纹面，可以提取其 UV 线，移除参数后，看其曲线属性，如果都是直线，则对应的曲面为指纹面，否则就是任意曲面。

理论上，曲面 UV 线中的一个，要始终与四轴回转轴线垂直，只有这样的曲面才能生成四轴的刀轨。

9.2 外形轮廓铣和侧刃驱动的基本操作

外形轮廓铣，必须定义加工深度，有两种方式可以控制刀轴矢量方向的加工深度：①通过定义底面；②通过沿着壁的底部。可以根据加工需要，合理选取一种方法或者将这两种方法组合使用。

另外，进刀矢量的定义也非常重要。外形轮廓铣的进刀矢量：必须根据加工需要，合理地定义进刀矢量，系统提供的方法如图 9-1 所示。

最常用的方法是指定+视图方向，具体操作为：首先沿旋转轴旋转图形至合适方位，然后使用【视图方向】方法确定进刀矢量，如图 9-2 所示。

+ZM
-ZM
指定
远离直线
朝向直线

图 9-1 定义进刀矢量

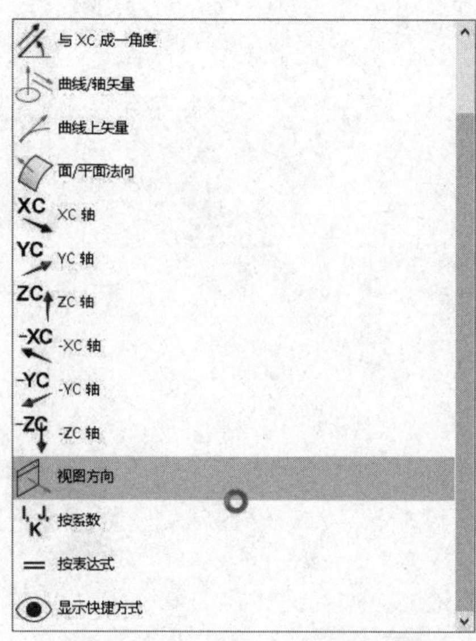

图 9-2 视图方向确定进刀矢量

外形轮廓铣的刀轴矢量控制方法有三种，如图 9-3 所示，可以在这三种方法之间切换，然后根据实际刀轨的控制情形，决定选用哪一种方法。

图 9-3　刀轴矢量控制方法

侧刃驱动方法，是一种刀轴矢量控制方法，如图 9-4 所示，它常用于曲面区域驱动方法中。

远离直线
朝向直线
相对于矢量
垂直于部件
相对于部件
4 轴，垂直于部件
4 轴，相对于部件
双 4 轴在部件上
插补矢量
插补角度至部件
插补角度至驱动
优化后驱动
垂直于驱动体
侧刃驱动体
相对于驱动体
4 轴，垂直于驱动体
4 轴，相对于驱动体
双 4 轴在驱动体上

图 9-4　侧刃驱动刀轴控制

与侧刃驱动方法相对应的划线类型有两种，如图 9-5 所示；同样可以切换这两种方法，通过观查刀轨情形确定使用哪一种划线类型控制方法。

图 9-5　划线类型

实际上，外形轮廓铣和侧刃驱动，两者的共同点：侧面的 UV 线形态影响刀轨。如果原始的曲面不满足加工要求，则需要重新构造驱动面。

一般情况下，优先使用这两种方法进行四轴侧面精加工，它们的优点是操作简单，缺点是可控性较差。如果零件侧面理论上是可以四轴加工的，但这两种方法产生的刀轨又都不可行时，则可以考虑使用后面章节讲解的顺序铣操作。顺序铣操作控制得更精细，它可以对每一个面或者每一个细分面进行刀轴矢量控制，强制产生四轴刀轨。

9.3　典型案例

案例 9-1：四轴侧壁精加工

案例加工 1

案例加工 2

案例加工 3

加工零件如图 9-6 所示。

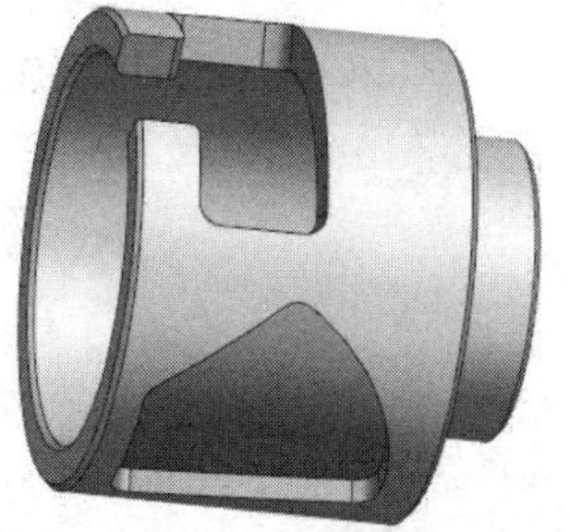

图 9-6　圆柱槽零件

任务 1：创建第 1 个圆柱槽侧壁的精加工程序。

使用外形轮廓铣方法，创建第 1 个圆柱槽侧壁精加工程序。

(1)　首先分析侧壁面是否为直纹面，方法为提取其等参数曲线，看其曲线属性是否为直线，如果是直线，则为直纹面。提取等参数曲线，如图 9-7 所示。

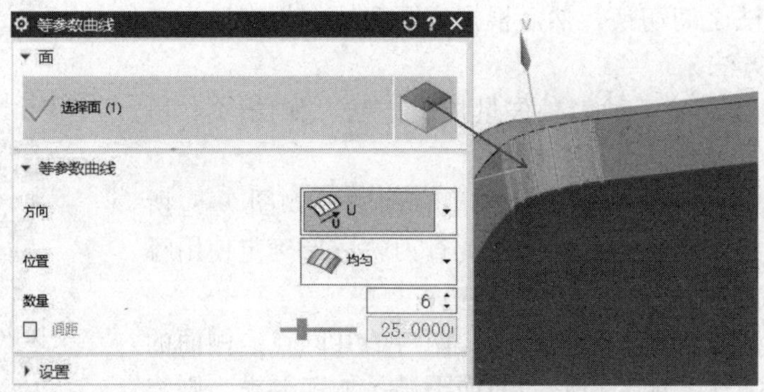

图 9-7　提取等参数曲线

将提取的等参数曲线去除参数，便可以观查曲线属性。只需将光标放置在对应曲线上，系统便可以自动显示其曲线属性，如图 9-8 所示。

(2) 进入加工模块，设置编程坐标系位于工件左侧圆柱中心处，如图 9-9 所示。

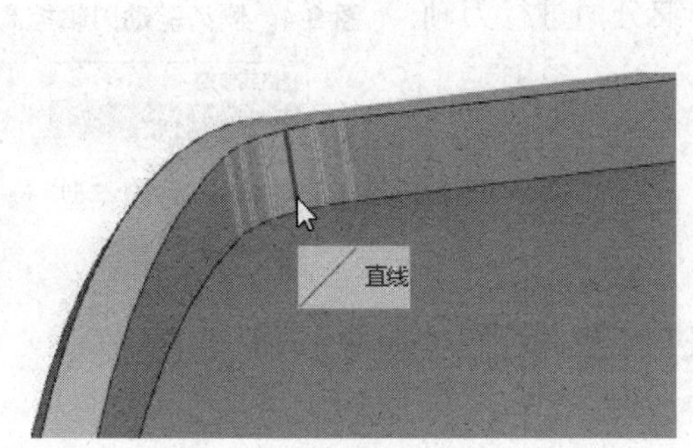

图 9-8　显示曲线属性

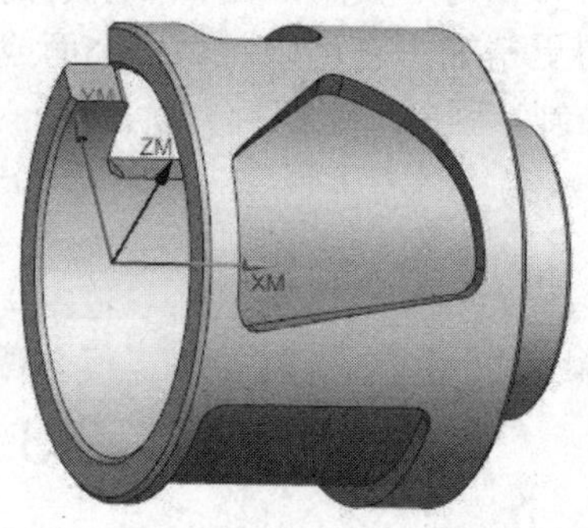

图 9-9　设置编程坐标系

(3) 设置安全区域，是一个与零件同轴的圆柱区域，具体参数设置如图 9-10 所示。

(4) 定义加工刀具，直径为 10mm 的端铣刀。创建外形轮廓铣刀轨，如图 9-11 所示。

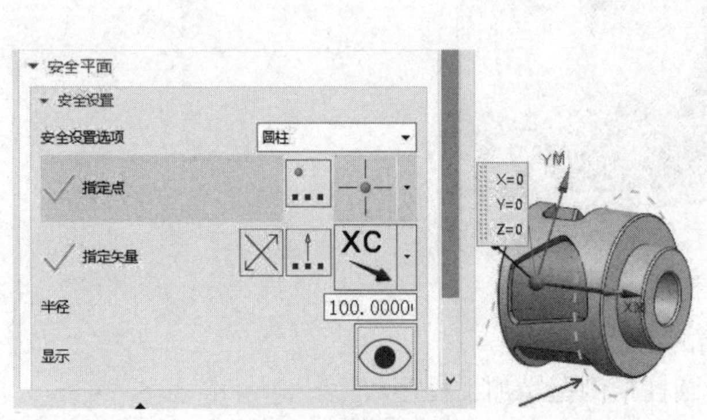

图 9-10　设置安全区域

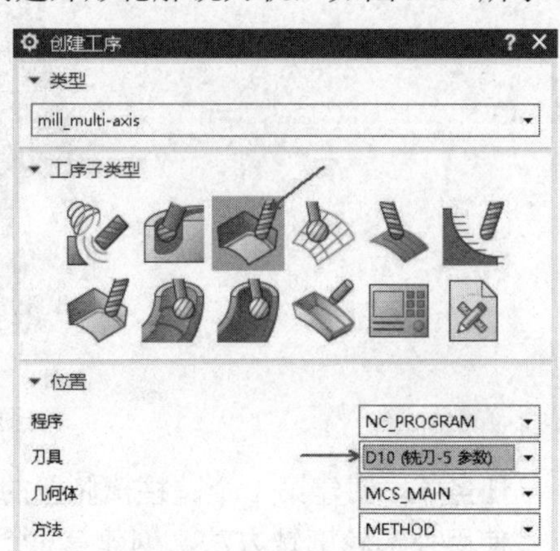

图 9-11　外形轮廓铣

(5) 指定部件几何体，直接选取整个零件作为部件几何体，如图 9-12 所示。

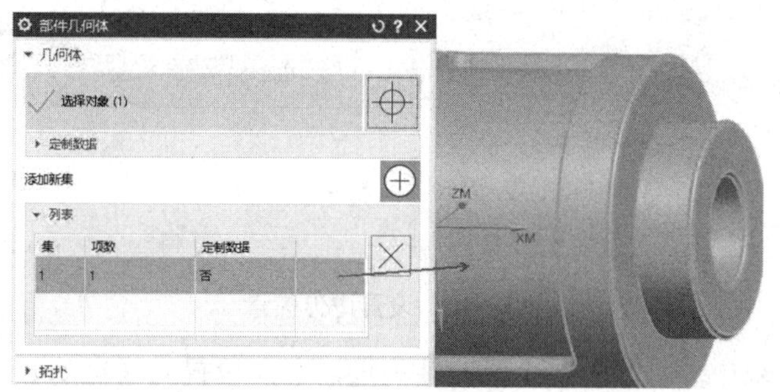

图 9-12 指定部件几何体

注 意

进行外形轮廓铣操作，必须指定部件几何体。

(6) 指定底面，限定单个面方式，直接选取圆柱槽的底面，如图 9-13 所示。

外形轮廓铣，必须指定壁几何体，此时选中【自动壁】复选框，如图 9-14 所示。

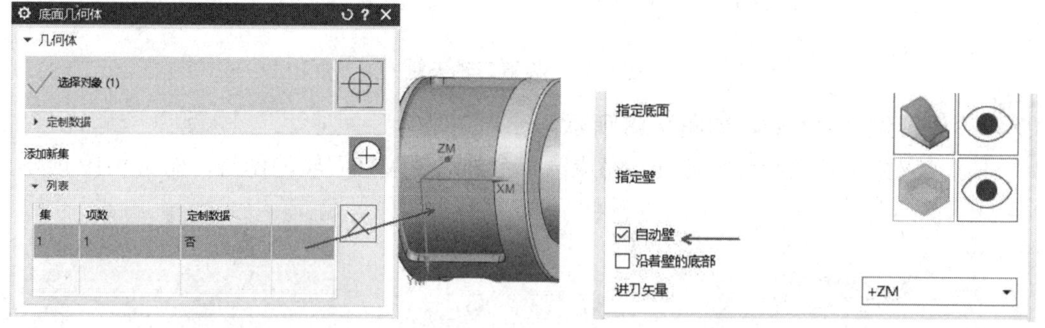

图 9-13 指定底面

图 9-14 指定壁几何体

(7) 指定进刀矢量。首先将视角设置为俯视图，然后选取左下角的 X 轴，按住鼠标中键旋转图形至需要的方位，如图 9-15 所示。

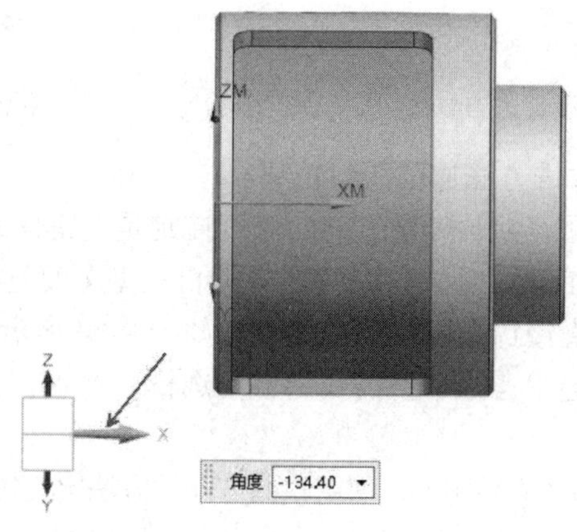

图 9-15 调整视图方位

设置进刀矢量，方法为【指定】，然后选取视图方向，如图 9-16 所示。

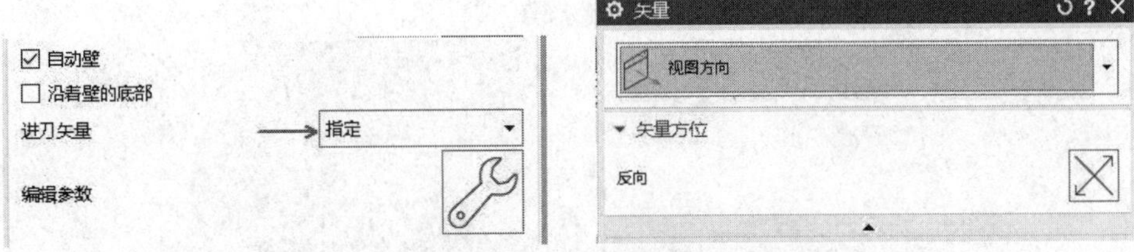

图 9-16　设置进刀矢量

(8) 设置轴和避让，实际上是设置刀轴矢量，在此设置为【自动】，如图 9-17 所示。

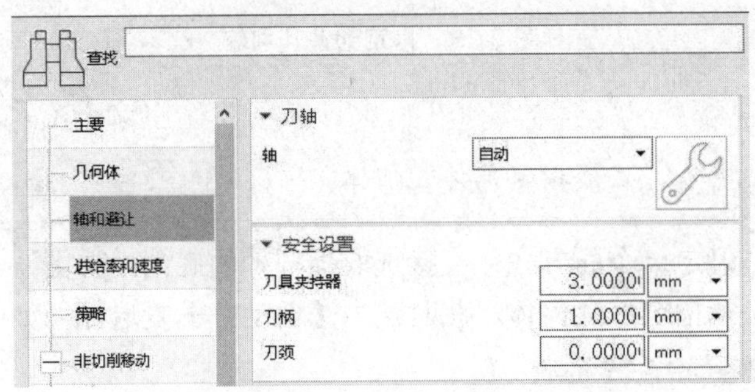

图 9-17　设置刀轴矢量

(9) 设置进退刀参数，如图 9-18 所示。

(10) 设置主轴转速和进给速度，完成第 1 个外形轮廓铣刀轨的创建，如图 9-19 所示。

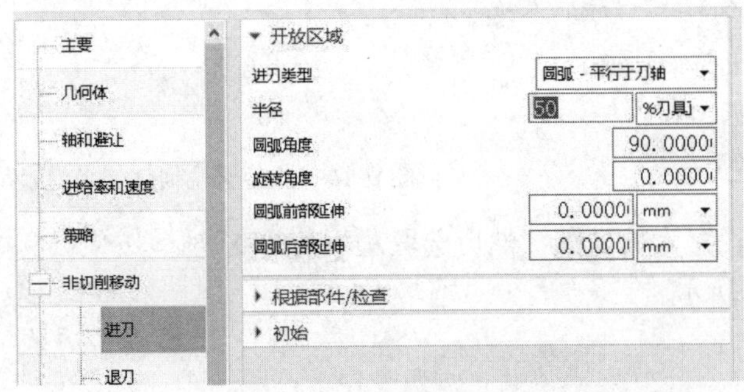

图 9-18　设置进刀参数

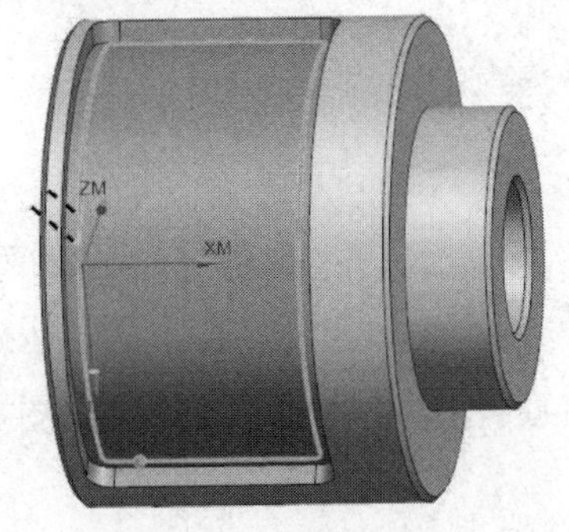

图 9-19　外形轮廓铣刀轨

任务 2：使用外形轮廓铣方法加工开口轮廓。

此处的侧壁，没有底面。刀轴矢量方向的深度控制是关键问题。

(1) 使用相同刀具加工开口轮廓。取消选中【自动壁】复选框，直接选取壁几何体，限定选取方式为相切面，直接选取要加工的侧壁，如图 9-20 所示。

(2) 定义加工深度，选中【沿着壁的底部】复选框，设置刀具位置偏置量，如图 9-21 所示。

(3) 定义进刀矢量，同样旋转图形，使用视图方向的方法定义进刀矢量，如图 9-22 所示。

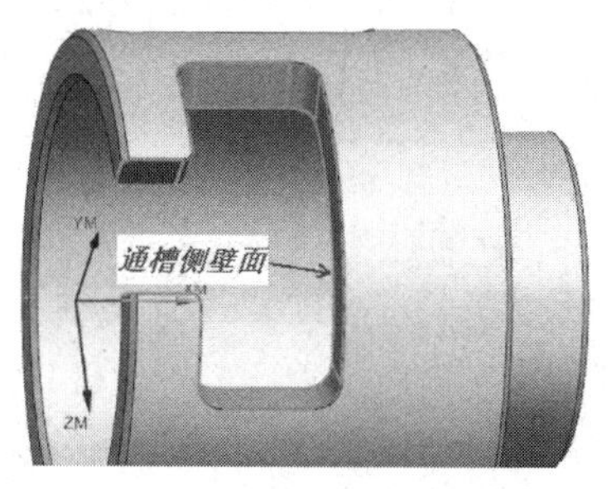

图 9-20　选取壁几何体

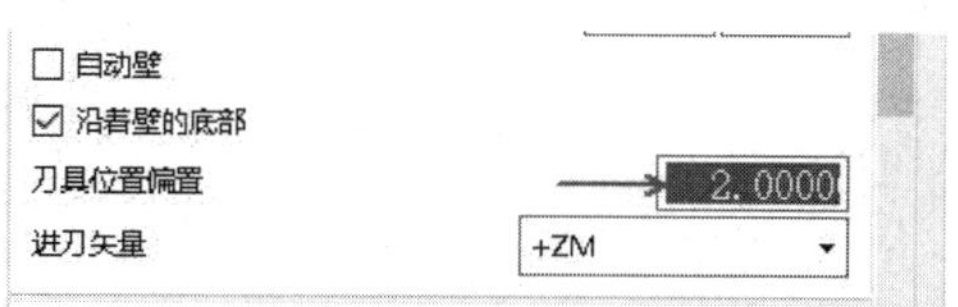

图 9-21　加工深度定义

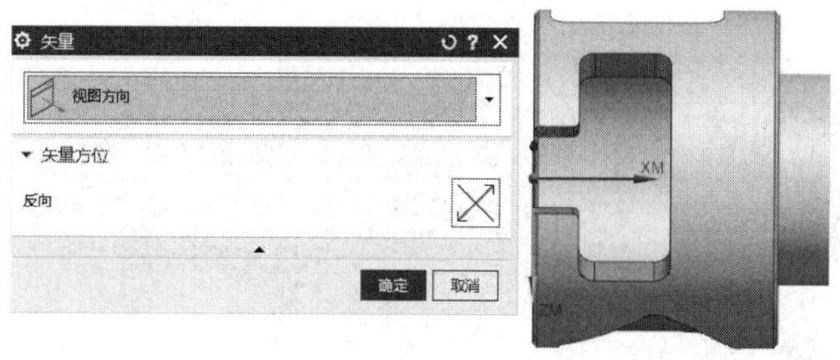

图 9-22　定义进刀矢量

(4) 定义轴和避让，设置刀轴矢量方式为对齐到边，如图 9-23 所示。

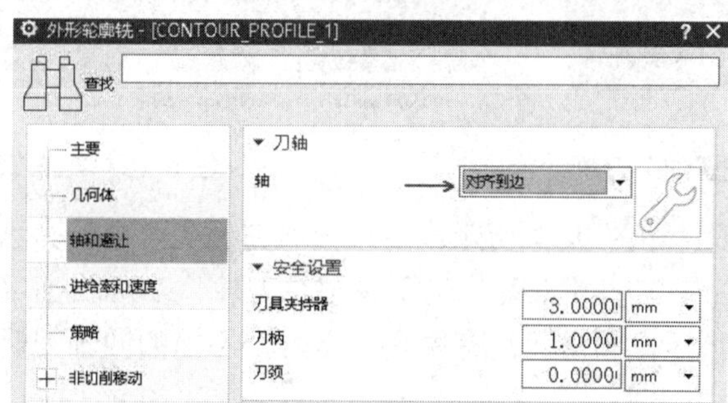

图 9-23　定义刀轴矢量

(5) 定义进退刀方式，设置进刀类型为线性，具体参数设置如图 9-24 所示。

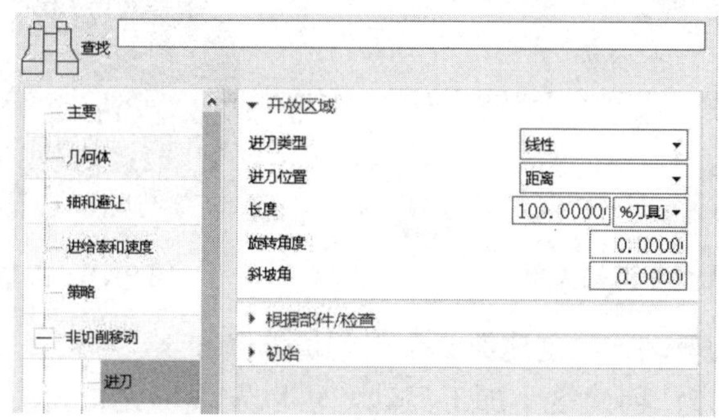

图 9-24　设置进刀参数

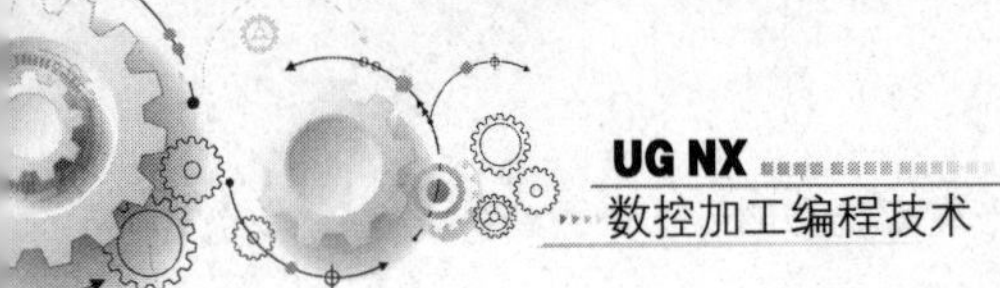

(6) 设置主轴转速和进给速度，完成开口侧壁的加工，此时的刀轨如图 9-25 所示。可以通过查看刀位文件，判断刀轨类型，如图 9-26 所示。可见，IJK 中的一个恒为 0，说明是一个四轴刀轨。

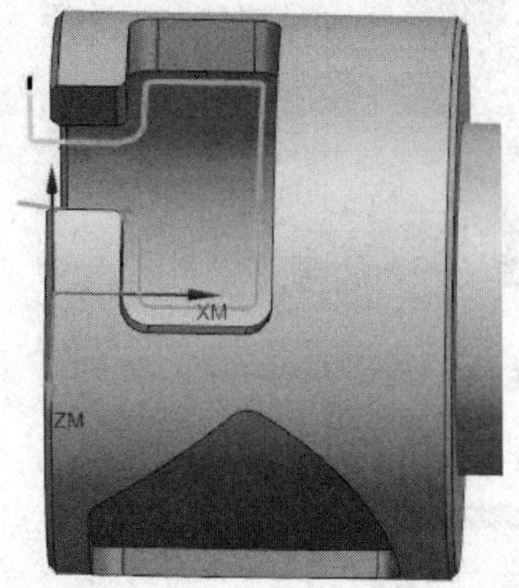

图 9-25　开口侧壁加工刀轨

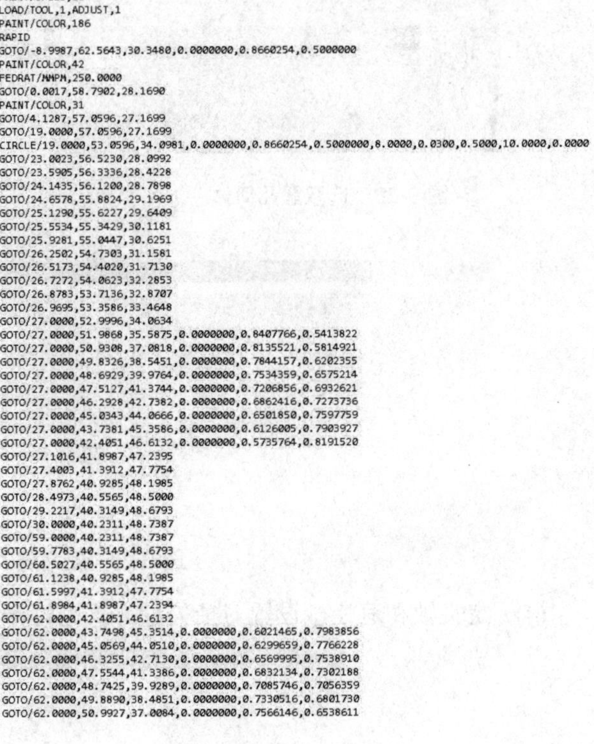

```
PAINT/SPEED,10
LOAD/TOOL,1,ADJUST,1
PAINT/COLOR,186
RAPID
GOTO/-8.9987,62.5643,30.3480,0.0000000,0.8660254,0.5000000
PAINT/COLOR,42
FEDRAT/MMPM,250.0000
GOTO/0.0017,58.7902,28.1690
PAINT/COLOR,31
GOTO/4.1287,57.0596,27.1699
GOTO/19.0000,57.0596,27.1699
CIRCLE/19.0000,53.0596,34.0981,0.0000000,0.8660254,0.5000000,8.0000,0.0300,0.5000,10.0000,0.0000
GOTO/23.0023,56.5230,28.0992
GOTO/23.5905,56.3336,28.4228
GOTO/24.1435,56.1200,28.7898
GOTO/24.6578,55.8824,29.1969
GOTO/25.1290,55.6227,29.6409
GOTO/25.5534,55.3429,30.1181
GOTO/25.9281,55.0447,30.6251
GOTO/26.2502,54.7303,31.1581
GOTO/26.5173,54.4020,31.7130
GOTO/26.7272,54.0623,32.2853
GOTO/26.8783,53.7136,32.8707
GOTO/26.9695,53.3586,33.4648
GOTO/27.0000,52.9996,34.0634
GOTO/27.0000,51.9868,35.5875,0.0000000,0.8407766,0.5413822
GOTO/27.0000,50.9308,37.0818,0.0000000,0.8135521,0.5814921
GOTO/27.0000,49.8326,38.5451,0.0000000,0.7844157,0.6202355
GOTO/27.0000,48.6929,39.9764,0.0000000,0.7534359,0.6575214
GOTO/27.0000,47.5127,41.3744,0.0000000,0.7206856,0.6932621
GOTO/27.0000,46.2928,42.7382,0.0000000,0.6862416,0.7273736
GOTO/27.0000,45.0343,44.0666,0.0000000,0.6501850,0.7597759
GOTO/27.0000,43.7381,45.3586,0.0000000,0.6126005,0.7903927
GOTO/27.0000,42.4051,46.6132,0.0000000,0.5735764,0.8191520
GOTO/27.1016,41.8987,47.2395
GOTO/27.4003,41.3912,47.7754
GOTO/27.8762,40.9285,48.1985
GOTO/28.4973,40.5565,48.5000
GOTO/29.2217,40.3149,48.6793
GOTO/30.0000,40.2311,48.7387
GOTO/59.0000,40.2311,48.7387
GOTO/59.7783,40.3149,48.6793
GOTO/60.5027,40.5565,48.5000
GOTO/61.1238,40.9285,48.1985
GOTO/61.5997,41.3912,47.7754
GOTO/61.8984,41.8987,47.2394
GOTO/62.0000,42.4051,46.6132
GOTO/62.0000,43.7498,45.3514,0.0000000,0.6021465,0.7983856
GOTO/62.0000,45.0569,44.0510,0.0000000,0.6299659,0.7766228
GOTO/62.0000,46.3255,42.7130,0.0000000,0.6569995,0.7538910
GOTO/62.0000,47.5544,41.3386,0.0000000,0.6832134,0.7302188
GOTO/62.0000,48.7425,39.9289,0.0000000,0.7085746,0.7056359
GOTO/62.0000,49.8890,38.4851,0.0000000,0.7330516,0.6801730
GOTO/62.0000,50.9927,37.0084,0.0000000,0.7566146,0.6538611
```

图 9-26　刀位 25 文件

设置显示刀轴矢量，如图 9-27 所示；可以查看刀轴矢量变化是否圆滑，如果有突变，即使是四轴刀轨，从加工工艺性来看，也不是理想刀轨，实际加工尽量不用。本刀轨的刀轴矢量变化如图 9-28 所示，圆滑而没有突变，是一个不错的四轴刀轨。

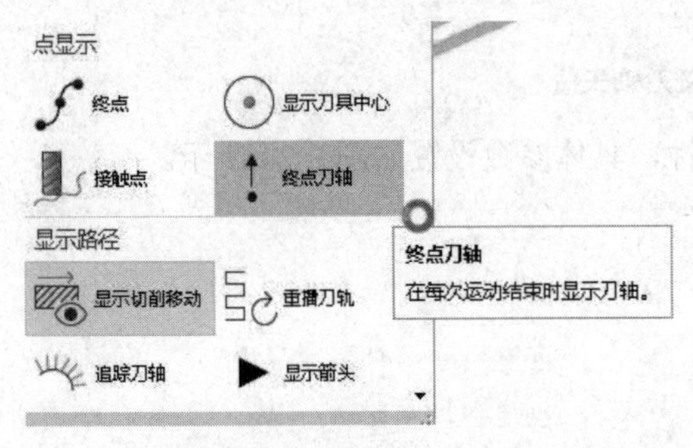

图 9-27　设置显示刀轴矢量

图 9-28　刀轴变化情况

任务 3：使用侧刃驱动方法创建第 2 个封闭槽侧壁加工。

使用外形轮廓铣方法创建这个加工刀轨，可以发现，无论使用哪种刀轴矢量控制方法，都不能生成完整的加工刀轨。改用曲面驱动方法中的侧刃驱动刀轴控制方法，刀轨仍

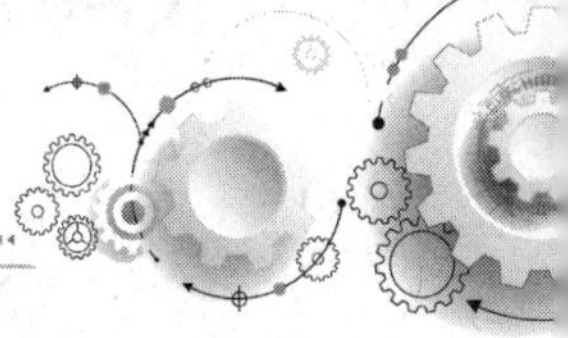

然有问题。但是分析所有的侧壁面，都是直纹面，且查看曲面形态，理论上是可以使用四轴加工的方法完成侧壁加工的，此时就需要重新构造驱动面，使它的 UV 线方向符合四轴加工的需要。

(1) 进入设计模块，使用【规律延伸】方法构造驱动面，具体操作如图 9-29 所示。

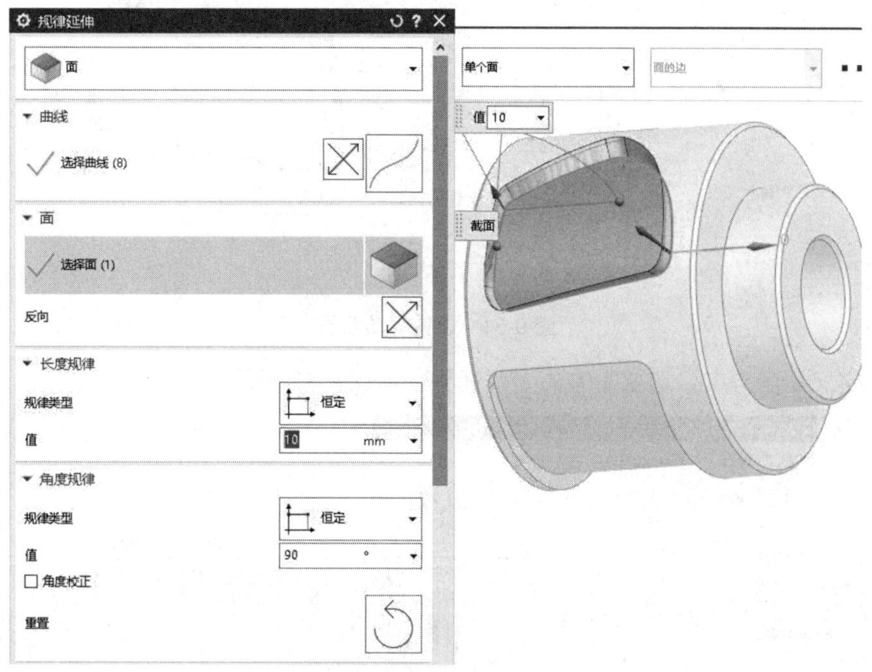

图 9-29 规律延伸曲面操作

(2) 进入加工模块，创建曲面驱动刀轨，刀具为直径 10mm 的端铣刀，具体参数设置如图 9-30 所示。

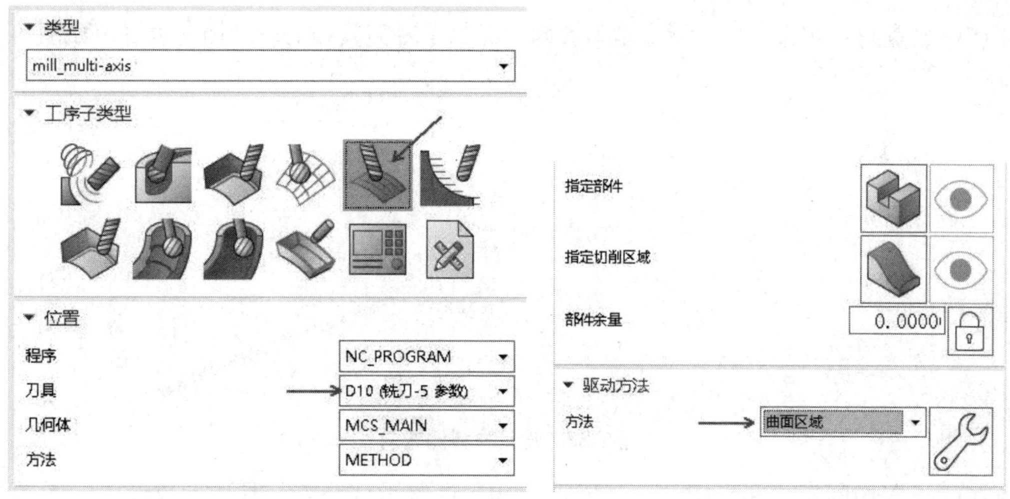

图 9-30 创建曲面驱动刀轨

(3) 指定驱动曲面，按顺序依次选取前面创建的规律延伸曲面，如图 9-31 所示。

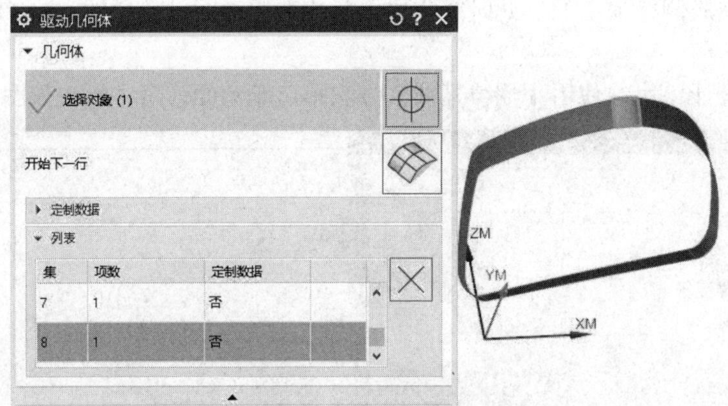

图 9-31　设置驱动曲面

(4) 定义切削方向，选取下方的一个箭头，如图 9-32 所示。

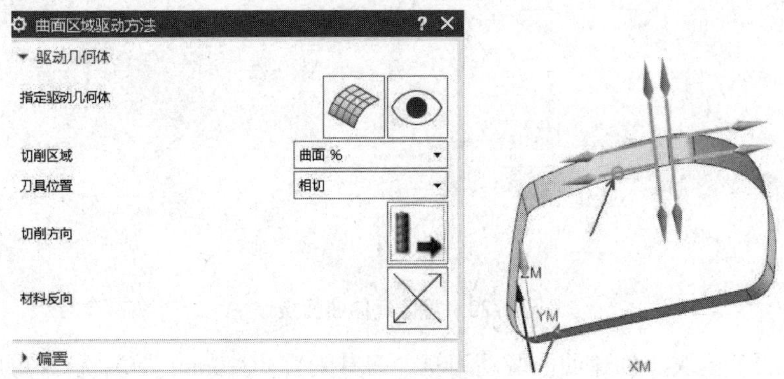

图 9-32　设置切削方向

(5) 设置材料侧方向，实际上是刀具侧，即加工时刀具相对驱动面的位置，如图 9-33 所示。

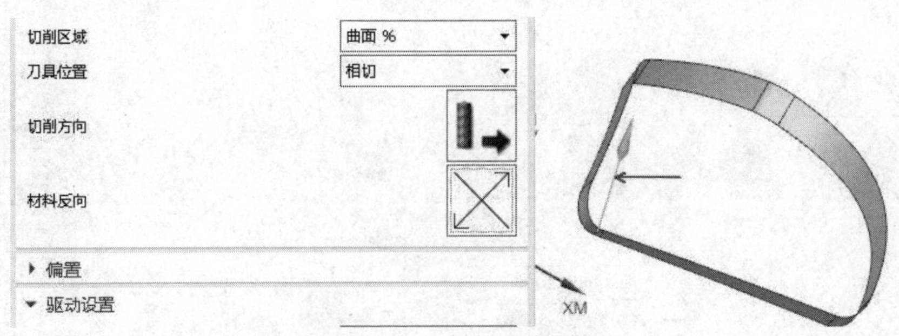

图 9-33　设置材料侧方向

(6) 设置切削模式和步距数，步距数为 0，设置内外公差，具体参数设置如图 9-34 所示。

(7) 设置切削区域，选取槽的底面，如图 9-35 所示。

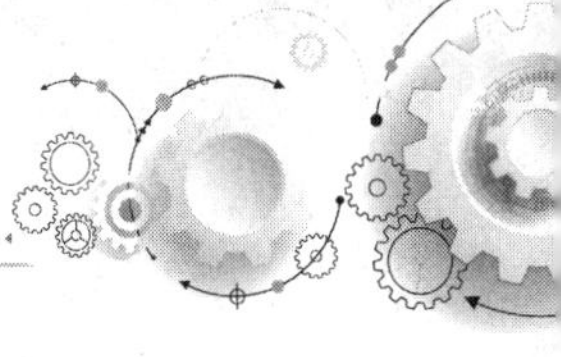

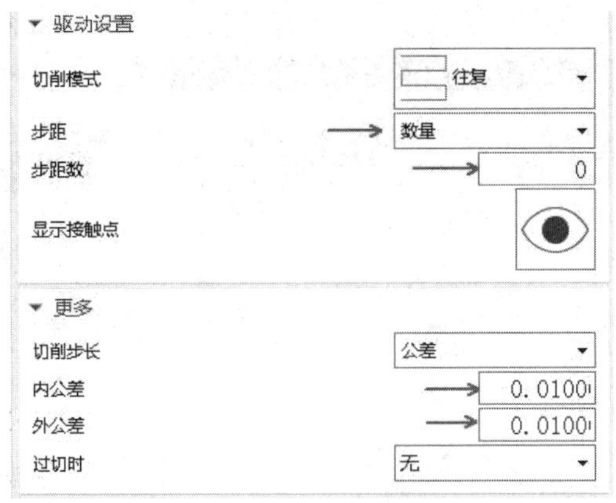

图 9-34　设置驱动参数

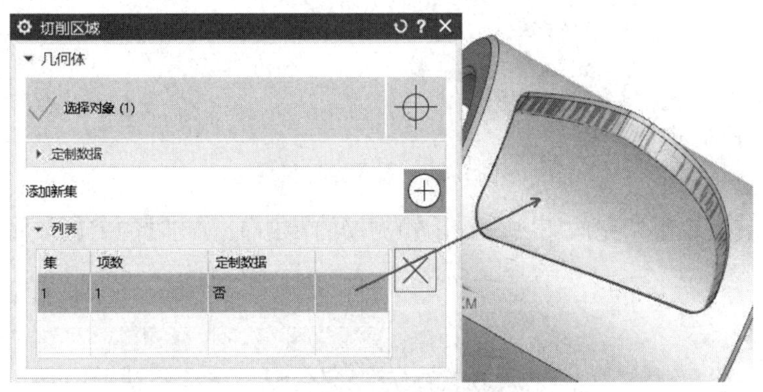

图 9-35　设置切削区域

(8) 设置轴和避让，刀轴矢量设置为【侧刃驱动体】，【划线类型】设置为【基础 UV】，如图 9-36 所示。

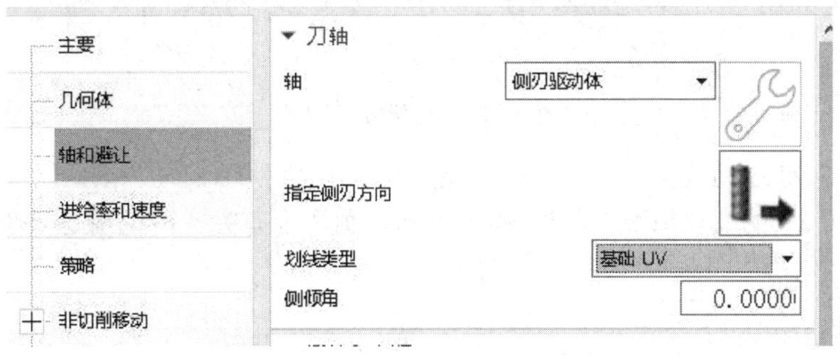

图 9-36　设置刀轴矢量类型

说明

【划线类型】必须设置为【基础 UV】，否则创建的刀轨将为五轴刀轨。

指定侧刃方向，如图 9-37 所示。

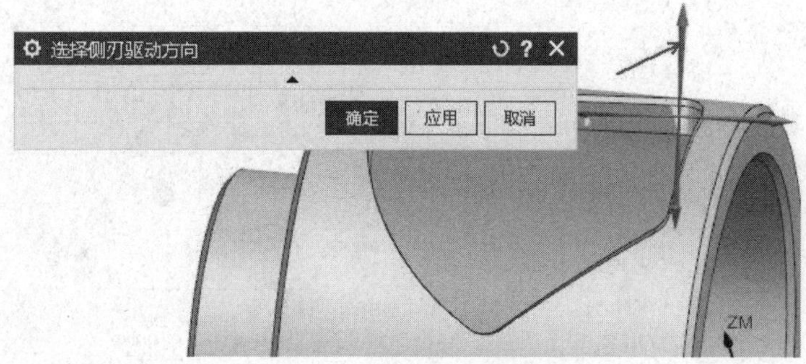

图 9-37　指定侧刃方向

(9) 设置投影矢量方式为【刀轴】，如图 9-38 所示。

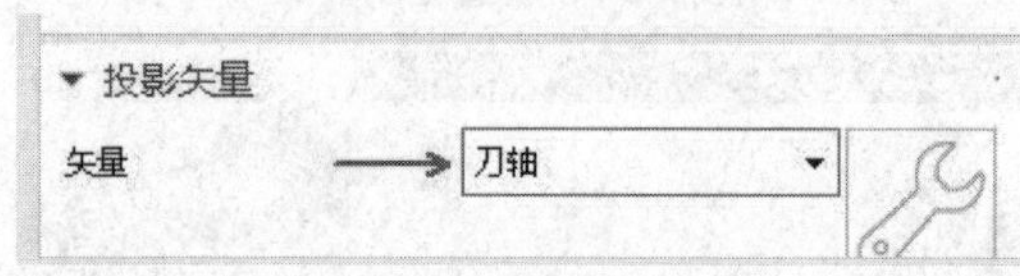

图 9-38　设置投影矢量

(10) 设置其他参数，完成第 2 个封闭槽侧壁的精加工，此时的刀轨如图 9-39 所示。

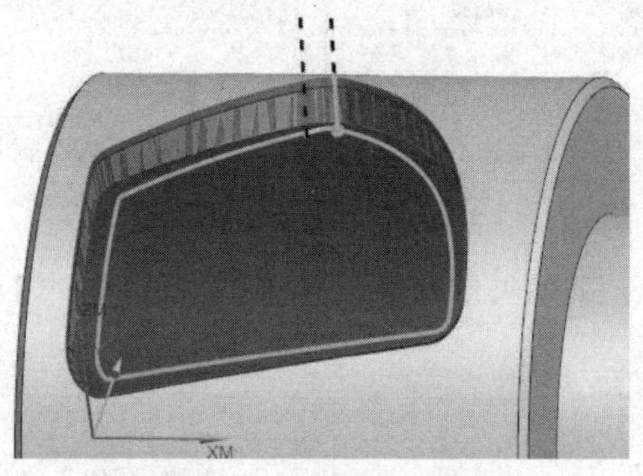

图 9-39　侧壁精加工刀轨

同理，可以通过刀位文件判断刀位类型，如图 9-40 所示，是一个四轴刀轨。

查看刀轴矢量的变化情况，如图 9-41 所示，圆滑没有突变，说明是一个可行的四轴加工刀轨。

上述案例，由于构建的驱动面与原始曲面贴合，因此直接使用驱动面进行加工，理论上无须定义投影矢量。只有指定部件几何体或切削区域，才需要指定投影矢量，此时投影矢量可设置为【朝向驱动体】。

```
GOTO/62.1199,21.0198,82.4520
PAINT/COLOR,42
FEDRAT/MMPM,250.0000
GOTO/62.1199,17.1472,70.0771
CIRCLE/59.7314,15.4149,70.6192,0.0000000,-0.2986549,-0.9543612,3.0000,0.0600,0.5000,10.0000,0.0000
GOTO/57.9162,17.6944,69.9059
PAINT/COLOR,31
GOTO/55.4777,15.8879,70.3382,0.0000000,0.2739000,0.9617582
GOTO/53.0122,14.0643,70.7259,0.0000000,0.2490771,0.9684837
GOTO/50.5423,12.2398,71.0649,0.0000000,0.2241939,0.9745446
GOTO/48.0682,10.4150,71.3556,0.0000000,0.1992583,0.9799470
GOTO/45.5907,8.5905,71.5986,0.0000000,0.1742783,0.9846964
GOTO/43.1111,6.7668,71.7942,0.0000000,0.1492581,0.9887983
GOTO/40.6293,4.9441,71.9430,0.0000000,0.1242026,0.9922569
GOTO/38.1459,3.1227,72.0453,0.0000000,0.0991191,0.9950756
GOTO/35.6614,1.3032,72.1013,0.0000000,0.0740148,0.9972571
GOTO/33.1768,-0.5138,72.1114,0.0000000,0.0488944,0.9988040
GOTO/30.6923,-2.3283,72.0757,0.0000000,0.0237628,0.9997176
GOTO/28.2085,-4.1396,71.9944,0.0000000,-0.0013742,0.9999991
GOTO/25.7260,-5.9476,71.8676,0.0000000,-0.0265115,0.9996485
GOTO/23.2447,-7.7519,71.6953,0.0000000,-0.0516416,0.9986657
GOTO/20.7673,-9.5509,71.4778,0.0000000,-0.0767610,0.9970495
GOTO/18.3190,-11.3255,71.2168,0.0000000,-0.1018587,0.9947989
GOTO/18.0637,-11.5282,71.1671,0.0000000,-0.1091013,0.9940306
GOTO/17.8712,-11.7197,71.1164,0.0000000,-0.1172516,0.9931022
GOTO/17.7102,-11.9201,71.0638,0.0000000,-0.1262349,0.9920004
GOTO/17.5841,-12.1206,71.0115,0.0000000,-0.1359569,0.9907148
GOTO/17.4890,-12.3224,70.9607,0.0000000,-0.1463010,0.9892401
GOTO/17.4230,-12.5238,70.9130,0.0000000,-0.1571253,0.9875787
GOTO/17.3831,-12.7334,70.8679,0.0000000,-0.1682724,0.9857405
GOTO/17.3710,-12.9749,70.8213,0.0000000,-0.1795713,0.9837450
GOTO/17.3713,-14.1544,70.5950,0.0000000,-0.1965396,0.9804959
GOTO/17.3713,-15.3684,70.3407,0.0000000,-0.2134508,0.9769538
GOTO/17.3712,-16.5816,70.0646,0.0000000,-0.2302974,0.9731203
GOTO/17.3712,-17.7893,69.7678,0.0000000,-0.2470755,0.9689962
GOTO/17.3713,-18.9922,69.4500,0.0000000,-0.2637799,0.9645829
GOTO/17.3712,-20.1893,69.1115,0.0000000,-0.2804055,0.9598816
GOTO/17.3712,-21.3802,68.7524,0.0000000,-0.2969474,0.9548939
GOTO/17.3712,-22.5648,68.3727,0.0000000,-0.3134006,0.9496210
```

图 9-40　刀位文件

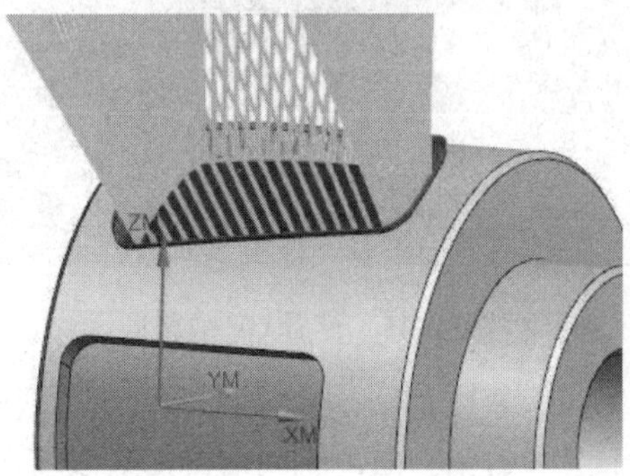

图 9-41　刀轴矢量情形

案例 9-2：侧刃驱动精加工

案例加工　案例分析

加工零件如图 9-42 所示。

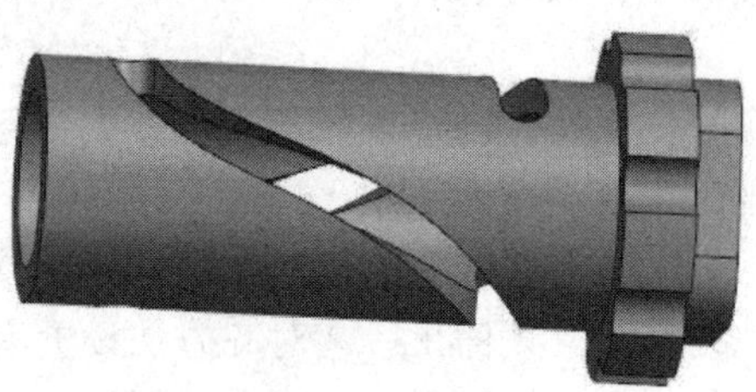

图 9-42　圆柱槽零件

任务 1：分析槽的侧壁，是否可以使用外形轮廓铣加工。

(1) 使用等【参数曲线】方法，创建零件侧面的 UV 线，具体操作如图 9-43 所示。

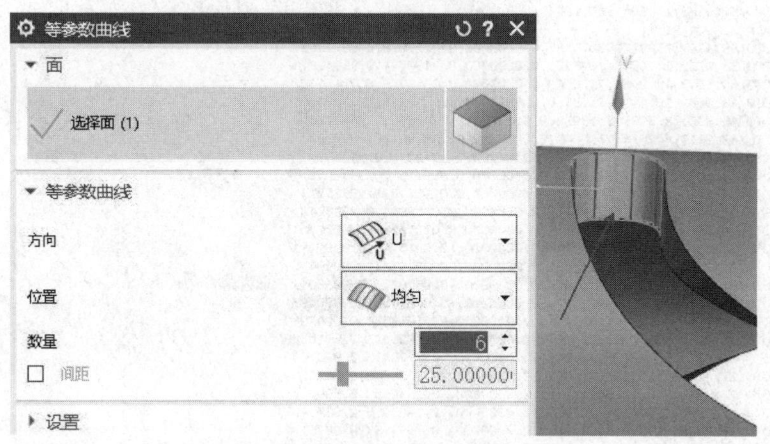

图 9-43　提取 UV 线操作

(2) 将所有侧面提起的 UV 线移除参数，直接将光标放置在 UV 线上，查看曲线属性，如图 9-44 所示，可知其属性为样条，说明部分侧面不是直纹面。

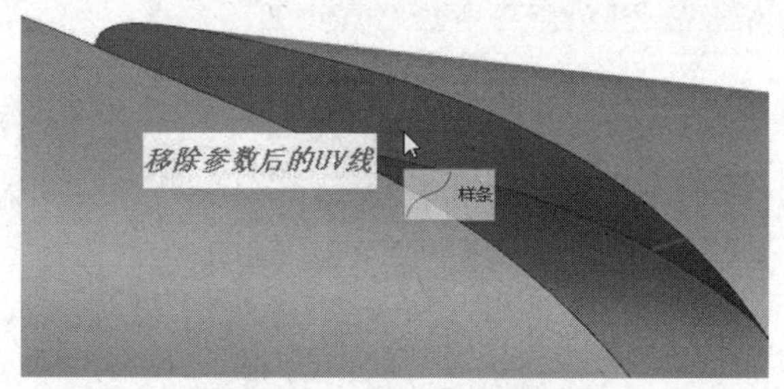

图 9-44　查看 UV 线属性

外形轮廓铣加工要求侧面为直纹面。这个零件要求使用四轴机床通过刀具侧刃直接加工，这就需要构造满足加工要求的驱动面，驱动面的 UV 线要满足四轴加工的要求。

任务 2：构造四轴侧壁加工用驱动面。

(1) 通过边界线作与零件侧面平行的基准平面，具体操作如图 9-45 所示。

使用上述方法，共创建 4 个基准平面，如图 9-46 所示。

(2) 创建相交曲线，一个面为侧面长面，另一个面为基准平面的平行面，平行距离为 0.01，目的是创建一条相交曲线，具体操作如图 9-47 所示。注意调整平行平面的箭头方向，保证只有一条相交曲线。

使用上述方法，在两个长侧壁面上创建 4 条相交曲线。如果平行距离 0.01 创建的相交曲线不满足要求，则可将平行距离设置为 0.02。

(3) 使用【通过曲线组】方法创建驱动面，具体操作如图 9-48 所示。关键点有两个：①在选取边线前，设置方法为在相交处停止；②对齐方法设置为距离，指定矢量为 XC。

使用相同的方法，创建另一侧的驱动面，完成后的图形如图 9-49 所示。

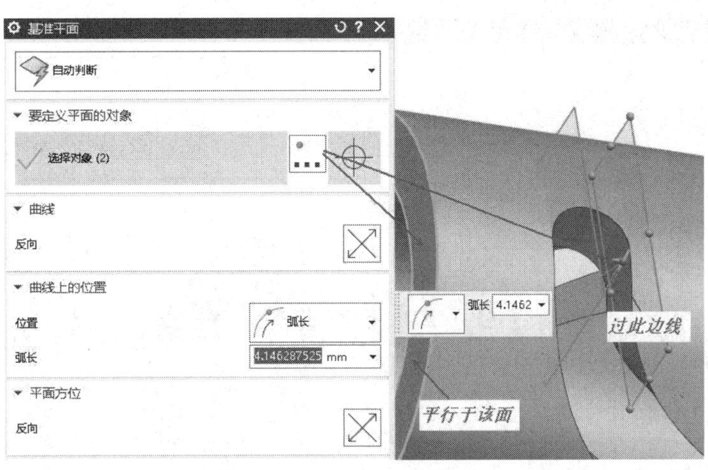

图 9-45　创建基准平面操作

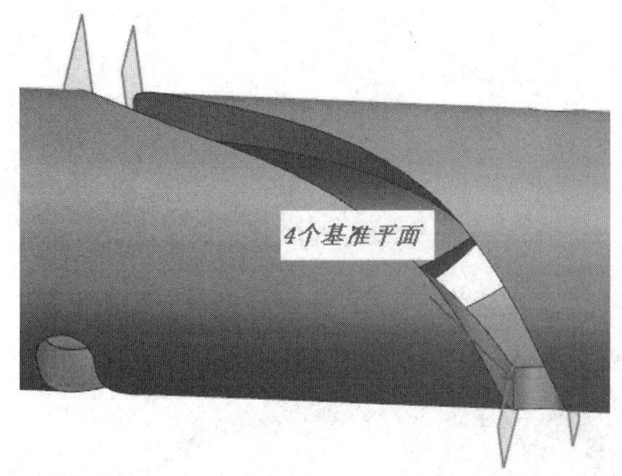

图 9-46　创建的 4 个基准平面

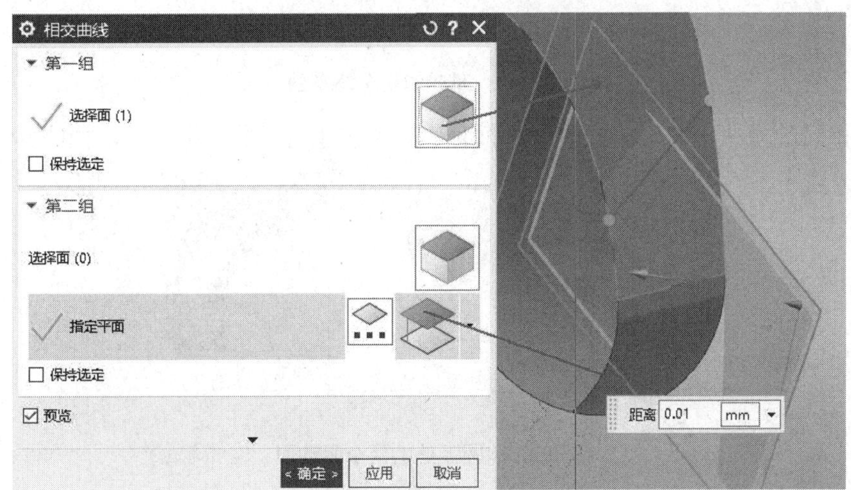

图 9-47　相交曲线操作

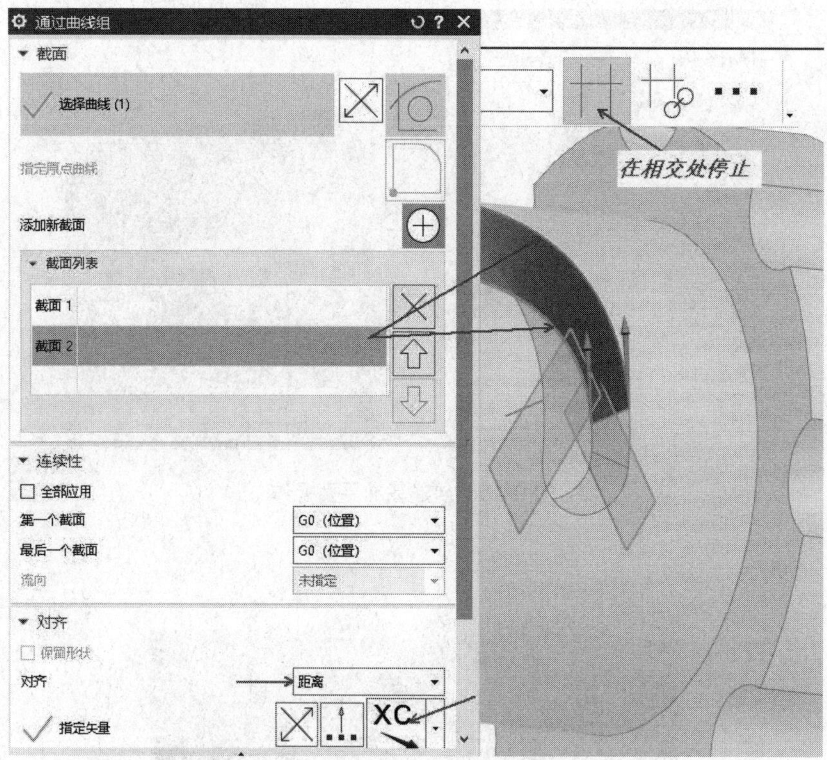

图 9-48　通过曲线组方法创建驱动面

图 9-49　完成的两个驱动面

使用相同的方法，在两端的两个圆弧面处对应创建通过曲线组曲面，如图 9-50 所示。

图 9-50　圆弧处的两个驱动面

使用【艺术曲面】方法创建 4 个连接面，选取相邻两个驱动面的边界线，具体操作如图 9-51 所示。

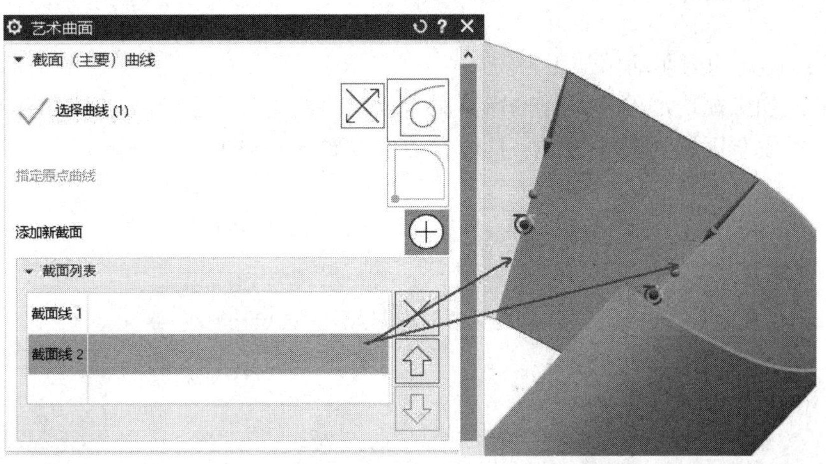

图 9-51 艺术曲面创建方法

定义艺术曲面与相连接的两个驱动面之间为相切关系，具体操作如图 9-52 所示。

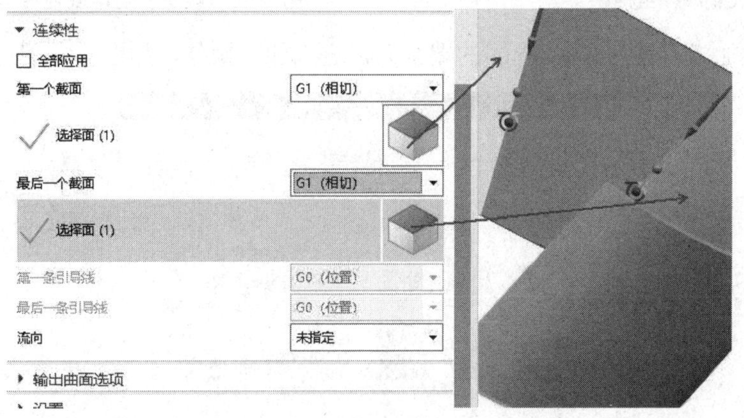

图 9-52 定义曲面之间的相切关系

使用相同的方法，创建其他 3 个艺术曲面，完成后的图形如图 9-53 所示。

图 9-53 创建的艺术曲面

说明

中间的两个大的驱动侧面，也可以使用复制侧面，然后使用前面创建的相交线修剪多余部分，再使用【通过曲线组】方法创建驱动曲面，关键点是对齐方式的设置：距离和垂直于 XC 轴，这样可以使所构造的驱动曲面的 UV 线满足四轴加工的需要。

任务 3：创建侧刃驱动精加工刀轨。

(1) 进入加工模块，设置编程坐标系原点位于圆柱左侧端面圆心处，如图 9-54 所示。

(2) 设置安全区域为圆柱区域，具体参数设置如图 9-55 所示。

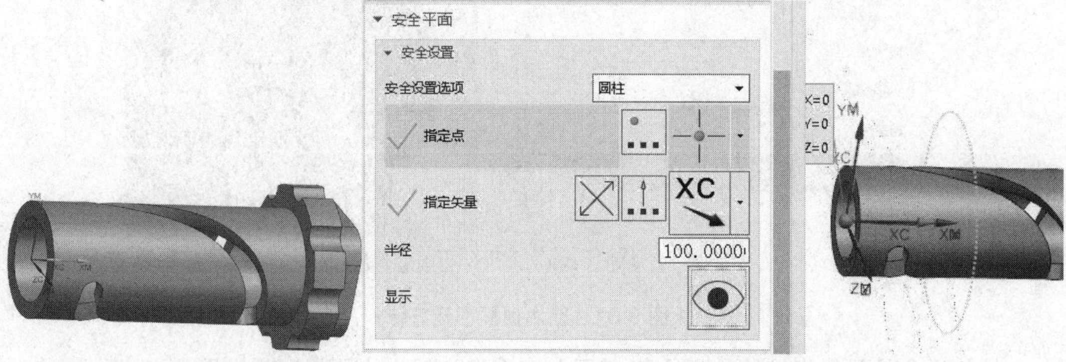

图 9-54 设置编程坐标系　　　图 9-55 设置安全区域

(3) 设置加工刀具为直径 8mm 的端铣刀，进入加工操作，如图 9-56 所示。

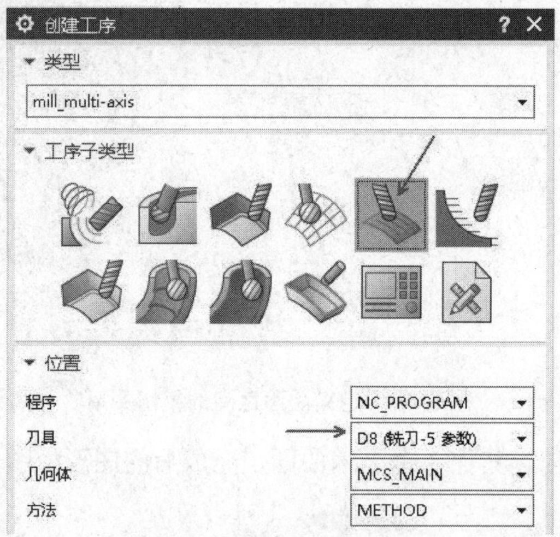

图 9-56 设置工序参数

(4) 使用曲面区域驱动方法，选取驱动面为前面构造的所有辅助面，如图 9-57 所示。

(5) 设置切削方向，选取下方箭头，如图 9-58 所示。

(6) 设置刀具侧，如图 9-59 所示。

(7) 设置驱动工艺参数，如图 9-60 所示。

(8) 设置刀轴矢量为【侧刃驱动体】，选取划线方向，如图 9-61 所示。设置【划线类型】为【基础 UV】，如图 9-62 所示。

(9) 设置主轴转速、进给速度和进退刀等其他参数，完成加工刀轨的创建，如图 9-63 所示。

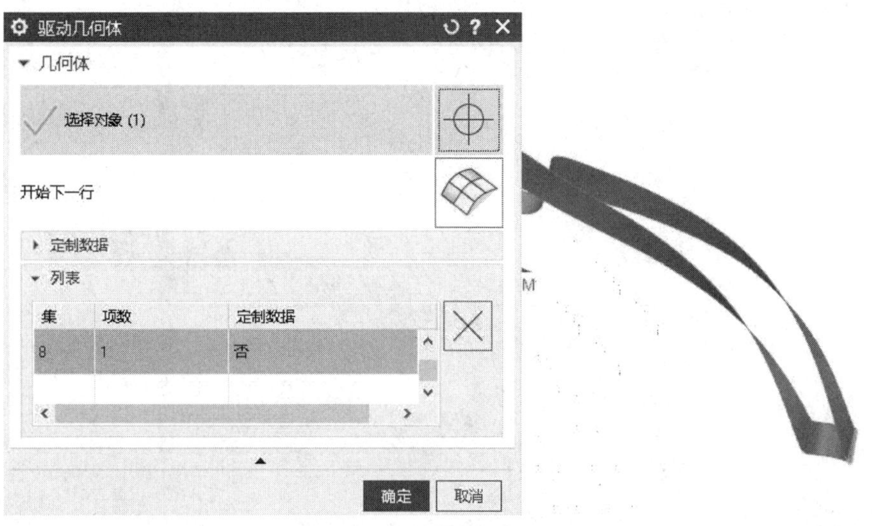

图 9-57　选取驱动面操作

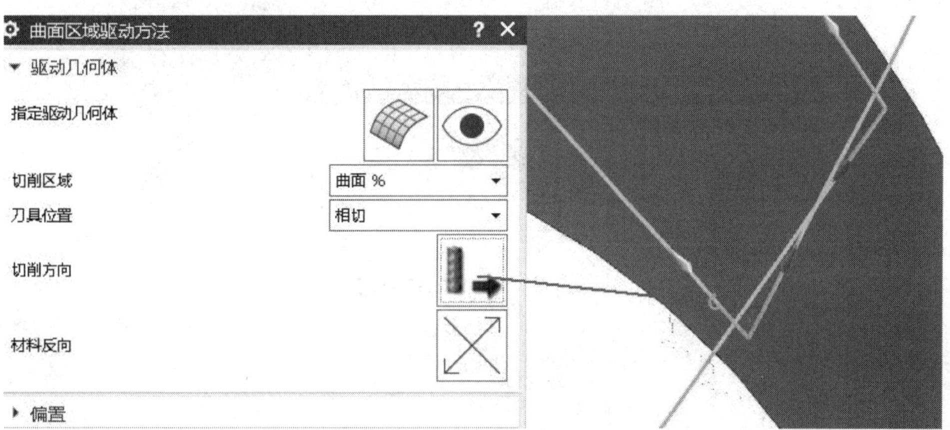

图 9-58　设置切削方向

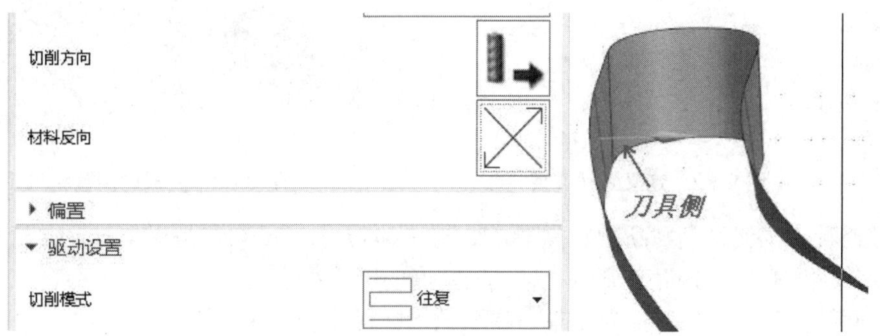

图 9-59　设置刀具侧

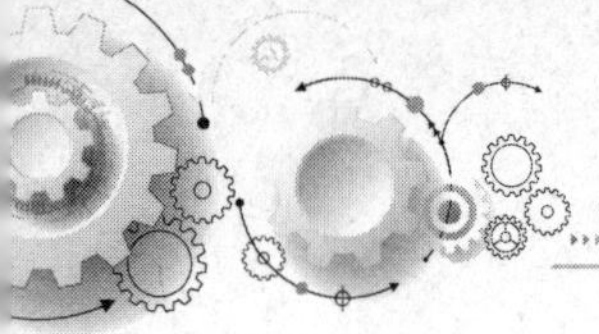

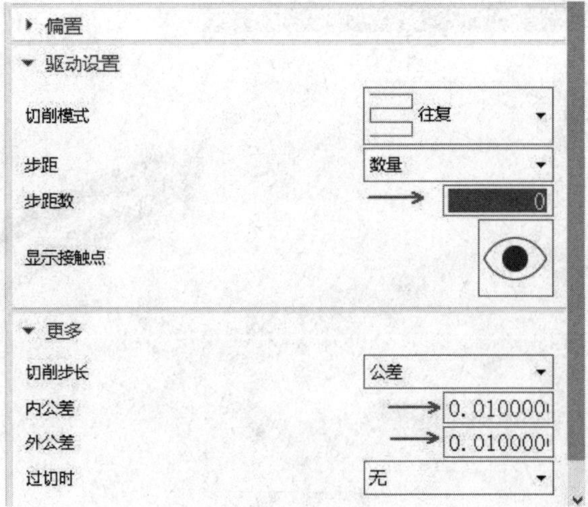

图 9-60 设置驱动工艺参数

图 9-61 定义划线方向

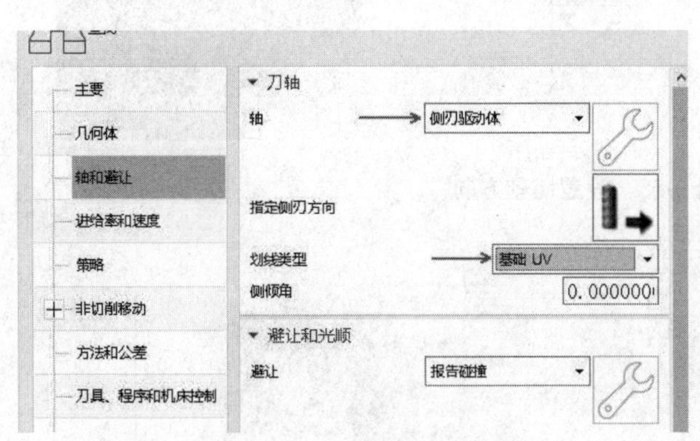

图 9-62 定义划线类型

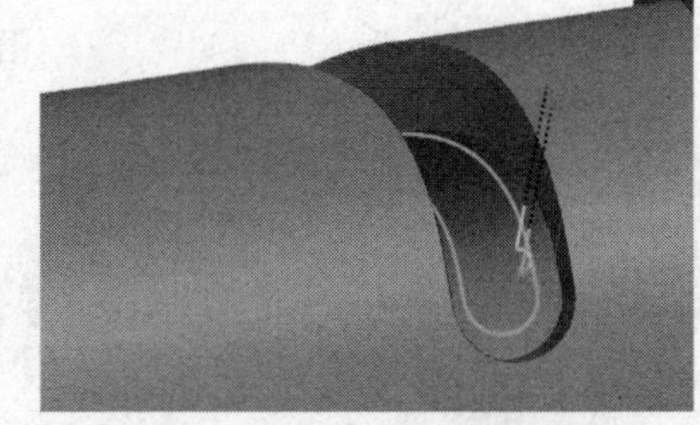

图 9-63 完成的侧壁精加工刀轨

通过查看刀位文件，判断刀轨类型，如图 9-64 所示，可知这是一个五轴加工刀轨，但是 I 值很小，即第 5 轴的角度很小，对加工精度的影响很小，可以忽略。

对侧面精加工刀轨进行后置处理，得到的 NC 程序如图 9-65 所示。

```
GOTO/204.0468,30.4073,-43.4245
PAINT/COLOR,42
FEDRAT/MMPM,250.0000
GOTO/204.0468,21.2575,-29.1360
CIRCLE/203.9913,19.5739,-30.2141,0.0000000,-0.5392682,0.8421341,2.0000,
GOTO/205.9905,19.5271,-30.2441
PAINT/COLOR,31
GOTO/205.9474,18.2035,-31.0584,0.0000119,0.5045081,-0.8634069
GOTO/205.9046,17.3962,-31.5174,0.0000000,0.4825458,-0.8758707
GOTO/205.8188,16.2039,-32.1460,-0.0000168,0.4494893,-0.8932857
GOTO/205.7333,15.2737,-32.5978,-0.0000135,0.4233396,-0.9059711
GOTO/205.6524,14.5218,-32.9391,0.0000065,0.4021793,-0.9155609
GOTO/205.5467,13.6550,-33.3074,0.0000030,0.3775892,-0.9259732
GOTO/205.4411,12.8813,-33.6136,0.0000001,0.3557557,-0.9345790
GOTO/205.3353,12.1731,-33.8761,0.0000000,0.3358747,-0.9419067
GOTO/205.1243,10.9065,-34.3039,-0.0000001,0.3002702,-0.9538542
GOTO/205.0057,10.2594,-34.5024,-0.0000001,0.2820886,-0.9593884
GOTO/204.8354,9.3933,-34.7474,0.0000000,0.2576662,-0.9662340
GOTO/204.6650,8.5871,-34.9546,0.0000000,0.2349039,-0.9720186
GOTO/204.4947,7.8311,-35.1308,-0.0000001,0.2135282,-0.9769369
GOTO/204.1543,6.4384,-35.4109,0.0000001,0.1741616,-0.9847171
GOTO/203.7618,4.9860,-35.6426,0.0000000,0.1331596,-0.9910946
GOTO/203.5262,4.1768,-35.7453,-0.0000001,0.1103488,-0.9938929
GOTO/203.2908,3.4076,-35.8258,-0.0000002,0.0886430,-0.9960635
GOTO/202.8199,1.9695,-35.9315,-0.0000002,0.0481380,-0.9988407
GOTO/202.3237,0.5741,-35.9784,0.0000001,0.0089538,-0.9999599
GOTO/202.0248,-0.2165,-35.9809,0.0000003,-0.0132135,-0.9999127
GOTO/201.7257,-0.9746,-35.9668,0.0000004,-0.0344375,-0.9994069
GOTO/201.1271,-2.4051,-35.8965,0.0000000,-0.0743911,-0.9972291
GOTO/200.5286,-3.7352,-35.7793,-0.0000004,-0.1114407,-0.9937711
GOTO/199.8093,-5.2208,-35.5886,-0.0000006,-0.1526438,-0.9882813
GOTO/199.0896,-6.6021,-35.3538,-0.0000001,-0.1907841,-0.9816320
GOTO/198.3691,-7.8943,-35.0831,0.0000004,-0.2262546,-0.9740682
GOTO/197.5598,-9.2509,-34.7441,-0.0000001,-0.2632917,-0.9647163
GOTO/196.7273,-10.5542,-34.3639,-0.0000016,-0.2986643,-0.9543582
GOTO/195.8938,-11.7770,-33.9574,-0.0000021,-0.3316438,-0.9434047
GOTO/195.0000,-13.0060,-33.4977,0.0000015,-0.3646383,-0.9311493
GOTO/194.0648,-14.2105,-32.9953,0.0000062,-0.3967973,-0.9179063
GOTO/193.1286,-15.3419,-32.4750,0.0000051,-0.4268421,-0.9043262
GOTO/192.1561,-16.4454,-31.9194,0.0000011,-0.4559996,-0.8899800
GOTO/191.1291,-17.5389,-31.3199,-0.0000020,-0.4847420,-0.8746572
GOTO/190.1010,-18.5663,-30.7094,-0.0000021,-0.5116312,-0.8592052
GOTO/189.0560,-19.5474,-30.0807,0.0000006,-0.5372107,-0.8434481
GOTO/187.9480,-20.5240,-29.4078,0.0000024,-0.5626006,-0.8267289
GOTO/186.8385,-21.4417,-28.7295,0.0000005,-0.5864011,-0.8100208
GOTO/185.7276,-22.3049,-28.0480,-0.0000006,-0.6087437,-0.7933669
GOTO/184.5485,-23.1649,-27.3236,-0.0000007,-0.6309795,-0.7757995
GOTO/183.3679,-23.9726,-26.5989,-0.0000001,-0.6518583,-0.7583408
```

图 9-64　刀位文件

```
%
G40 G49 G80 G90
G91 G28 Z0.0 M09
M05
T01 M06
G00 G90 G53 A147.366
G00 X204.047 Y-2.19 S1000 M03
G43 Z99.976 H01 M08
Z52.967
G01 Z36. F250.
G03 X205.991 Y-.135 I-.056 J1.999
G01 X205.947 Y-.048 A149.701
X205.905 Y-.028 A151.148
X205.819 Y-.025 Z35.999 A153.289
X205.733 Y-.038 A154.954
X205.652 Y-.048 Z35.998 A156.286
X205.547 Y-.068 A157.816
X205.441 Y-.08 Z35.997 A159.16
X205.335 Y-.088 A160.374
X205.124 Y-.103 Z35.996 A162.526
X205.006 Y-.11 Z35.995 A163.615
X204.835 Y-.123 Z35.994 A165.068
X204.665 Y-.136 A166.414
X204.495 Y-.149 Z35.993 A167.671
X204.154 Y-.173 Z35.991 A169.97
X203.762 Y-.195 Z35.989 A172.348
X203.526 Y-.207 Z35.988 A173.665
X203.291 Y-.219 Z35.987 A174.914
X202.82 Y-.238 Z35.985 A177.241
X202.324 Y-.252 Z35.982 A179.487
X202.025 Y-.259 Z35.981 A180.757
X201.726 Y-.265 Z35.979 A181.974
X201.127 Y-.272 Z35.976 A184.266
X200.529 Y-.275 Z35.973 A186.398
X199.809 Y-.273 Z35.968 A188.78
X199.09 Y-.264 Z35.964 A190.999
X198.369 Y-.248 Z35.96 A193.077
X197.56 Y-.223 Z35.954 A195.265
X196.727 Y-.191 Z35.948 A197.377
X195.894 Y-.151 Z35.941 A199.369
```

图 9-65　四轴 NC 程序

第 10 章

顺序铣加工

10.1 顺序铣的基本思想

顺序铣加工
基础知识讲解

顺序铣是运用线性刀具运动来完成零件轮廓的精加工，它的基本思想是控制每一个刀轨运动的刀轴矢量方向，从进刀、连续刀轨、退刀，甚至点到点的运动。

顺序铣操作通过从一个表面到下一个表面的一系列刀具运动完成零件轮廓的铣削，这一系列的铣削运动称为子操作，这些子操作允许对刀具的运动进行灵活的控制，以便获得满意的结果。子操作类型包括进刀子操作、连续刀轨子操作、退刀子操作、点到点子操作。每一个子操作都可以单独定义控制，如刀轴矢量的控制方法，也可以根据加工需要不断地变化。

实际上，从刀轴矢量的控制方法来看，顺序铣的刀轴控制类似于插补矢量。顺序铣是将驱动面细分，每个小驱动面根据加工需要定义合适的刀轴矢量的控制方法。

顺序铣主要用于零件的轮廓精加工，也可以变通应用为零件的粗加工。顺序铣的重要思想是将整个刀轨分段精确控制。要实现更加精确的加工控制，可以细分整个加工过程，尤其是刀轨部分细分，有利于加工的精准控制。当然，进刀、退刀子操作，也可以根据加工需要，定义多个，如定义两个退刀子操作。

10.2 顺序铣的基本操作

顺序铣的编程思路，类似于 APT 语言的编程方法，每一个子操作，通常需要定义驱动面、零件面和检查面。驱动面控制刀具的侧刃，刀具侧刃将沿着所选择的驱动面移动；零件面控制刀具的底刃，刀具底面将沿着所选择的零件面移动；检查面用于控制刀具的停止位置。

在指定驱动面、零件面和检查面之前，必须指明刀具相对于所指定几何体的位置关系，共有四种可能的选择：近侧、远侧、在曲面上、驱动面与检查面相切。近侧、远侧、在曲面上，类似于控制刀具与曲面的位置关系为外切、内切和在曲面上；驱动面与检查面相切，是根据零件的实际状态加以定义。

另外，创建顺序铣操作时，必须首先指定刀具初始的参考点位置，用来确定刀具在驱动面、零件面和检查面的哪一侧。注意参考点和起始点的差异，刀具并不会运动到参考点，它只是用于确定刀具的起始位置侧。

10.3 典 型 案 例

案例 10-1：开口圆柱槽侧面加工

案例加工

案例分析

加工零件如图 10-1 所示。

任务 1：移动图形，使之满足加工需要。

使用从坐标系到坐标系的方法，移动图形，使 WCS 位于左侧圆柱端面中心，如图 10-2 所示。

图 10-1　零件图

图 10-2　图形移动效果

任务 2：做辅助驱动面和检查面。

为实现体外进刀，需要做辅助驱动面和检查面，使用拉伸方法做这两个面。

(1) 直接使用零件边线作为特征截面线，沿-XC 方向拉伸一个面作为驱动面，如图 10-3 所示。

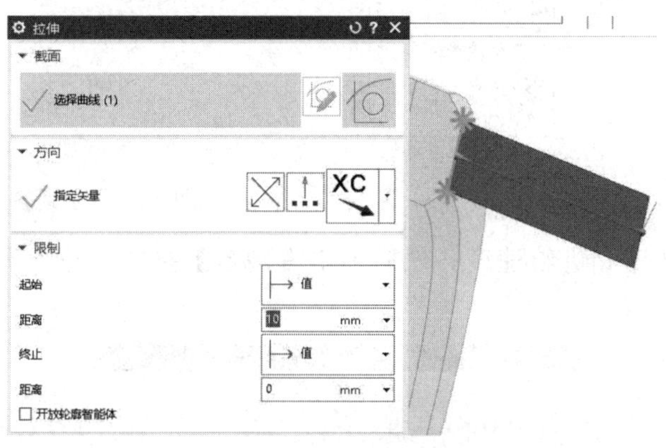

图 10-3　驱动面操作

(2) 同样，直接使用曲面边线作为特征截面线，沿 YC 方向拉伸一个面作为检查面，如图 10-4 所示。

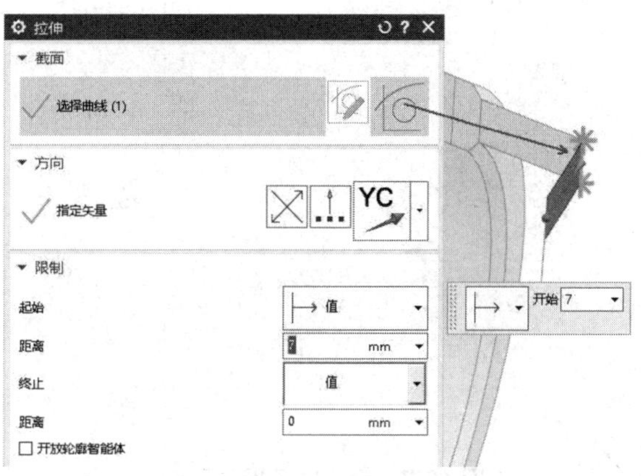

图 10-4　检查面操作

任务 3：进行顺序铣操作。

(1) 首先分析加工面的最小内角半径，在此基础上定义加工刀具，本案例定义一把直径为 4mm 的端铣刀。

(2) 设置编程坐标系，使之与 WCS 重合。进入顺序铣操作，如图 10-5 所示。

(3) 设置曲面内外公差，如图 10-6 所示。

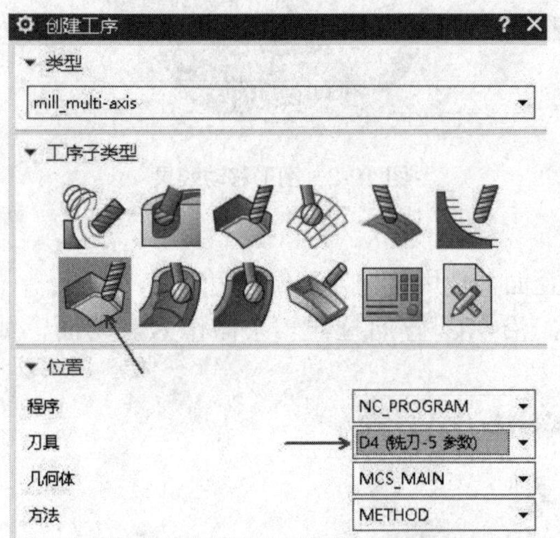

图 10-5 顺序铣操作

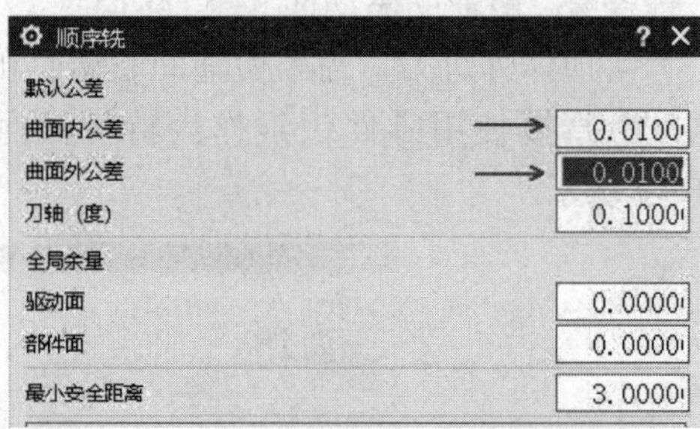

图 10-6 设置曲面内外公差

(4) 设置主轴转速和进给速度，然后单击【确定】按钮，进入顺序铣子操作定义界面，如图 10-7 所示。

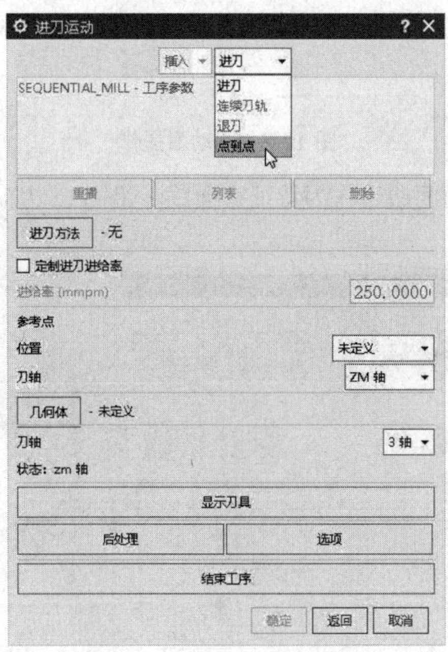

图 10-7 顺序铣子操作界面

说明

如果设置进给速度有问题，软件死机，可在此不设置，采用默认值，在后面的具体子操作中依次设置进给速度，如进刀速度、切削进给速度等。

(5) 定义点到点子操作，运动方法为点刀轴，具体操作如图 10-8 所示。

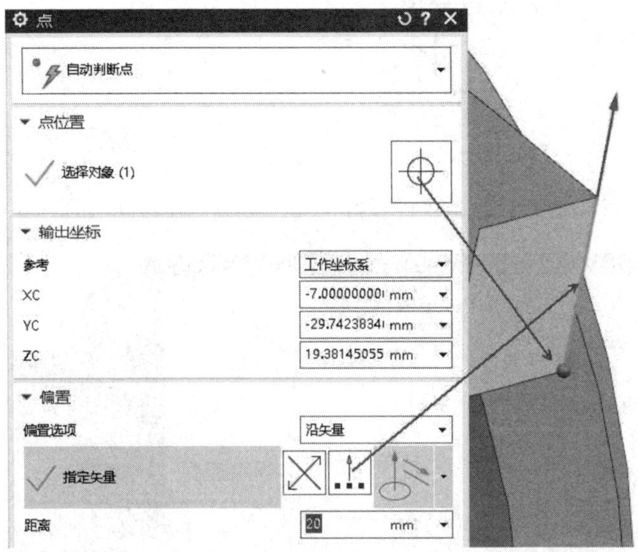

图 10-8 点到点子操作

(6) 定义初始进刀矢量，参考曲面边线，具体操作如图 10-9 所示。

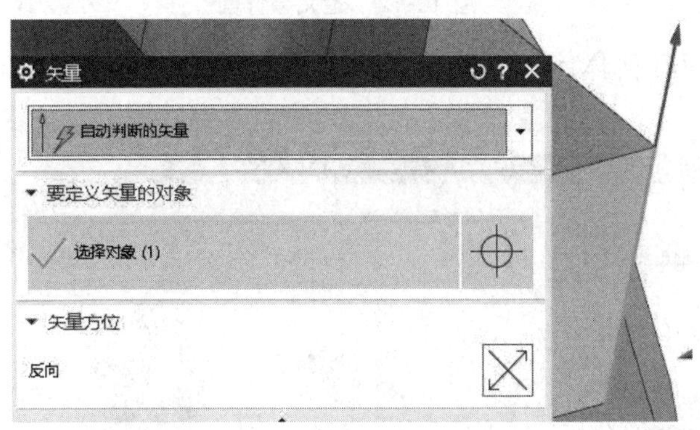

图 10-9 定义初始进刀矢量

所有参数定义完毕后，一定要单击【确定】按钮，完成点到点子操作的创建。同样，后面的每一个子操作参数定义完毕后，都要单击【确定】按钮以完成本次子操作的创建，否则将会产生严重的操作错误。

(7) 定义进刀子操作，定义进刀方法为【刀轴】，如图 10-10 所示。

(8) 定义驱动面几何体，设置【停止位置】为【近侧】，具体操作如图 10-11 所示。

(9) 定义零件面几何体，选取圆柱内侧面，设置【停止位置】为【近侧】，具体操作如图 10-12 所示。

图 10-10　定义进刀方法

图 10-11　定义驱动面

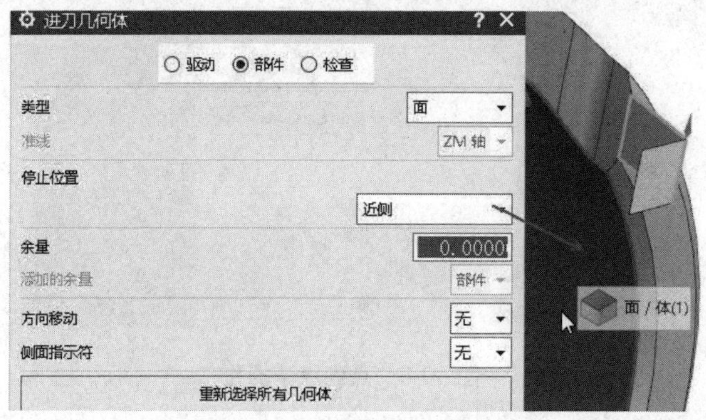

图 10-12　定义零件面

(10) 定义检查面几何体，设置【停止位置】为【在曲面上】，具体操作如图 10-13 所示。

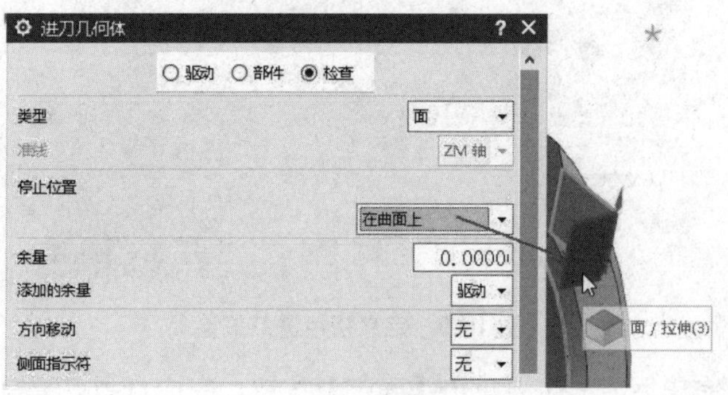

图 10-13　定义检查面

(11) 进刀子操作定义完毕后，注意观察刀具的进给方向，一定要满足加工的需要，如果不对，就要进行调整。如图 10-14 所示，默认的进给方向不满足加工需要，需要进行反向调整。单击【反向】按钮，调整进给方向，具体操作如图 10-15 所示。

(12) 定义连续刀轨子操作。第一个面的加工，只需要重新定义检查面，设置【停止位置】为【驱动面-检查面相切】，具体操作如图 10-16 所示。

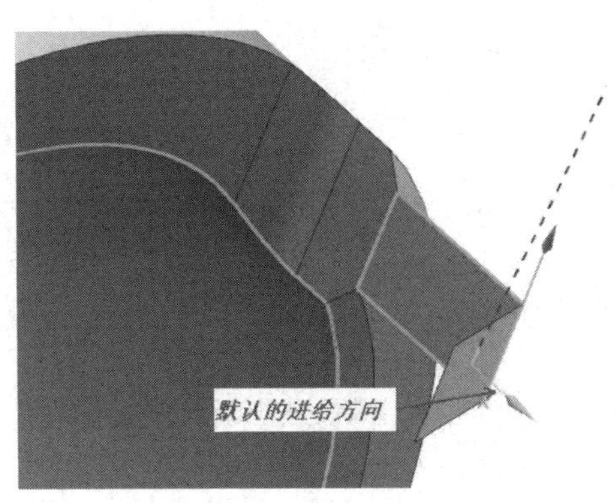

图 10-14　默认的进给方向

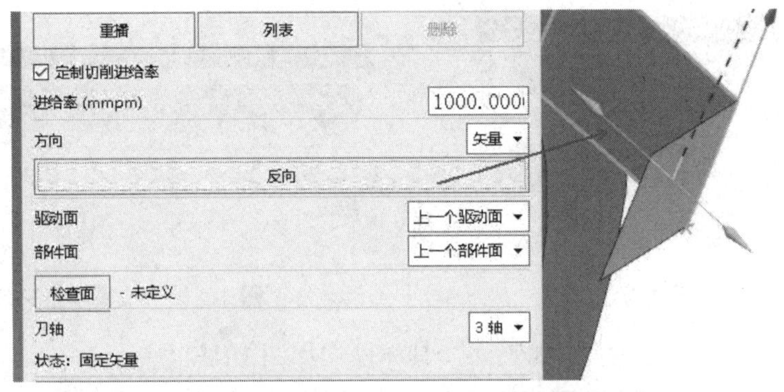

图 10-15　进给方向调整

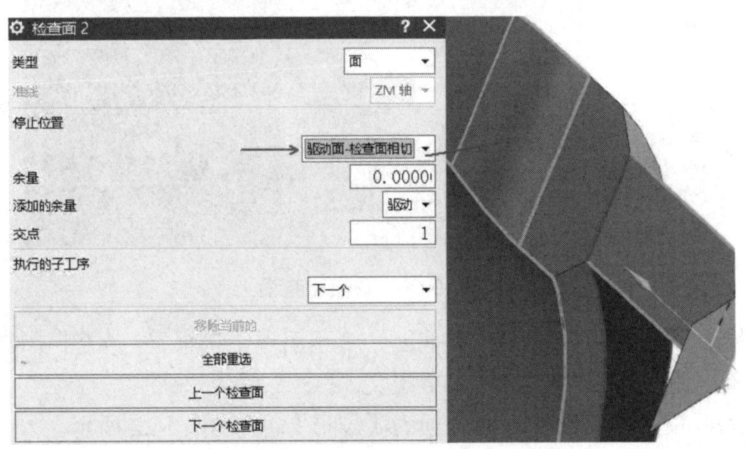

图 10-16　检查面选取操作

(13) 刀轴矢量还是默认的三轴，单击【确定】按钮，完成第一个面的加工，如图 10-17 所示。

(14) 继续定义连续刀轨子操作，首先定义刀轴矢量，定义为四轴，然后进一步设置相关参数。设置【方法】为【相切于驱动面】，如图 10-18 所示，然后设置【垂直于矢量】，选取 XC 轴，如图 10-19 所示。

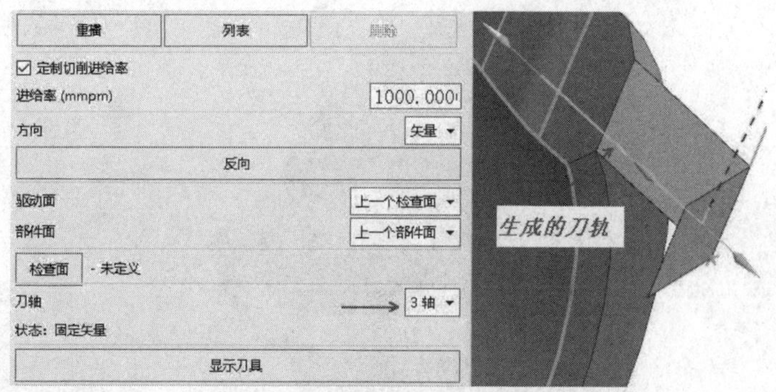

图 10-17　生成的刀轨

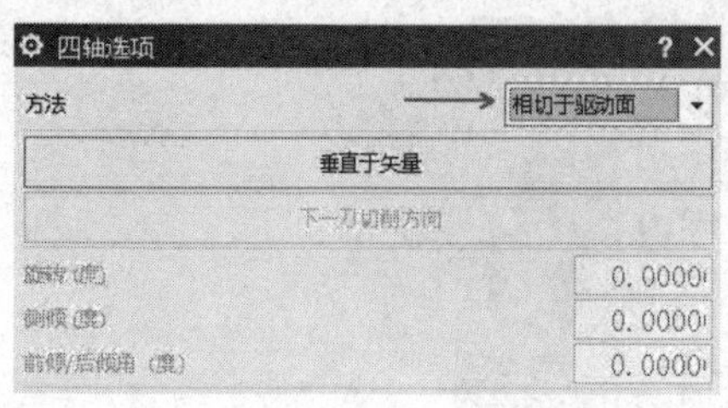

图 10-18　设置方法

图 10-19　设置垂直矢量

继续设置检查面，选取下一个加工面，具体操作如图 10-20 所示。

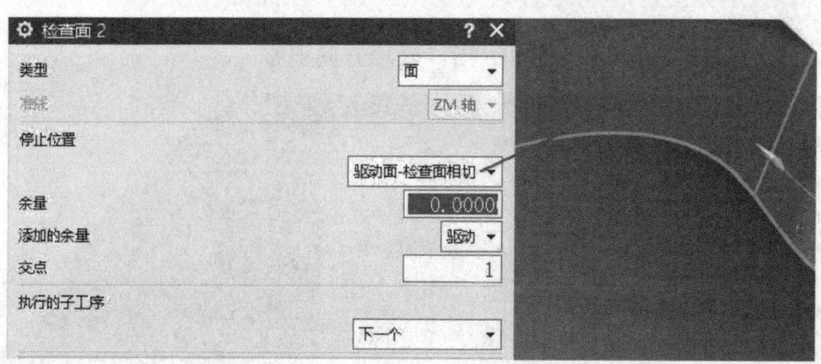

图 10-20　设置检查面

(15) 使用相同的方法，依次加工其他面，直至出现错误报警，如图 10-21 所示，说明这个面的加工有问题，需要修改刀轴矢量定义。

将刀轴改为五轴，然后设置五轴选项为【扇形】，如图 10-22 所示。

单击【确定】按钮，完成有问题曲面的加工。

(16) 重新设置刀轴矢量为四轴，具体参数为相切于驱动面和垂直于矢量，选取 XC 轴，然后继续定义检查面为下一个要加工的侧面，直至再次出现错误报警，再按照上面的方法设置为五轴。依次类推，进行其他侧面的加工。

(17) 将最后一个检查面设置为临时平面，做零件侧面的平行平面，具体操作如图 10-23 所示。

设置【停止位置】为【在曲面上】，单击【确定】按钮，完成最后一个切削加工的连续刀轨，如图 10-24 所示。

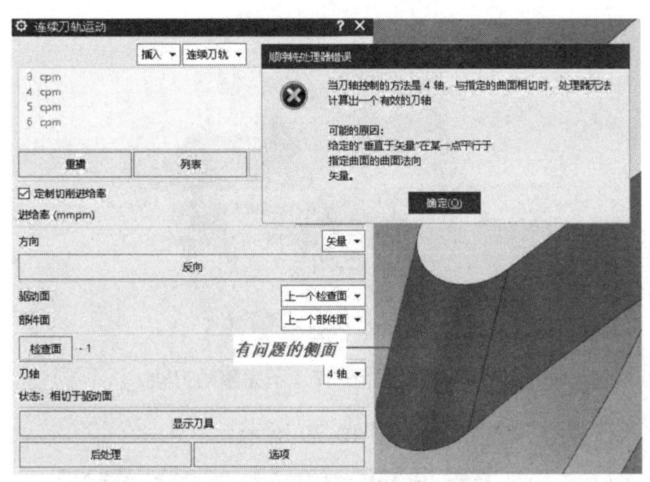

图 10-21　错误报警

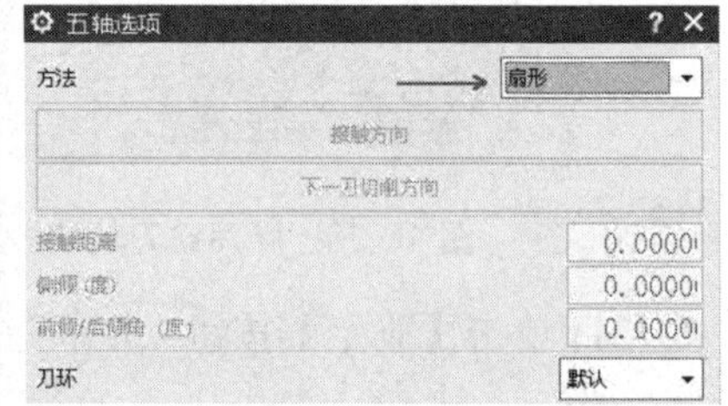

图 10-22　设置五轴选项

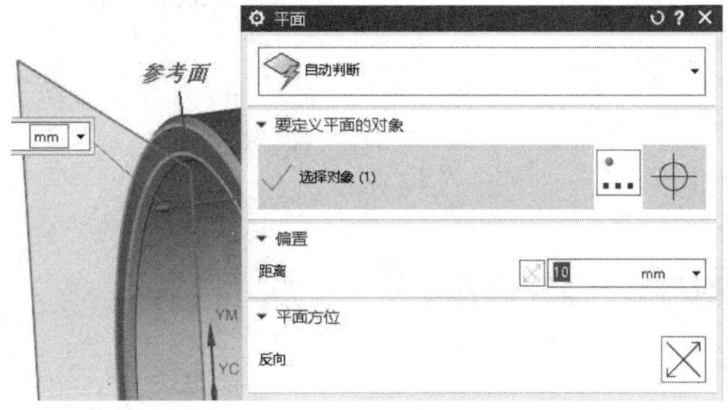

图 10-23　做零件侧面的检查面

(18) 定义退刀子操作，退刀方法为【刀轴】，具体参数设置如图 10-25 所示。

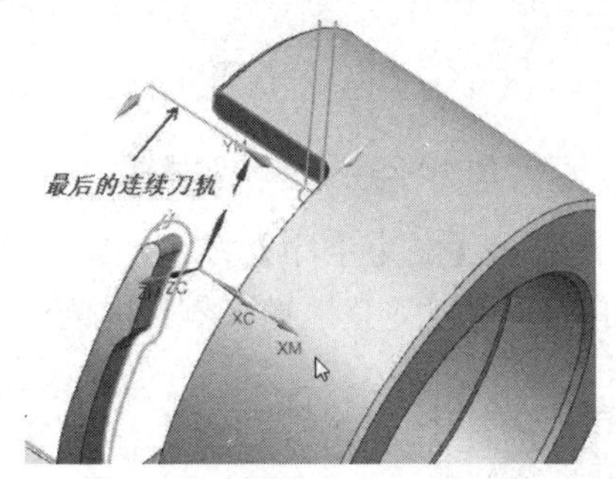

图 10-24　最后一个连续刀轨

图 10-25　退刀方法设置

(19) 单击【结束工序】按钮，再单击【确定】按钮，完成顺序铣操作的创建，此时生成的刀轨如图 10-26 所示。

观察刀轨，可见部分刀轨在深度方向没有完全加工侧面，如图 10-27 所示。

(20) 在工序导航器中双击顺序铣操作，重新进入顺序铣操作对话框，设置部件面余量为-3，部件面就是零件面，具体操作如图 10-28 所示。

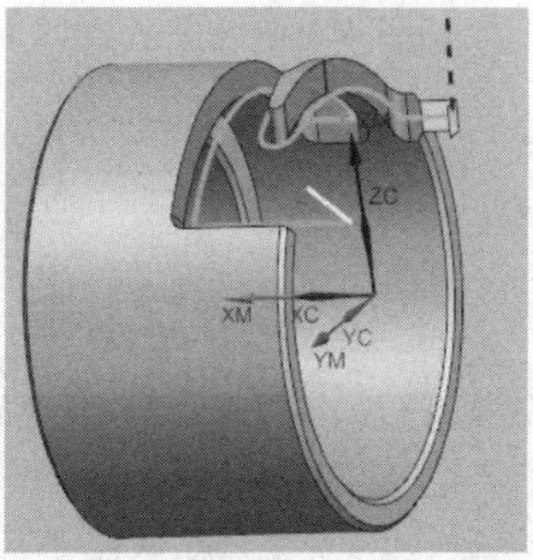

图 10-26　顺序铣刀轨

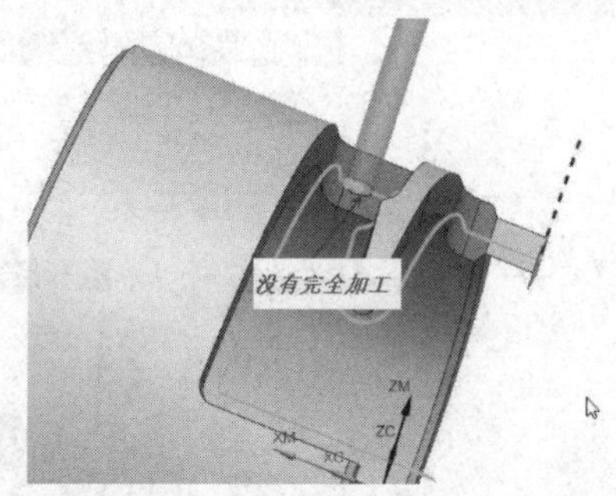

图 10-27　不完整的刀轨

(21) 单击【确定】按钮，重新进入子操作对话框，如图 10-29 所示。

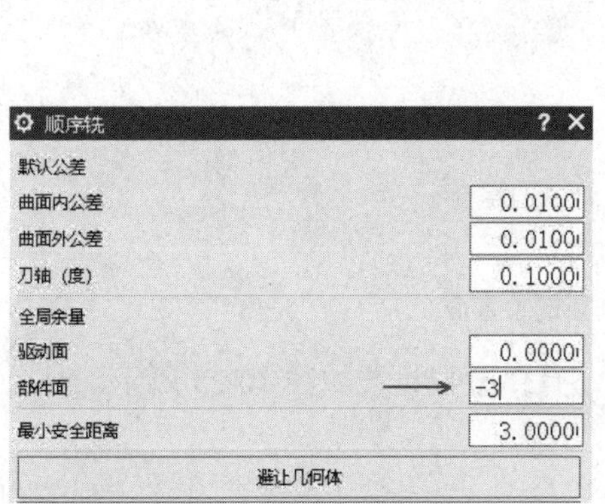

图 10-28　部件面余量设置

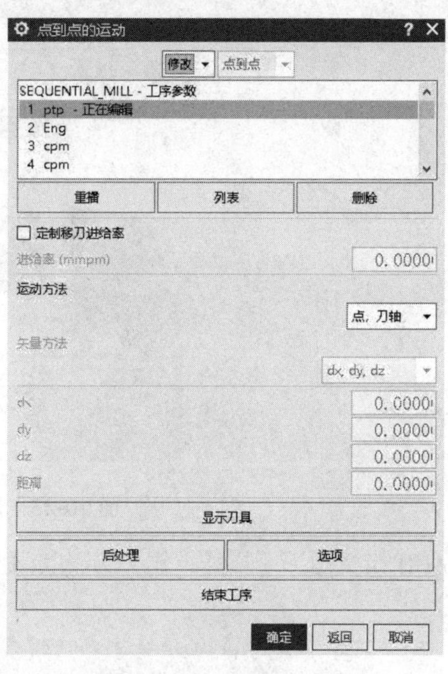

图 10-29　子操作对话框

不断单击【确定】按钮，直至退刀子操作，再次单击【结束工序】按钮，完成顺序铣操作的修改，完成后的刀轨如图 10-30 所示，此时的刀轨可以完整地加工零件的侧面。

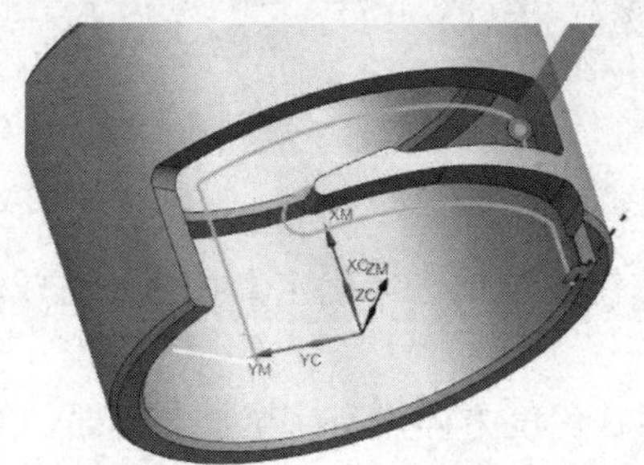

图 10-30　修改后的刀轨

案例 10-2：四轴零件侧壁精加工

四轴侧壁铣零件如图 10-31 所示。

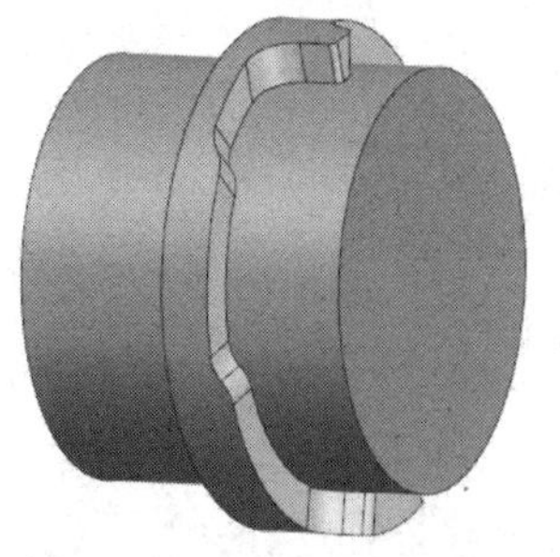

图 10-31　四轴侧壁铣零件

任务 1：创建进退刀辅助几何体。

(1) 使用拉伸方法创建进刀辅助几何体，如图 10-32 所示。第 1 个面与零件面相切，第 2 个面与第 1 个面垂直。

(2) 同样，使用拉伸方法创建退刀辅助几何体，如图 10-33 所示。第 1 个面与零件面垂直，第 2 个面与第 1 个面垂直。

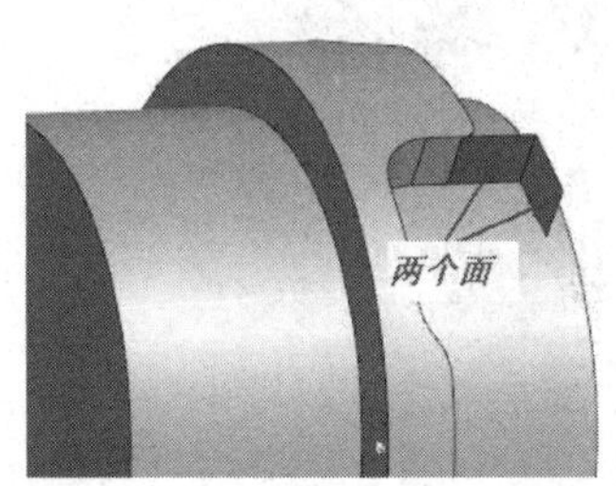

图 10-32　进刀辅助几何体

图 10-33　退刀辅助几何体

任务 2：使用顺序铣方法精加工零件侧壁。

(1) 进入加工模块，设置编程坐标系位于零件左侧圆心处，如图 10-34 所示。

(2) 定义加工刀具为直径 10mm 的端铣刀，定义安全区域为【圆柱】，如图 10-35 所示。

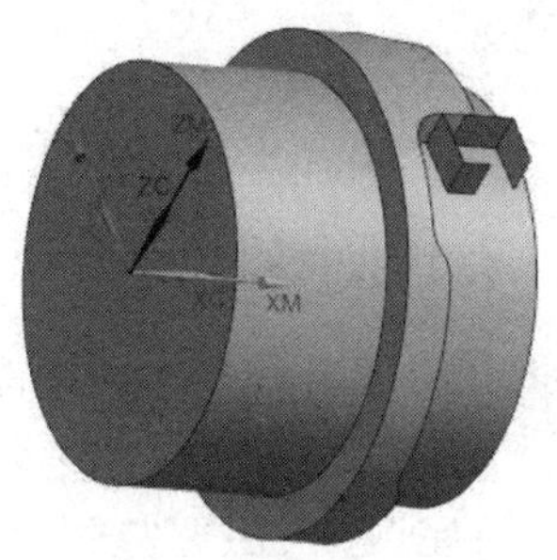

图 10-34　编程坐标系设置

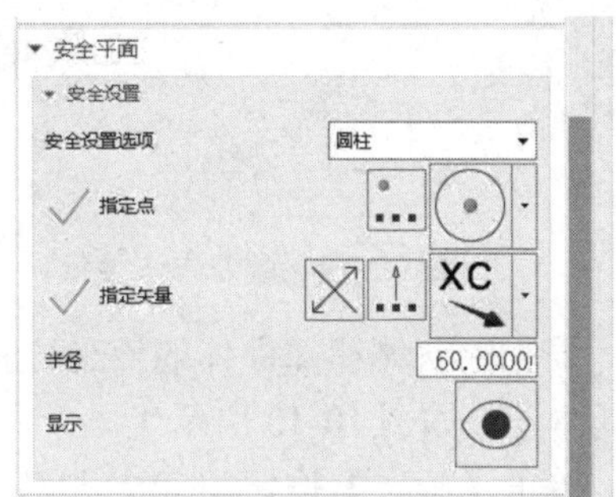

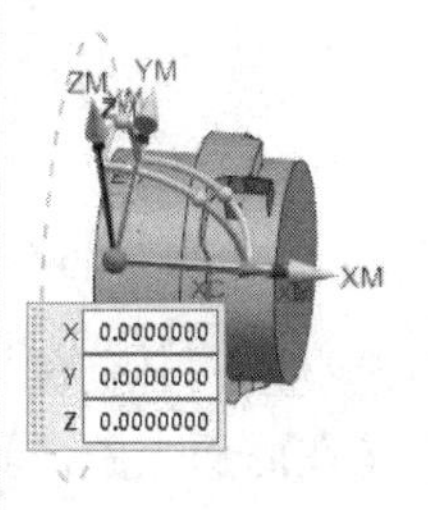

图 10-35　安全区域设置

(3) 进入顺序铣操作，如图 10-36 所示。

(4) 定义点到点子操作，具体参数设置如图 10-37 所示。

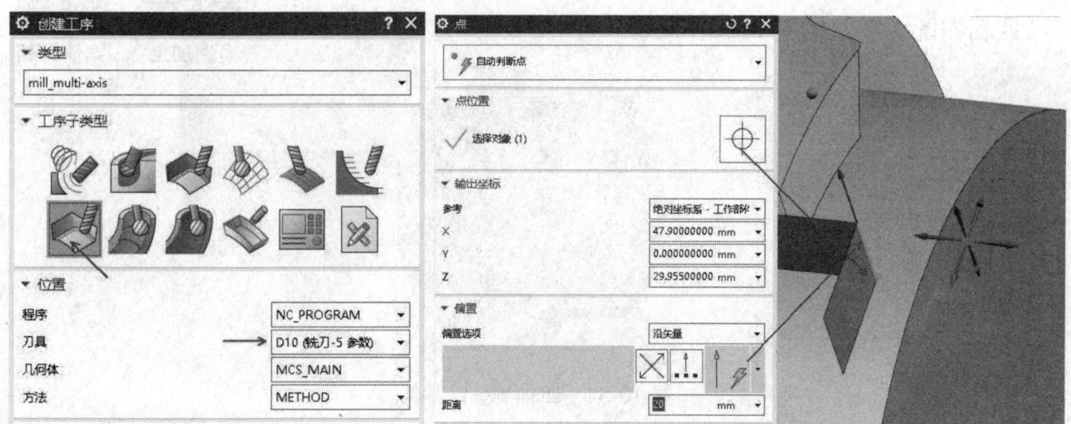

图 10-36　顺序铣操作　　　　　图 10-37　点到点子操作

(5) 定义进刀刀轴矢量，如图 10-38 所示。

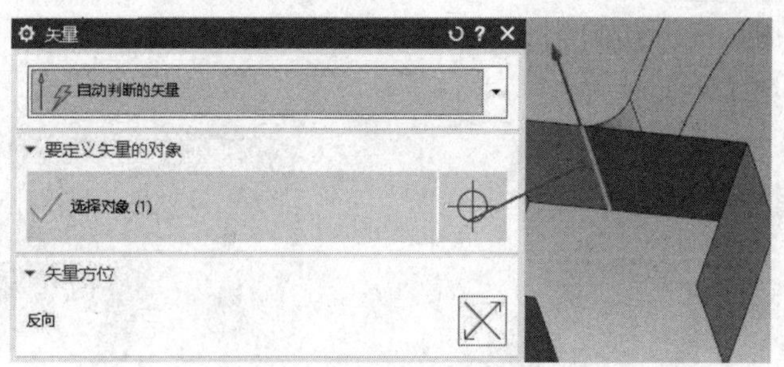

图 10-38　定义进刀刀轴矢量

所有参数定义完毕后，单击【确定】按钮，完成点到点子操作的创建。

(6) 定义进刀子操作，首先设置进刀方法为【刀轴】，如图 10-39 所示。

图 10-39　进刀方法设置

然后定义进刀几何体，设置驱动体和部件体的停止位置为【近侧】，检查体的【停止位置】为【在曲面上】，具体设置如图 10-40 所示。

所有参数设置完毕后，单击【确定】按钮，完成进刀子操作的创建。注意观察刀具的进刀侧和走刀方向，如图 10-41 所示，如果是错误的，必须重新定义几何体。

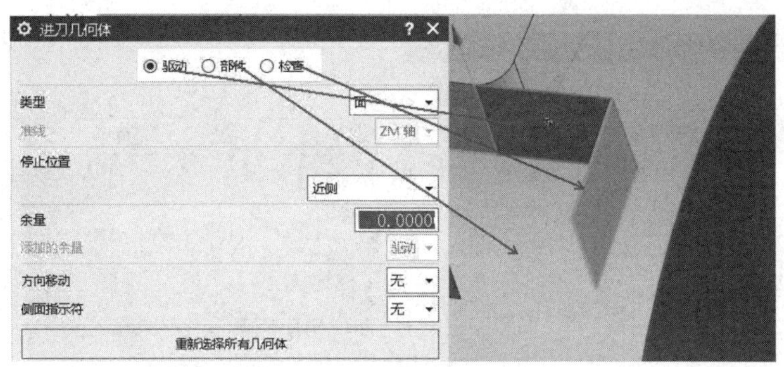

图 10-40　定义几何体

图 10-41　错误的进刀侧

双击进刀子操作，进入编辑状态，重新定义进刀几何体，将驱动体的停止位置设置为【远侧】，然后重新生成进刀子操作，如图 10-42 所示，这是正确的进刀方式。

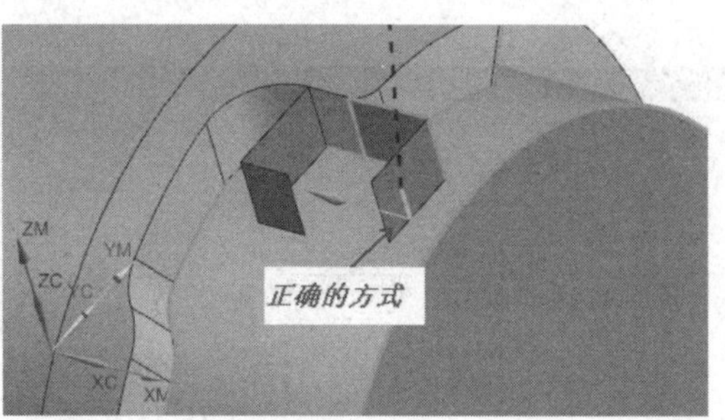

图 10-42　正确的进刀方式

(7)　定义连续刀轨子操作。首先定义刀轴矢量方式，设置刀轴为【四轴】，相切于驱动体，垂直于矢量 XC，具体设置如图 10-43 所示。

驱动面和部件面，一般情况下其设置不变，只需要设置检查面即可，如图 10-44 所示。

设置检查面时，一定要正确设置它的停止位置，要根据零件面之间的真实情形进行设置。通常为检查面与驱动面相切，如图 10-45 所示。

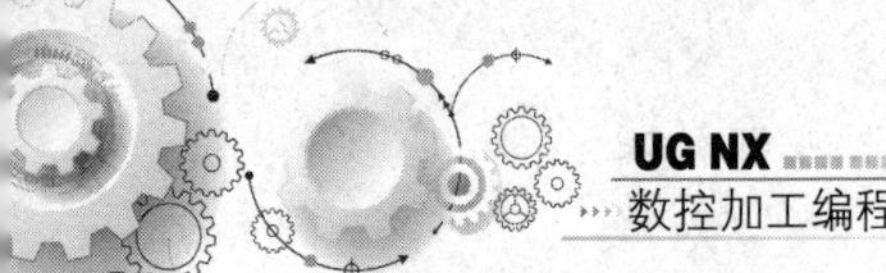

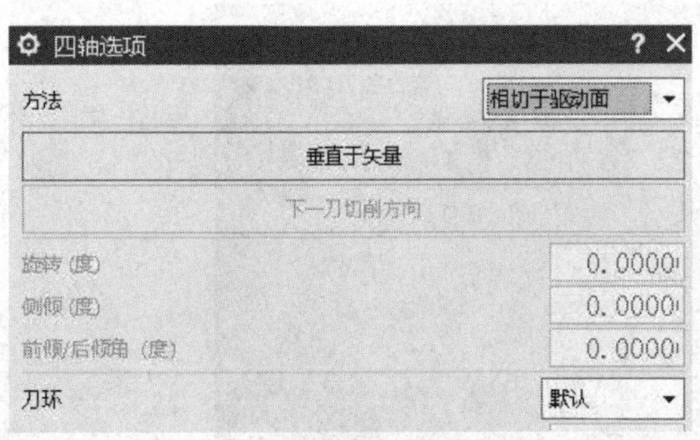

图 10-43　设置刀轴矢量

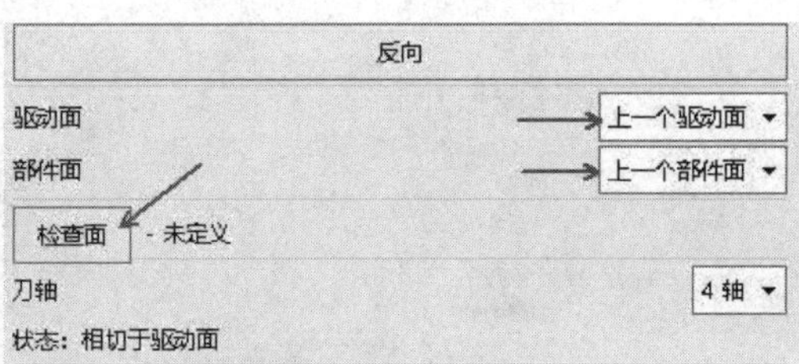

图 10-44　定义说明

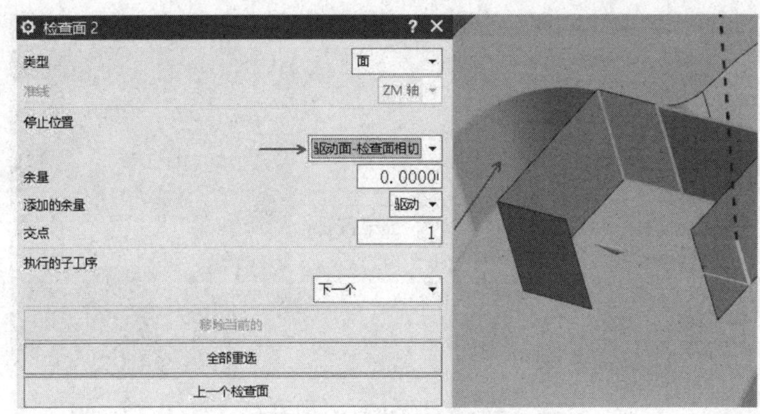

图 10-45　设置检查面

使用相同的方法，不断设置检查面，完成一系列的铣削子操作，直至系统出现报警，如图 10-46 所示。

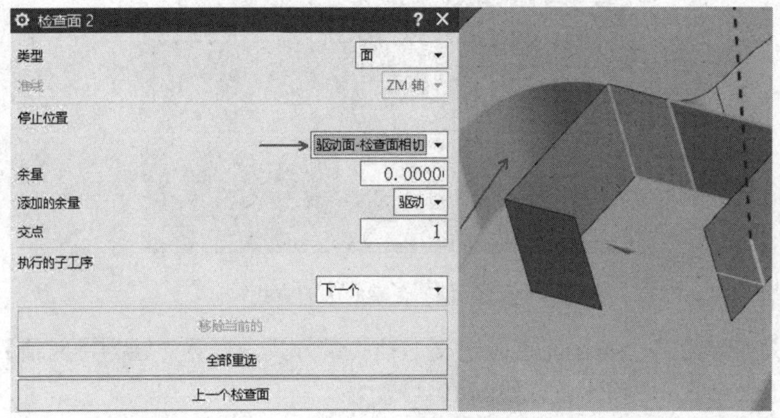

图 10-46　系统报警

修改刀轴矢量，设置刀轴为【五轴】，刀轴矢量方法为【扇形】，如图 10-47 所示。

单击【确定】按钮，完成本次铣削子操作的创建。修改刀轴为【四轴】，刀轴矢量控制方法为【相切于驱动面】，垂直于矢量 XC，然后再选取检查面。依次类推，出现问题则改为五轴，然后立即修改为四轴，直至退刀位置处，此时应设置检查面的停止位置为

【在曲面上】，如图 10-48 和图 10-49 所示。

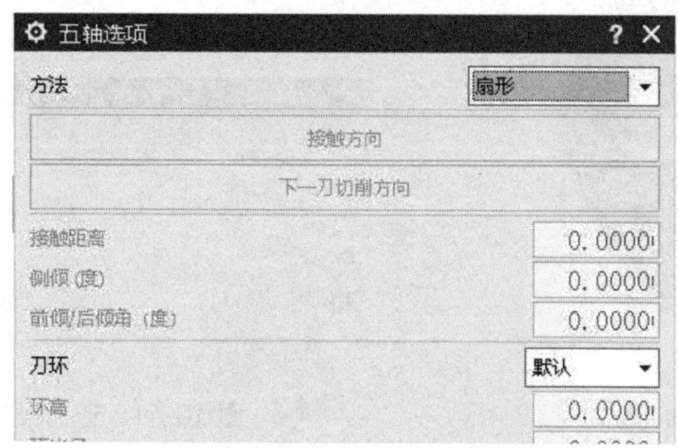

图 10-47　设置五轴刀轴矢量

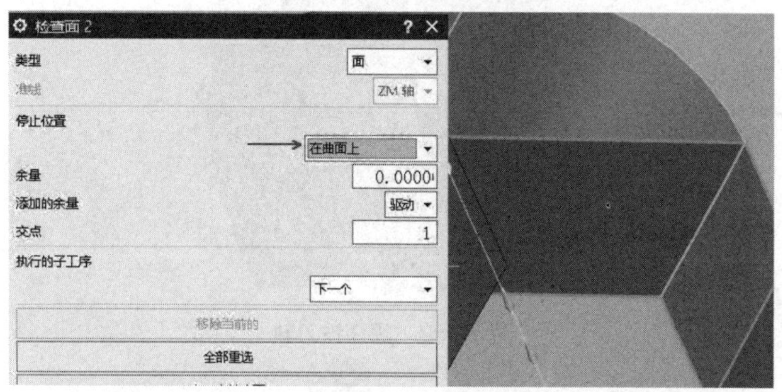

图 10-48　修改停止位置

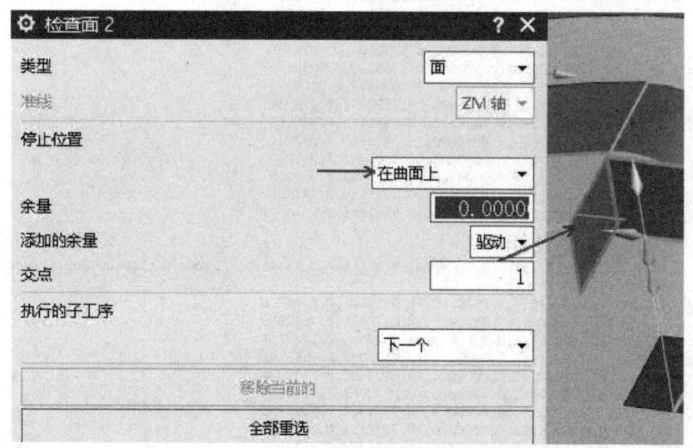

图 10-49　最后一个铣削子操作

此时生成的刀轨如图 10-50 所示。

(8)　定义退刀子操作，具体参数设置如图 10-51 所示。

单击【结束工序】按钮，完成整个顺序铣刀轨的创建，如图 10-52 所示。

生成的刀轨是否为四轴刀轨，可以通过查看刀位文件加以确定。刀位文件如图 10-53 所示。

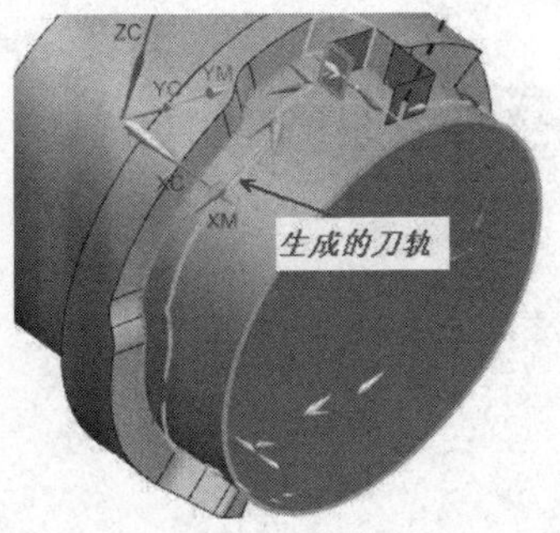

图 10-50　生成的刀轨

图 10-51　退刀子操作设置

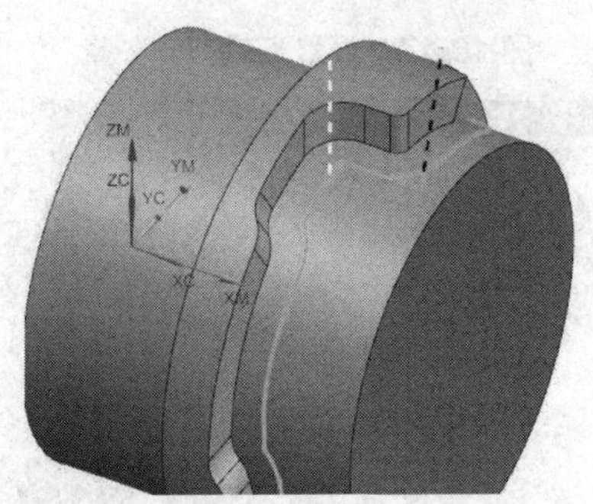

图 10-52　顺序铣刀轨

```
GOTO/35.0000,-6.0000,29.9383
GOTO/35.0000,-6.4821,29.8106,0.0000000,-0.0215296,0.9997682
GOTO/35.0000,-6.9516,29.6734,0.0000000,-0.0435341,0.9990519
GOTO/35.0000,-7.4038,29.5288,0.0000000,-0.0657507,0.9978361
GOTO/35.0000,-7.8371,29.3783,0.0000000,-0.0880311,0.9961177
GOTO/35.0000,-8.2513,29.2232,0.0000000,-0.1102949,0.9938989
GOTO/35.0000,-8.6471,29.0653,0.0000000,-0.1325385,0.9911779
GOTO/35.0000,-9.0330,28.9030,0.0000000,-0.1552605,0.9878736
GOTO/35.0000,-9.4154,28.7345,0.0000000,-0.1788150,0.9838827
GOTO/35.0000,-9.7994,28.5583,0.0000000,-0.2035337,0.9790679
GOTO/35.0000,-10.1905,28.3725,0.0000000,-0.2297975,0.9732385
GOTO/35.0000,-10.5954,28.1749,0.0000000,-0.2581186,0.9661132
GOTO/35.0000,-11.0241,27.9615,0.0000000,-0.2892803,0.9572444
GOTO/35.0000,-11.4939,27.7253,0.0000000,-0.3246444,0.9458362
GOTO/35.0000,-12.0411,27.4514,0.0000000,-0.3670412,0.9302047
GOTO/35.0000,-13.3593,26.8258,0.0000000,-0.4721715,0.8815067
GOTO/35.0000,-14.4346,26.3651,0.0000000,-0.5511084,0.8344337
GOTO/35.0832,-14.7678,26.1451
GOTO/35.2250,-14.9620,26.0168
CIRCLE/26.7000,-20.7626,22.1858,0.0000000,-0.5511084,0.8344337,11.0000,0.1200,0.5000,10.0000,0.0000
GOTO/37.7000,-20.7626,22.1858
GOTO/37.7000,-22.5381,20.7559,0.0000000,-0.5711108,0.8208730
GOTO/37.7000,-25.1841,18.0652,0.0000000,-0.6128621,0.7901899
GOTO/37.7000,-26.1214,16.8736,0.0000000,-0.6347416,0.7727244
GOTO/37.7000,-26.8027,15.8972,0.0000000,-0.6539728,0.7565181
GOTO/37.7000,-27.3598,15.0102,0.0000000,-0.6724557,0.7401374
GOTO/37.7000,-27.8099,14.2192,0.0000000,-0.6897701,0.7240284
GOTO/37.7000,-28.1760,13.5132,0.0000000,-0.7058902,0.7083213
GOTO/37.7000,-28.5104,12.8056,0.0000000,-0.7226551,0.6912088
GOTO/37.7000,-28.8037,12.1215,0.0000000,-0.7394440,0.6732181
GOTO/37.7000,-29.0549,11.4725,0.0000000,-0.7558831,0.6547066
GOTO/37.7000,-29.2676,10.8621,0.0000000,-0.7717813,0.6358881
GOTO/37.7000,-29.4466,10.2891,0.0000000,-0.7870619,0.6168740
GOTO/37.7000,-29.5966,9.7505,0.0000000,-0.8017104,0.5977126
GOTO/37.7000,-29.7219,9.2428,0.0000000,-0.8157414,0.5784168
GOTO/37.7000,-29.8259,8.7625,0.0000000,-0.8291798,0.5589820
GOTO/37.7000,-29.9116,8.3064,0.0000000,-0.8420522,0.5393961
GOTO/37.7000,-29.9812,7.8719,0.0000000,-0.8543825,0.5196447
GOTO/37.7000,-30.0368,7.4566,0.0000000,-0.8661907,0.4997135
GOTO/37.7000,-30.0799,7.0585,0.0000000,-0.8774929,0.4795897
GOTO/37.7000,-30.1119,6.6759,0.0000000,-0.8883011,0.4592615
```

图 10-53　刀位文件

IJK 中，其中 I 值一直为 0，说明它是绕 XC 轴加工的四轴刀轨。

第11章

Mill_Rotary 加工

11.1 旋转体粗加工的基本思想

Mill_Rotary
加工基础知识
讲解

Mill_Rotary 加工，实际上就是旋转体加工。旋转体零件联动粗加工，支持底面为圆柱形和圆锥形。由于其刀轴矢量为底面的法向，因此圆柱形底面产生的刀轨为四轴刀轨，而圆锥形底面产生的刀位为五轴刀轨。它并不是直接选取零件的底面来决定刀轴矢量的方向，而是通过样板面模式来决定的，如图 11-1 所示。

旋转体粗加工，对于完整圆柱部分，产生螺旋刀轨；对于有凸台的部分，产生跟随部件刀轨。

旋转轴设置：要根据机床类型，合理设置旋转轴，如图 11-2 所示。这是很重要的一个参数。

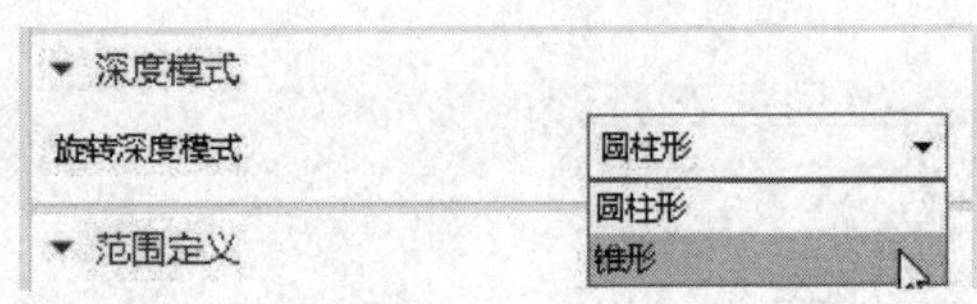

图 11-1 样板面模式

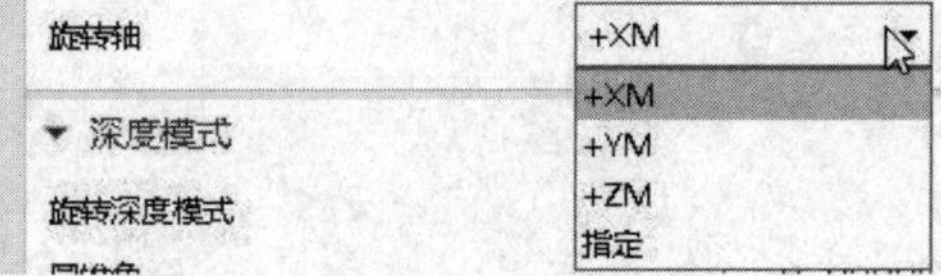

图 11-2 设置旋转轴

加工范围的限制，不能通过指定检查体实现。可以通过轴向和径向参数设置限定加工范围，如图 11-3 所示。

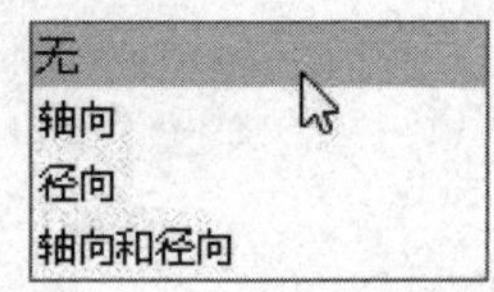

图 11-3 加工范围限定

另外，加工范围的限制，也可以通过添加部件体或定义合理的毛坯体加以限制。在某些情况下，这比限制轴向和径向更加合理和快捷。

旋转体粗加工的优点：操作简单、方便，无须考虑刀轴矢量和投影矢量的问题，它们都是自动设置的，并且支持各种类型的刀具，如端铣刀、圆鼻刀、球刀等。从编程的便利性来看，该方法使联动开粗变得简单化，是一个很好的加工方法。

旋转体粗加工的缺点是计算速度较慢。

但是，一定要牢记：一般情况下，优先采用定轴粗加工，只有在特殊情况下才使用联动粗加工。所谓特殊情况，就是需要多个定轴粗加工才能完成加工，且加工效果不理想，此时可以考虑使用四轴联动开粗的方法。

与后面章节要讲解的多轴粗加工策略相比，Mill_Rotary 加工只针对回转体零件进行加工，且提供样板驱动曲面。

11.2 旋转体精加工的基本思想

旋转体精加工，它需要通过指定底面和侧壁来准确地定义加工区域。对于四轴加工来说，它的底面应该是圆柱面，实际上圆锥面也可以，但是锥度不能太大，否则系统将报警：内存访问违例。如果零件图形的圆柱面有误差，可以做辅助圆柱面代替它。

旋转体精加工，它的刀轴矢量是底面的法向，这与远离直线效果是相同的。其走刀方式简单且高效，只有两种：【沿轴向】和【绕轴向】，如图 11-4 所示。

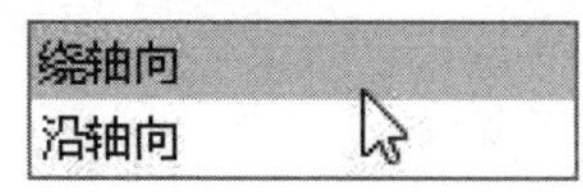

图 11-4　走刀方式

旋转体精加工，通过指定部件体，可以产生无过切的安全刀轨。

起始位置定义，也是很好的一个参数，可以控制刀具的进刀位置，防止刀具与夹具等发生碰撞。

旋转体精加工，其优点：操作简单方便；缺点：只支持球刀。如果要使用端铣刀或圆鼻刀，可以通过生成刀轨文件，然后使用刀轨驱动的方法进行加工。

11.3　典 型 案 例

案例 11-1：圆柱零件粗加工

圆柱零件如图 11-5 所示。

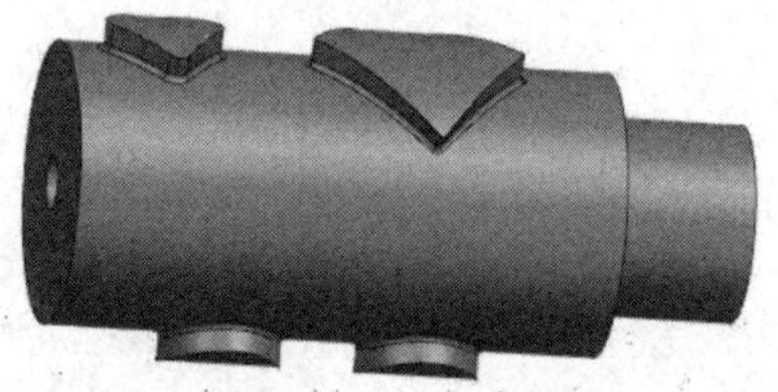

图 11-5　圆柱零件

任务 1：创建毛坯几何体。

使用拉伸方式，创建毛坯几何体。拉伸特征截面为最大圆轮廓，如图 11-6 所示；长度与要加工部分等长，如图 11-7 所示。

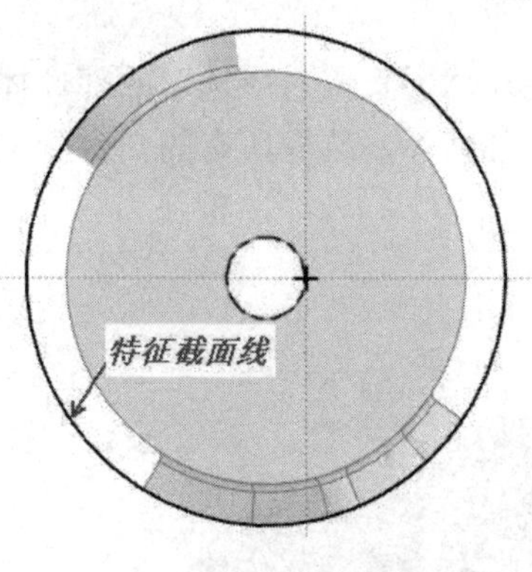

图 11-6　特征截面

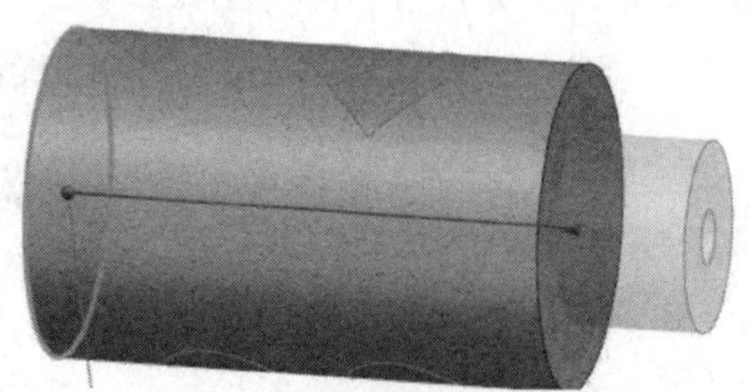

图 11-7　拉伸长度

任务 2：进入 Mill-Rotary 加工模板。

(1)　进入加工流程，选取 Mill-Rotary 加工模板，如图 11-8 所示。

(2)　设置编程坐标系，其原点位于圆柱体左端面的圆心处，如图 11-9 所示。

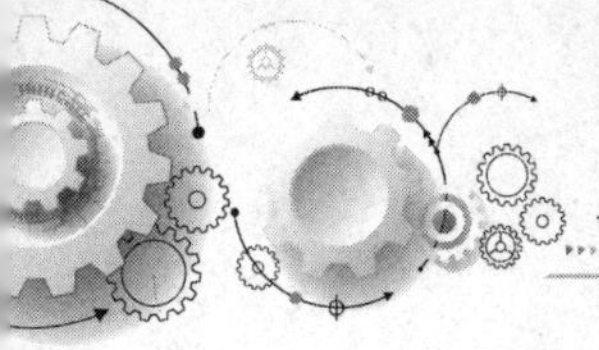

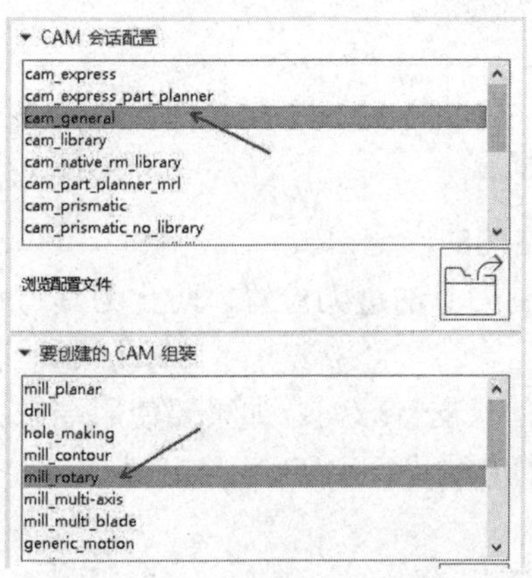

图 11-8 Mill-Rotary 加工模板

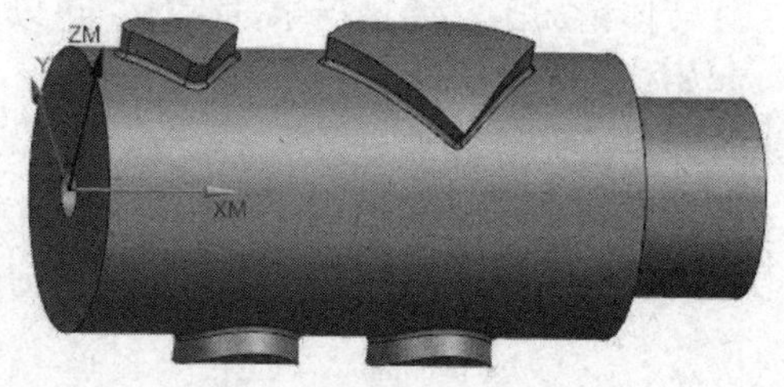

图 11-9 设置编程坐标系

(3) 设置安全区域为圆柱形，具体参数设置如图 11-10 所示。

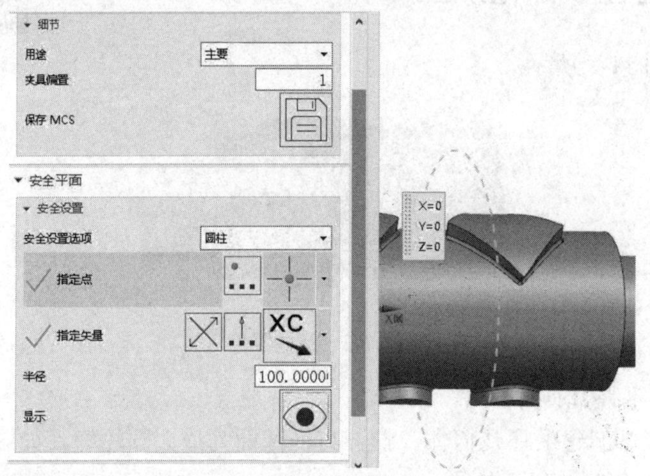

图 11-10 设置安全区域

(4) 设置旋转加工几何体，首先设置部件体和毛坯体，直接对应选取的部件体和创建的毛坯体。然后设置底面，选取圆柱体底面，设置壁几何体，选取所有的凸台侧壁面，包括底面圆角面，如图 11-11 所示。

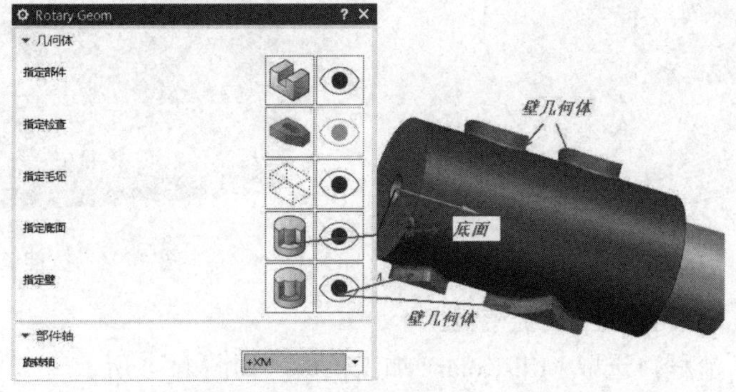

图 11-11 设置旋转几何体

(5) 设置刀具参数为 D12R2，然后进入旋转体粗加工操作，如图 11-12 所示。

(6) 设置旋转体粗加工的工艺参数，如图 11-13 所示。

图 11-12　旋转体粗加工　　　　图 11-13　设置工艺参数

(7) 设置加工余量，如图 11-14 所示。

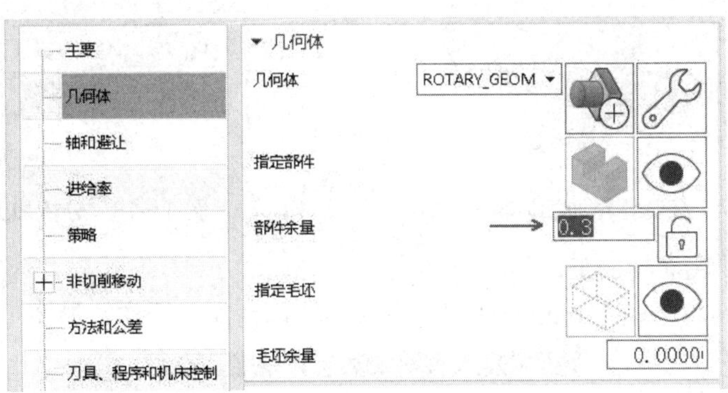

图 11-14　设置加工余量

(8) 设置主轴转速和进给速度，如图 11-15 所示。

(9) 设置进退刀参数，如图 11-16 所示。

(10) 所有参数设置完毕后，完成旋转体粗加工的创建，此时的刀轨如图 11-17 所示。

加工仿真完毕后，可以单击【分析】按钮，查看零件的加工余量是否正确，如图 11-18 所示。可见，它与加工余量设置值基本一致。

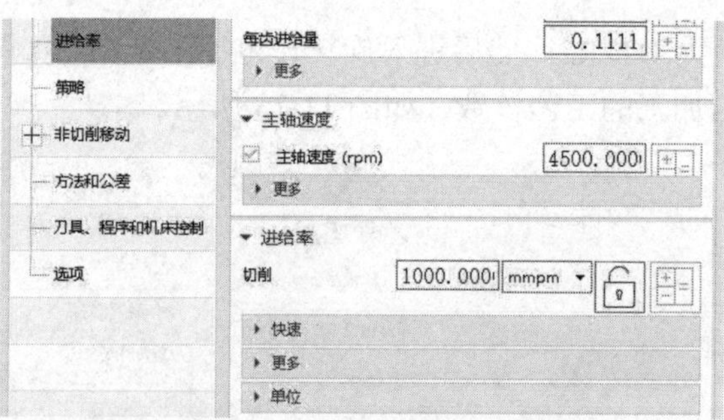

图 11-15 设置主轴转速和进给速度

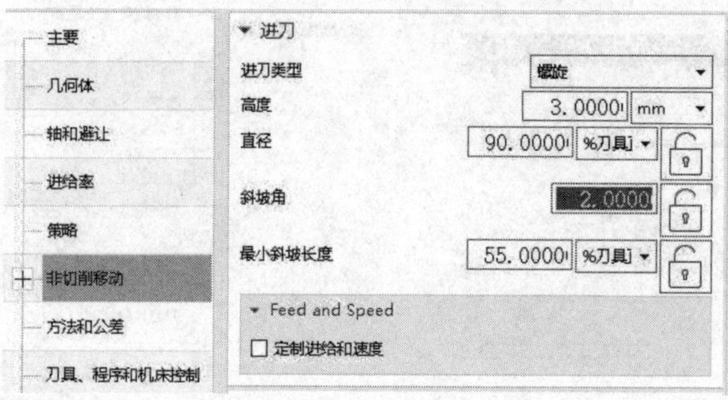

图 11-16 设置进退刀参数

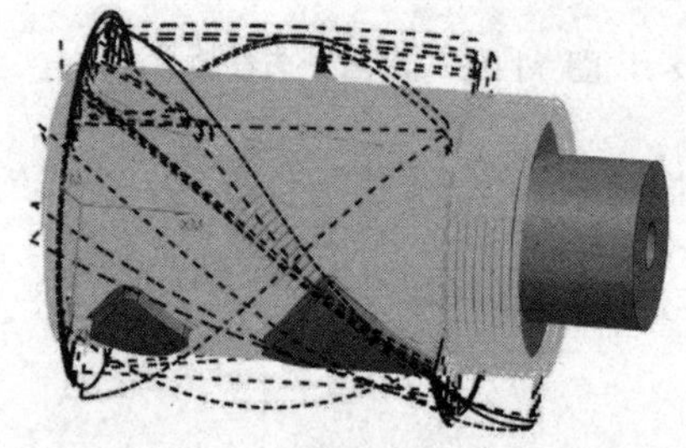

图 11-17 旋转体粗加工刀轨

图 11-18 分析加工余量

任务 3：旋转底面精加工。

(1) 定义刀具为直径 12mm 的球刀，进入旋转体精加工操作，如图 11-19 所示。

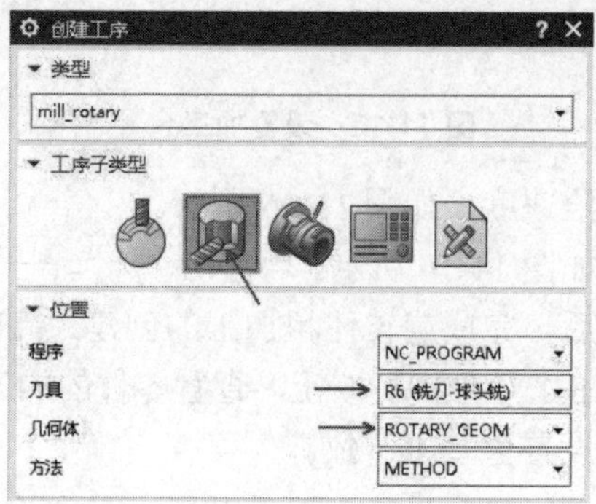

图 11-19 旋转体精加工操作

注意

一定要继承前面设置的旋转几何体，否则就要重新选择部件体、底面和侧壁。

(2) 设置旋转体精加工的工艺参数，如图 11-20 所示。为了保证侧壁安全，可以设置较大的侧壁加工余量，底面加工余量为 0。

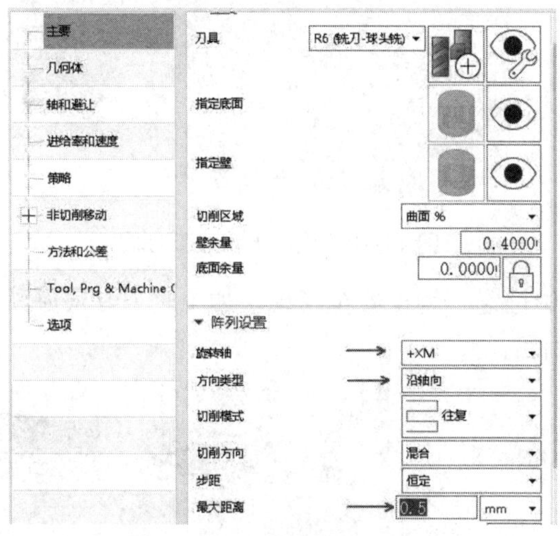

图 11-20 设置工艺参数

(3) 设置【材料反向】，一定要使箭头指向外侧，如图 11-21 所示。

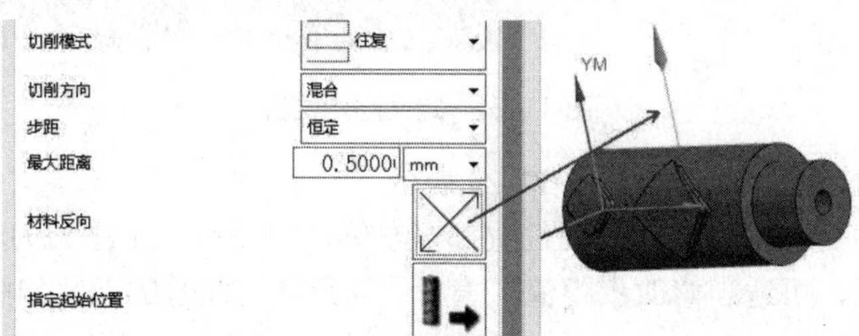

图 11-21 设置材料侧

(4) 设置策略参数，如图 11-22 所示。

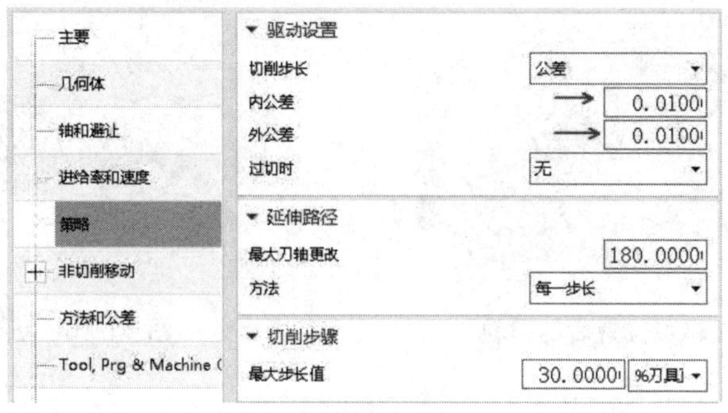

图 11-22 设置策略参数

(5) 设置其他参数，完成精加工刀轨的创建，如图 11-23 所示。

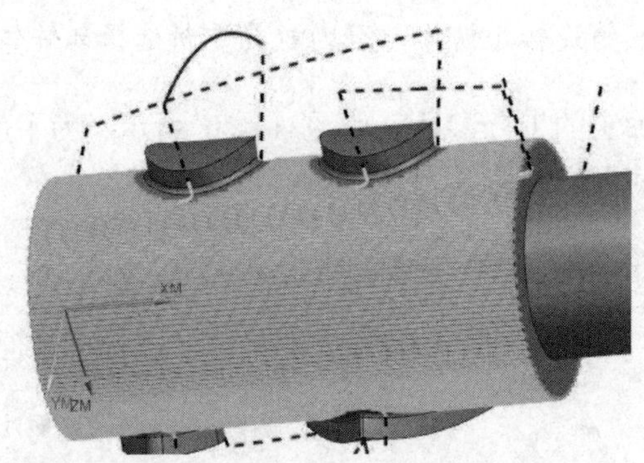

图 11-23　旋转体精加工刀轨

(6) 修改刀轨的起始位置。为了安全考虑，加工时刀具最好从左侧进刀，这需要定义起始位置，如图 11-24 所示。

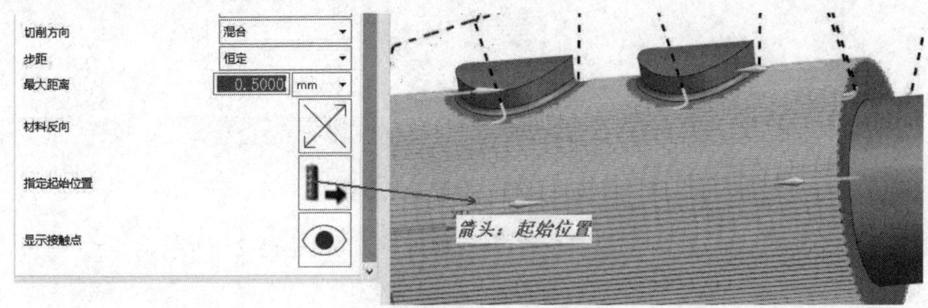

图 11-24　定义起始位置

重新计算刀轨，此时的刀轨如图 11-25 所示。

进刀位置发生变化，主要的进刀位置都在左侧，但还有一个进刀刀轨位于右侧。要完全实现从左侧进刀，可适当修改步距值，重新计算刀轨，此时的刀轨如图 11-26 所示，完全满足加工要求。

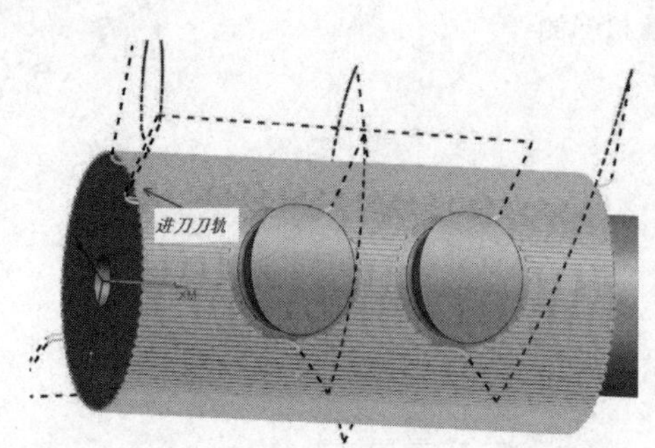

图 11-25　定义起始位置后的刀轨

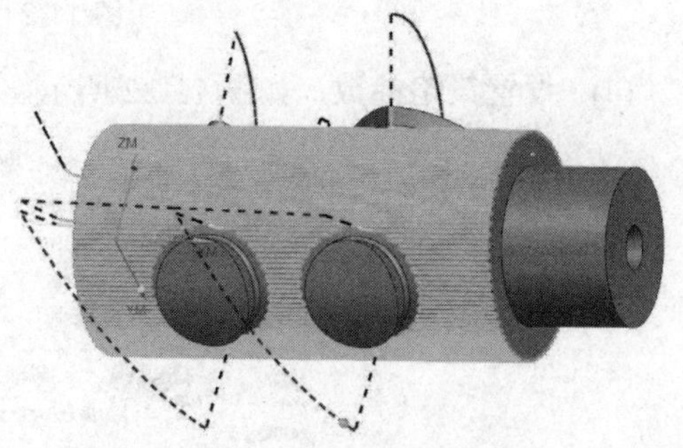

图 11-26　正确的刀轨

案例 11-2：旋转体粗精加工

案例加工　案例分析

加工零件如图 11-27 所示。

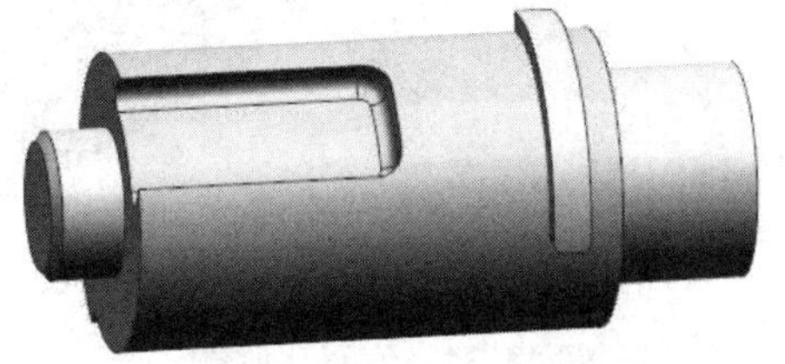

图 11-27　圆柱体零件

任务 1：创建毛坯体。

使用拉伸方式创建一个毛坯体，特征截面是一个最大包容圆，拉伸长度与整个加工区域相同，如图 11-28 所示。

图 11-28　拉伸毛坯体

任务 2：创建旋转体加工粗加工。

(1) 进入旋转体 Mill-Rotary 模块，设置编程坐标系位于圆柱左侧圆心处，如图 11-29 所示。

(2) 设置安全区域为【圆柱】，具体参数设置如图 11-30 所示。

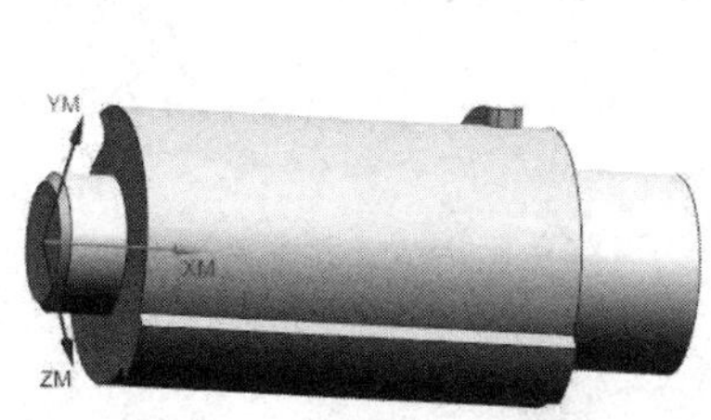

图 11-29　设置编程坐标系

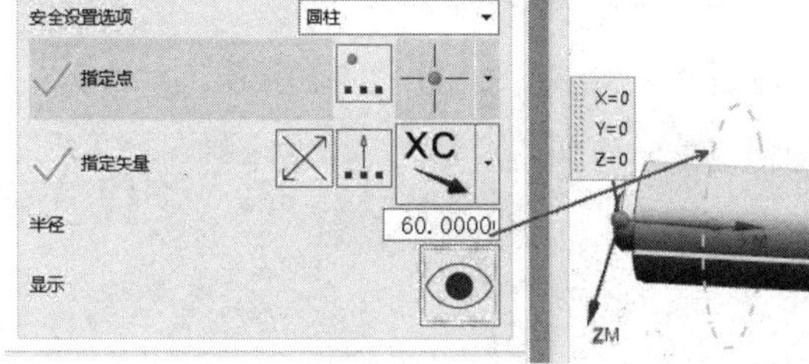

图 11-30　设置安全区域

(3) 设置 WORKPIECE，选取零件作为部件体，选取创建的毛坯作为毛坯体，如图 11-31 所示。此处不设置 ROTARY_GEOM 几何体。

(4) 设置刀具为直径 12mm 的端铣刀，创建旋转体粗加工刀轨，如图 11-32 所示。

(5) 设置加工工艺参数，如图 11-33 所示。

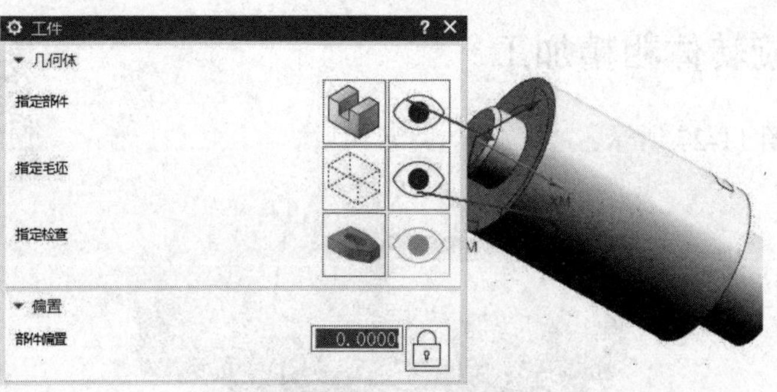

图 11-31 设置几何体

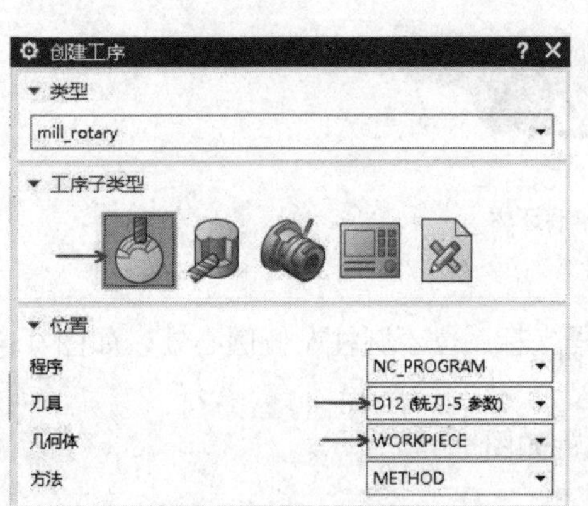

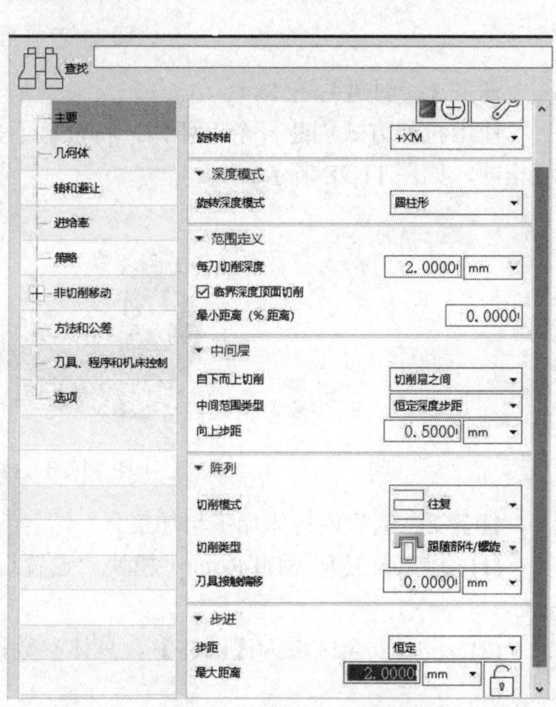

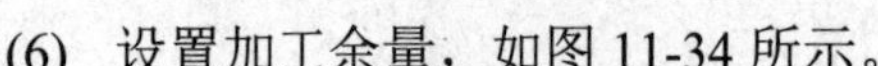

图 11-32 旋转体粗加工

图 11-33 设置加工工艺参数

(6) 设置加工余量，如图 11-34 所示。

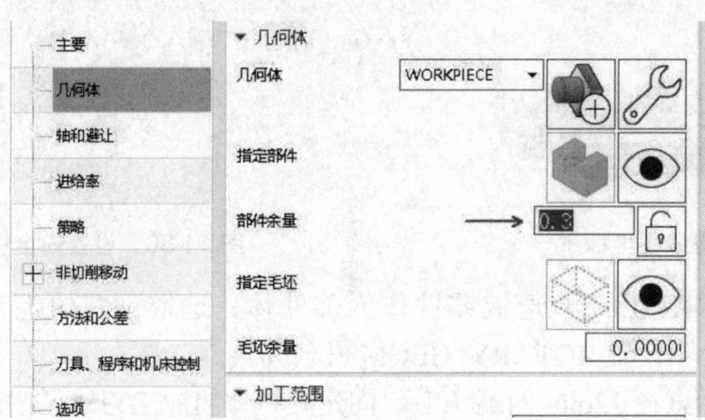

图 11-34 设置加工余量

(7) 设置其他参数，完成旋转体粗加工操作，生成的刀轨如图 11-35 所示。

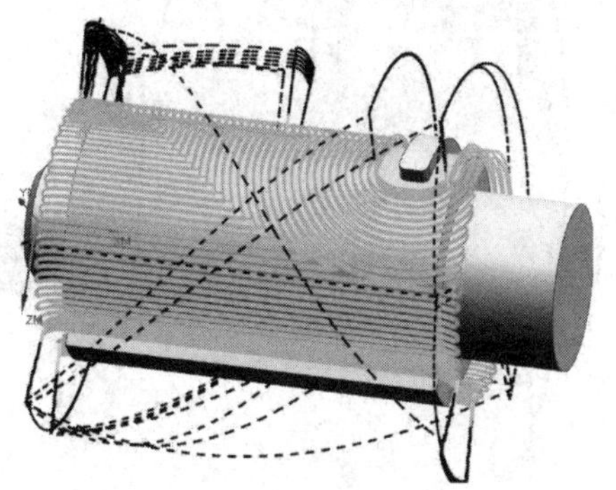

图 11-35 粗加工刀轨

任务 3：限定粗加工刀轨范围。

查看粗加工刀轨，可见其左右两侧，粗加工刀轨都超出毛坯体范围，这样的刀轨在实际加工时会不安全，需要加以限定，让左右刀轨在毛坯体范围内。

(1) 转回设计模块，左右各做一个辅助体，辅助体与毛坯侧面的距离为 5mm，如图 11-36 所示。

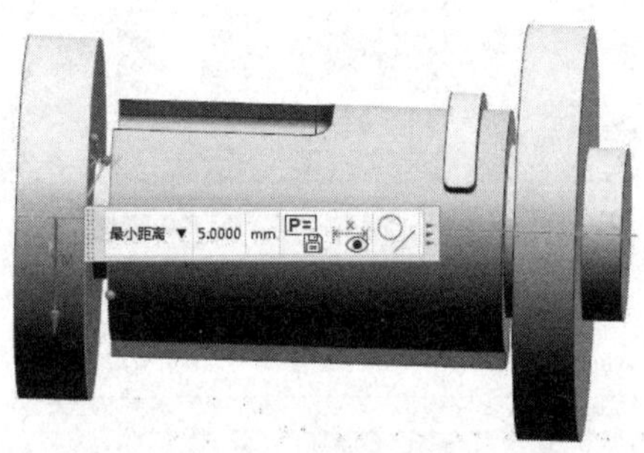

图 11-36 创建的辅助体

(2) 将两个辅助体添加为部件体，这样部件体就有 3 个了，如图 11-37 所示。

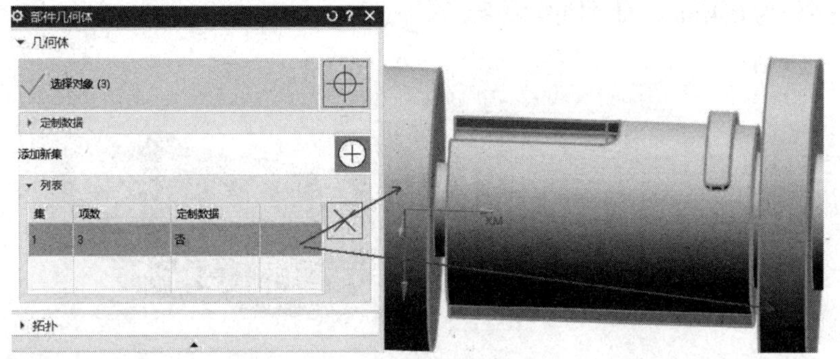

图 11-37 添加部件体

(3) 重新计算刀轨，如图 11-38 所示，此时的刀轨满足加工要求，是安全的。

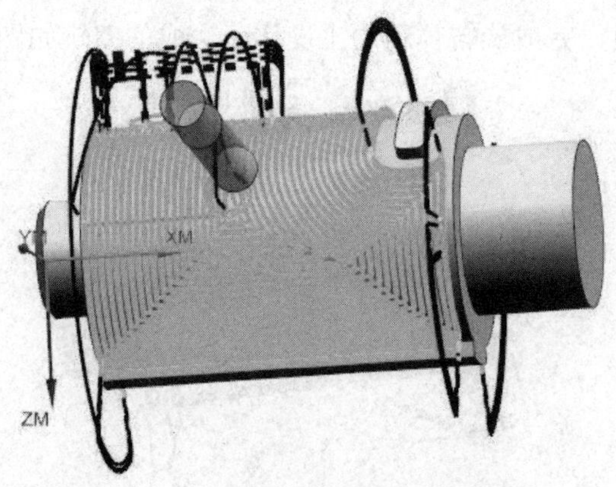

图 11-38　限定范围后的粗加工刀轨

任务 4：创建大圆柱面精加工刀轨。

(1) 设置刀具为直径 12 的球刀，进入旋转体精加工操作，如图 11-39 所示。

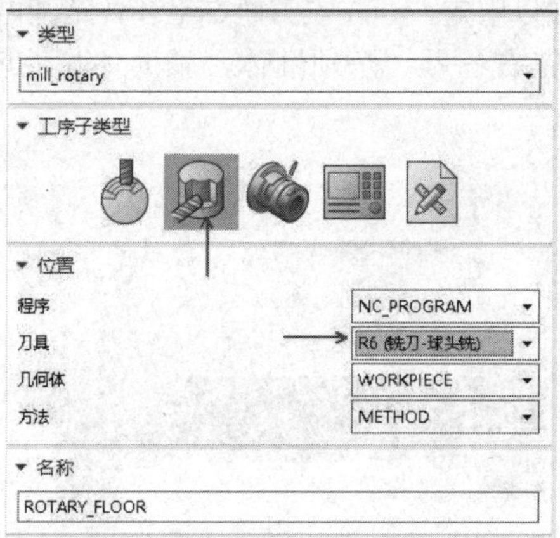

图 11-39　旋转体精加工

(2) 设置底面和壁几何体，底面为大圆柱面，壁几何体为所有的凸台面，设置壁加工余量稍大一些，为 0.4mm，如图 11-40 所示。

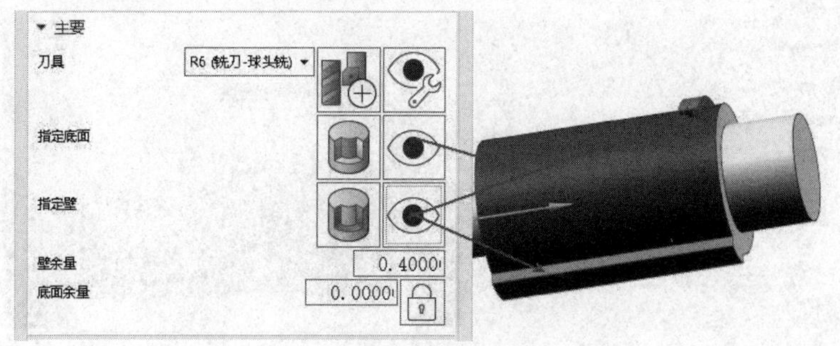

图 11-40　设置几何体参数

(3) 设置加工工艺参数，如图 11-41 所示。

(4) 设置策略参数，如图 11-42 所示。

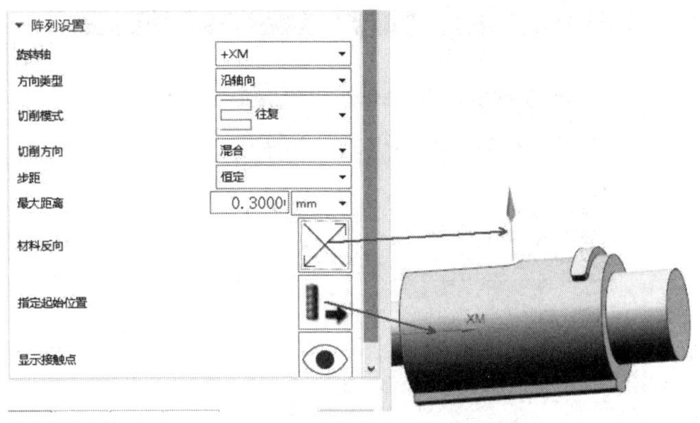

图 11-41　设置加工工艺参数

(5)　设置其他参数，完成精加工刀轨的创建，如图 11-43 所示。

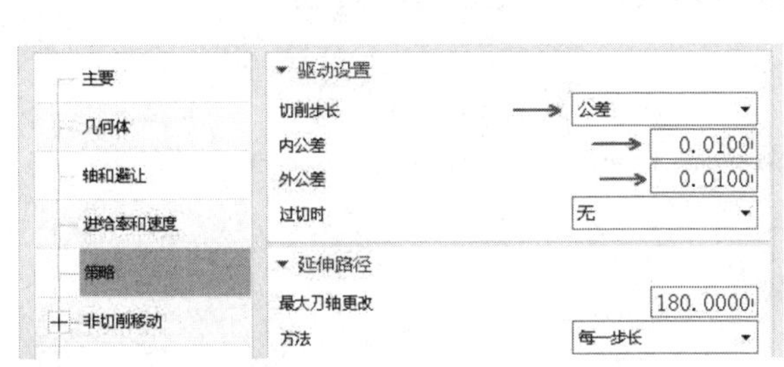

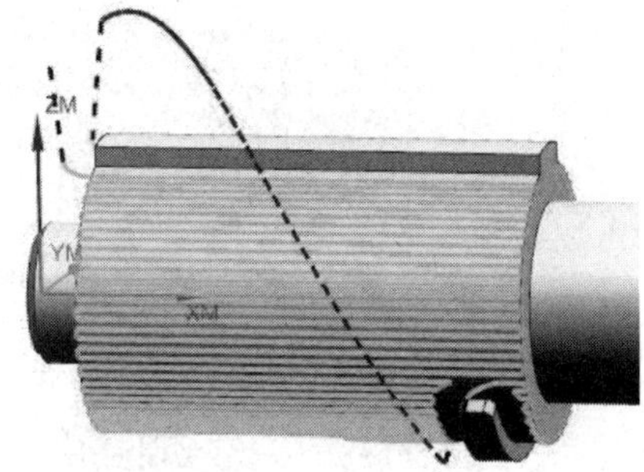

图 11-42　设置策略参数

图 11-43　精加工刀轨

旋转体精加工刀轨只支持球刀加工。如果要使用端铣刀进行精加工，可以在此基础上创建刀位文件，然后使用刀轨驱动的方法进行旋转体曲面精加工。

任务 5：使用刀轨驱动方法创建精加工刀轨。

(1)　将旋转体精加工刀轨，具体操作如图 11-44 所示。

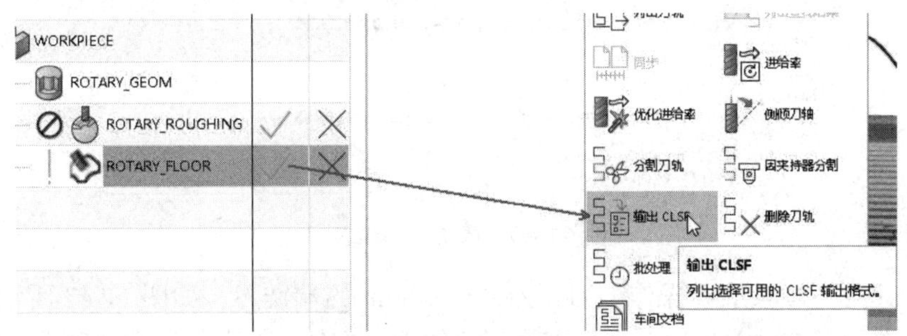

图 11-44　输出刀位文件

(2)　设置刀轨文件名，如图 11-45 所示。产生的刀位文件如图 11-46 所示。

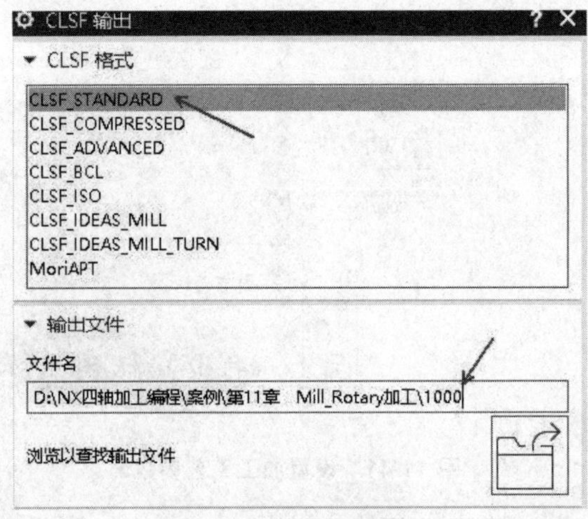

图 11-45　设置刀位文件名

```
TOOL PATH/ROTARY_FLOOR,TOOL,R6
TLDATA/MILL,12.0000,6.0000,75.0000,0.0000,0.0000
MSYS/0.0000,0.0000,0.0000,1.0000000,0.0000000,0.0000000,0.0000000,1.0000000,0.0000000
$$ centerline data
PAINT/PATH
PAINT/SPEED,10
LOAD/TOOL,2,ADJUST,2
PAINT/COLOR,186
RAPID
GOTO/9.0000,-24.8141,54.6284,0.0000000,-0.4135679,0.9104733
PAINT/COLOR,211
RAPID
GOTO/9.0000,-13.8959,30.5919
PAINT/COLOR,42
FEDRAT/MMPM,250.0000
GOTO/9.1366,-13.5446,29.8186
GOTO/9.5205,-13.2260,29.1171
GOTO/10.1000,-12.9624,28.5368
GOTO/10.8108,-12.7604,28.0922
GOTO/11.5982,-12.6144,27.7708
GOTO/12.4270,-12.5145,27.5507
GOTO/13.2769,-12.4513,27.4116
GOTO/14.1366,-12.4173,27.3369
GOTO/15.0000,-12.4070,27.3142
PAINT/COLOR,31
GOTO/18.1250,-12.4070,27.3142
GOTO/115.0000,-12.4070,27.3142
PAINT/COLOR,36
GOTO/115.0000,-14.3505,26.3451,0.0000000,-0.4783504,0.8781691
PAINT/COLOR,31
GOTO/111.8750,-14.3505,26.3451
GOTO/15.0000,-14.3505,26.3451
PAINT/COLOR,36
GOTO/15.0000,-16.2188,25.2379,0.0000000,-0.5406262,0.8412629
PAINT/COLOR,31
GOTO/18.1250,-16.2188,25.2379
GOTO/115.0000,-16.2188,25.2379
PAINT/COLOR,36
GOTO/115.0000,-18.0021,23.9984,0.0000000,-0.6000689,0.7999483
PAINT/COLOR,31
GOTO/111.8750,-18.0021,23.9984
GOTO/15.0000,-18.0021,23.9984
```

图 11-46　产生的刀位文件

(3) 创建可变轴轮廓铣操作，刀具为直径 12mm 的端铣刀，如图 11-47 所示。

(4) 设置驱动方法为刀轨，选取前面创建的刀位文件，设置切削刀轨部分，如图 11-48 所示。

(5) 设置切削区域，选取大圆柱面，如图 11-49 所示。

(6) 设置刀轴矢量为【远离直线】，该直线为过原点的 XC 轴，如图 11-50 所示。

(7) 设置投影矢量为【刀轴】，再设置其他参数，完成精加工刀轨的创建，如图 11-51 所示。

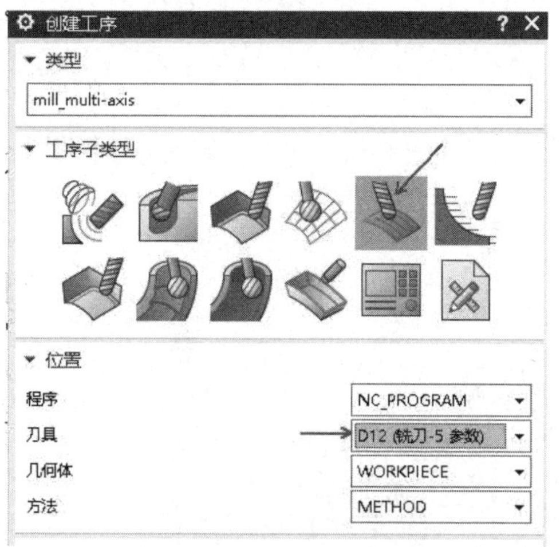

图 11-47　可变轴轮廓铣操作

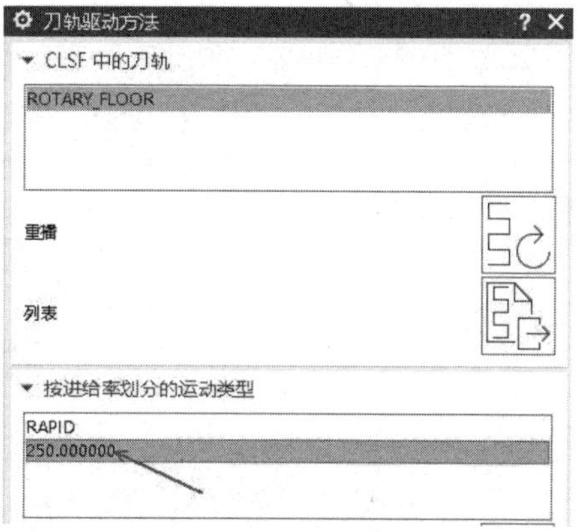

图 11-48　设置参数

图 11-49　设置切削区域

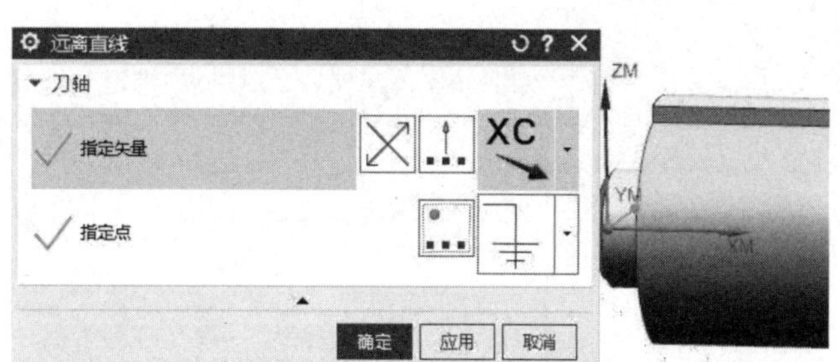

图 11-50　设置刀轴矢量

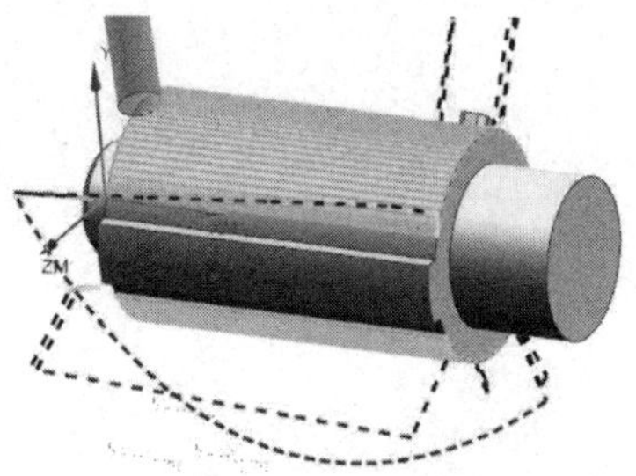

图 11-51　精加工刀轨

第12章

可变轴引导曲线

12.1 可变轴引导曲线的基本思想

可变轴引导曲线基础知识讲解

可变轴引导曲线，是通过任意一条或两条边线生成加工刀轨，其实质是通过线在面上偏置的方法产生刀轨，这是非常好的一个驱动方法。它解决了多轴加工驱动面构造的难题，传统的驱动面要求 UV 线满足加工要求，有时构造满足加工要求的驱动面非常困难。

使用可变轴引导曲线，可以直接使用零件的边线作为引导曲线，也可以在加工面上绘制满足加工要求的曲线。由于引导曲线已在加工面上，它不需要再进行投影操作，可以直接对加工面生成刀轨。另外，它的刀轴矢量控制方法更加丰富，如图 12-1 所示，增加了很多传统加工刀轴矢量控制所没有的方法，如朝向曲线、远离曲线等，因此可变轴引导曲线是一个非常好的曲面半精加工或精加工方法。

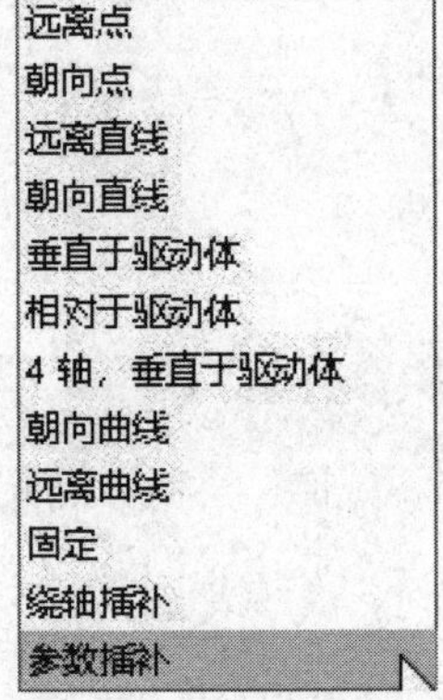

图 12-1 刀轴矢量方法

另外，刀轴矢量控制还具有轴和避让功能，意味着它具有智能刀轴控制功能，这对于复杂零件的刀轴矢量控制非常方便。必须清楚的是，可变轴引导曲线主要解决了驱动刀轨和投影矢量的问题，但对于刀轴矢量的合理定义问题，仍然需要编程者针对不同的加工状态合理设置，即便如此，可变轴引导曲线方法也是最好用的多轴曲面加工方法之一。

可变轴引导曲线，一般情况下需要选取部件体，但也可以不选择部件体，而直接选取切削区域；而且切削区域也可以不属于部件体。选取部件体的好处是可以防止加工过切。

12.2 可变轴引导曲线的基本操作

可变轴引导曲线有三种驱动刀轨模式，如图 12-2 所示。

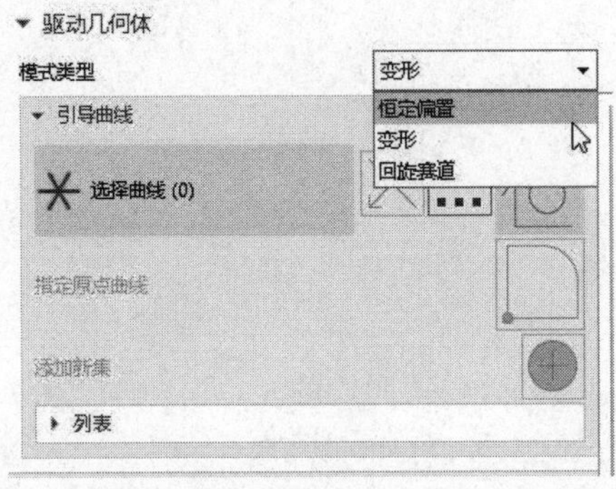

图 12-2 驱动刀轨模式类型

其中，恒定偏置和变形方法应用较为广泛。引导曲线，可以选取加工面的边界线，也可以选取直接在加工面上绘制的线。

面的形状影响刀轨的形态，要想得到比较理想的刀轨，最好要对加工面进行修改，如将面的孔进行填补。

刀轴矢量的控制方法，可以进一步定义，如图 12-3 所示。常用的模式为沿驱动和跨过模式。

可变轴引导曲线的驱动刀轨，可以很方便地进行修剪和延伸，如图 12-4 所示。

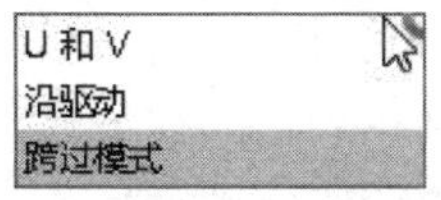

图 12-3　刀轴矢量的控制方法

图 12-4　刀轨的修剪和延伸

可变轴引导曲线的最大优点是无须再做驱动面，可以通过一条或两条甚至多条引导线在加工曲面上直接产生刀轨，且不需要投影操作；其缺点：目前只支持球刀加工，不支持圆鼻刀和端铣刀。

12.3　典 型 案 例

下面通过两个典型案例，讲解可变轴引导曲线的具体应用。

案例 12-1：圆锥底面叶轮精加工

案例加工

案例分析

圆锥底面叶轮如图 12-5 所示。

任务 1：使用可变轴引导曲线方法加工叶轮侧面。

(1)　编程坐标系放置在工件的左侧面圆心处，X 轴与圆锥轴线重合，如图 12-6 所示。

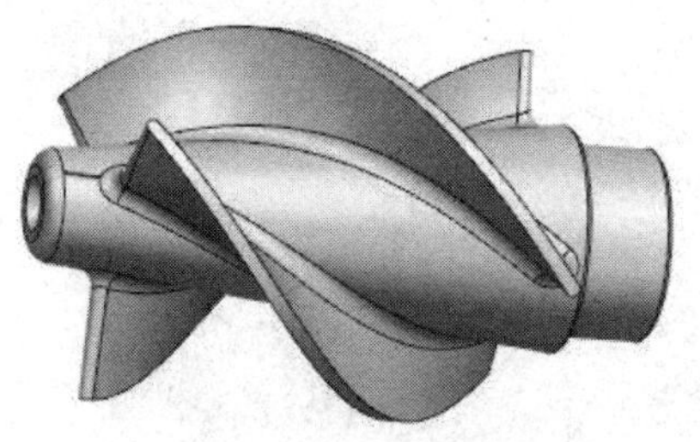

图 12-5　圆锥底面叶轮

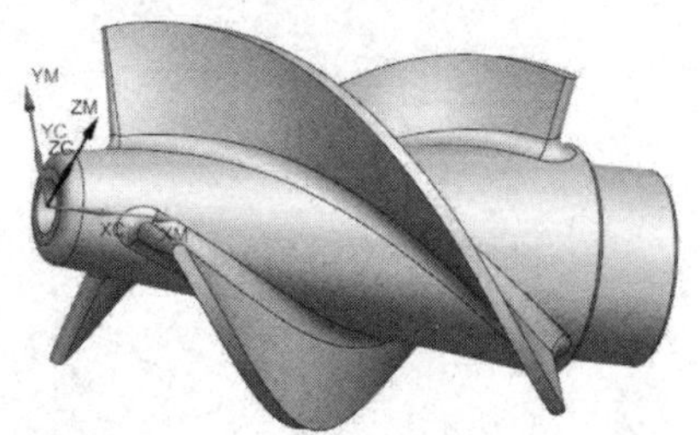

图 12-6　设置编程坐标系

(2)　设置一把直径为 8mm 的球刀，设置可变轴引导曲线加工，如图 12-7 所示。

(3)　设置加工区域，选取叶轮侧面和底面圆角，如图 12-8 所示。

(4)　设置加工方式为【变形】，选取两条引导曲线，一条为叶轮顶面轮廓线，另一条为圆弧底面轮廓线，具体操作如图 12-9 所示。

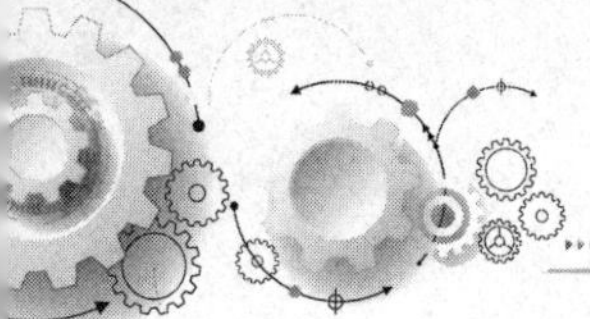

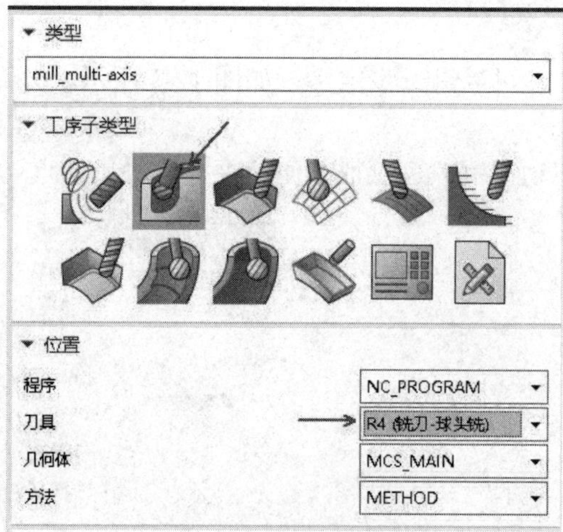

图 12-7　设置可变轴引导曲线

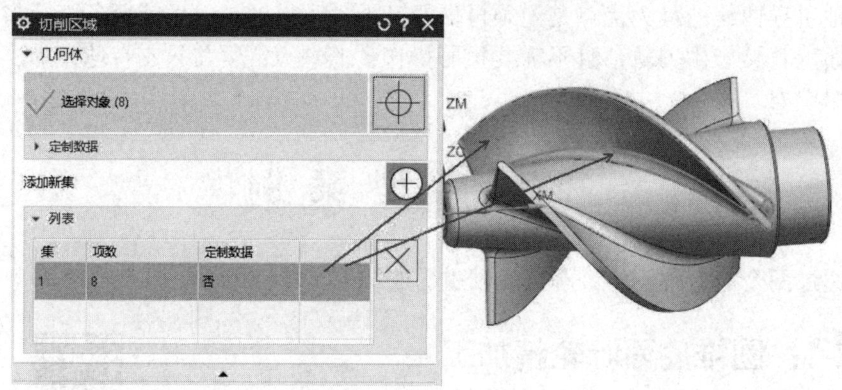

图 12-8　设置加工区域

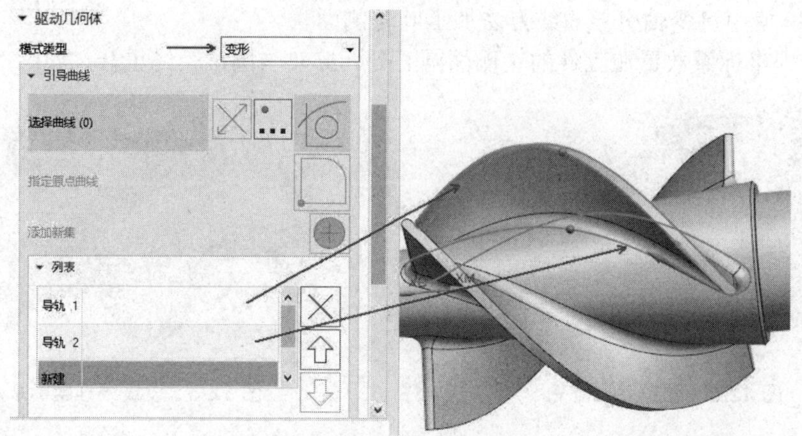

图 12-9　选取的引导曲线

(5)　设置工艺参数，如图 12-10 所示。

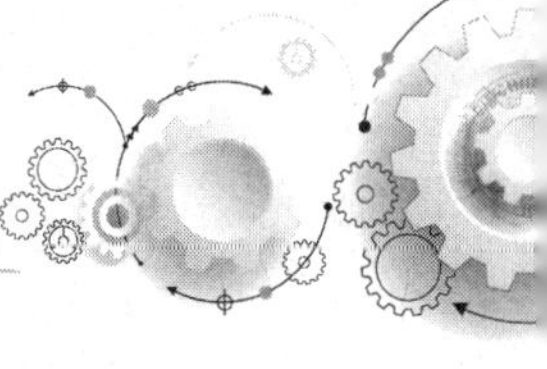

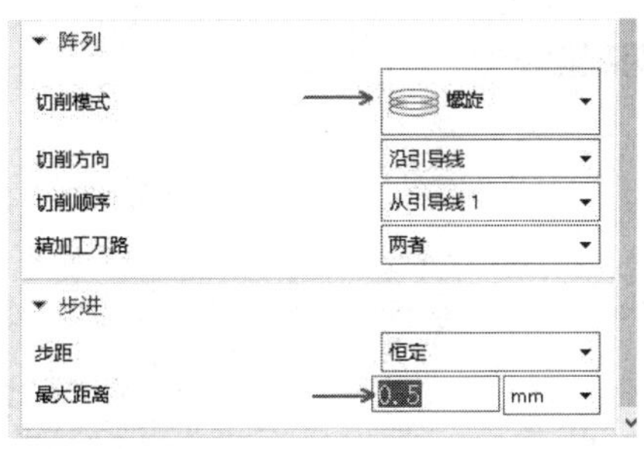

图 12-10　设置工艺参数

(6) 设置几何体，指定部件，选取零件实体，如图 12-11 所示。

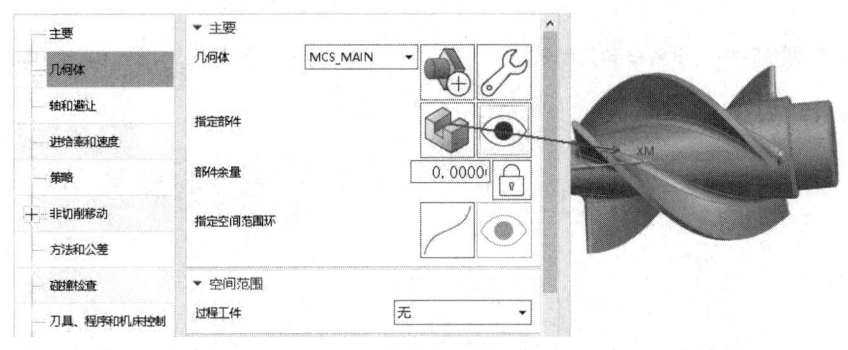

图 12-11　指定部件

(7) 设置刀轴矢量为【远离直线】，该直线为过原点的 XC 轴，如图 12-12 所示。

(8) 设置其他参数，完成刀轨的创建，此时刀轨有过切，如图 12-13 所示。

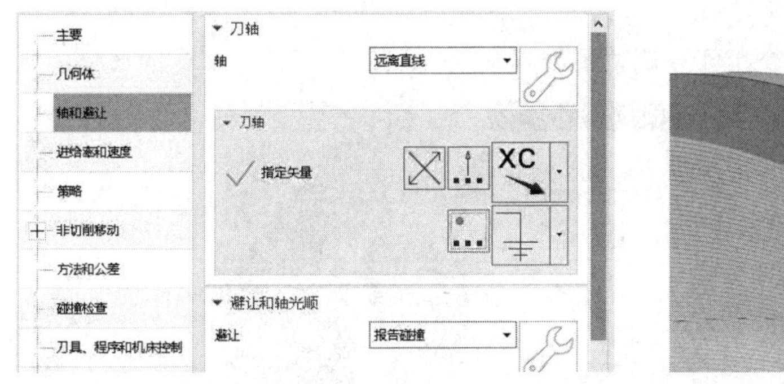

图 12-12　设置刀轴矢量

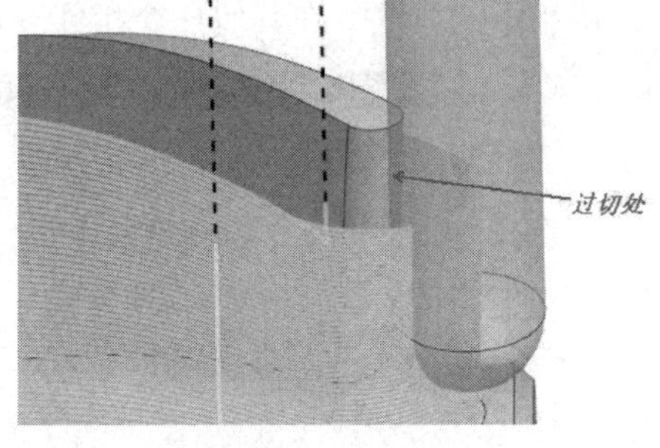

图 12-13　过切的刀轨

分析零件，可知零件的侧面有倒扣。对于四轴加工，使用球刀无法完成加工，可以将刀具更换为糖球刀。

(9) 设置一把直径为 8mm 的糖球刀，具体参数如图 12-14 所示。

(10) 更换刀具，重新计算刀轨，此时刀轨无过切，如图 12-15 所示。

(11) 延伸开始处刀轨，在策略处定义横向延伸，具体操作如图 12-16 所示。

(12) 重新计算刀轨，此时的刀轨如图 12-17 所示。

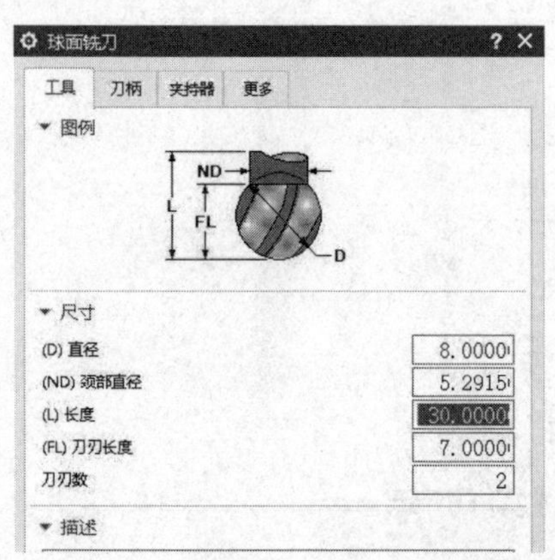

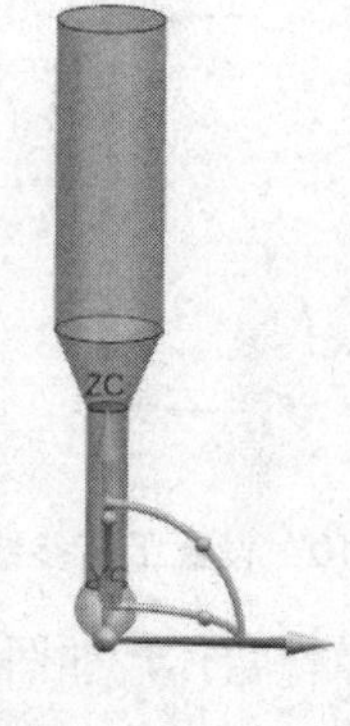

图 12-14　设置糖球刀参数　　　　图 12-15　无过切的刀轨

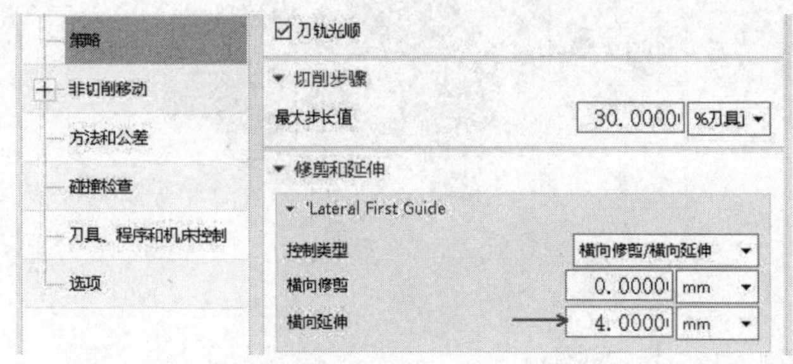

图 12-16　设置刀轨延伸参数　　　　图 12-17　延伸后的刀轨

任务 2：使用可变轴引导曲线方法对叶轮底面进行精加工。

(1) 进入设计模块，在曲面上绘制一条线段，如图 12-18 所示。

使用相同的方法，在其他三个相邻外侧位置继续画线。

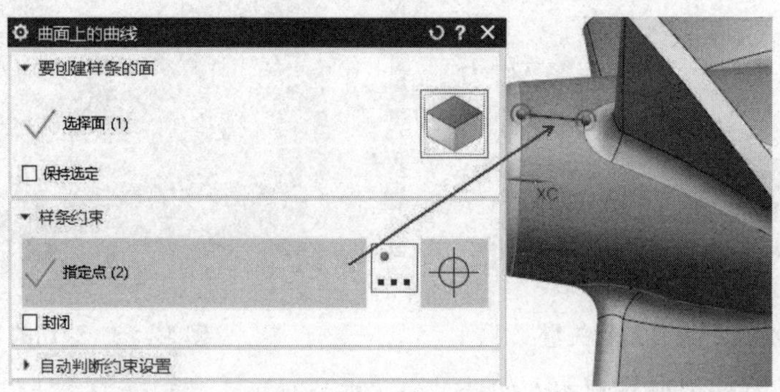

图 12-18　面上画线

(2) 进入加工流程，重新定义可变轴引导曲线加工，刀具仍然使用前面的糖球刀。定义加工区域，选取圆锥底面，如图 12-19 所示。

(3) 选取两条引导曲线，使用【在相交处停止】方法，选取第 1 条引导曲线，如图 12-20 所示。

继续选取第 2 条引导曲线，如图 12-21 所示。

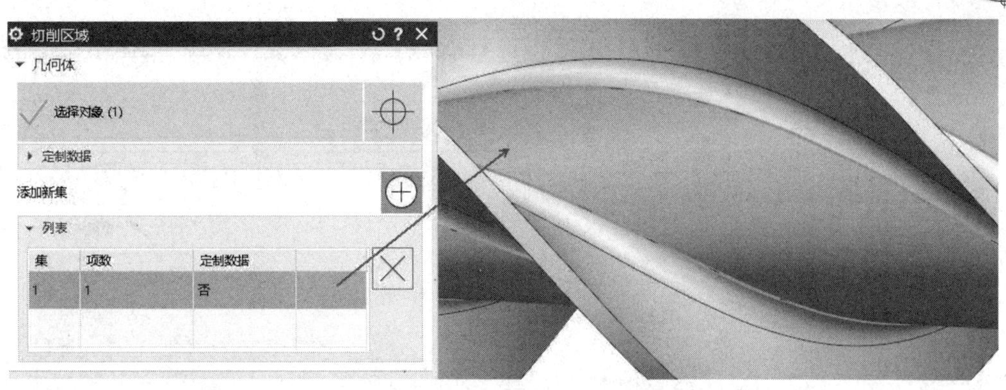

图 12-19　定义加工区域

图 12-20　选取第 1 条引导曲线

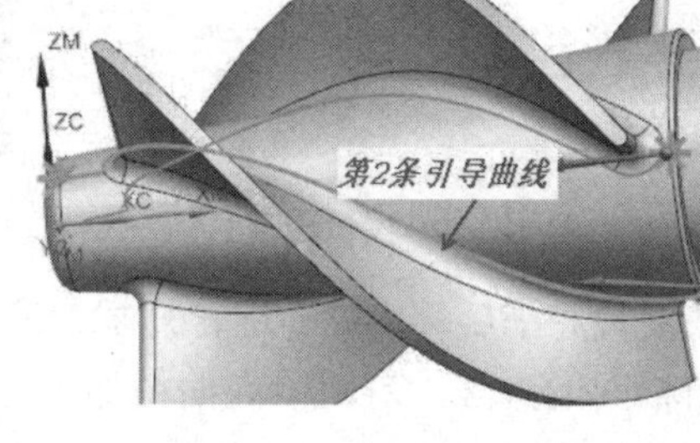

图 12-21　选取第 2 条引导曲线

(4) 设置加工工艺参数，如图 12-22 所示。

(5) 其他参数设置与侧面加工一样，设置完毕后，完成圆锥底面精加工刀轨的创建，如图 12-23 所示。

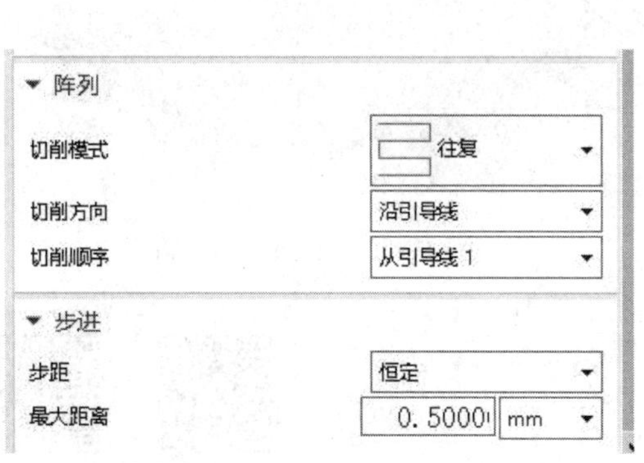

图 12-22　设置加工参数

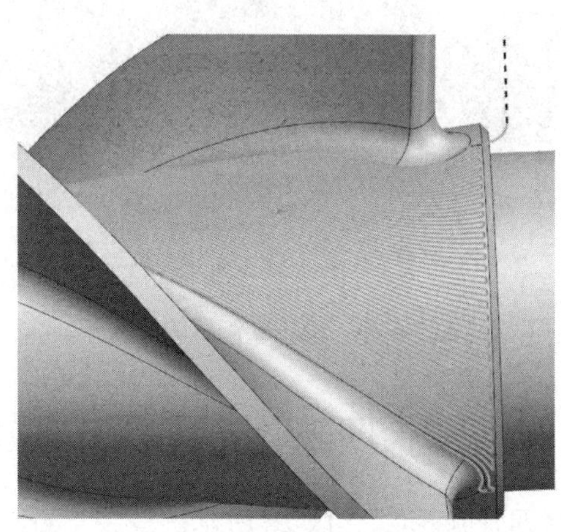

图 12-23　圆锥底面精加工

任务 3：对刀轨进行旋转复制操作。

(1) 首先选中第 1 个刀轨，对它进行旋转操作，选取变换命令，具体操作如图 12-24 所示。

(2) 设置刀轨旋转操作参数，如图 12-25 所示。

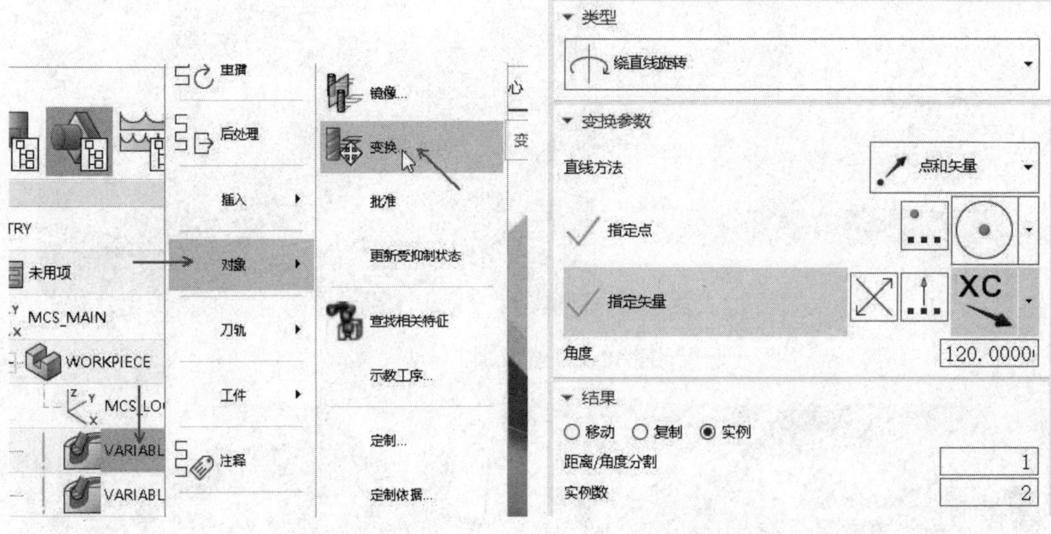

图 12-24　操作步骤　　　　图 12-25　设置旋转参数

参数设置完毕后，生成的旋转复制刀轨如图 12-26 所示。

使用相同的方法，对圆锥底面精加工刀轨进行旋转复制操作，生成的刀轨如图 12-27 所示。

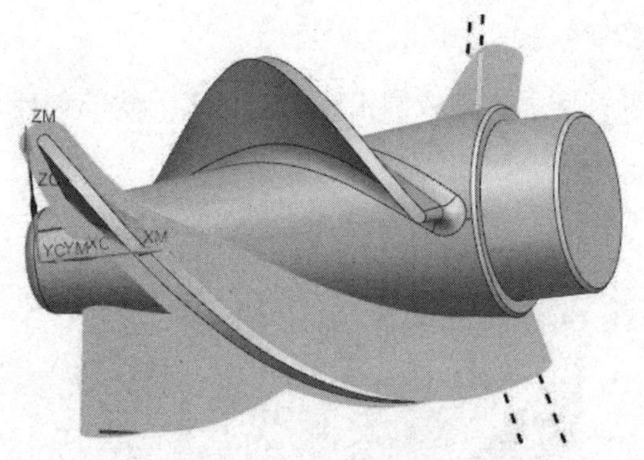

图 12-26　旋转操作后的刀轨

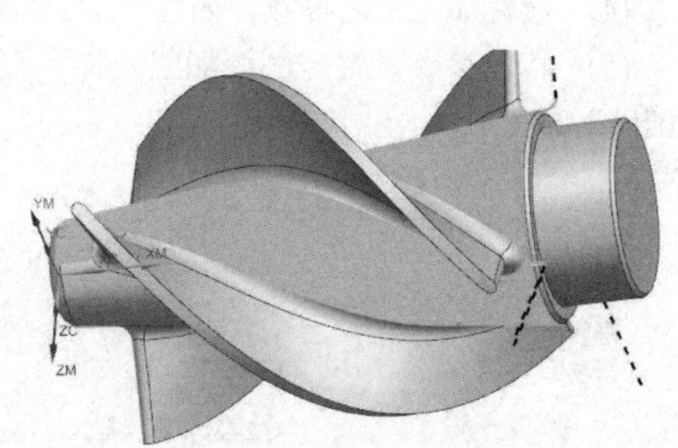

图 12-27　底面旋转刀轨

案例 12-2：四轴叶轮精加工

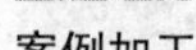
案例加工

案例分析

四轴叶轮如图 12-28 所示。

任务 1：移动图形，使之满足加工要求。

使用从坐标系到坐标系的方法，移动图形，使图形的左侧圆心与 WCS 圆心重合，圆柱轴线与 XC 轴线重合，移动后的图形如图 12-29 所示。

任务 2：使用可变轴引导曲线方法加工叶轮侧面。

(1) 进入多轴加工模块，首先使编程坐标系与 WCS 重合，设置安全区域为圆柱，该圆柱为过圆心、轴线为 XC 轴的圆柱，具体参数如图 12-30 所示。

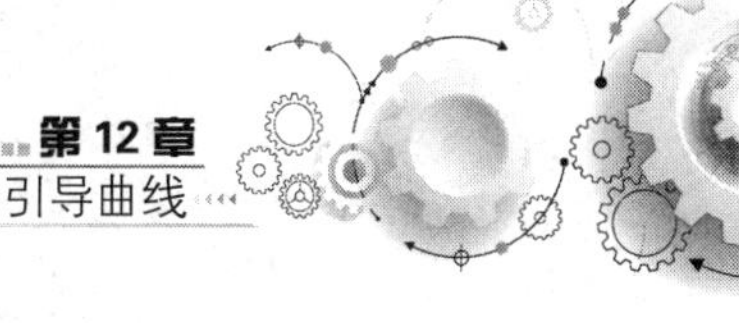

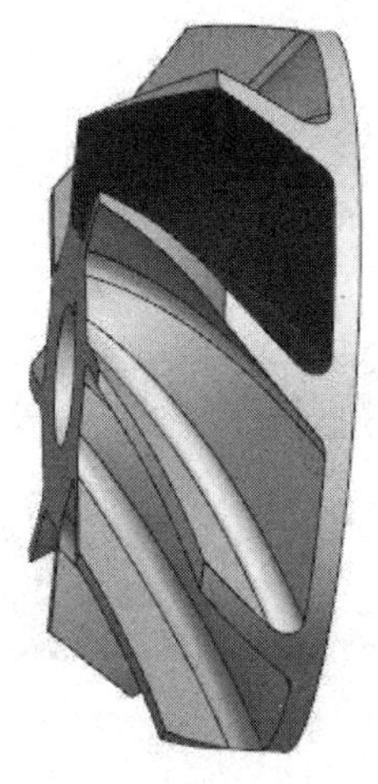

图 12-28　四轴叶轮

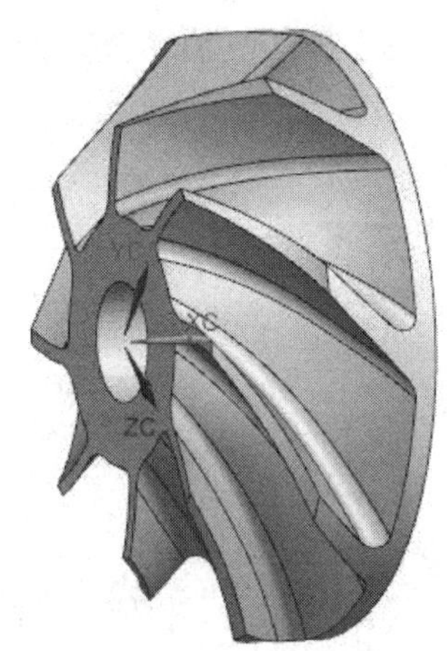

图 12-29　移动后的图形

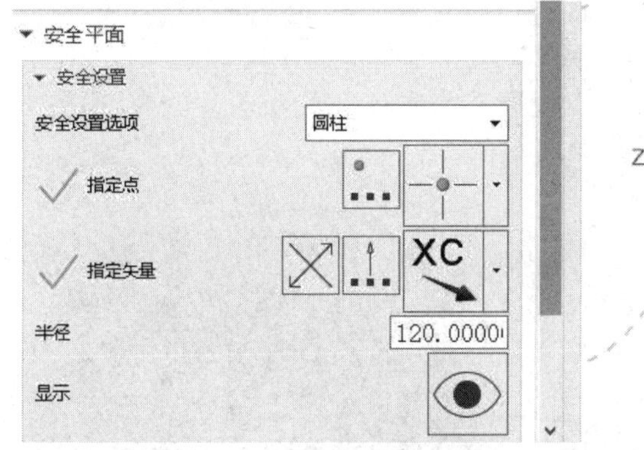

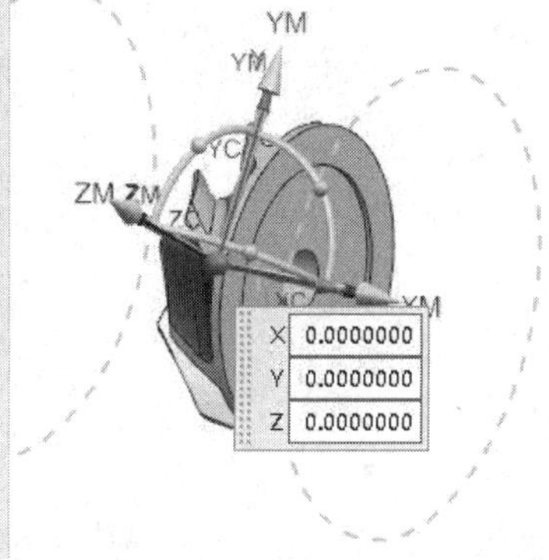

图 12-30　设置安全区域

(2)　定义一把直径为 6mm 的球刀，定义加工方法为可变轴引导曲线，如图 12-31 所示。

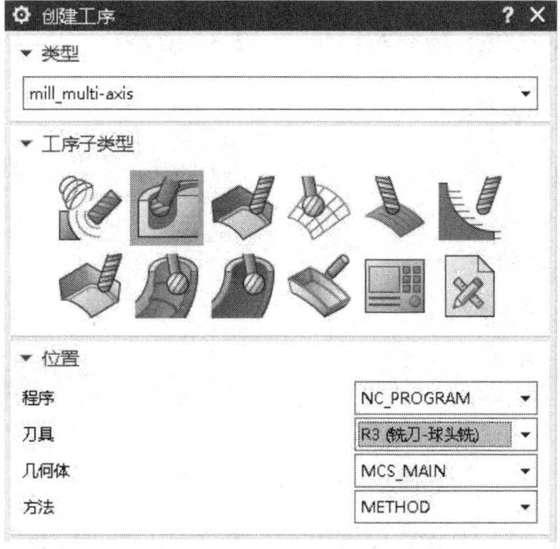

图 12-31　可变轴引导曲线

(3) 指定切削区域，选取叶轮侧面和圆角面，如图 12-32 所示。

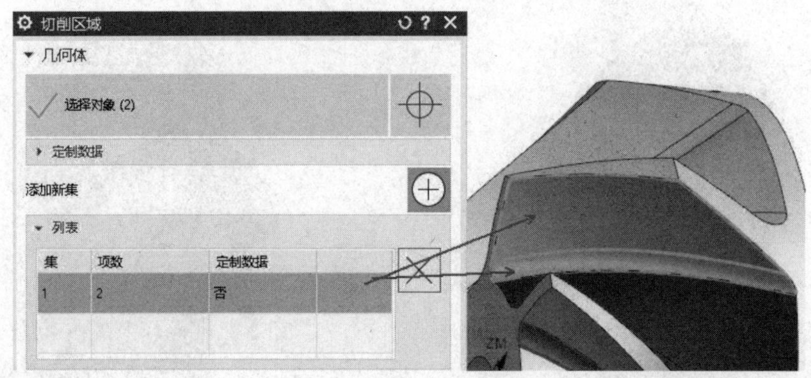

图 12-32 指定切削区域

(4) 设置驱动模式为变形，选取叶轮侧面的上下两条边界线，如图 12-33 所示。

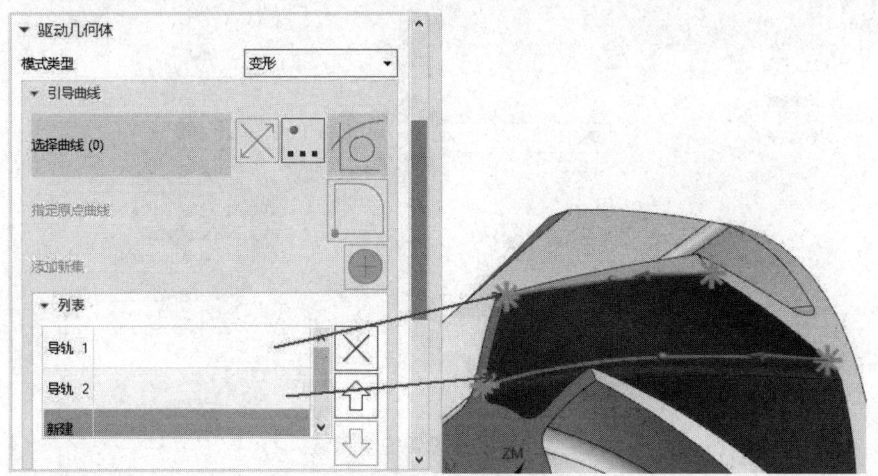

图 12-33 设置驱动体

(5) 设置可变轴引导曲线工艺参数，如图 12-34 所示。

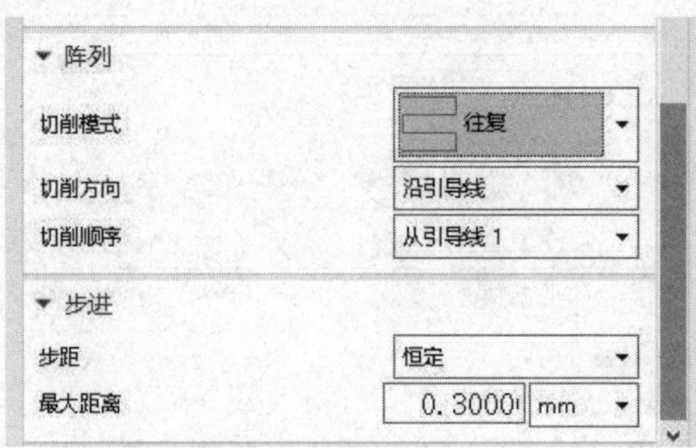

图 12-34 设置工艺参数

(6) 设置几何体参数，部件余量设置为 0，如图 12-35 所示。

(7) 设置轴和避让，刀轴矢量方法设置为【参数插补】，如图 12-36 所示。

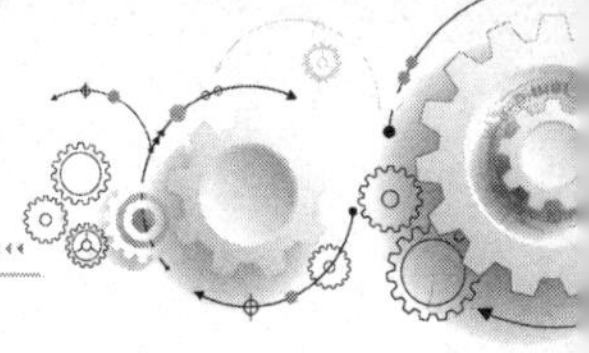

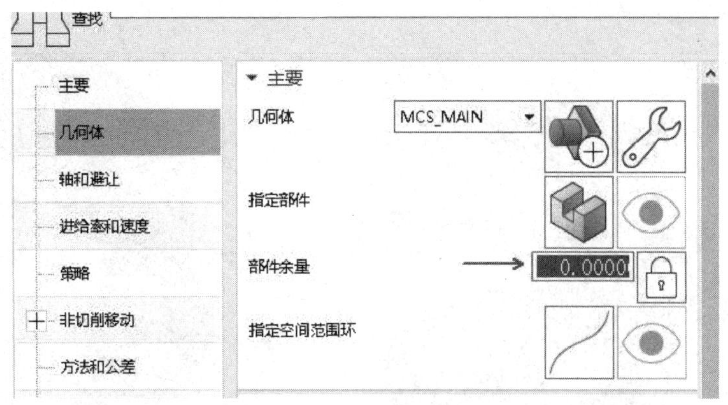

图 12-35　设置部件余量

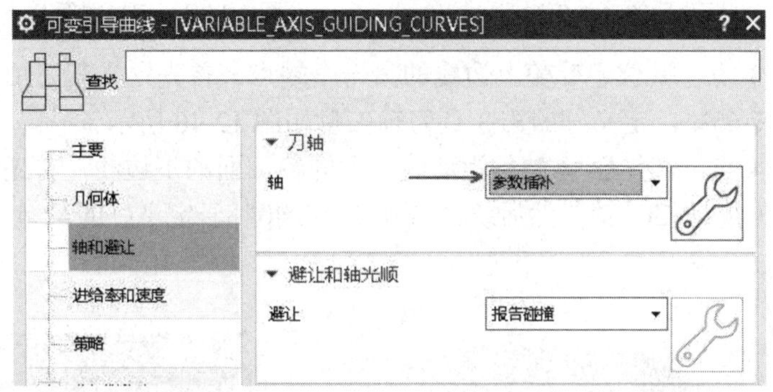

图 12-36　设置刀轴矢量方法

使用类似插补矢量的方法定义刀轴矢量。首先选取上边线的一个端点，将其刀轴矢量先定义为 ZC 轴，如图 12-37 所示。

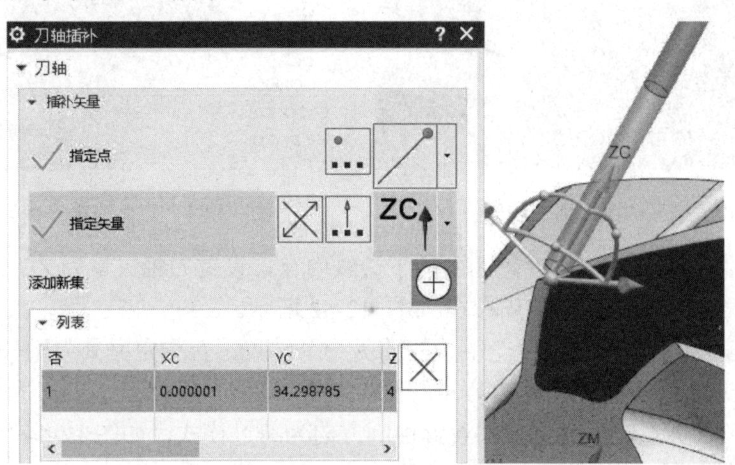

图 12-37　定义第 1 个点

旋转刀轴矢量，使其绕 XC 轴旋转 65°，修改后的刀轴矢量如图 12-38 所示。

继续添加定义第 2 点，其位于叶轮上边线的中点，首先定义其刀轴矢量为 ZC 轴，然后绕 XC 轴旋转 65°，如图 12-39 所示。

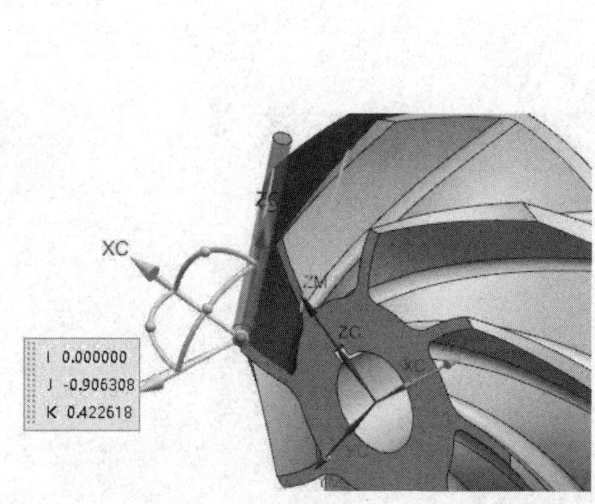

图 12-38　修改后的刀轴矢量

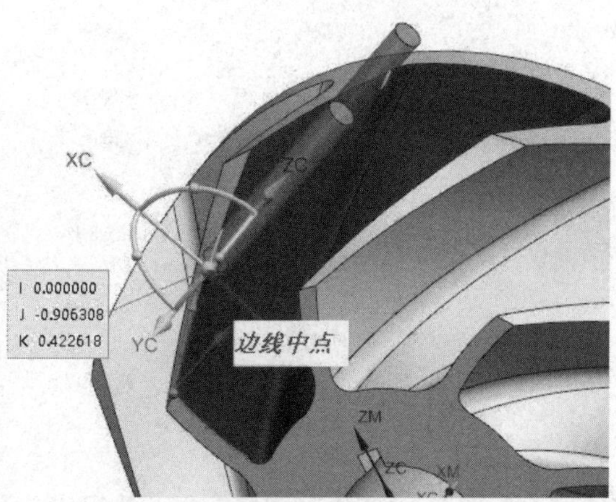

图 12-39　定义的第 2 点刀轴矢量

添加定义第 3 点，其位于叶轮上边线的另一个端点，首先定义其刀轴矢量为 ZC 轴，然后绕 XC 轴旋转 65°，定义好的第 3 点刀轴矢量如图 12-40 所示。

添加定义第 4 点，其位于第 2 条驱动线，即叶轮侧面的下边线，首先选取其中的一个端点，设置刀轴矢量为 ZC 轴，然后绕 XC 轴旋转 40°，定义好的第 4 点刀轴矢量如图 12-41 所示。

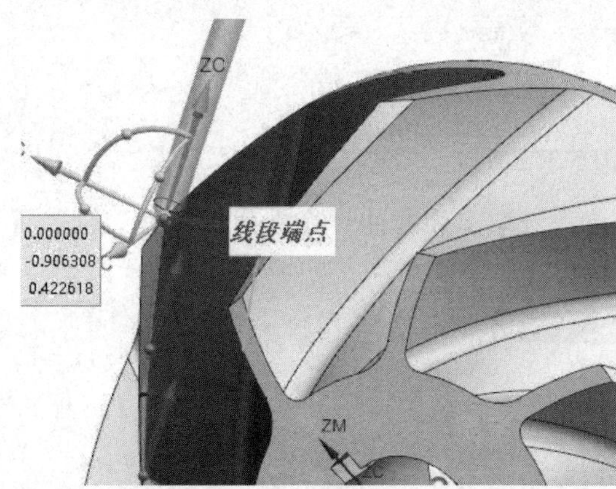

图 12-40　定义的第 3 点刀轴矢量

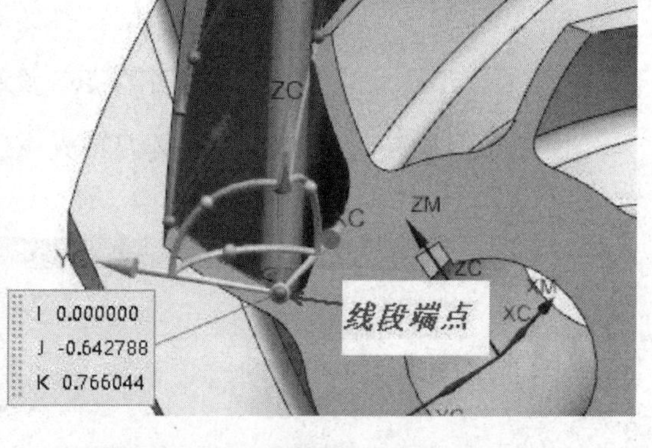

图 12-41　定义的第 4 点刀轴矢量

添加定义第 5 点，其位于叶轮侧面的下边线中点，设置刀轴矢量为 ZC 轴，然后绕 XC 轴旋转 45°，定义好的第 5 点刀轴矢量如图 12-42 所示。

添加定义第 6 点，其位于叶轮下边线的另一个端点，首先定义其刀轴矢量为 ZC 轴，然后绕 XC 轴旋转 65°，定义好的第 6 点刀轴矢量如图 12-43 所示。

6 个点的刀轴矢量定义完毕后，设置控制方向为跨过模式，如图 12-44 所示。

至此，刀轴矢量定义完毕。

(8) 定义其他参数，如主轴转速和进给速度、进退刀参数，完成整个刀轨的创建，如图 12-45 所示。

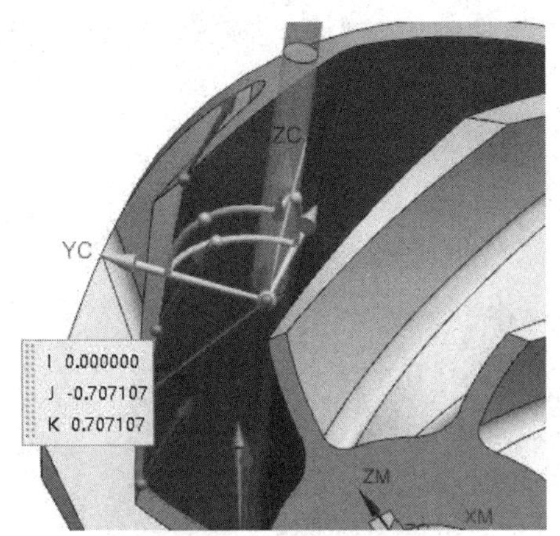

图 12-42　定义的第 5 点刀轴矢量

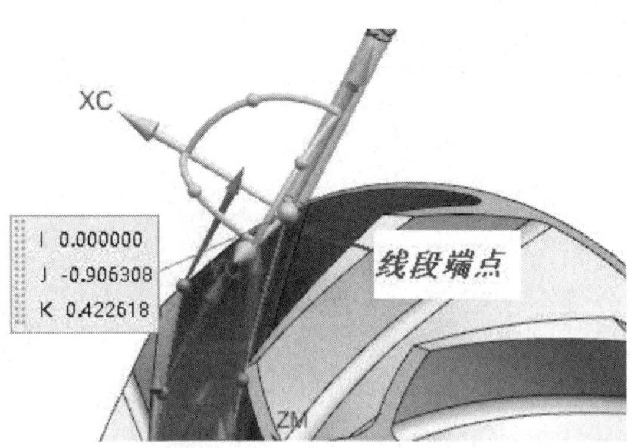

图 12-43　定义的第 6 点刀轴矢量

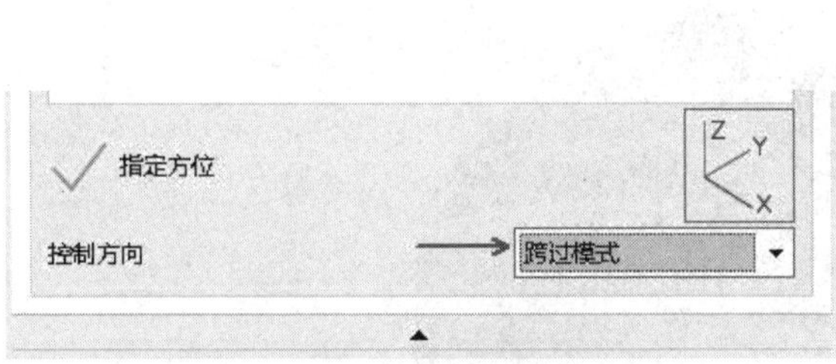

图 12-44　设置控制方向

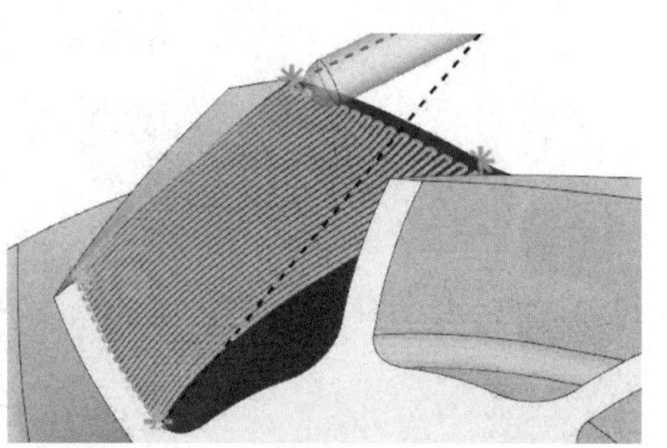

图 12-45　完成的叶轮侧面精加工刀轨

任务 3：使用可变轴引导曲线方法，创建圆角的精加工刀轨。

圆角精加工，其操作步骤与侧面精加工一样，下面只对重点步骤进行说明。

(1) 指定切削区域，如图 12-46 所示。

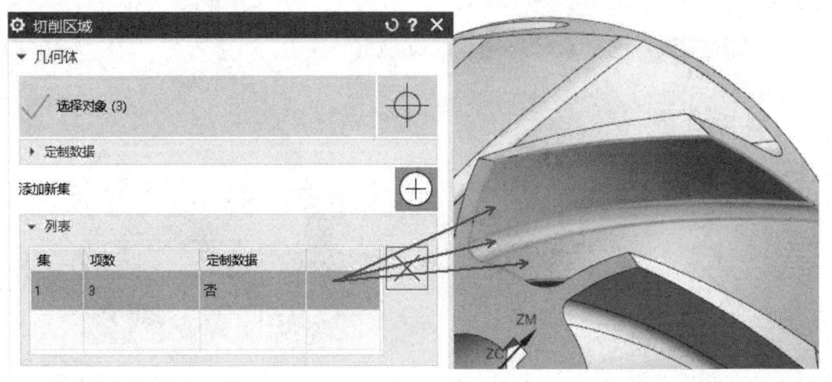

图 12-46　指定切削区域

(2) 指定驱动模式为变形，选取圆角的上下两条边界线作为引导曲线，如图 12-47 所示。

(3) 定义刀轴矢量方法为参数插补，同样定义 6 个点的刀轴矢量，注意绕 XC 轴调整每个点的刀轴矢量，使其满足加工要求；同样设置控制方向为跨过模式，完成的刀轨如图 12-48 所示。

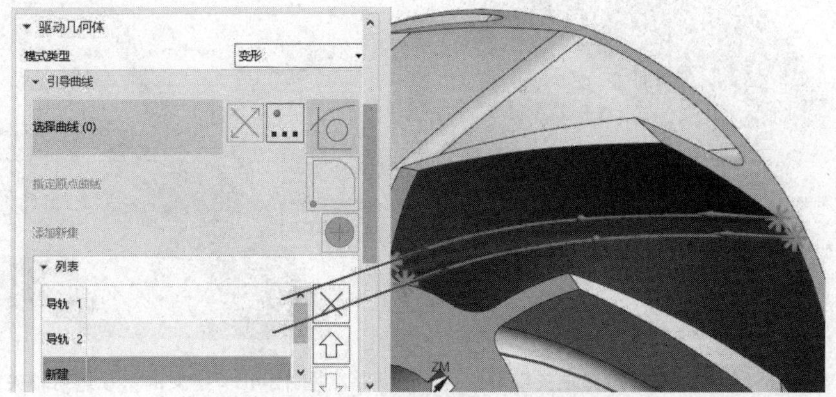

图 12-47　指定的两条引导曲线

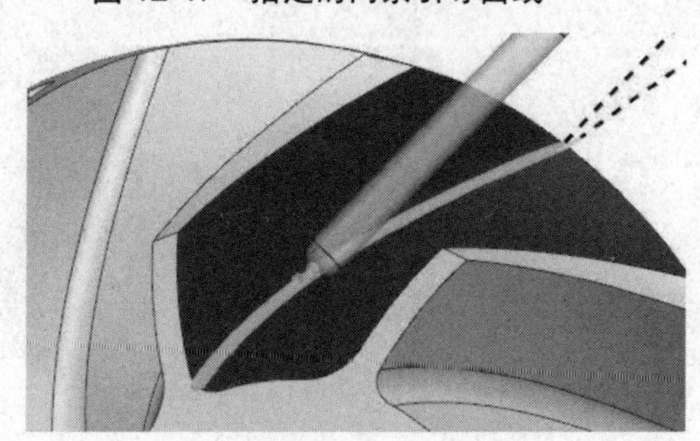

图 12-48　圆角的精加工刀轨

任务 4：使用可变轴引导曲线方法，创建轮毂面的精加工刀轨。

使用相同的方法，加工轮廓面。同样对重要步骤加以说明。

(1)　指定切削区域，如图 12-49 所示。

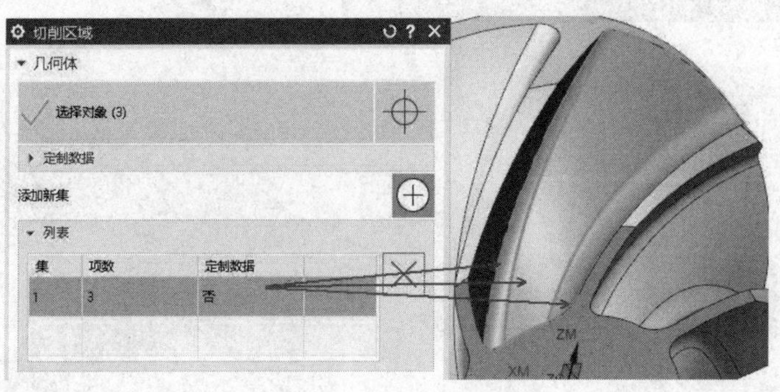

图 12-49　指定切削区域

(2)　指定引导曲线为轮毂面的两条边界线，如图 12-50 所示。

(3)　同样使用参数插补方法定义刀轴矢量，同样定义 6 个点的刀轴矢量，如图 12-51 所示。

(4)　所有参数设置完毕后，生成的轮毂面精加工刀轨如图 12-52 所示。

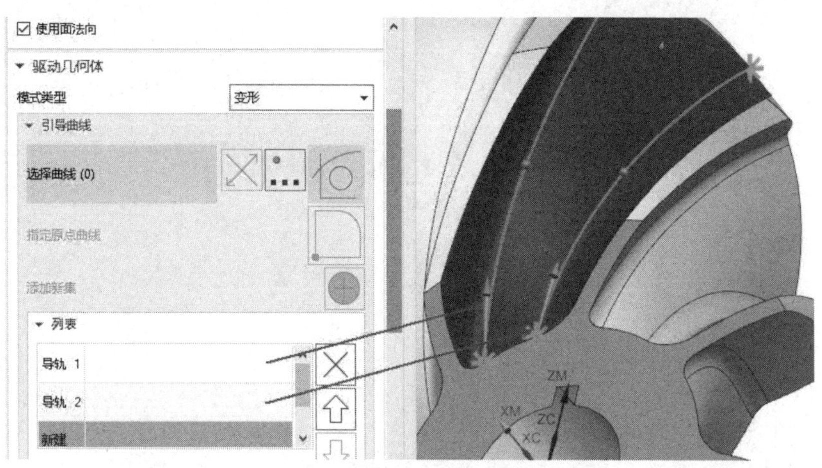

图 12-50　设置引导曲线

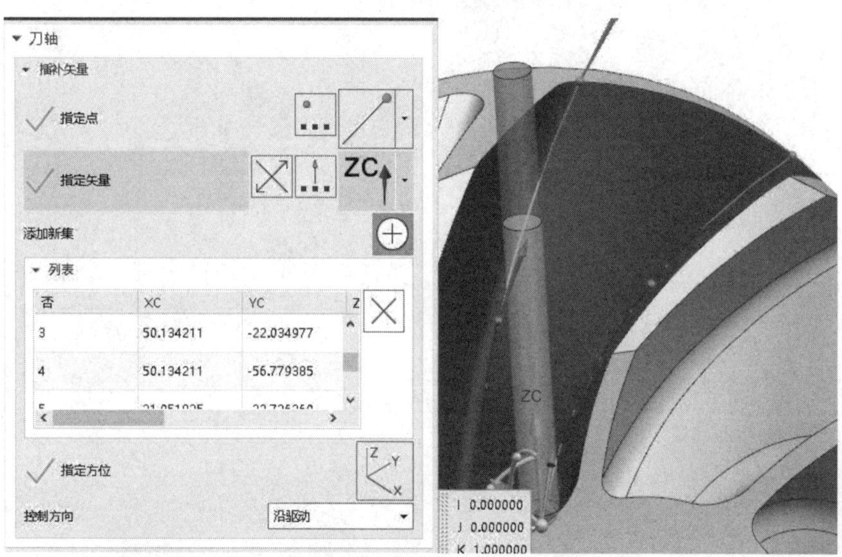

图 12-51　定义刀轴矢量

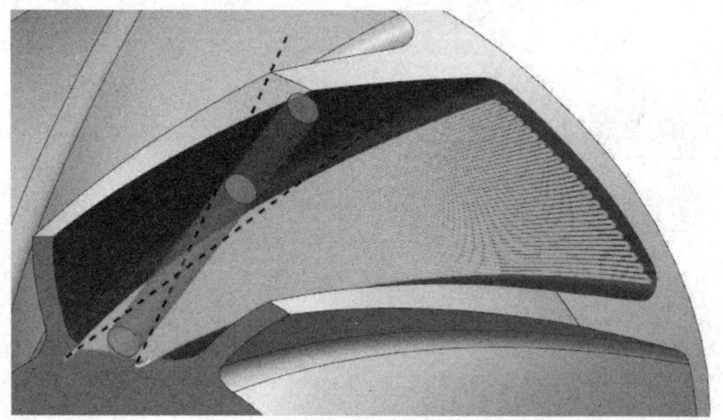

图 12-52　轮毂面精加工刀轨

第13章

多轴粗加工与多轴去毛刺

13.1 多轴粗加工的基本思想和操作方法

多轴粗加工与多轴倒角知识讲解

多轴粗加工，即多轴联动粗加工，实际上可以看成是底面精加工刀轨的变通应用，即将底面加工刀轨向上偏置，得到中间的分层加工刀轨。与传统粗加工一样，为确定加工区域，多轴粗加工也必须指定部件体和毛坯体。

多轴粗加工的刀轴矢量是垂直于零件底面，对于四轴加工而言，加工底面必须是圆柱面，否则很容易产生五轴刀轨。

多轴粗加工，支持各种类型的刀具，如端铣刀、圆鼻刀和球刀。由于加工过程中刀轴矢量是变化的，加工时刀具的行距可能是变化的，导致刀具受力也是不断变化的，因此推荐使用圆鼻刀进行多轴粗加工。另外，多轴粗加工，无论使用哪种走刀方式，其切削深度和切削行距与传统的粗加工相比，都要适当减小。

多轴粗加工，常常使用指定空间范围环的方法限定加工区域。范围环要选取部件顶面的边界轮廓，对于开放轮廓加工，要将范围环扩大，否则由于刀轨将被限定在范围环内，会导致进刀方式不合理，开口侧有残料。

多轴粗加工，只提供两种切削类型：【自适应】和【跟随部件】。【自适应】加工方法，只适合粗加工；【跟随部件】方法，可以用于粗加工，也可以变通应于精加工。

多轴粗加工的优点是编程简单方便，缺点是刀轴矢量和切削类型控制方法单一。

13.2 多轴去毛刺的基本思想和操作方法

多轴去毛刺适合零件边没有倒斜角或倒圆角情况下的去毛刺操作，实际上就是倒角操作。它只能使用球刀或糖球刀，不支持传统倒角加工的成型刀具。使用球刀的好处是软件内部计算简单，不容易产生过切等情况。

多轴去毛刺操作，适合三轴、四轴、五轴机床的加工。其优点是编程高效简单，对于多轴加工来说，是一个不错的加工方法。

13.3 典 型 案 例

下面通过三个典型案例，讲解本章的加工方法。

案例 13-1：圆柱滚子粗加工

案例加工

案例分析

圆柱滚子零件如图 13-1 所示。

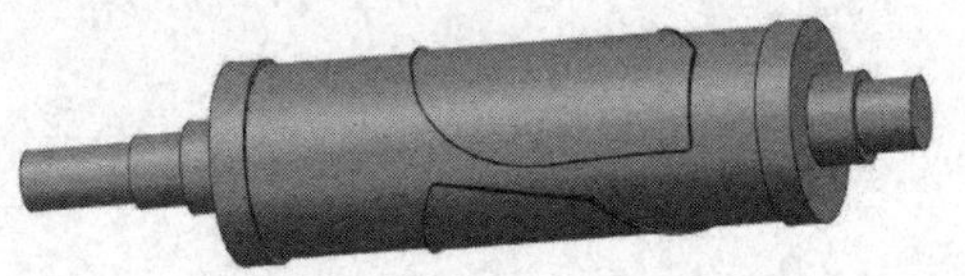

图 13-1 圆柱滚子零件

任务 1：移动图形，使之满足加工要求。

使用从坐标系到坐标系的方法，移动图形，使零件左端面中心与绝对坐标系原点重合，X 轴与圆柱轴线重合，如图 13-2 所示。

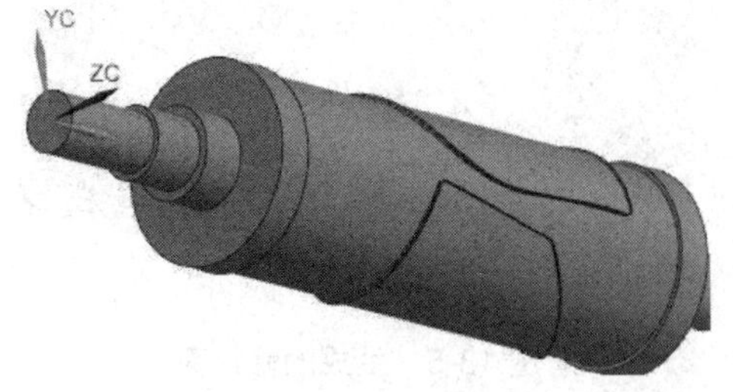

图 13-2　移动后的图形

任务 2：做辅助面，将中间的两侧圆柱槽挡住。

只加工大的圆柱槽，中间的两个圆柱槽不加工，需要做辅助面将其挡住。

(1) 使用曲面命令修补开口，挡住圆柱槽顶面。首先选取要修补的面，选取最上端的小圆柱面，具体操作如图 13-3 所示。

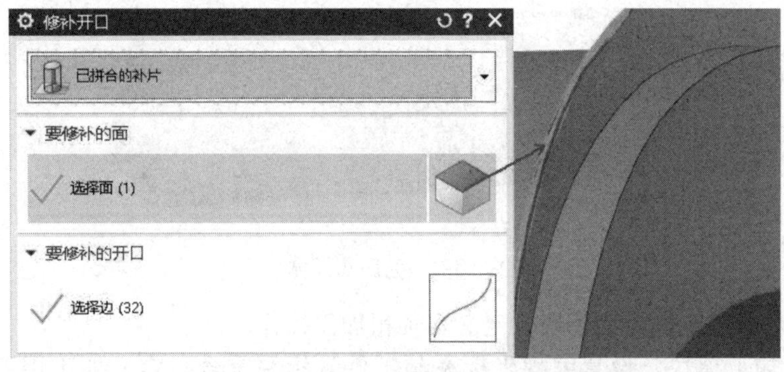

图 13-3　选取要修补的面

(2) 选取要修补的开口，使用相切曲线方式，选取内侧的边线，具体操作如图 13-4 所示。

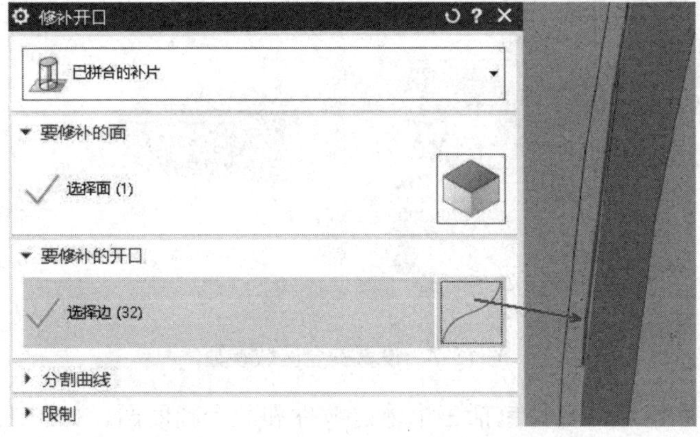

图 13-4　选取边线

(3) 所有参数设置完毕后，单击【确定】按钮完成修补面的创建，如图 13-5 所示。

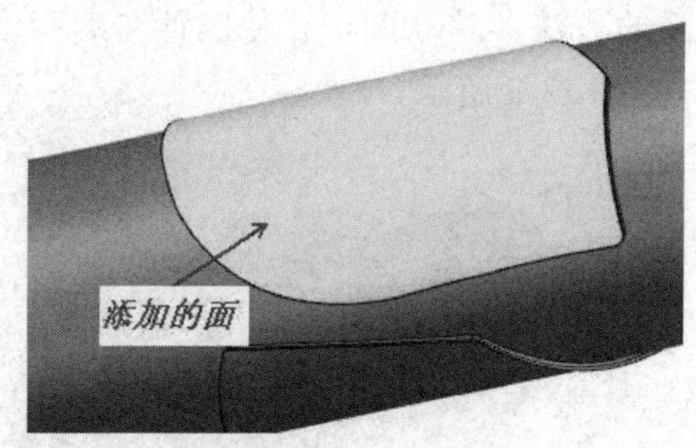

图 13-5 生成的修补面

使用相同的方法，完成另一个中间槽的修补面。

任务 3：创建毛坯几何体。

使用拉伸方式，创建一个圆柱实体作为加工用毛坯。其方法为：直接选取最大的圆边界作为特征截面线，拉伸长度两侧要稍大于要加工的圆柱槽，完成后的毛坯几何体如图 13-6 所示。

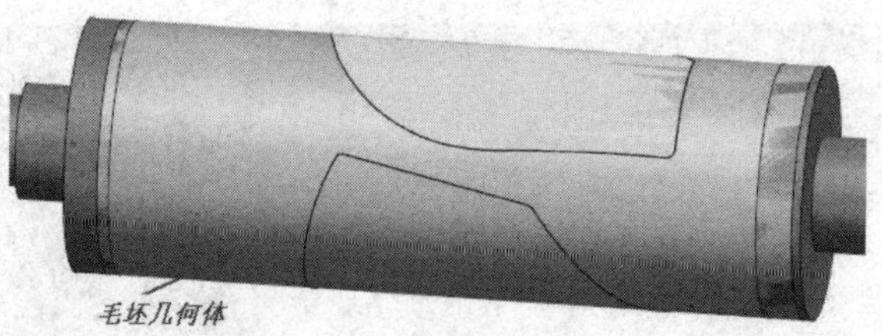

图 13-6 毛坯几何体

任务 4：进入多轴粗加工模块，定义四轴粗加工操作。

(1) 进入加工模块，设置编程坐标系与工件坐标系重合。定义加工用刀具，直径为 6mm 的端铣刀。设置安全区域为与零件同轴的圆柱区域，具体参数设置如图 13-7 所示。

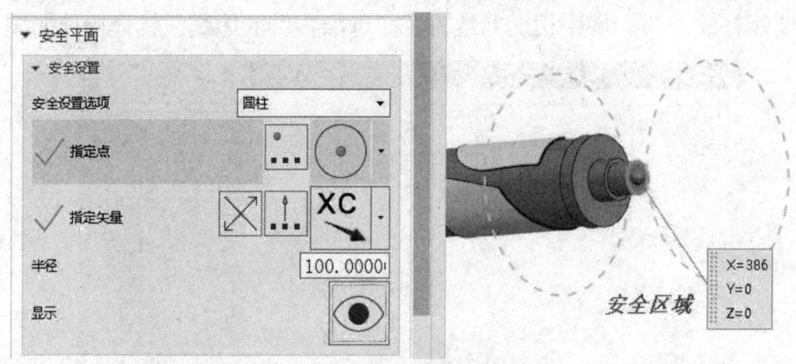

图 13-7 设置安全区域参数

(2) 设置部件和毛坯，部件包括三个体：零件和两个辅助面，如图 13-8 所示。

(3) 创建多轴粗加工操作，参数设置如图 13-9 所示。

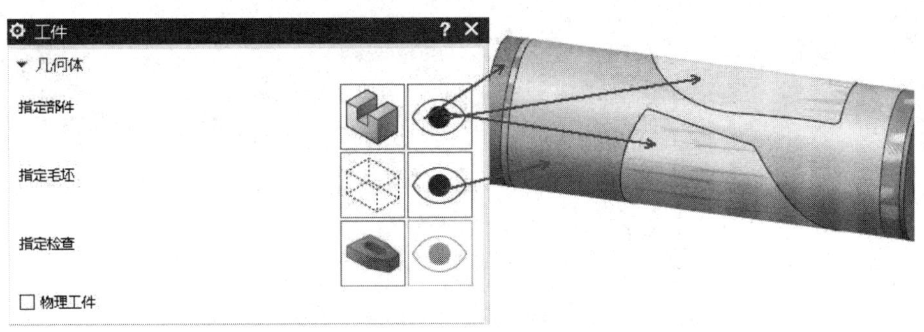

图 13-8　设置部件和毛坯

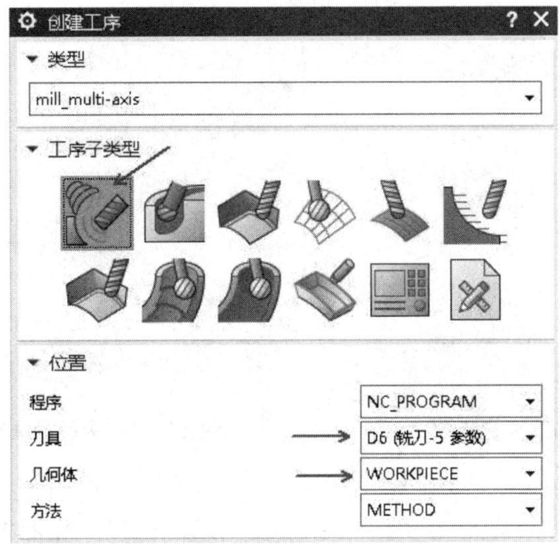

图 13-9　创建多轴粗加工工序

(4) 指定驱动底面，选取要加工的圆柱槽的底面，并注意箭头的方向指向外侧，具体操作如图 13-10 所示。

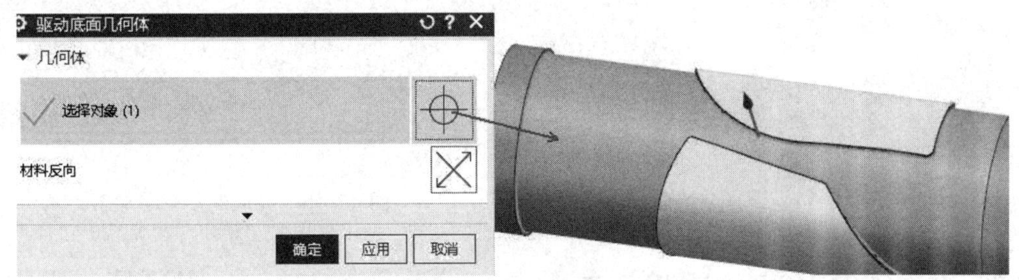

图 13-10　设置驱动底面

(5) 设置加工工艺参数，如图 13-11 所示。

(6) 设置几何体参数，具体设置如图 13-12 所示。

(7) 设置主轴转速和进给速度，如图 13-13 所示。

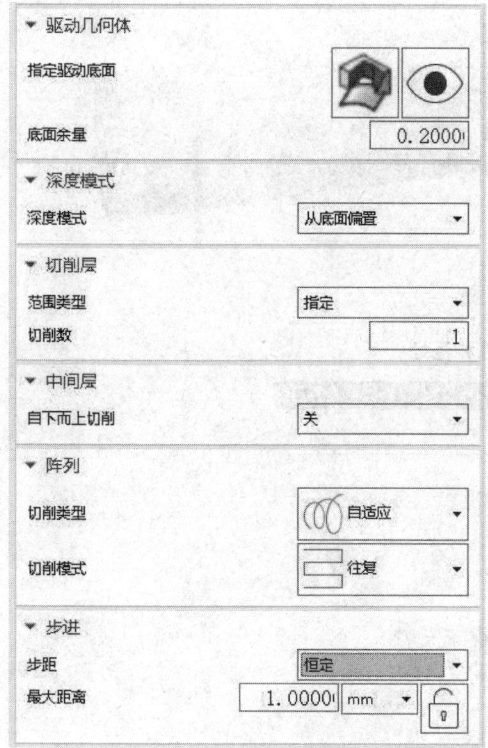

图 13-11 设置加工工艺参数

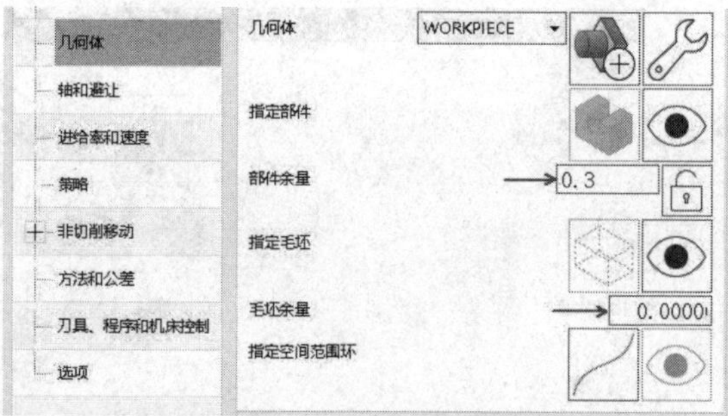

图 13-12 设置几何体参数

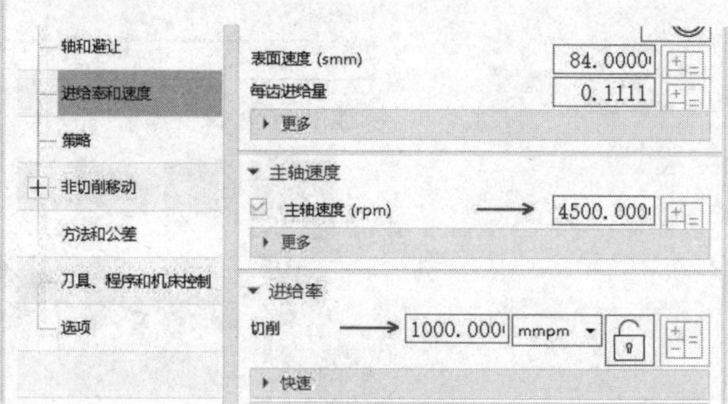

图 13-13 设置主轴转速和进给速度

(8) 设置非切削移动，主要设置进刀方法，具体参数设置如图 13-14 所示。

(9) 所有参数设置完毕后，完成多轴粗加工刀轨的创建，如图 13-15 所示。

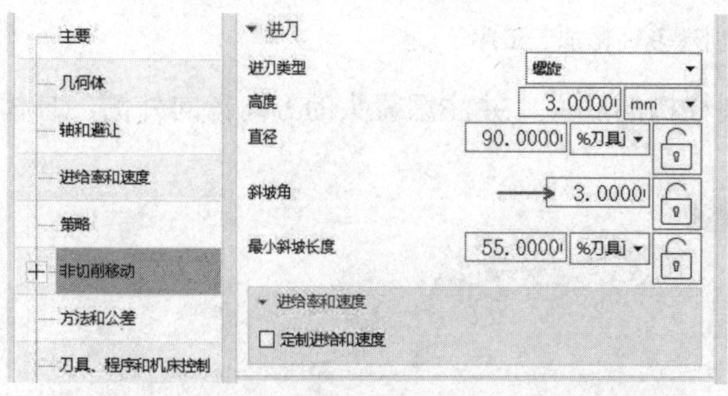

图 13-14 设置进给参数

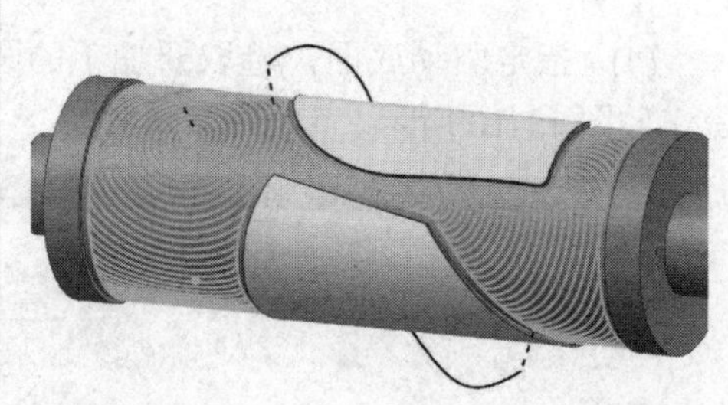

图 13-15 完成的多轴粗加工刀轨

案例 13-2：开放圆柱槽粗加工

案例加工

案例分析

开放圆柱槽零件如图 13-16 所示。

任务 1：移动图形，使 WCS 位于零件一侧端面圆心处。

使用从坐标系到坐标系的方法，移动图形，使 WCS 位于零件的一侧端面圆心处，如图 13-17 所示。

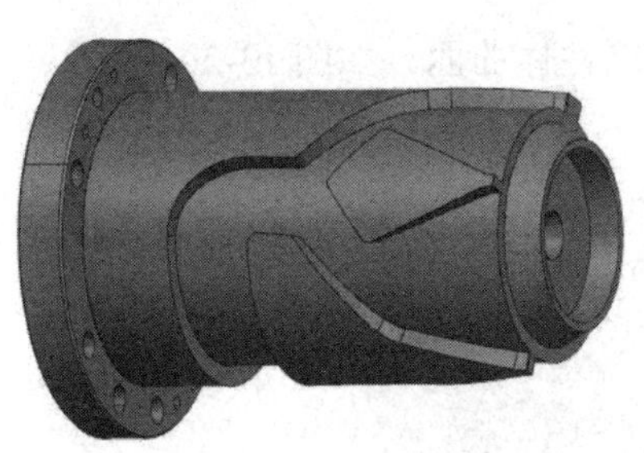

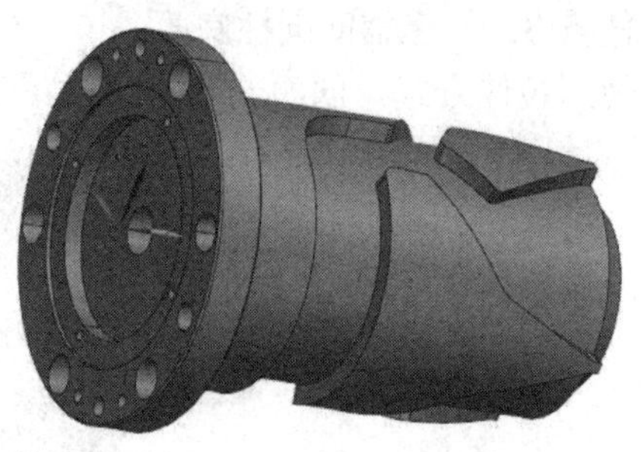

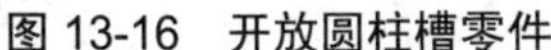

图 13-16　开放圆柱槽零件　　　　图 13-17　移动后的图形

任务 2：创建毛坯。

使用拉伸特征方法，创建毛坯几何体，可以直接使用零件的圆边界作为特征截面线，拉伸长度与零件右侧凸台面对齐，具体操作如图 13-18 所示。

拉伸完成的实体毛坯，如图 13-19 所示。

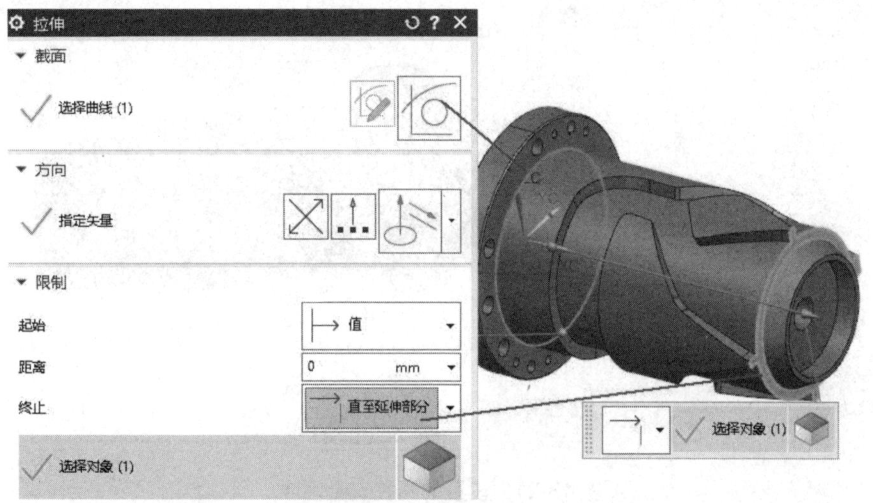

图 13-18　拉伸特征操作

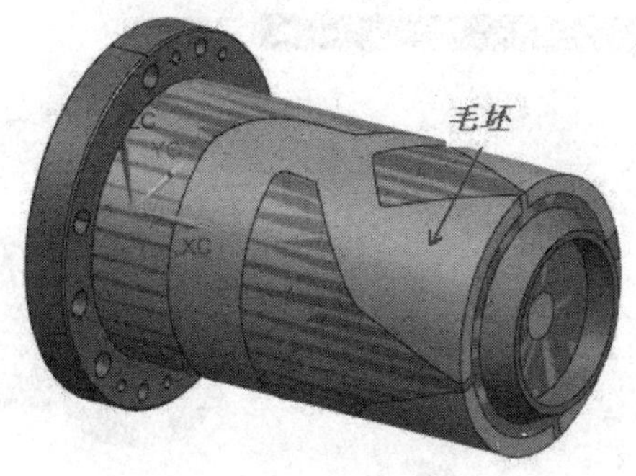

图 13-19　毛坯几何体

任务 3：创建辅助圆柱底面。

使用拉伸方式，创建一个与圆柱底面等半径的圆柱体曲面，如图 13-20 所示。

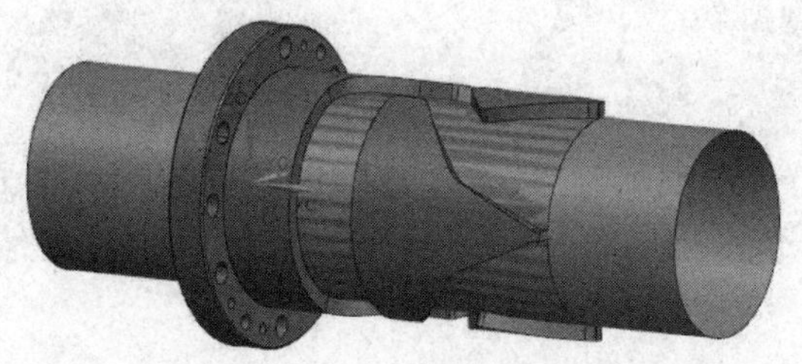

图 13-20 辅助圆柱底面

任务 4：创建多轴粗加工操作。

(1) 进入加工模块，设置一把直径为 6mm 的端铣刀，设置编程坐标系与 WCS 重合，设置一个过坐标系原点的圆柱区域作为安全区域，如图 13-21 所示。

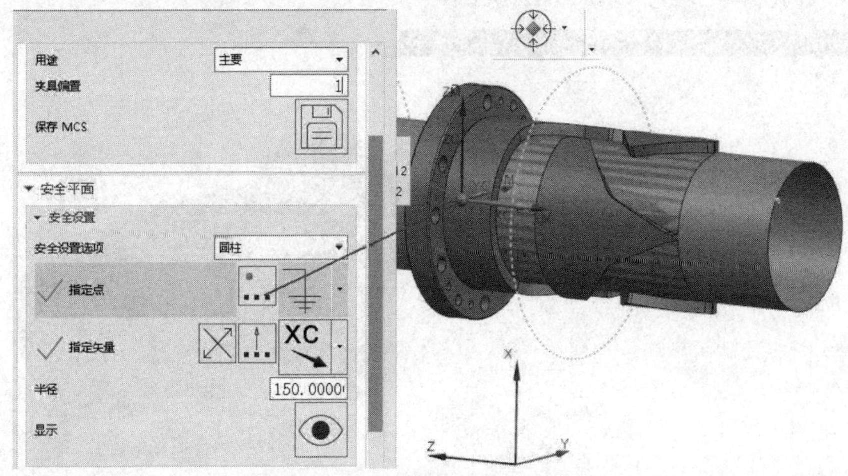

图 13-21 设置的圆柱安全区域

(2) 设置部件和毛坯几何体，如图 13-22 所示。

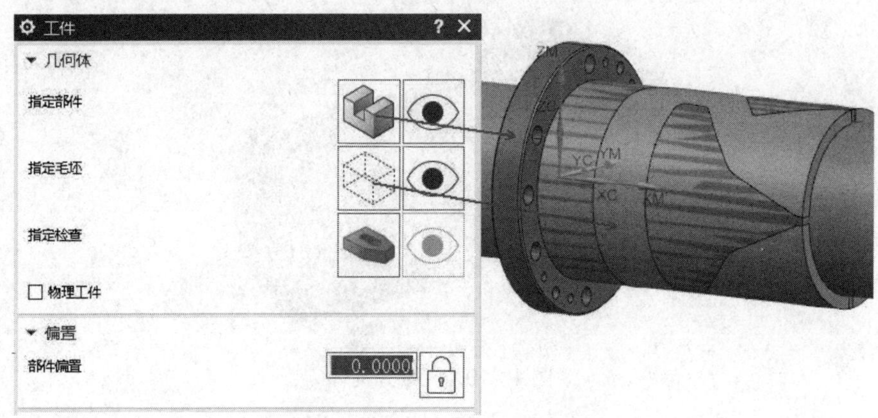

图 13-22 设置部件和毛坯几何体

(3) 进入多轴粗加工模块，具体设置如图 13-23 所示。

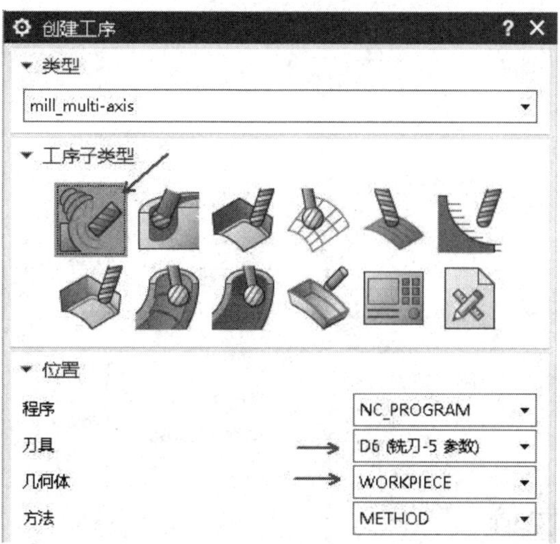

图 13-23 设置多轴粗加工

(4) 指定驱动底面，选取辅助圆柱面，设置底面加工余量，具体操作如图 13-24 所示。

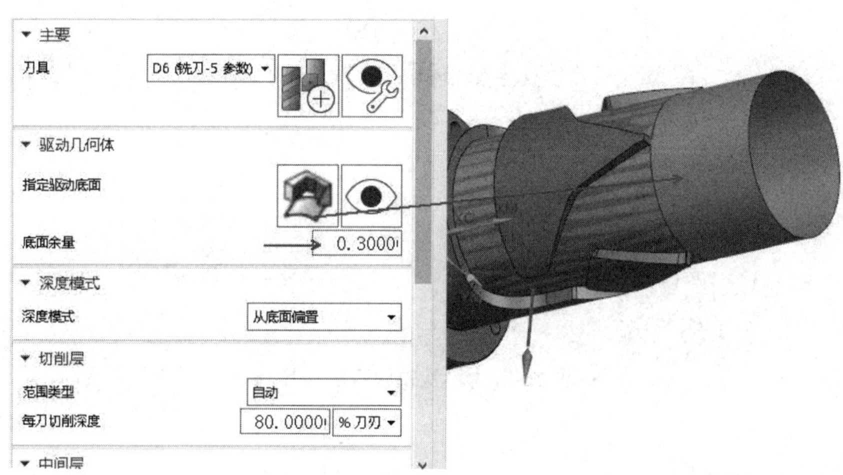

图 13-24 设置驱动底面

(5) 设置多轴粗加工工艺参数，如图 13-25 所示。

(6) 设置几何体参数，如图 13-26 所示。

(7) 设置轴和避让参数，如图 13-27 所示。

(8) 设置进给率和主轴转速，如图 13-28 所示。

(9) 设置非切削移动，斜坡角设置为 3，如图 13-29 所示。

所有参数设置完毕后，计算生成多轴粗加工刀轨，如图 13-30 所示。

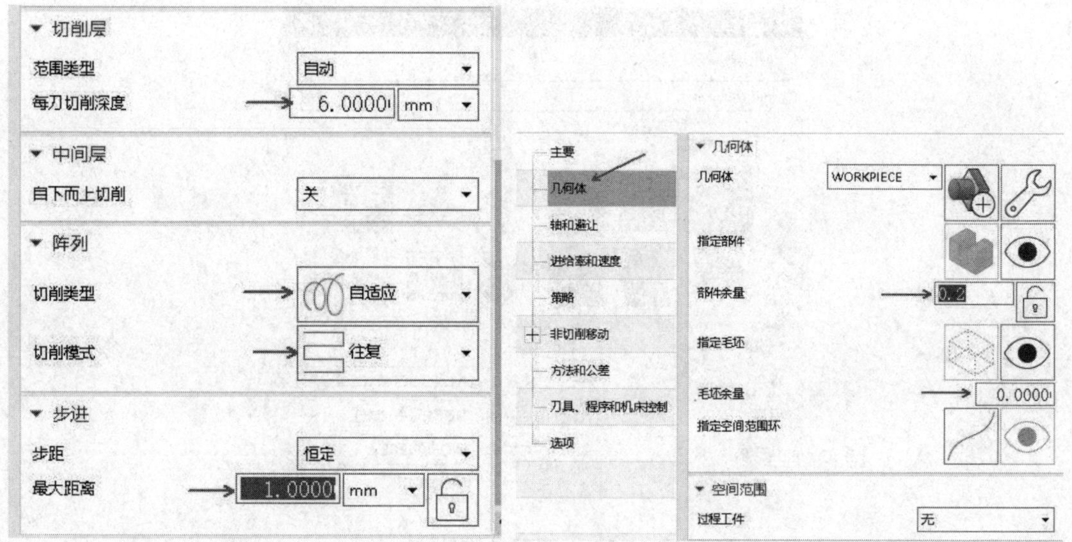

图 13-25　设置工艺参数　　图 13-26　设置几何体参数

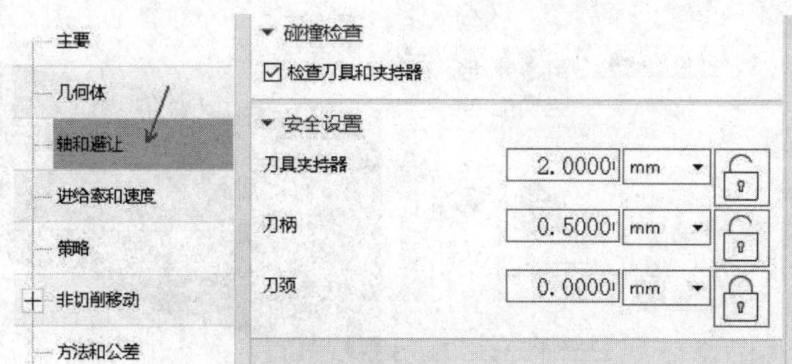

图 13-27　设置轴和避让参数

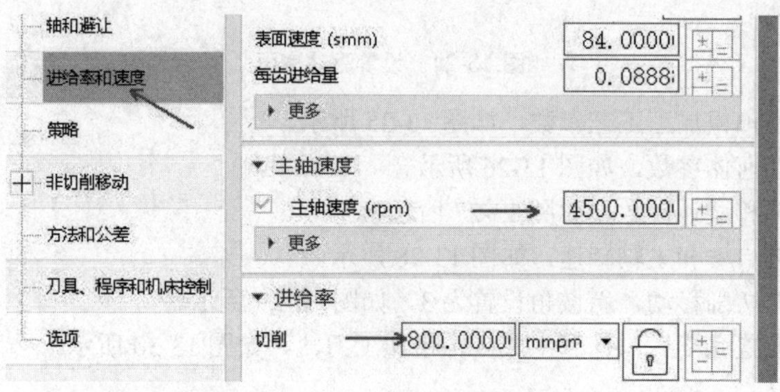

图 13-28　设置进给率和主轴转速

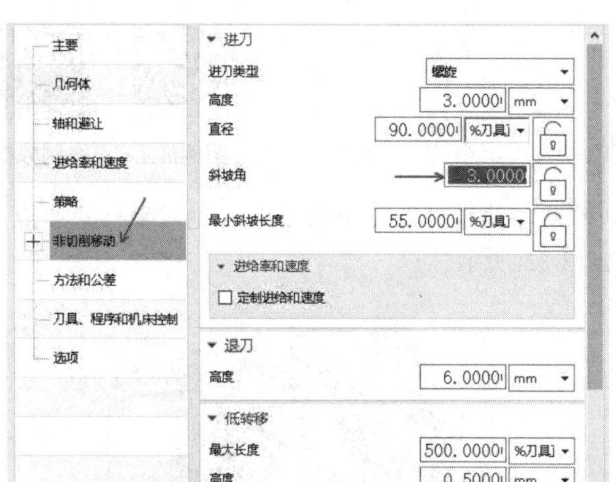

图 13-29 非切削移动参数设置

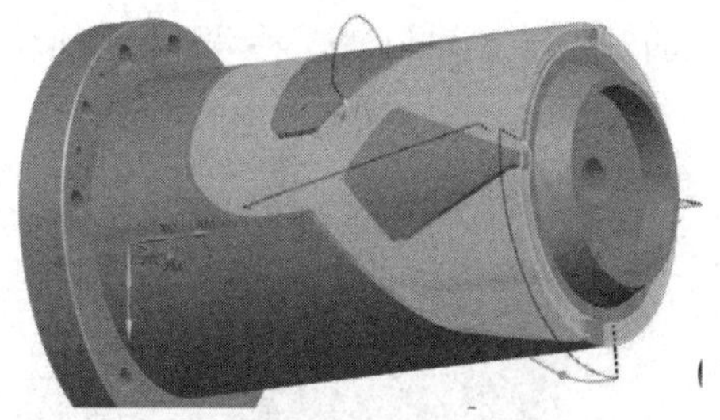

图 13-30 生成的刀轨

任务 5：修改零件模型，消除右侧环绕刀轨。

(1) 使用拉伸方式创建一个圆柱体，它与零件右端面相距 4mm，如图 13-31 所示。

(2) 进入加工模块，将拉伸辅助体添加为部件体，重新生成刀轨，如图 13-32 所示。

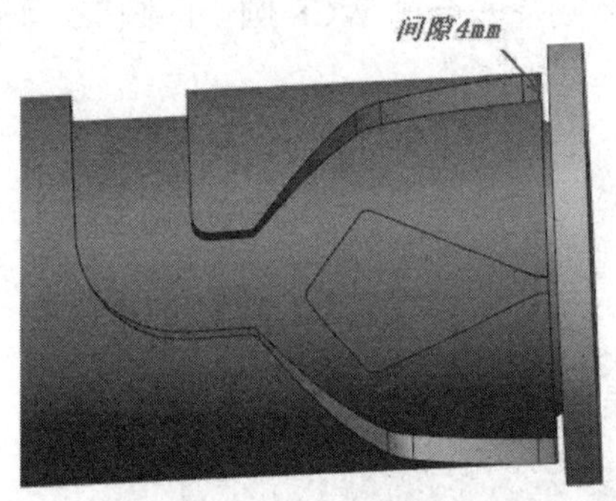

图 13-31 拉伸辅助体

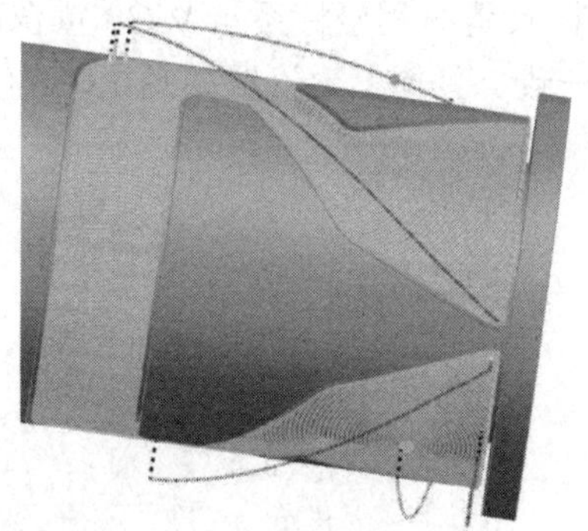

图 13-32 重新生成的刀轨

(3) 使用 CICMO 软件仿真加工刀轨，如图 13-33 所示，可见零件右侧面没有环绕刀轨，这才是一个正确的四轴粗加工刀轨。

图 13-33 正确的四轴粗加工刀轨

案例 13-3：四轴倒角

案例加工

案例分析

倒角零件如图 13-34 所示。

任务 1：移动图形，使之满足加工要求。

使用从坐标系到坐标系的方法，移动零件，使零件的左侧圆心位于绝对坐标系原点，孔的轴线与 X 轴同轴，移动后的图形如图 13-35 所示。

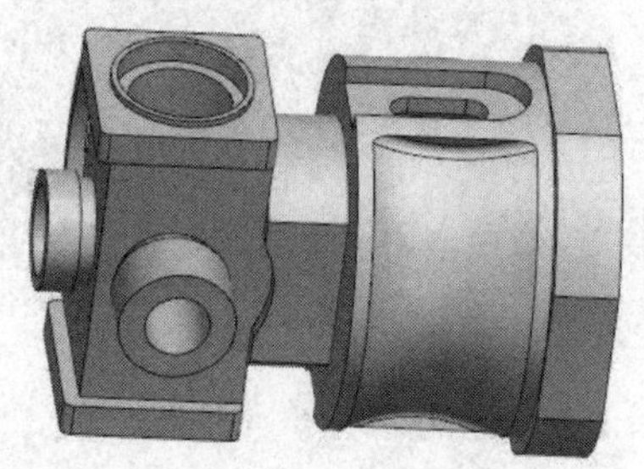
图 13-34　倒角零件

图 13-35　移动后的图形

任务 2：进入加工模板，设置多轴去毛刺操作。

(1) 设置编程坐标系与 WCS 重合，设置安全区域是一个过 WCS 圆心的圆柱，轴线与 XC 轴一致，具体参数设置如图 13-36 所示。

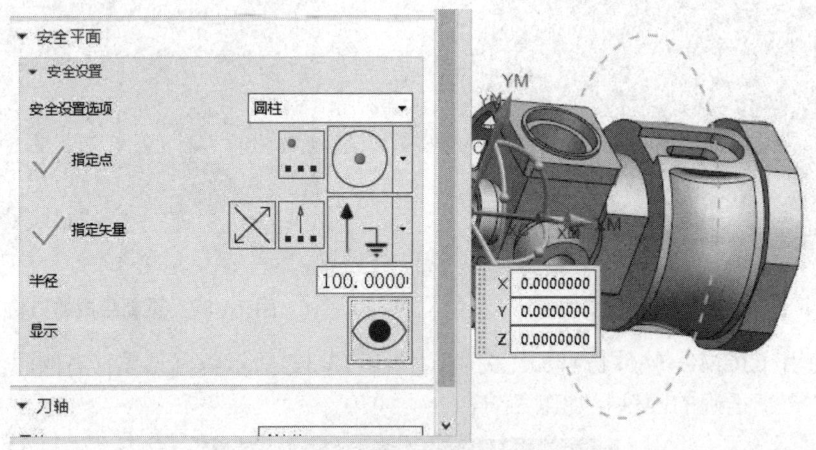

图 13-36　设置安全区域

(2) 设置多轴去毛刺参数，具体参数设置如图 13-37 所示。

(3) 放弃【自动边检测】，直接选取要倒角的边，具体操作如图 13-38 所示。

(4) 设置倒角参数，如图 13-39 所示。

(5) 设置刀轴矢量，具体参数设置如图 13-40 所示。

(6) 设置主轴转速和进给速度，如图 13-41 所示。

(7) 设置非切削参数，如图 13-42 所示。

(8) 所有参数设置完毕后，生成去毛刺刀轨，如图 13-43 所示。

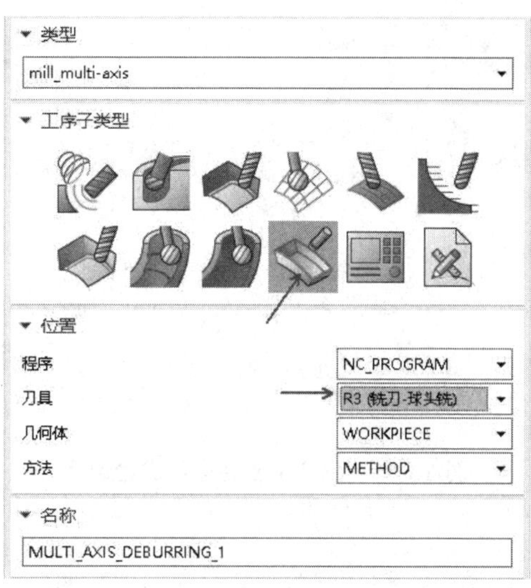

图 13-37 设置多轴去毛刺参数

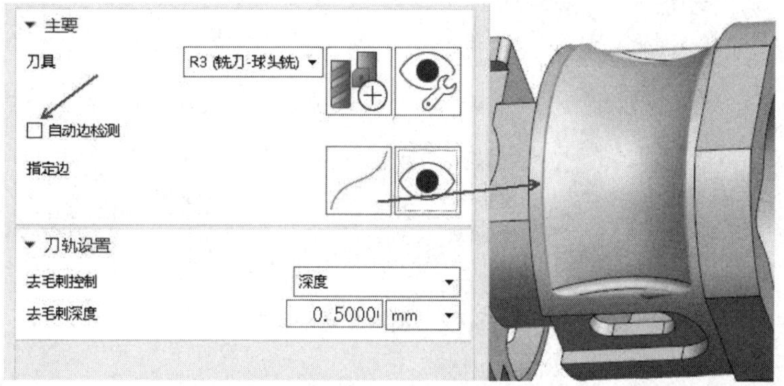

图 13-38 直接选取倒角边

图 13-39 设置倒角参数

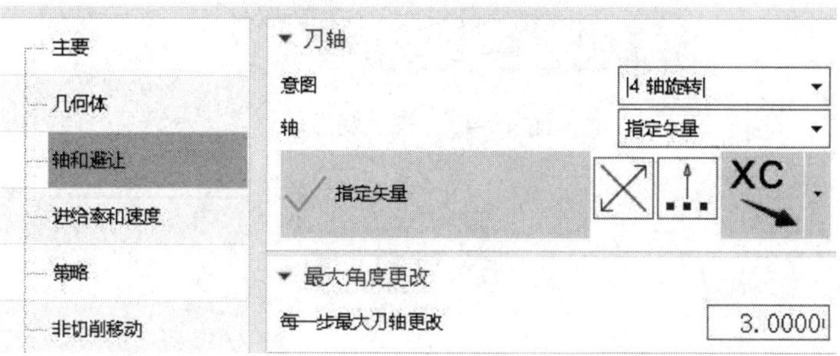

图 13-40 设置刀轴矢量

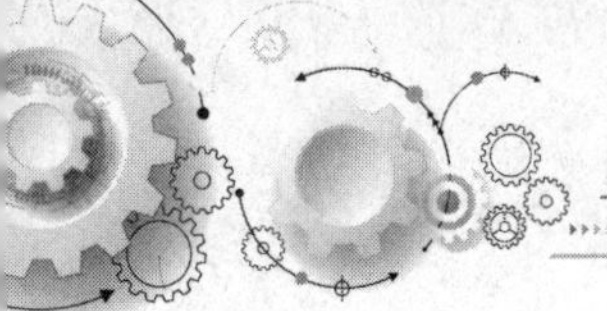

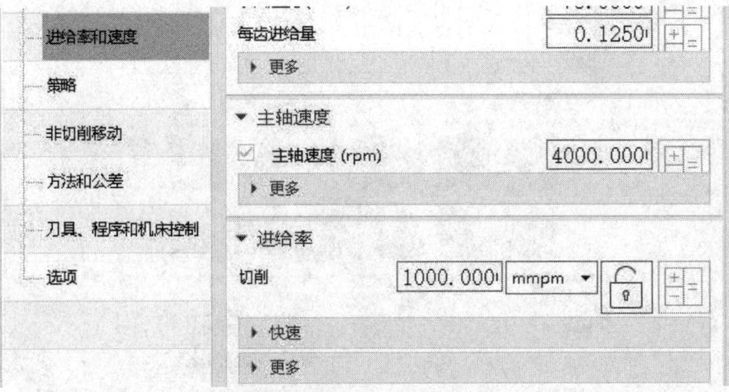

图 13-41　设置主轴转速和进给速度

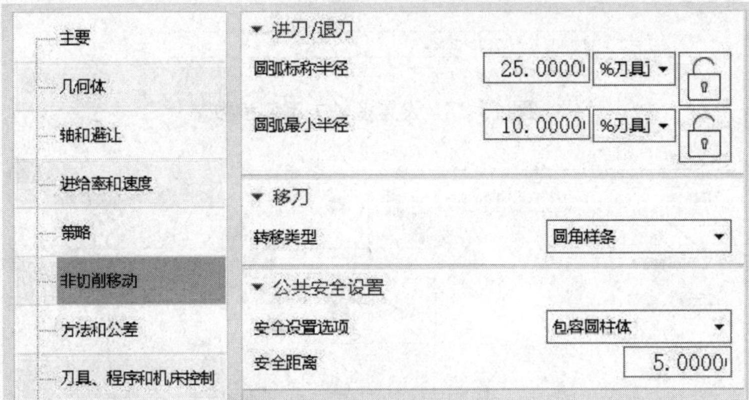

图 13-42　设置非切削参数

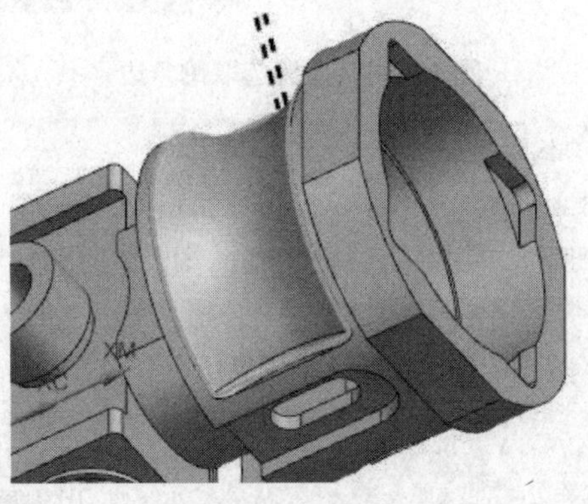

图 13-43　去毛刺刀轨

第14章

综合案例

四轴加工，由于只有一个旋转轴参与加工，从编程的难易程度来看，有时要比五轴加工难一些。多轴加工编程与传统的加工编程相比，多了驱动方法、刀轴矢量和投影矢量三个知识点。要想熟练掌握四轴加工的编程，必须不断加深理解驱动方法、刀轴矢量和投影矢量，理解它们对编程加工的影响。一般而言，必须通过反复加工练习，总结提高。本章通过三个典型复杂的案例，进行综合训练。

综合案例基础知识讲解

案例 14-1：螺旋槽加工

案例加工

案例分析

螺旋槽部件如图 14-1 所示。

图 14-1　螺旋槽部件

螺旋窄槽粗加工，可以使用流线驱动方法联动开粗。构造上下两条螺旋线，可以使用两种方法：①使用抽取曲线和复制曲线方法，创建满足要求的螺旋线；②使用直接创建螺旋线的方法。

直接创建与图形相符的螺旋线，这种方法比较理想，不会产生因线的质量问题导致的刀轨问题。

实际上，无论哪种方法，思路都是逆向造型。逆向重构曲面，使其 UV 线方向满足加工的需要。

任务 1：构造螺旋线。

(1) 创建部件面与基准平面 XC-ZC 的交线，具体操作如图 14-2 所示。

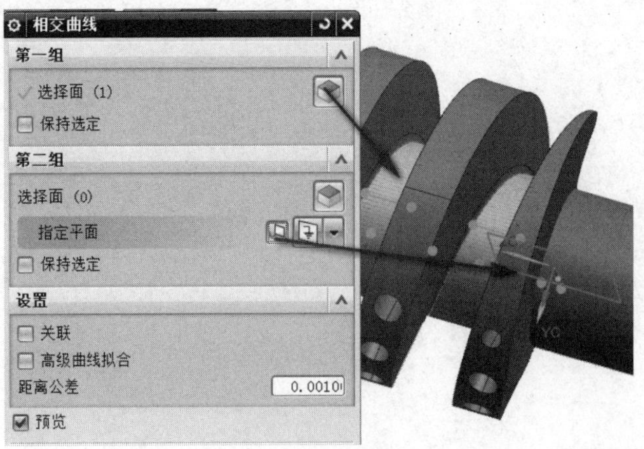

图 14-2　相交曲线操作

(2) 测量上表面螺旋线的螺距，可测量对应两端之间的距离，具体操作如图 14-3 所示。

(3) 设置工件坐标系，使其原点位于圆心，ZC 轴与圆柱中心线共线，如图 14-4 所示。

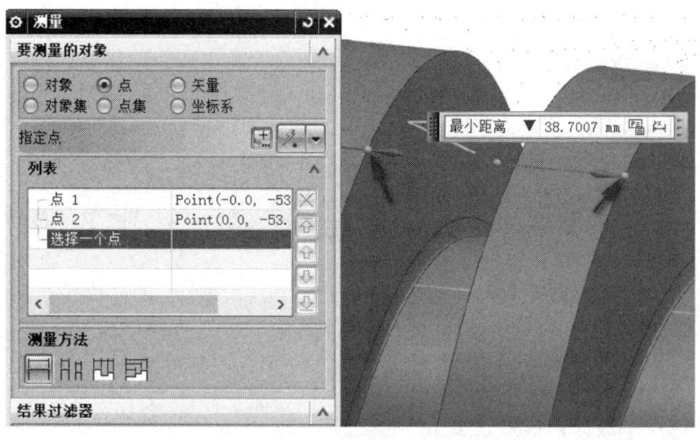

图 14-3 测量螺距操作

图 14-4 设置后的 WCS

(4) 参照 WCS，创建螺旋线，具体操作如图 14-5 所示。

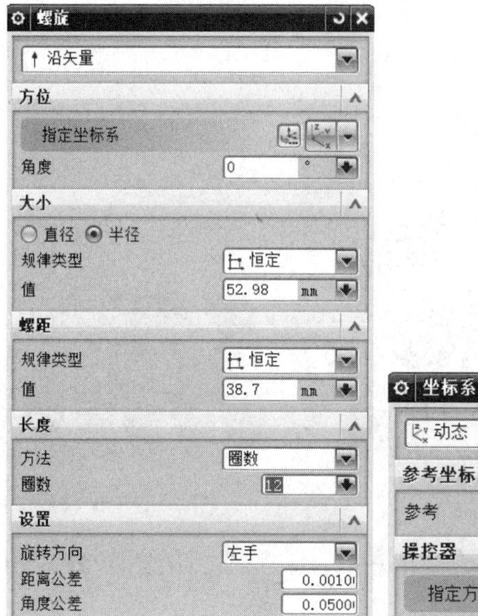

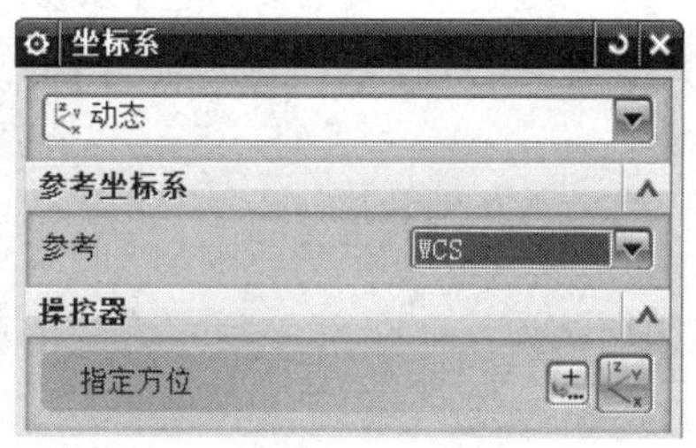

图 14-5 创建螺旋线的操作

创建完毕后的螺旋线，如图 14-6 所示。

图 14-6 创建的螺旋线

(5) 平移螺旋线，使其与部件对应边线重合。首先创建螺旋线与基准平面的交点，使用截面曲线方法，具体操作如图 14-7 所示。

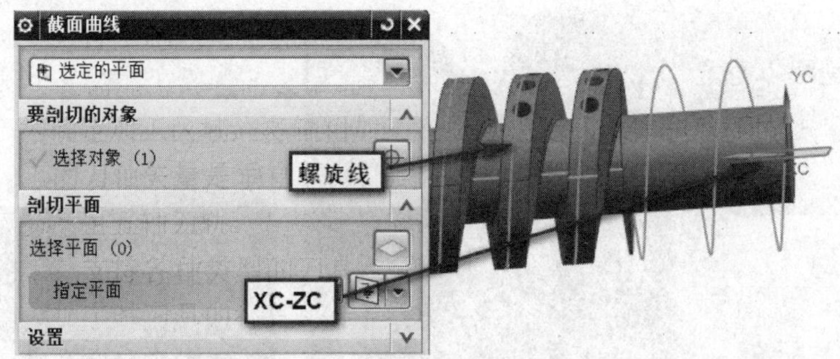

图 14-7 截面曲线产生交点

使用点到点方式平移螺旋线与对应边线重合，具体操作如图 14-8 所示。

平移完毕后的图形如图 14-9 所示。

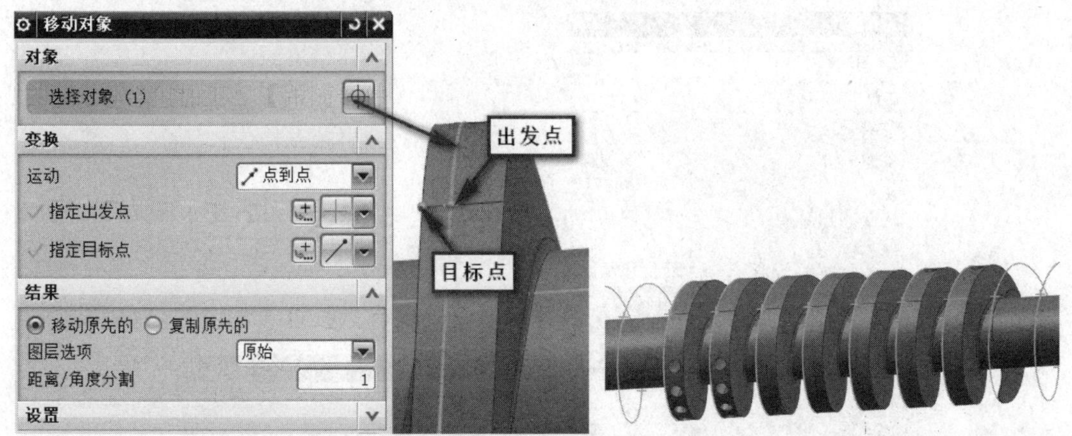

图 14-8 平移操作

图 14-9 平移后的图形

使用上述相同的方法，平移复制螺旋线至左侧面，完成后的图形如图 14-10 所示。

图 14-10 复制的左侧面螺旋线

任务 2：创建左右两侧面的辅助驱动面。

(1) 创建左侧面与基准平面 XC-ZC 的相交线，如图 14-11 所示。

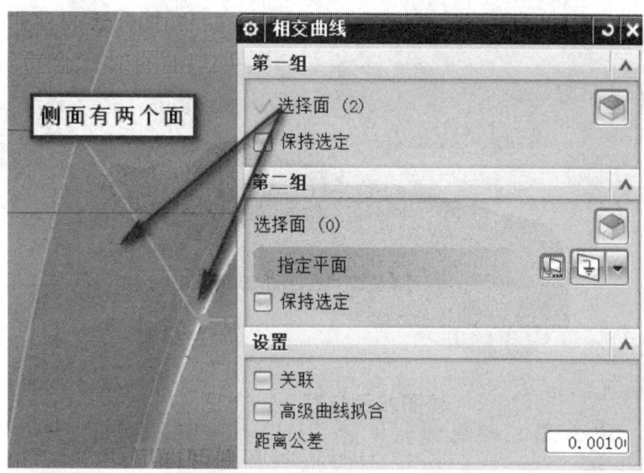

图 14-11 相交曲线创建

(2) 使用扫掠方法创建辅助驱动面，选取相交曲线为截面线，选取对应的螺旋线为轨迹线，设置定向方法为矢量方向，选取平行于圆柱中心线的矢量方向，具体操作如图 14-12 所示。

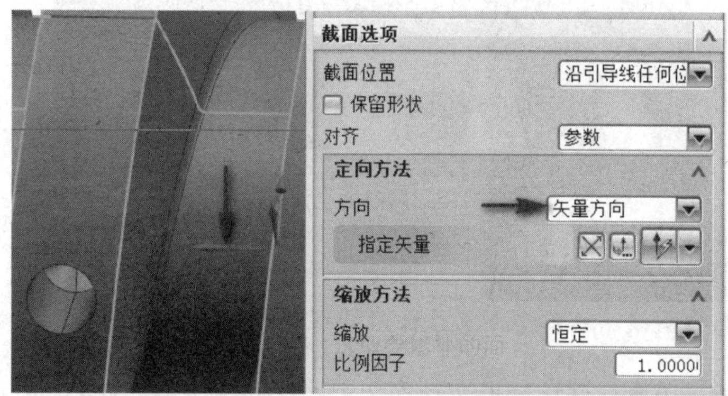

图 14-12 对齐方法设置

创建完毕后的驱动曲面如图 14-13 所示。

图 14-13 左侧驱动曲面

(3) 使用相同的方法，创建右侧辅助驱动面，完成的图形如图 14-14 所示。

图 14-14 右侧驱动面

任务 3：创建底面辅助线和辅助驱动面。

(1) 使用面上偏置曲线方法，创建辅助曲线，左侧偏置距离为 6.3，右侧偏置距离为 7.3。操作完毕后，两条面上偏置曲线如图 14-15 所示。

图 14-15 两条面上偏置曲线

说明

底面上的原始螺旋线，可以参照上表面螺旋线的创建方法来完成。

(2) 使用扫掠方法创建底面辅助驱动面，截面线为底面与 XC-ZC 基准平面的交线，引导线为左右两条偏置曲线，完成后的扫掠曲面如图 14-16 所示。

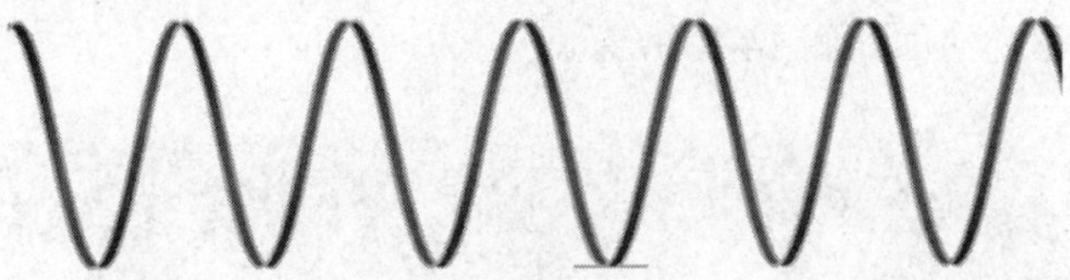

图 14-16 底面辅助驱动面

任务 4：创建粗加工的两条辅助线。

(1) 测量槽宽为 22.168，使用平移复制的方法，创建圆柱表面偏置曲线，如图 14-17 所示。

(2) 底面使用相同的方法，平移复制底面曲线。测量底面宽度为 16.6373，由于右侧面有倒扣，可以使用左侧螺旋线向右平移 8.2，具体操作如图 14-18 所示。

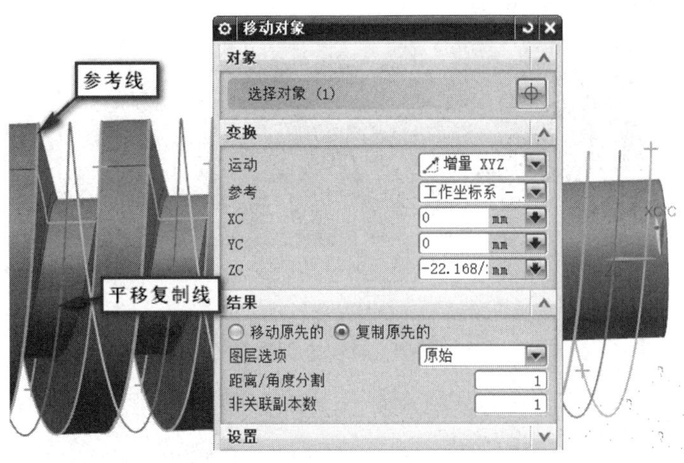

图 14-17　顶面平移复制曲线操作

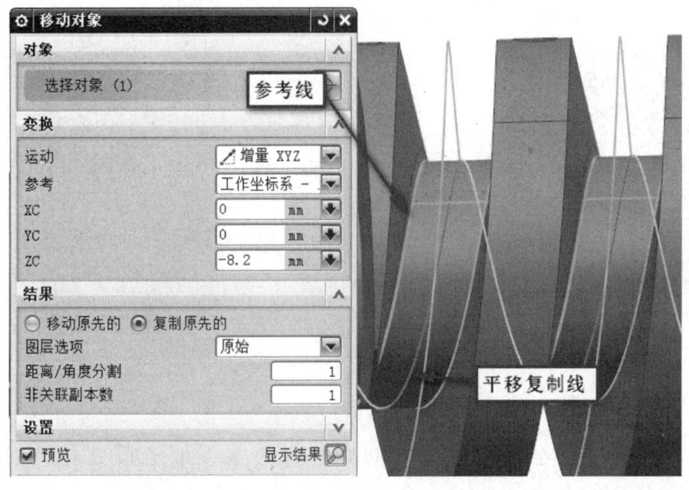

图 14-18　平移复制底面螺旋线操作

任务 5：使用流线驱动方法粗加工螺旋槽。

(1)　参照部件的两个侧面，向外做一个偏置基准平面，偏置距离为 10，完成后的图形如图 14-19 所示。

图 14-19　创建的两个基准平面

(2)　使用基准平面，修剪辅助螺旋线两侧多余的部分，修剪后的螺旋线如图 14-20 所示。

(3)　重新设置 WCS，使其 XC 轴与圆柱中心线共线，如图 14-21 所示。

图 14-20　修剪后的螺旋线

(4) 进入加工模块，设置编程坐标系参考 WCS，使用四轴联动方式进行粗加工，刀具为 D16R4，具体设置如图 14-22 所示。

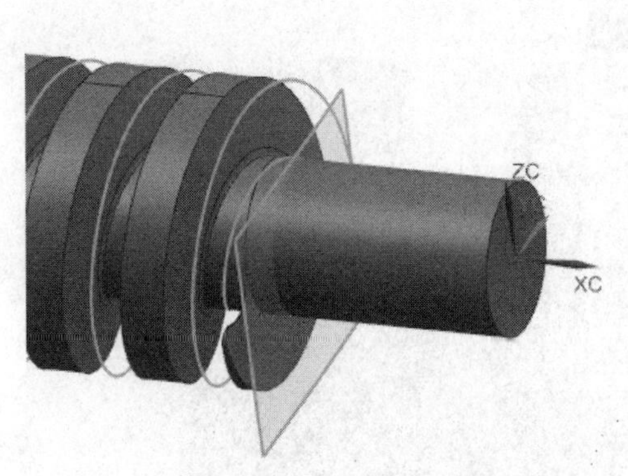

图 14-21　重新定义 WCS

图 14-22　粗加工工序设置

(5) 使用流线驱动方式创建刀轨，选取两条修剪螺旋线，如图 14-23 所示。

(6) 设置流线驱动工艺参数，如图 14-24 所示。

图 14-23　选取流曲线

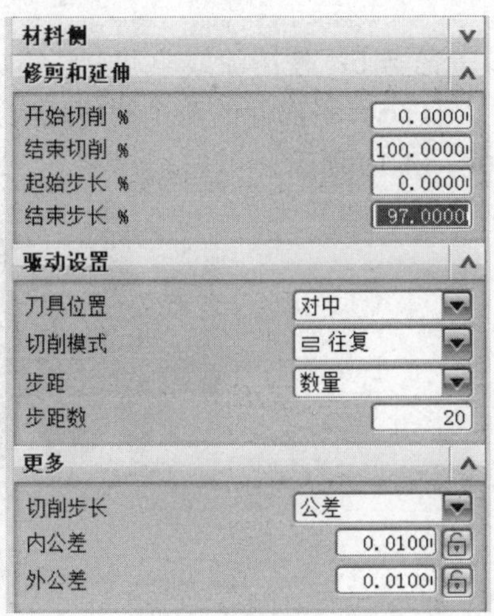

图 14-24　设置工艺参数

(7) 设置投影矢量和刀轴矢量，如图 14-25 所示。

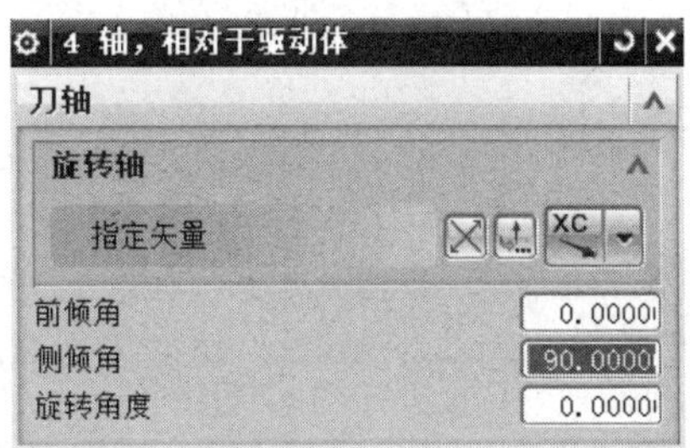

图 14-25 设置投影矢量和刀轴矢量

说明

刀轴矢量设置可以多样化，核心是一致的，刀轴矢量通过圆柱中心线；如远离直线、相对于矢量等，都可以。投影矢量可以设置为刀轴或朝向直线(不指定部件，投影矢量无效)。

(8) 设置其他参数，完成四轴联动粗加工刀轨的创建，如图 14-26 所示。

图 14-26 四轴联动粗加工

(9) 可以查看刀轨，看看是否与左右两侧面过切；如果过切，调整两条曲线位置，直至刀轨安全。观看刀轨是否与底面过切，可以测量最后一刀与底面的距离，如图 14-27 所示。

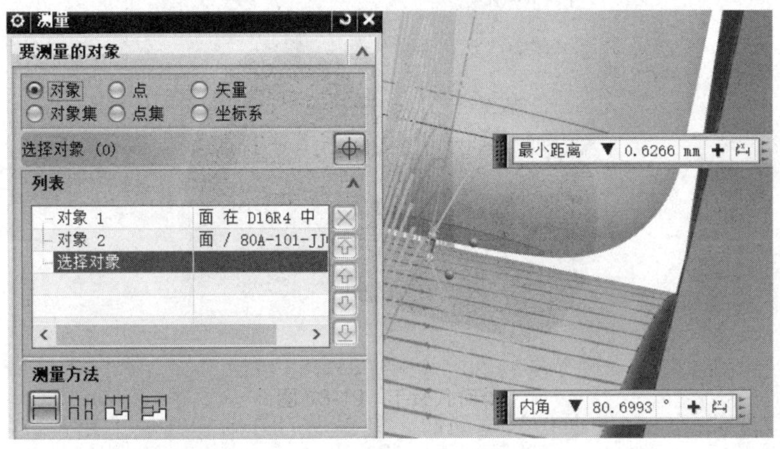

图 14-27 测量最后一刀与底面距离

距离就是底面加工余量，如果有点大，可以修改驱动曲面大小，然后重新生成刀轨，再次测量距离，如图 14-28 所示。

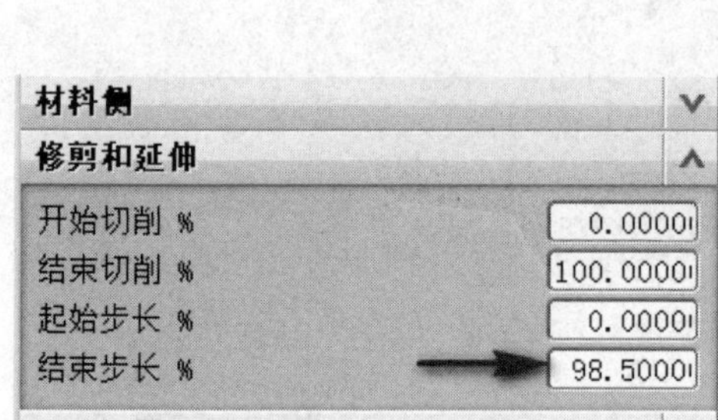

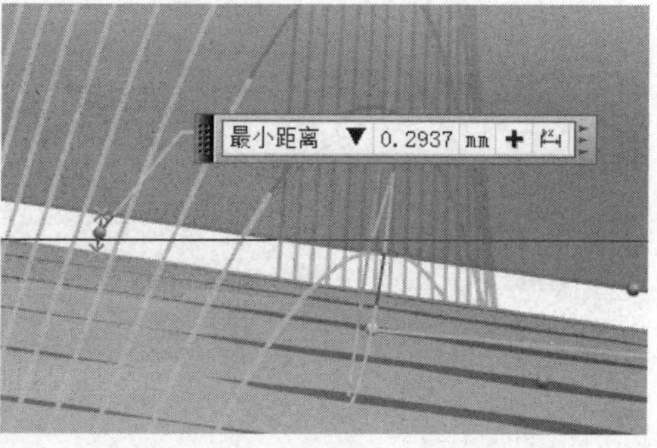

图 14-28　修改驱动面大小和加工余量

任务 6：创建左侧面半精加工刀轨。

(1) 创建两个圆柱体作为检查体，如图 14-29 所示。距离部件端面距离为 15。

图 14-29　两个检查体

(2) 使用曲面驱动方法对左侧面进行半精加工，刀具为 D12R2，具体设置如图 14-30 所示。

图 14-30　左侧面半精加工操作

(3) 选取左侧驱动辅助面作为驱动面，设置走刀方向和其他工艺参数，如图 14-31 所示。

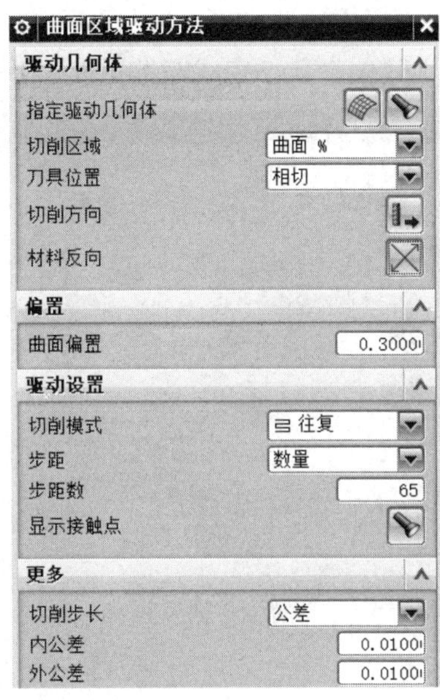

图 14-31　设置走刀方向和工艺参数

(4)　设置驱动面大小，如图 14-32 所示。

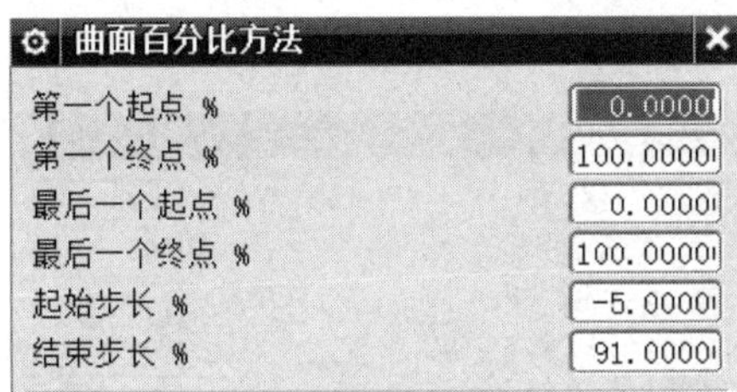

图 14-32　设置驱动面大小

说明

由于是圆角刀，起始步长要设置成负值，相当于延伸驱动面的起始处，这样可以防止第一刀切削深度太大，从而保护刀具。结束步长，应测量刀轨并进行调整，防止底面过切。

(5)　设置投影矢量和刀轴矢量，如图 14-33 所示。

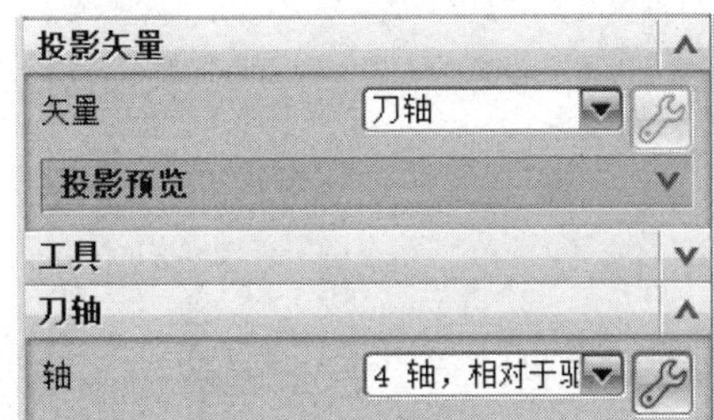

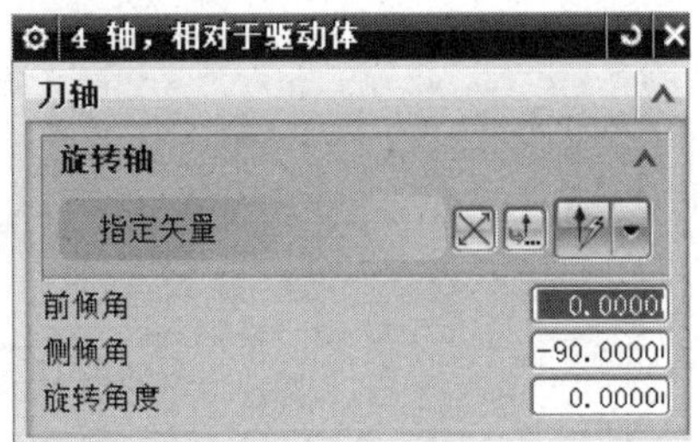

图 14-33　设置投影矢量和刀轴矢量

(6) 设置检查体，选取两个圆柱体作为检查体，然后设置相关的参数，如图 14-34 所示。

(7) 设置其他参数，完成左侧面半精加工刀轨的创建，如图 14-35 所示。

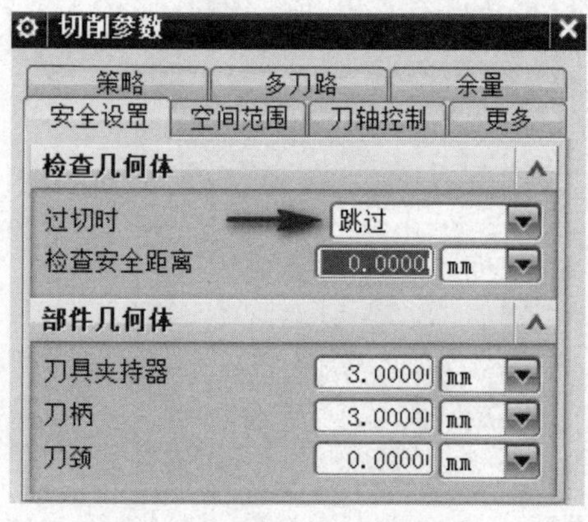

图 14-34 设置检查体参数

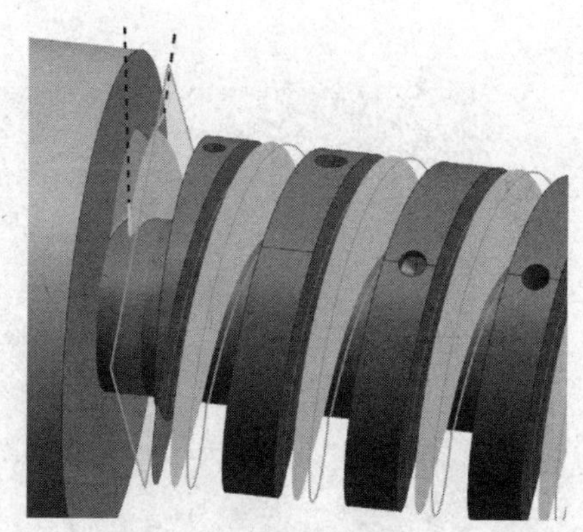

图 14-35 左侧面半精加工刀轨

任务 7：创建右侧面半精加工刀轨。

使用与左侧面半精加工方法相同的方法，进行右侧面半精加工。可以复制、粘贴刀轨，然后进行修改。首先重新选取驱动面，然后重新定义走刀方向。这些与左侧面半精加工类似，不再讲解。下面重点讲解影响刀轨参数的关键部分。

(1) 重新设置驱动面大小参数，如图 14-36 所示。

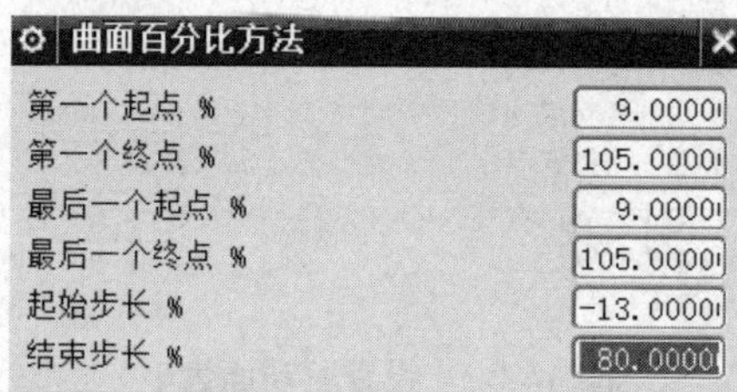

图 14-36 设置驱动面大小参数

(2) 重新定义刀轴矢量，具体操作如图 14-37 所示。

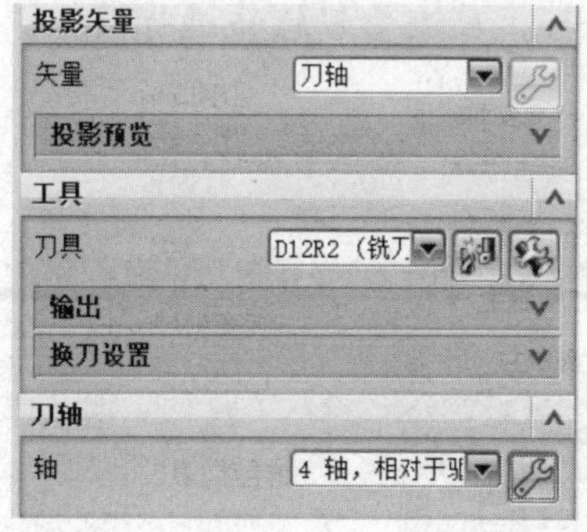

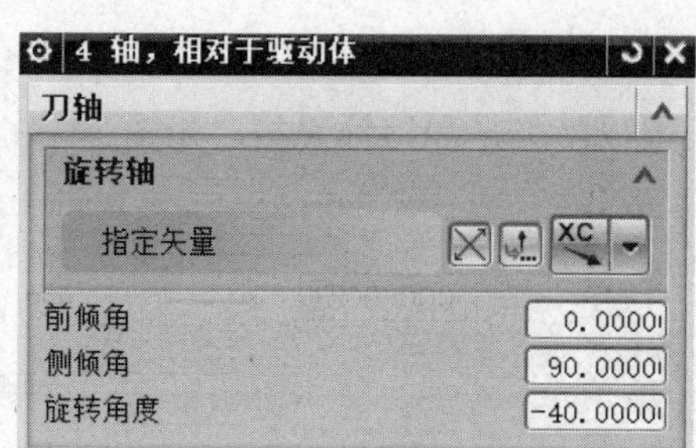

图 14-37 设置刀轴矢量

说明

由于右侧面有倒扣，刀轴矢量必须在 YM 轴前后偏移，否则刀轨发生过切，使用刀轴矢量为四轴相对于驱动体，需要设置旋转角度。所有参数的设置，都应参照刀轨进行合理调整。旋转角度的正负、大小，只能通过查看刀轨进行判断。旋转角度，实际上起到了设置前倾角的加工效果。刀具前倾，可以避免球刀的 0 速切削，改善刀具的切削状态，提高产品的加工表面质量。

如图 14-38 所示，如果旋转角为+20°，则此时刀轨明显有问题，如图 14-39 所示。

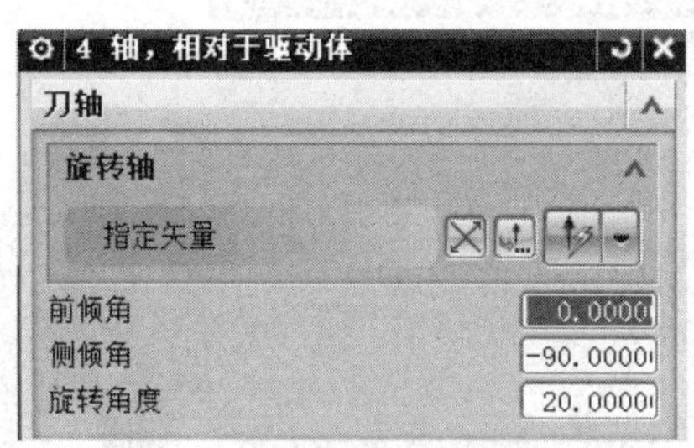

图 14-38　设置旋转角度

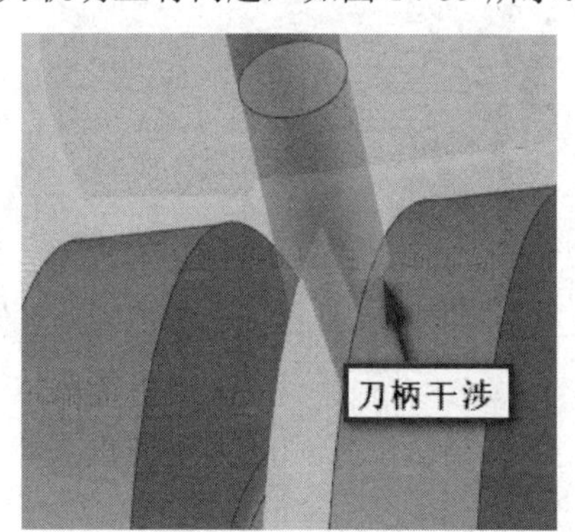

图 14-39　有问题的刀轨

驱动面的大小，也需要根据实际加工效果进行调整。如果起始步长为 0，则此时第 1 刀的刀轨如图 14-40 所示，明显切深较大，对刀具不利；进行不断调整，并参照刀轨进行判断，当起始步长设为-13 时，此时的第 1 刀刀轨如图 14-41 所示，比较理想。

图 14-40　切深较大的第 1 刀刀轨

图 14-41　切深合理的第 1 刀刀轨

(3) 其他参数保持不变，重新生成刀轨，如图 14-42 所示。

图 14-42　右侧面半精加工刀轨

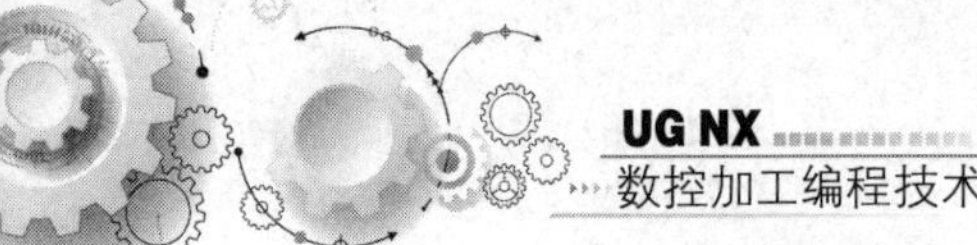

任务 8：创建底面精加工刀轨。

(1) 使用 D12R2 的刀具对底面进行精加工，驱动方法为曲面。选取底面辅助驱动面，设置驱动工艺参数，如图 14-43 所示。

(2) 设置部件，选取螺旋槽底面作为部件，如图 14-44 所示。

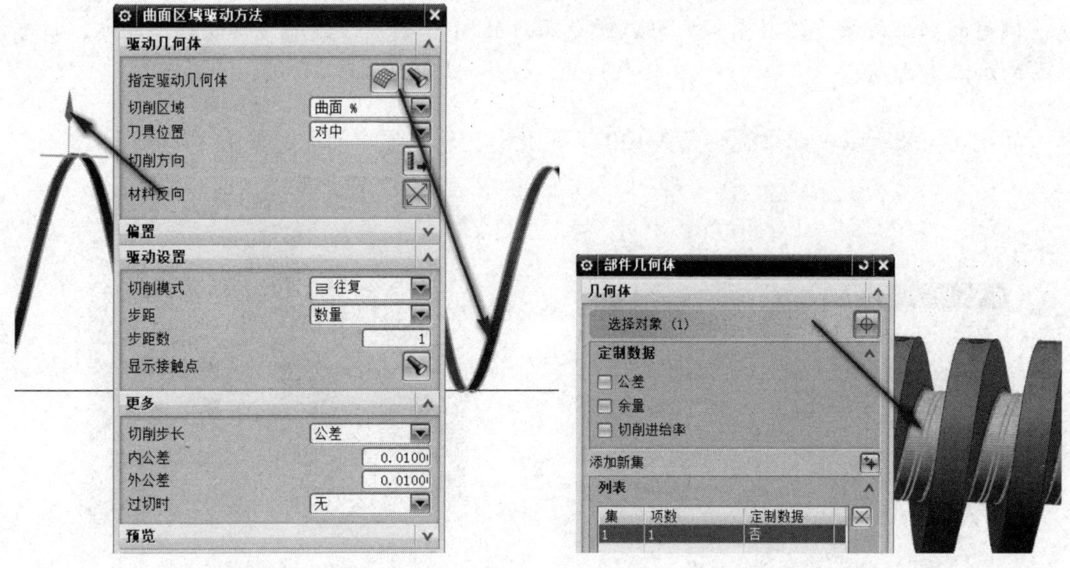

图 14-43　驱动面选取　　　　图 14-44　设置部件

(3) 设置投影矢量和刀轴矢量，刀轴矢量为远离直线，该直线为过圆心的 XC 轴，具体设置如图 14-45 所示。

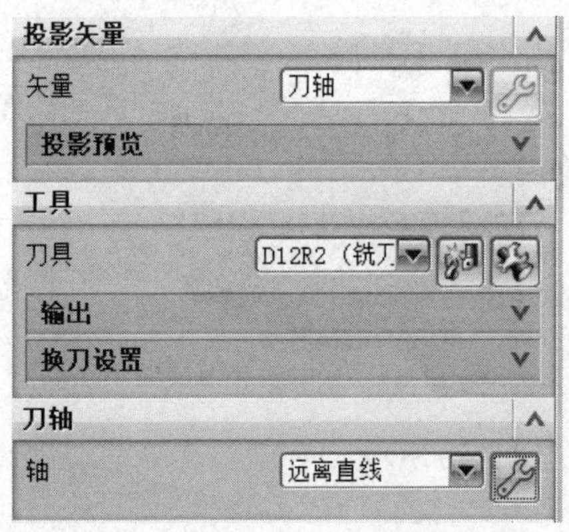

图 14-45　设置投影矢量和刀轴矢量

说明

刀轴矢量过圆柱中心线，很多方法都可以实现。

(4) 设置其他参数，完成底面精加工刀轨的创建，如图 14-46 所示。

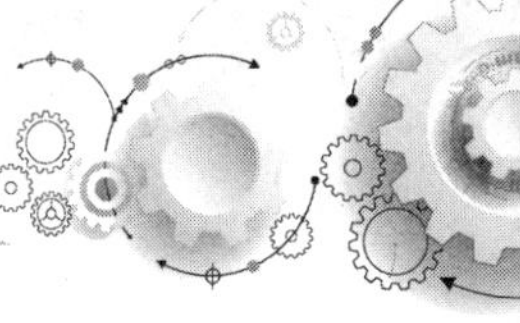

图 14-46　底面精加工刀轨

任务 9：底面圆角半精加工。

(1)　设置一把成型刀具，具体参数设置如图 14-47 所示。

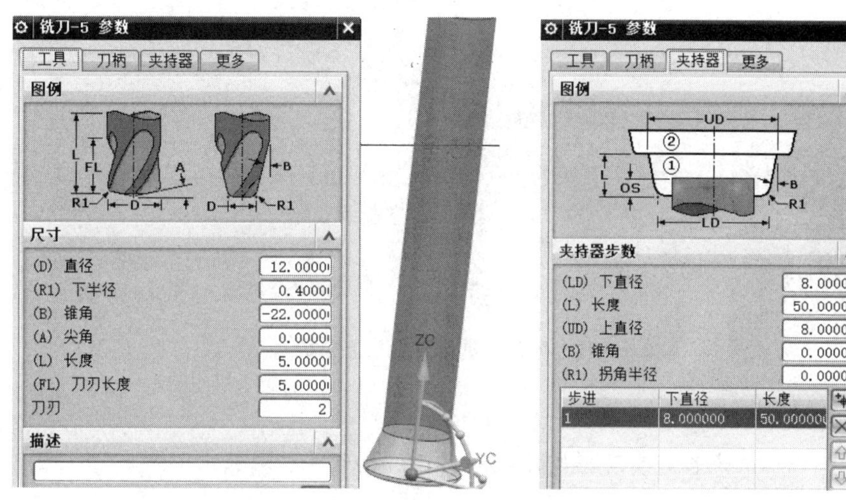

图 14-47　设置成型刀具

说明

①　可以首先创建相交曲线，然后测量倒扣曲面的斜度，测量结果如图 14-48 所示。

②　成型刀具分两部分：刀头(工具)和刀柄，刀头部分就是刀刃部分，可以借助参数化草图帮助确定刀柄直径尺寸，如图 14-49 所示。

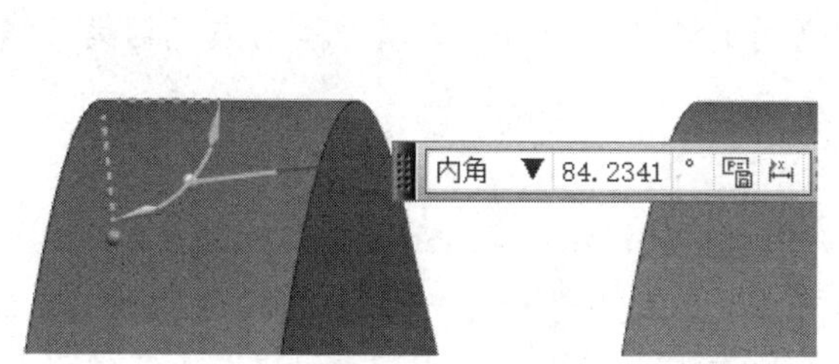

图 14-48　测量斜度

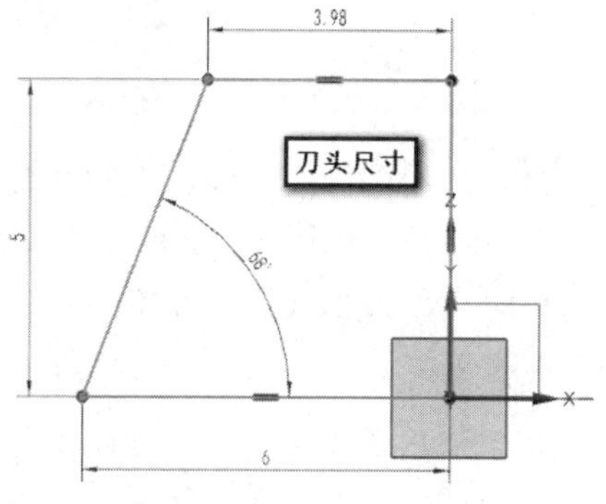

图 14-49　刀头草图

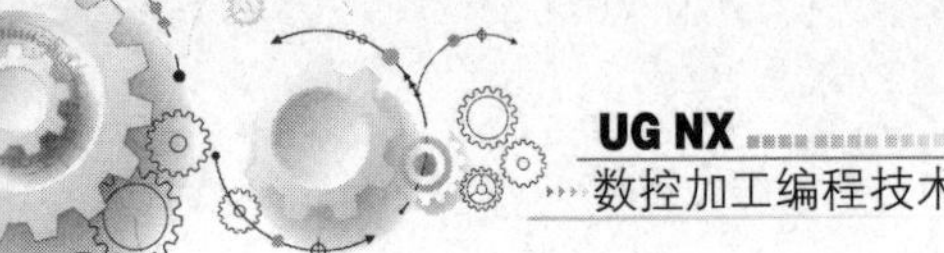

(2) 复制并粘贴左侧面半精加工工序，修改刀具为上述成型刀具，再修改驱动面工艺参数，如图 14-50 所示。

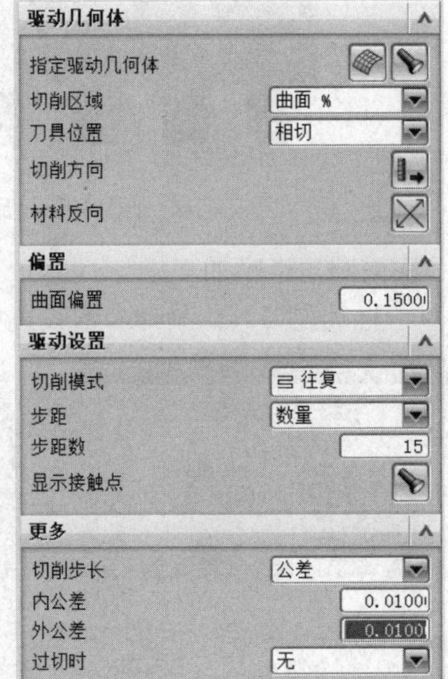

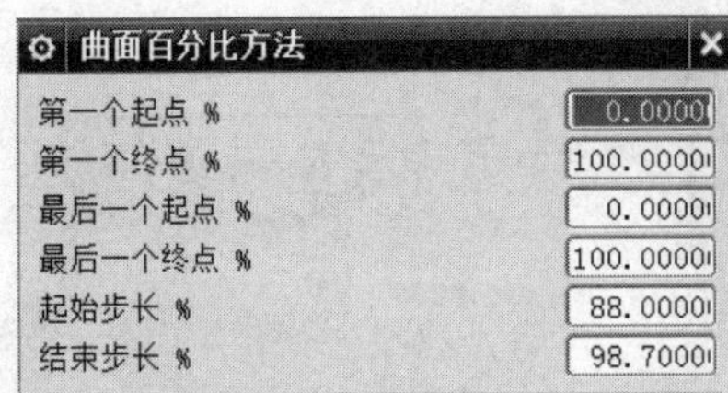

图 14-50　重新定义工艺参数

说明

调整起始和结束步长，实现搭接刀轨和防止过切的加工效果。

(3) 其他参数保持不变，重新生成刀轨，如图 14-51 所示。

图 14-51　左侧圆角部分的半精加工刀轨

(4) 使用同样的方法，复制并粘贴右侧面半精加工刀轨，更换刀具为成型刀具，修改驱动工艺参数，如图 14-52 所示。

(5) 更改刀轴矢量，如图 14-53 所示。

说明

由于使用了成型刀具，可以改善倒扣问题，刀轴矢量的设置相对灵活。此时，旋转角度可以为 0，其好处是方便驱动面结束步长的控制，即保证在不过切的情况下，使刀轨尽可能地逼近部件底面。

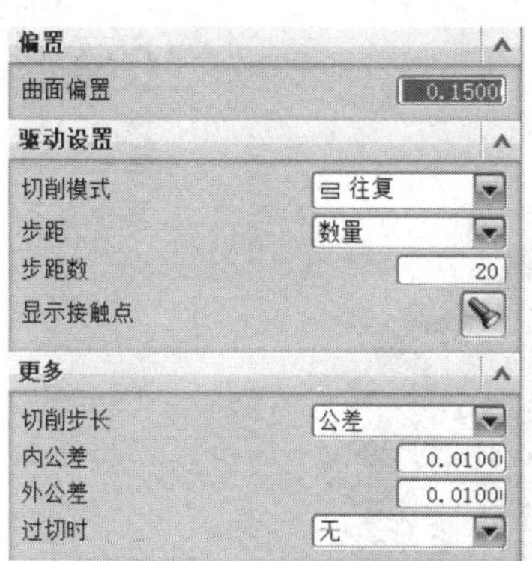

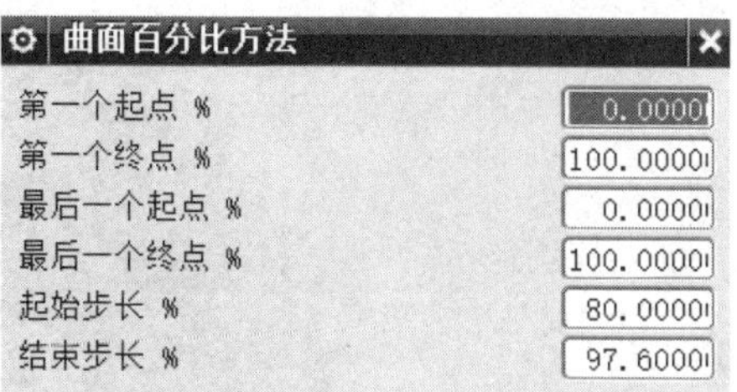

图 14-52 修改工艺参数

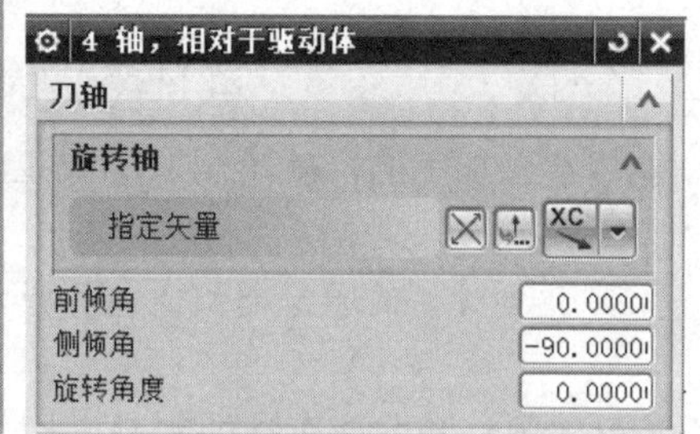

图 14-53 修改刀轴矢量

(6) 其他参数保持不变，重新计算生成右侧圆角部分的半精加工刀轨，如图 14-54 所示。

侧面及底面圆角的精加工刀轨，可以复制、粘贴对应的半精加工刀轨，在此机床上修改加工余量为 0，加密刀轨，重新生成刀轨即可，在此不再详细讲解。

部件上的孔加工，在此不做加工。从设计上讲，孔的中心线通常要与部件面垂直，否则加工时容易导偏，导致刀具破坏。在四轴孔加工时，同样遵循这样的规则。

孔加工，实际上就是定轴加工。可以通过图形直接抓取每个孔的刀轴矢量，如图 14-55 所示。

图 14-54 右侧圆角部分的半精加工刀轨

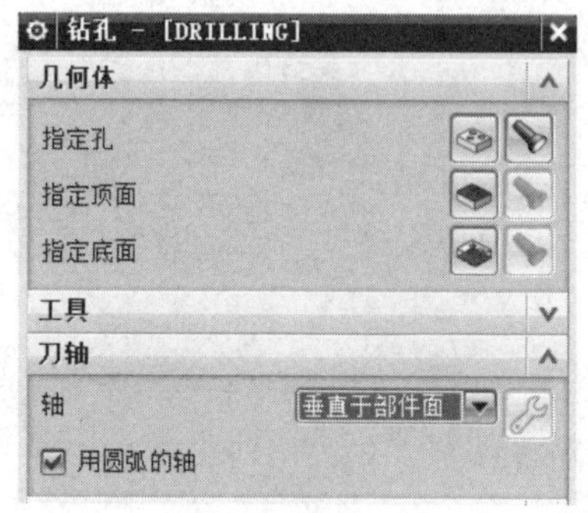

图 14-55 设置孔的刀轴矢量

案例 14-2：齿轮零件加工

案例加工

案例分析

齿轮零件如图 14-56 所示。

图 14-56　齿轮零件

理论上，能用定轴加工的，就不用联动加工。NX 的多轴加工方法，以精加工方法为主，也是这个原因。

多轴加工，其思路与三轴加工类似：首先是粗加工，然后是半精加工，最后是精加工和清根加工。

这是一个很好的流线和曲面驱动的案例。如果不指定部件，则投影矢量无效。

任务 1：创建粗加工用辅助圆柱和辅助曲线。

(1) 使用拉伸特征创建一个辅助圆柱体，直径为 214，长度与部件相同，具体操作如图 14-57 所示。

图 14-57　创建辅助圆柱体

(2) 创建相交曲线，设置选取单个面，分别选取齿形的两个侧面和辅助圆柱面，创建两条相交曲线，如图 14-68 所示。

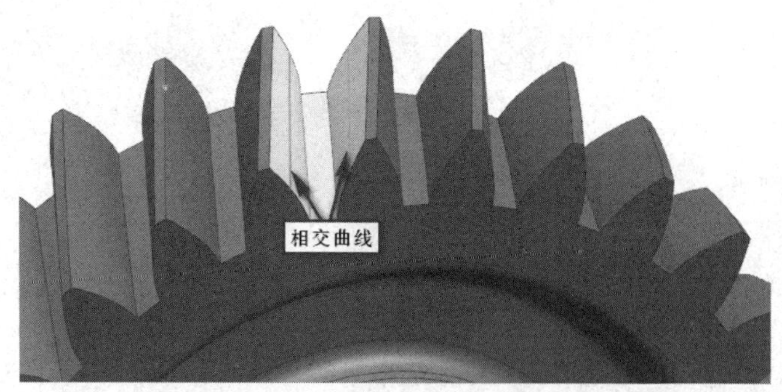

图 14-58 创建的相交曲线

(3) 创建面上偏置曲线，偏置距离为 5.1，具体操作如图 14-59 所示。

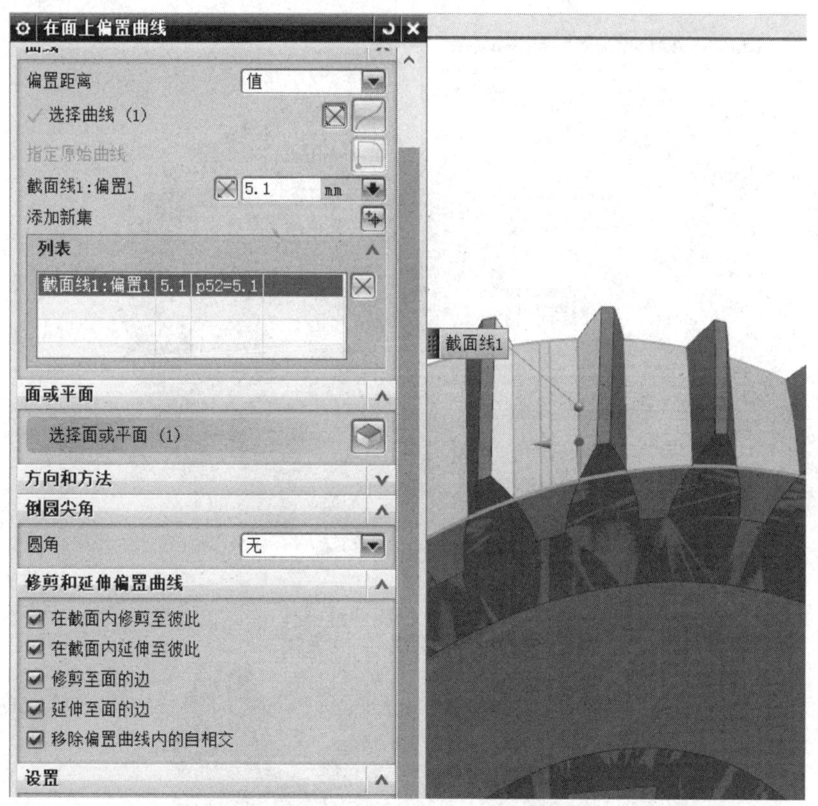

图 14-59 创建面上偏置曲线

(4) 使用相同的方法，创建齿轮底面的面上偏置曲线，具体操作如图 14-60 所示。

(5) 创建投影曲线。首先创建一条过圆心与 XC 轴平行的辅助线段，如图 14-61 所示。

创建朝向直线的投影曲线，具体操作如图 14-62 所示。

创建完成的投影曲线，如图 14-63 所示。

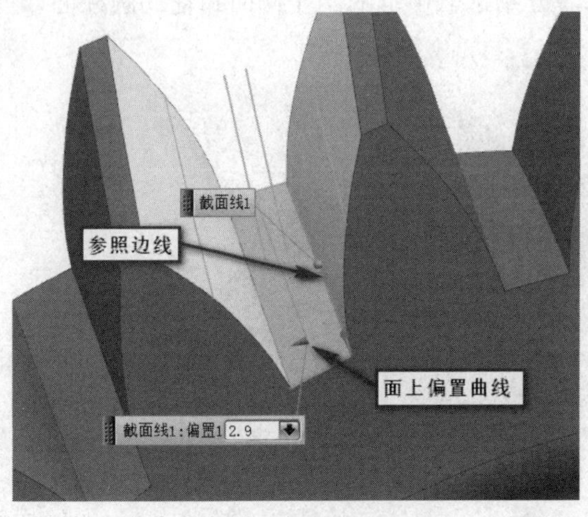

图 14-60　底面上的偏置曲线

图 14-61　辅助直线段

图 14-62　投影曲线操作

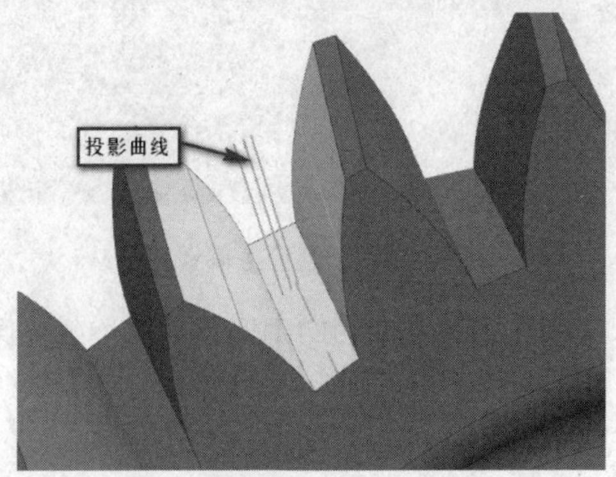

图 14-63　创建完成的投影曲线

任务 2：创建流线驱动的四轴联动粗加工。

(1) 设置 WCS，原点位于端面圆弧圆心，且 XC 轴与齿轮中心线重合，如图 14-64 所示。

(2) 进入加工模块，设置编程坐标系参照工件坐标系，设置安全区域为一个与齿轮同轴的圆柱面，半径为 150，具体操作如图 14-65 所示。

图 14-64 调整后的 WCS

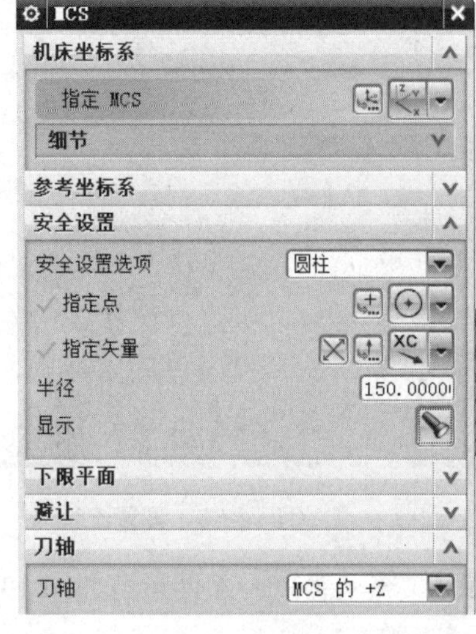

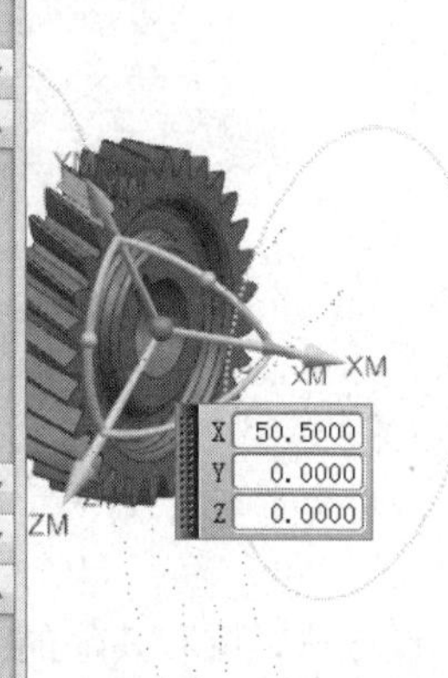

图 14-65 设置安全区域

(3) 创建第一个流线驱动粗加工。刀具为直径 10mm 的端铣刀，具体操作如图 14-66 所示。

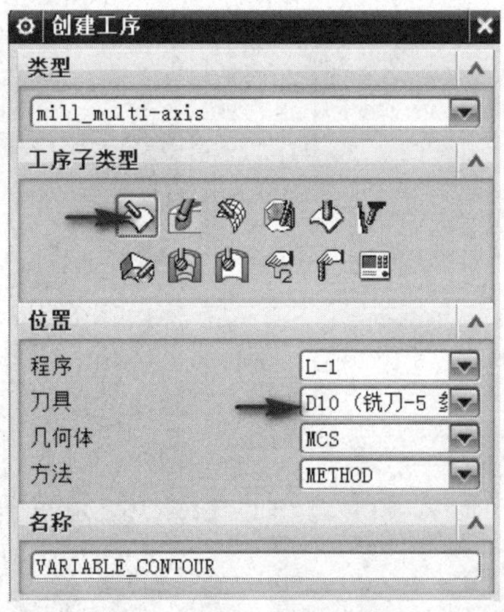

图 14-66 四轴联动粗加工

设置流曲线，选取辅助圆柱面上的左右两条面上偏置曲线，具体操作如图 14-67 所示。

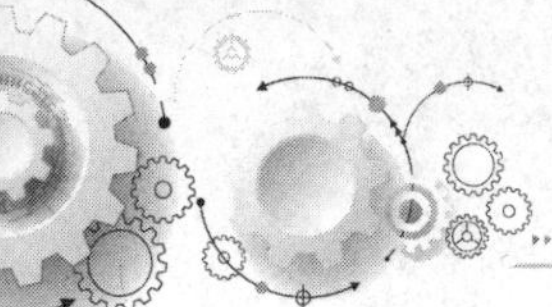

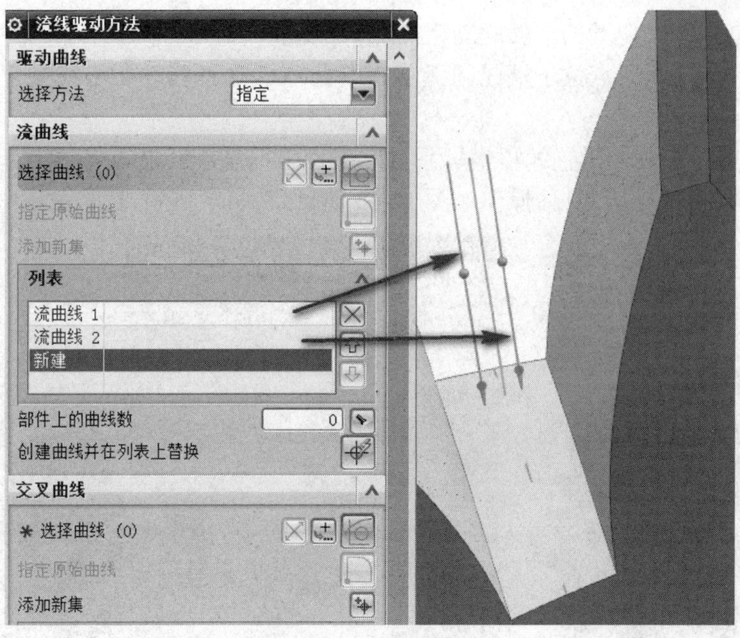

图 14-67　设置流线

设置材料侧和其他的流线驱动参数，具体设置如图 14-68 所示。

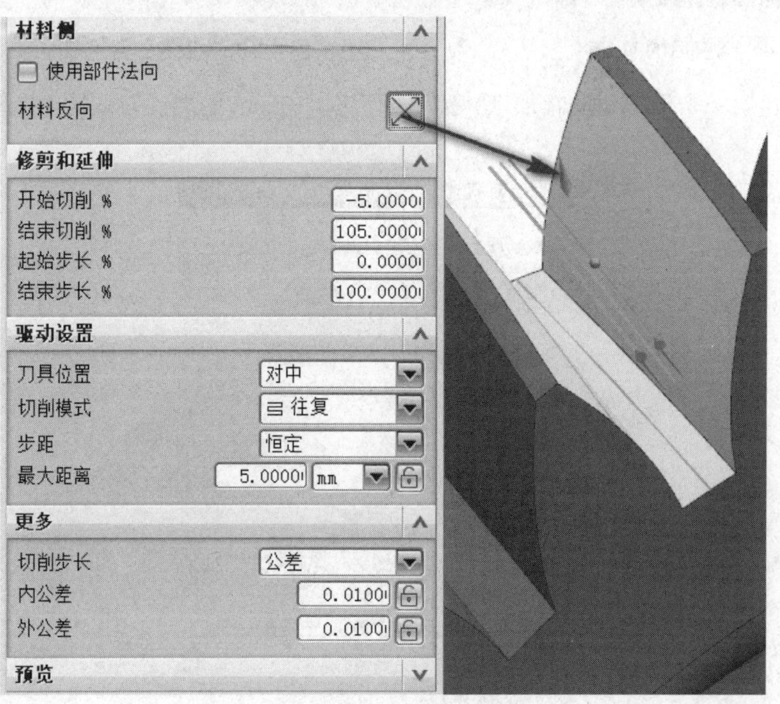

图 14-68　设置流线驱动参数

设置部件，选取辅助圆柱面，具体操作如图 14-69 所示。

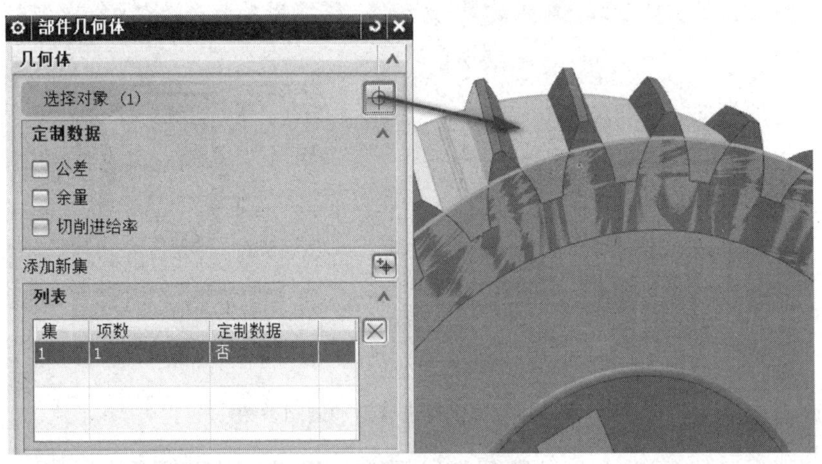

图 14-69　设置部件

设置刀轴矢量和投影矢量，具体操作如图 14-70 所示。

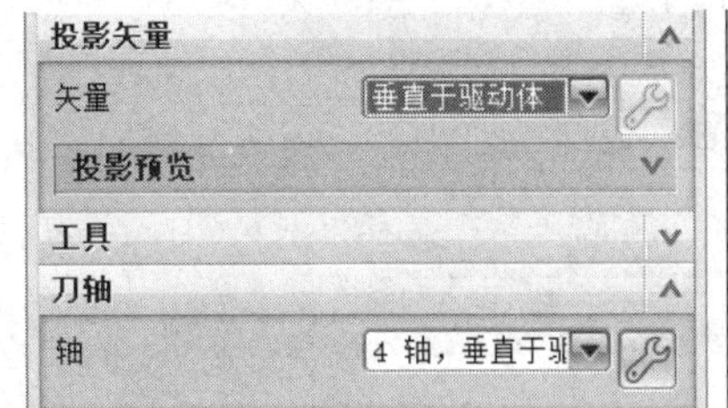

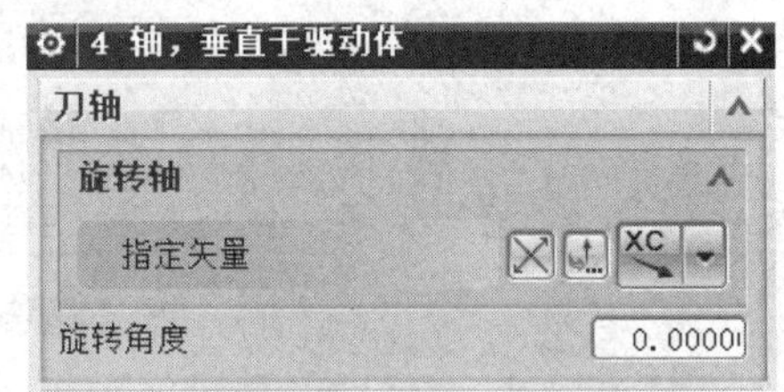

图 14-70　设置刀轴矢量和投影矢量

说明

如果刀轨要贴面，刀轴矢量需设置为四轴垂直于部件，刀轴矢量为朝向直线。

设置刀轨的垂直分层，具体参数设置如图 14-71 所示。

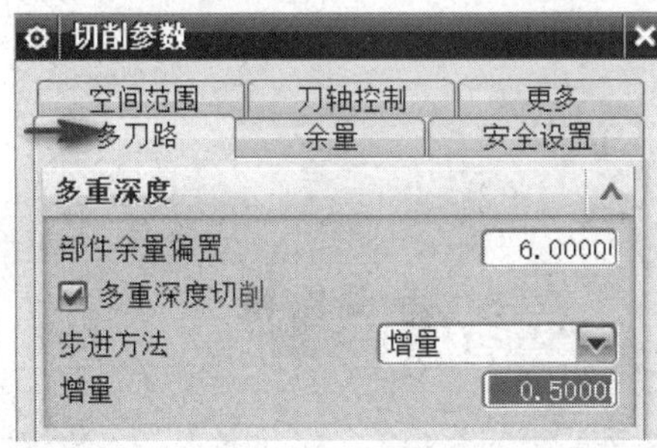

图 14-71　设置垂直分层参数

设置进退刀参数和层间控制参数，具体设置如图 14-72 所示。

所有参数设置完毕后，完成第一个四轴联动粗加工刀轨的创建，如图 14-73 所示。

(4) 创建第 2 个流线驱动粗加工，刀具为直径 5mm 的端铣刀。首先设置流线，选取齿轮底面的偏置曲线和辅助圆柱面上的投影曲线，具体操作如图 14-74 所示。

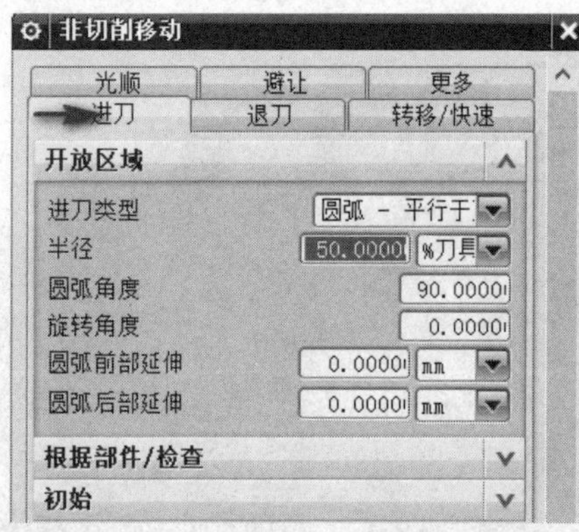

图 14-72 设置进退刀和层间参数

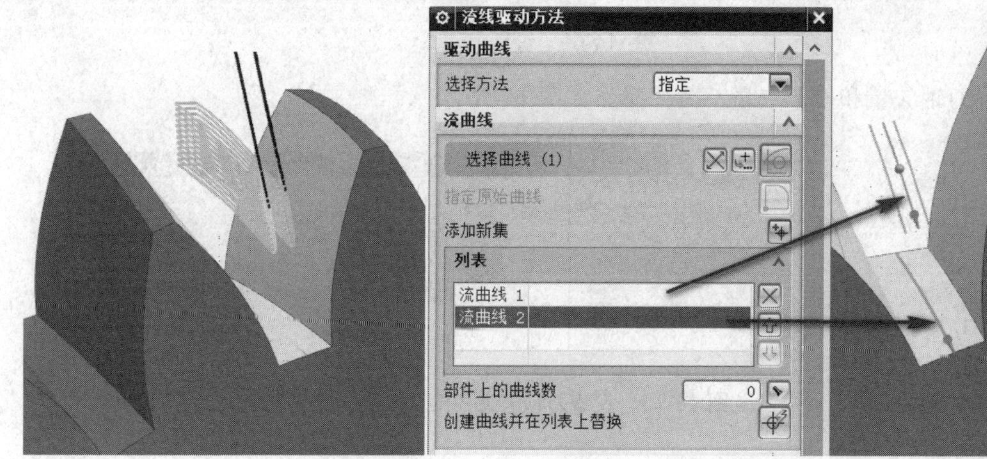

图 14-73 第一个粗加工刀轨

图 14-74 设置流曲线

设置流线驱动的其他参数，如图 14-75 所示。

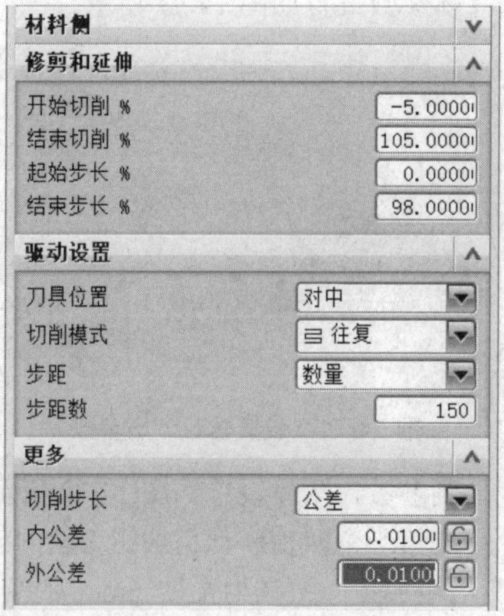

材料侧
修剪和延伸
开始切削 % -5.0000
结束切削 % 105.0000
起始步长 % 0.0000
结束步长 % 98.0000
驱动设置
刀具位置 对中
切削模式 往复
步距 数量
步距数 150
更多
切削步长 公差
内公差 0.0100
外公差 0.0100

图 14-75 设置流线驱动参数

设置刀轴矢量为四轴相对于驱动体，具体设置如图 14-76 所示。

设置其他参数，完成第 2 个流线驱动粗加工刀轨的创建，如图 14-77 所示。

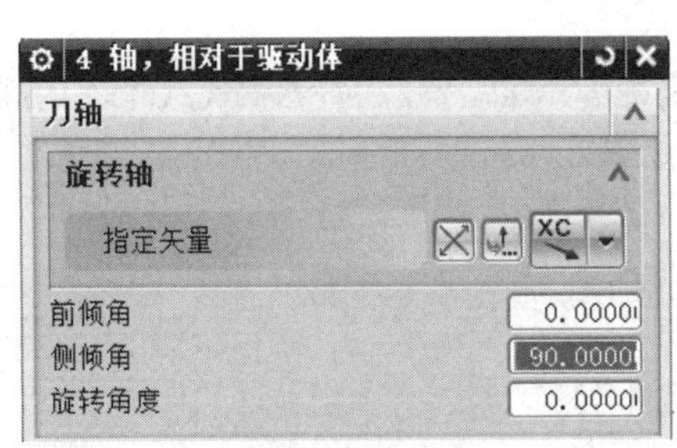

图 14-76　设置刀轴矢量

图 14-77　第 2 个粗加工刀轨

任务 3：使用曲面区域驱动方法创建齿形侧面半精加工刀轨。

(1) 使用直径为 5mm 的端铣刀，创建齿形侧面的半精加工刀轨。首先设置驱动曲面和走刀方向，具体设置如图 14-78 所示。

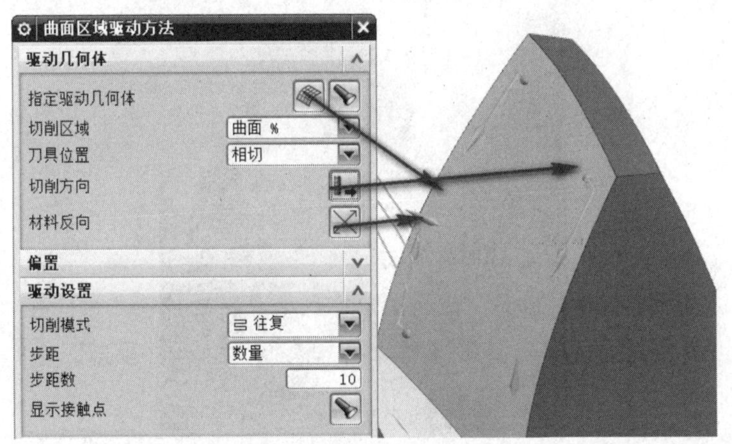

图 14-78　设置驱动曲面和走刀方向

(2) 为防止底面过切，设置切削区域大小，具体设置如图 14-79 所示。

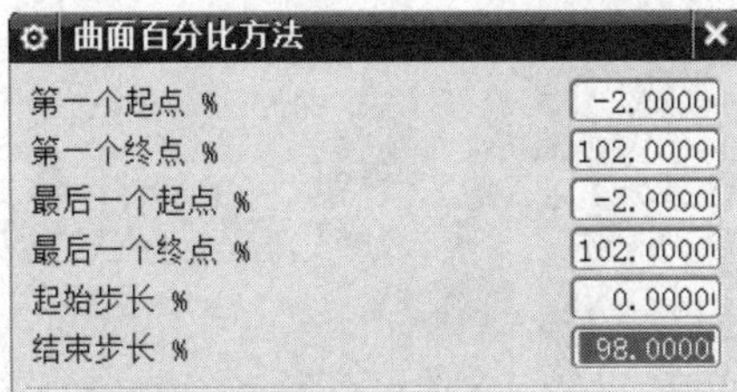

图 14-79　设置切削区域大小

(3) 设置加工余量和曲面驱动工艺参数，具体设置如图 14-80 所示。

设置刀轴矢量，具体设置如图 14-81 所示。

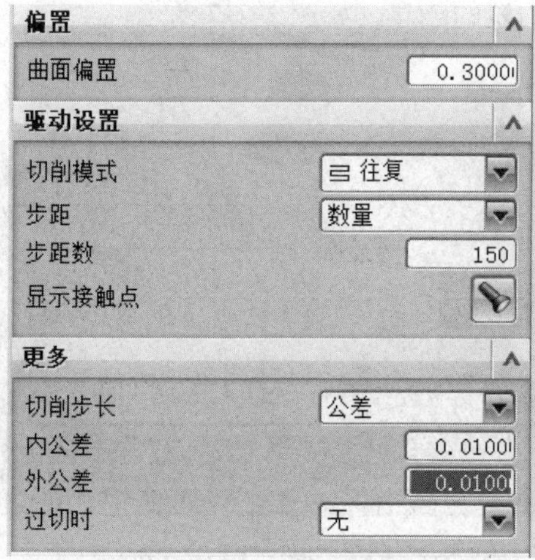

图 14-80　设置曲面驱动工艺参数

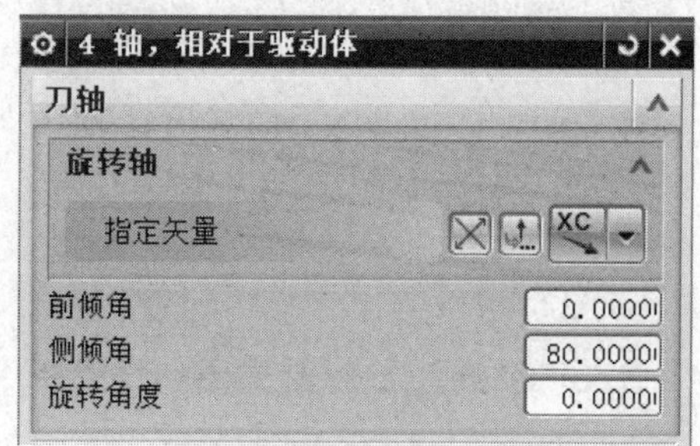

图 14-81　设置刀轴矢量

(4) 设置其他参数，完成第 1 个侧面的半精加工刀轨创建，如图 14-82 所示。

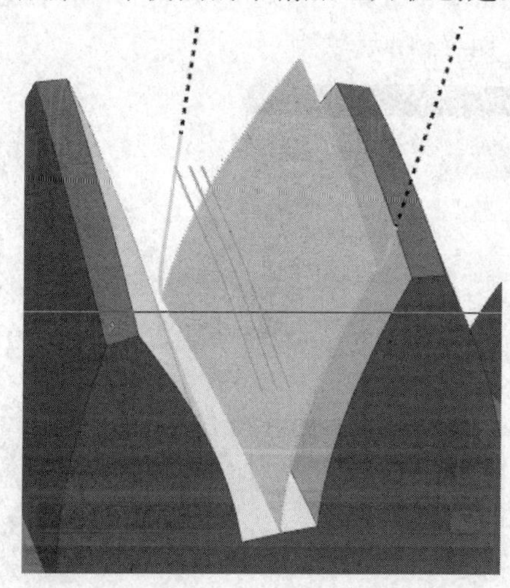

图 14-82　第 1 个侧面的半精加工刀轨

(5) 刀轨一定不能过切底面，可以通过测量最后一刀与底面的距离，查看底面的加工余量大小，如图 14-83 所示。

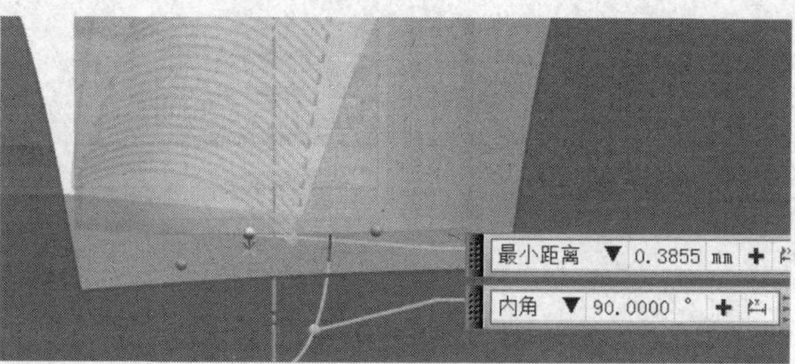

图 14-83　刀轨与底面加工余量

(6) 使用相同的方法，对另一侧的侧面进行半精加工，生成的刀轨如图 14-84 所示。

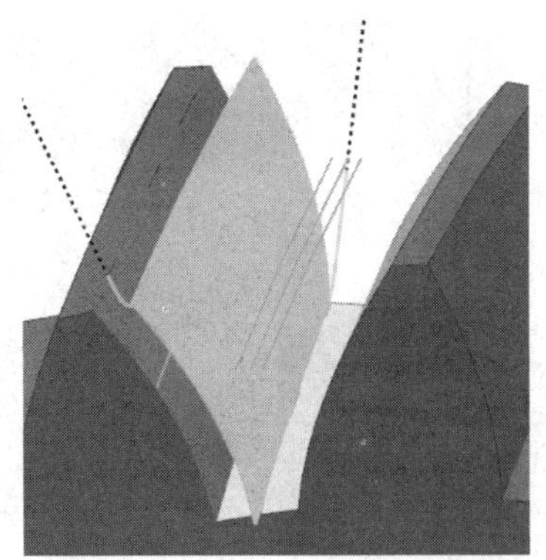

图 14-84　另一侧面的半精加工刀轨

任务 4：底面精加工。

(1) 抽取辅助底面并将两端延长 5mm，作为加工的部件面，完成后的图形如图 14-85 所示。

(2) 复制并粘贴第 2 个流线驱动粗加工刀轨，在此基础上修改为底面的精加工刀轨。首先设置部件，选取前面创建的辅助底面，然后重定义流线驱动参数，如图 14-86 所示。

图 14-85　辅助底面

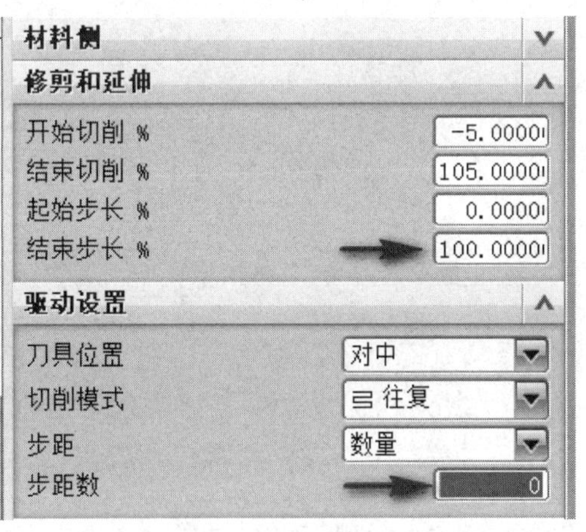

图 14-86　重定义流线驱动参数

(3) 设置投影矢量为刀轴，如图 14-87 所示。

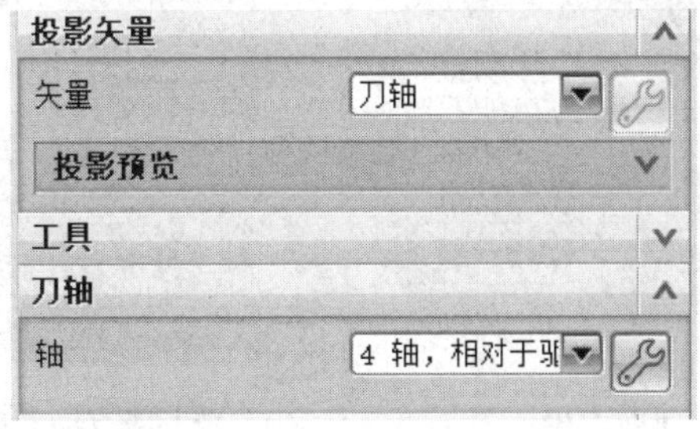

图 14-87　设置投影矢量

(4) 参数设置完毕后，完成底面精加工的刀轨创建，如图 14-88 所示。

图 14-88 底面精加工刀轨

任务 5：侧面精加工。

使用曲面驱动方法，创建侧面的精加工刀轨。可以复制、粘贴前面的侧面半精加工刀轨，在此基础上，修改为精加工刀轨。精加工时，使用 D4R1 刀具。

(1) 复制并粘贴第 1 个侧面半精加工刀轨，修改刀具，具体操作如图 14-89 所示。

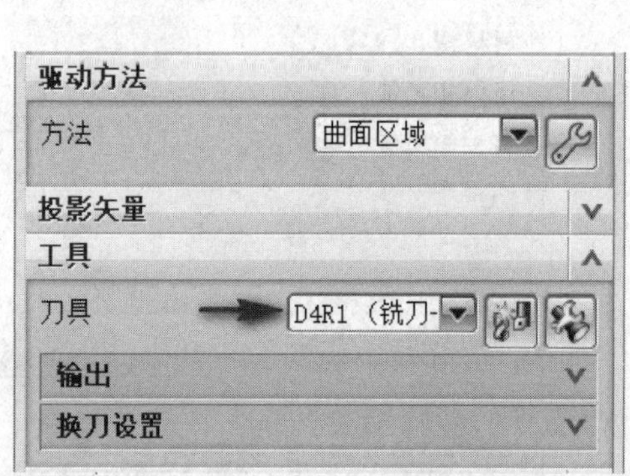

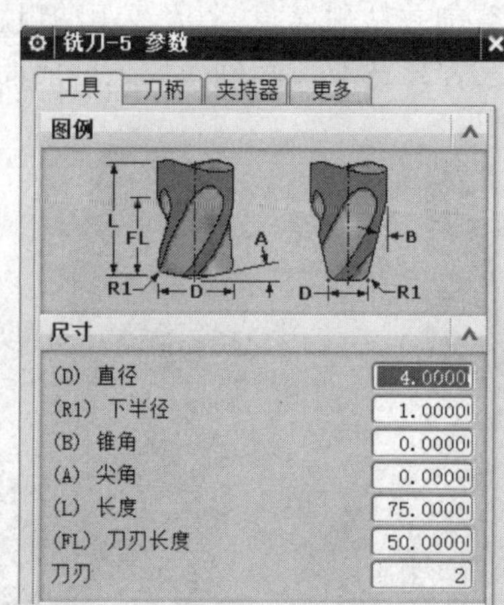

图 14-89 定义精加工刀具

(2) 重定义曲面驱动工艺参数，首先重定义驱动曲面大小，如图 14-90 所示。

(3) 设置曲面驱动其他参数，设置加工余量为 0，具体设置如图 14-91 所示。

曲面百分比方法	
第一个起点 %	-5.0000
第一个终点 %	105.0000
最后一个起点 %	-5.0000
最后一个终点 %	105.0000
起始步长 %	-5.0000
结束步长 %	95.0000

图 14-90 设置驱动曲面大小

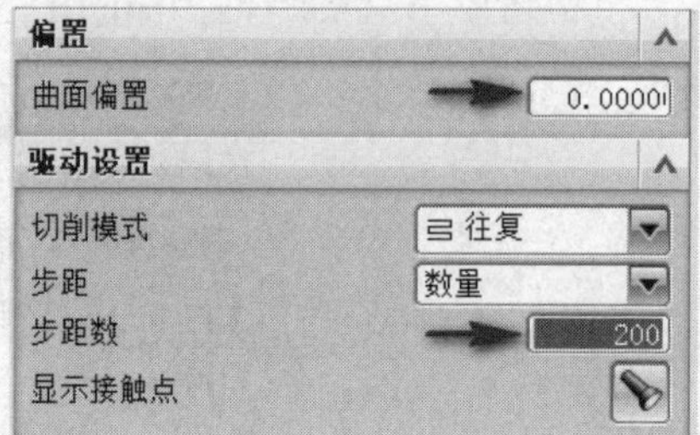

图 14-91 设置曲面驱动其他参数

(4) 其他参数不变，完成第1个侧面精加工刀轨的创建，此时的刀轨如图14-92所示。

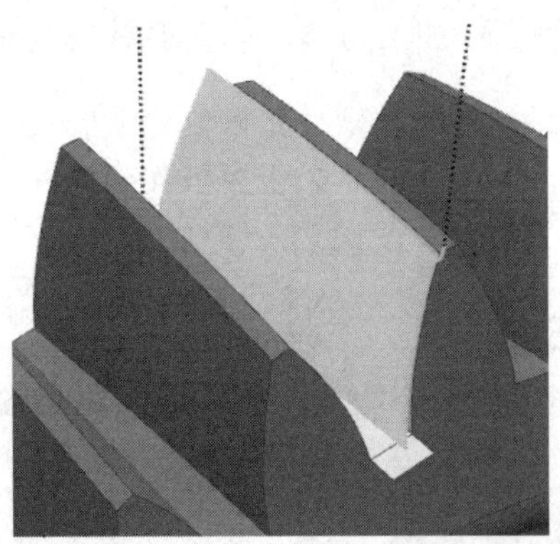

图14-92 第1个侧面精加工刀轨

(5) 测量最后一刀与底面之间的距离，如图14-93所示，保证底面不过切。

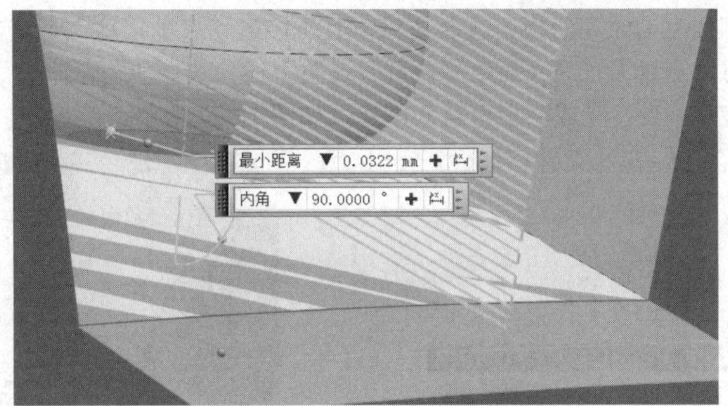

图14-93 最后一刀与底面的距离

(6) 使用相同的方法，完成另一个侧面的精加工，刀轨如图14-94所示。

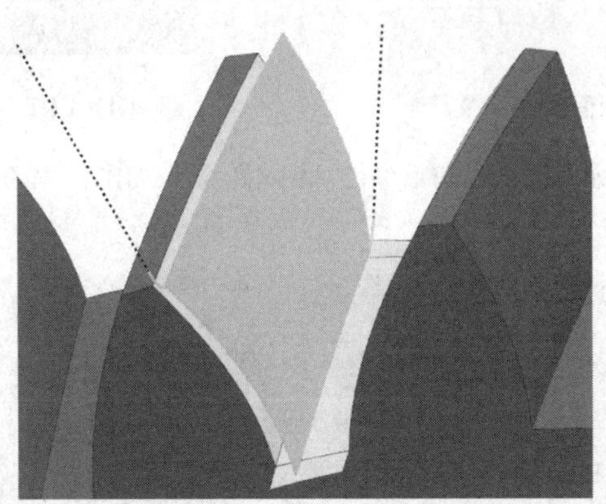

图14-94 第2个侧面的精加工刀轨

任务6：清根加工。

使用直径为 5mm 的端铣刀，进行清根加工。可以复制侧面精加工刀轨，在此基础上进行修改，变成需要的清根刀轨。

(1) 复制并粘贴第 1 个侧面精加工刀轨，修改刀具为直径 5mm 的端铣刀，如图 14-95 所示。

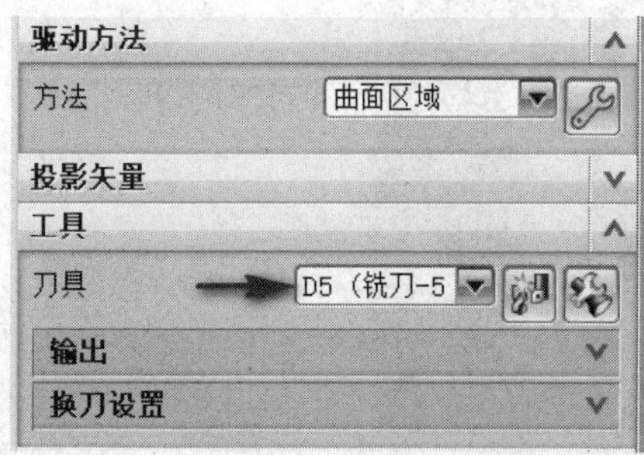

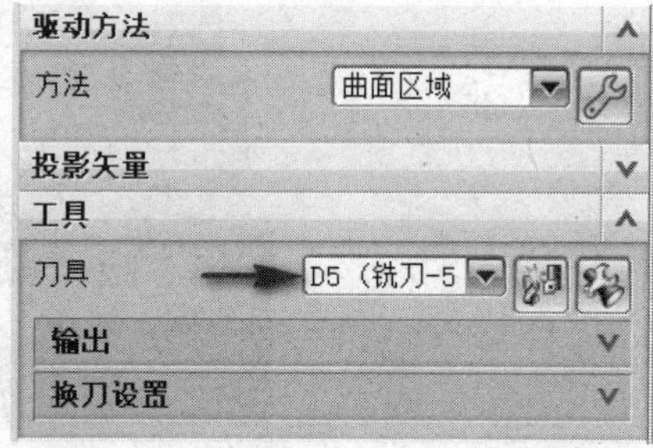

图 14-95 定义清根刀具

(2) 重新定义驱动曲面大小，具体参数设置如图 14-96 所示。

(3) 侧面精加工刀轨和清根刀轨要搭接，且不能过切底面，这靠调整起始步长和结束步长的大小。可以测量刀轨与底面距离，反复调整上述参数，使之合理。

(4) 其他参数不变，完成清根刀轨的创建，如图 14-97 所示。

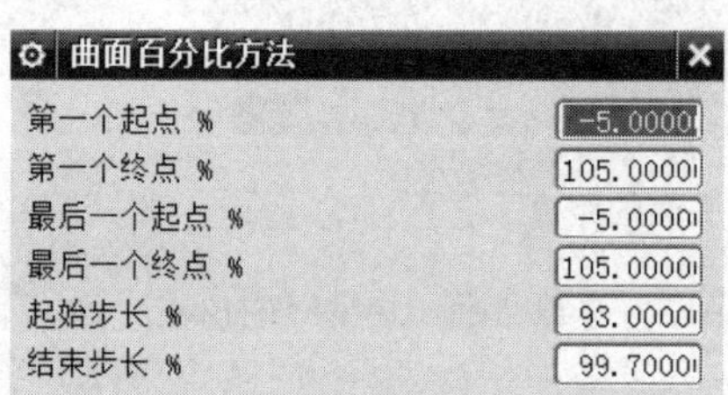

图 14-96 驱动曲面大小定义

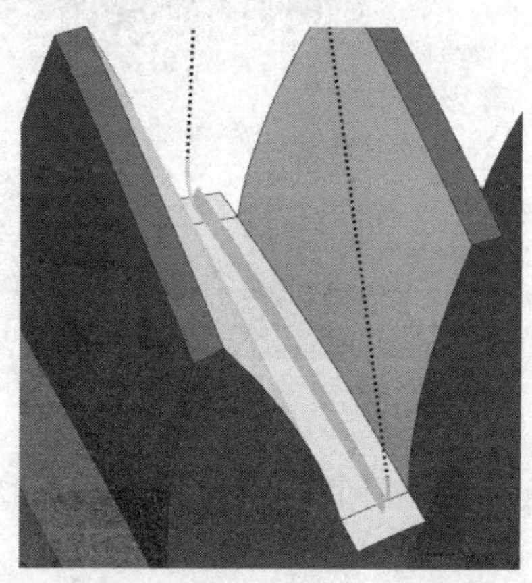

图 14-97 第 1 个清根刀轨

(5) 测量清根刀轨的最后一刀与底面之间的距离，如图 14-98 所示。可见，刀轨与底面不过切。

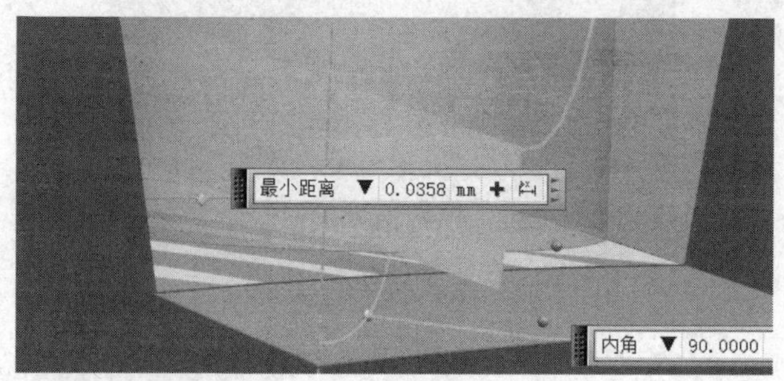

图 14-98 最后一刀与底面之间的距离

(6) 使用相同的方法，完成另一侧的清根加工，生成后的刀轨如图 14-99 所示。

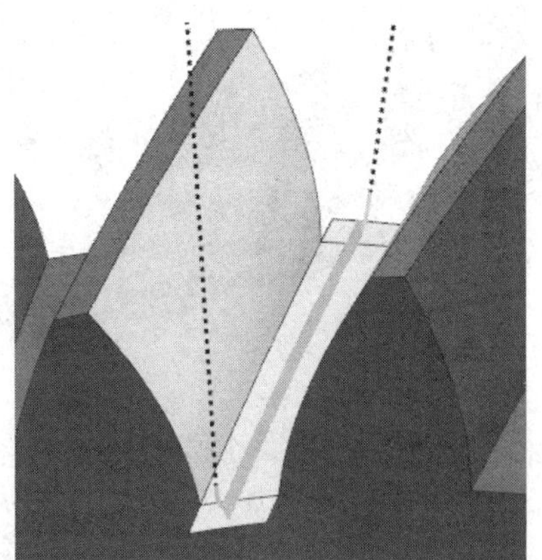

图 14-99 第 2 个清根刀轨

案例 14-3：螺旋宽槽零件

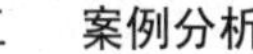

案例加工 案例分析

螺旋宽槽零件如图 14-100 所示。

图 14-100 螺旋宽槽零件

任务 1：创建多个部件辅助圆柱体。

使用流线驱动，要垂直分层，必须指定部件。螺旋槽形状上大下小，且逐渐变化，为实现合理的粗加工，需要手工垂直分段。

(1) 使用拉伸方法，创建第 1 个辅助圆柱体，直径为 170mm，如图 14-101 所示。

图 14-101 第 1 个辅助圆柱体

(2) 使用拉伸方法，创建第 2 个辅助圆柱体，直径为 158mm，如图 14-102 所示。

(3) 使用拉伸方法，创建第 3 个辅助圆柱体，直径为 146mm，如图 14-103 所示。

(4) 使用拉伸方法，创建第 4 个辅助圆柱体，直径为 134mm，如图 14-104 所示。

(5) 使用拉伸方法，创建第 5 个辅助圆柱体，直径为 114mm，如图 14-105 所示。

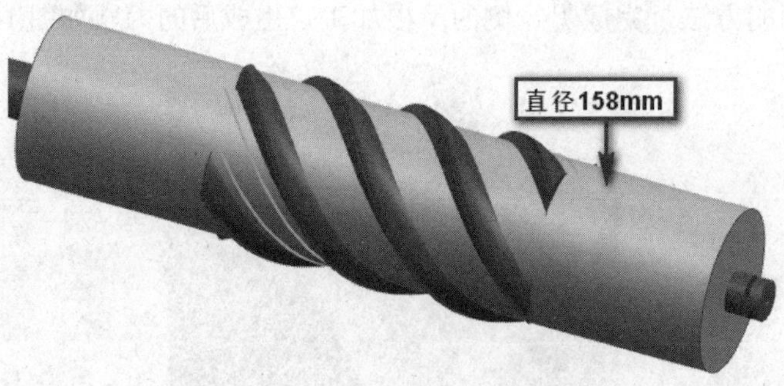

图 14-102　第 2 个辅助圆柱体

图 14-103　第 3 个辅助圆柱体

图 14-104　第 4 个辅助圆柱体

图 14-105　第 5 个辅助圆柱体

任务 2：创建辅助曲线，作为流线驱动的流曲线。

5 个辅助圆柱体外表面，都要进行相似的操作。其中前 4 个圆柱面，流线驱动粗加工，水平、垂直都要分层控制，第 5 个和第 6 个辅助圆柱体，只需要垂直分层控制。

(1) 创建相交线，选取设置为单个面，选取圆柱面和螺旋槽侧面，具体操作如图 14-106 所示。

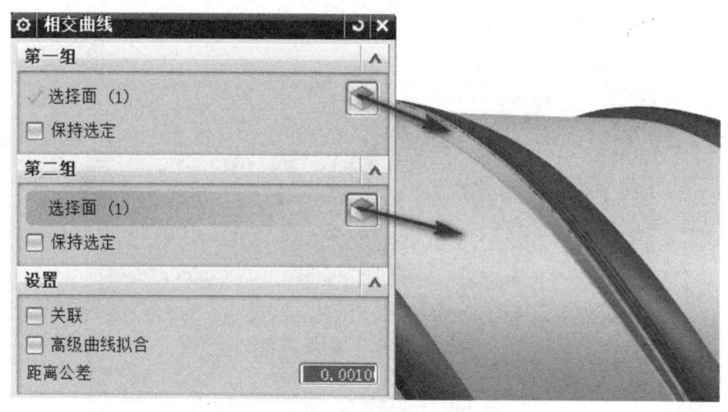

图 14-106　创建相交线操作

一个螺旋槽的两个侧壁与圆柱面的两条交线创建完毕后，如图 14-107 所示。

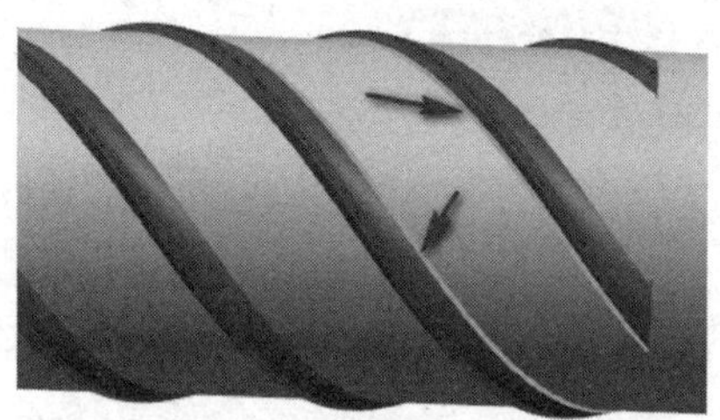

图 14-107　创建的两条相交线

(2) 创建面上偏置曲线，偏置距离为 12.7，具体操作如图 14-108 所示。

图 14-108　面上偏置曲线操作

对两条相交线进行面上偏置，操作完毕后的偏置曲线如图 14-109 所示。

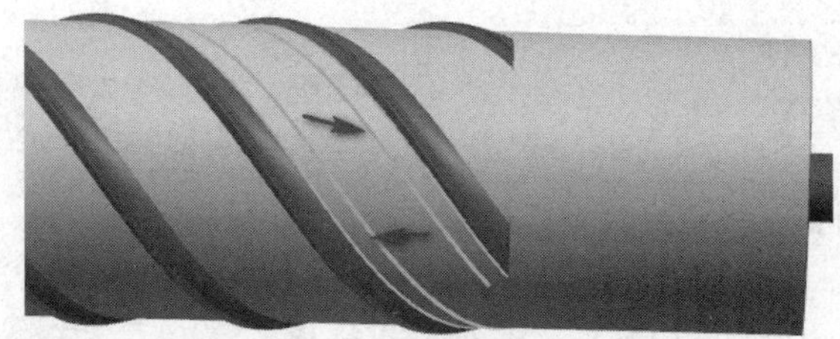

图 14-109　偏置曲线

使用相同的方法，完成其他圆柱面上的相交曲线和偏置曲线。

(3)　在第 5 个圆柱面上，首先创建两条相交线，然后测量两线之间的距离，再使用面上偏置曲线方法，创建一条中线，具体操作如图 14-110 所示。

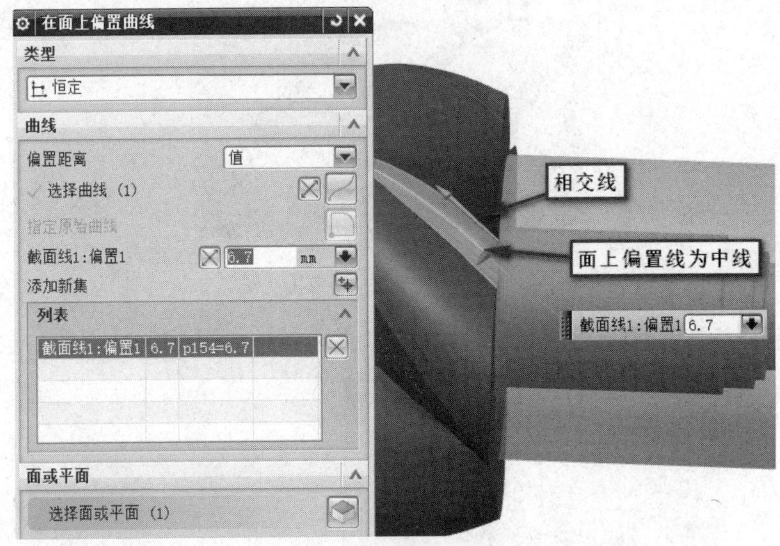

图 14-110　面上偏置曲线为中线

(4)　使用朝向直线的投影方式，将偏置中线投影到第 4 个圆柱面上，创建完毕后的投影线如图 14-111 所示。

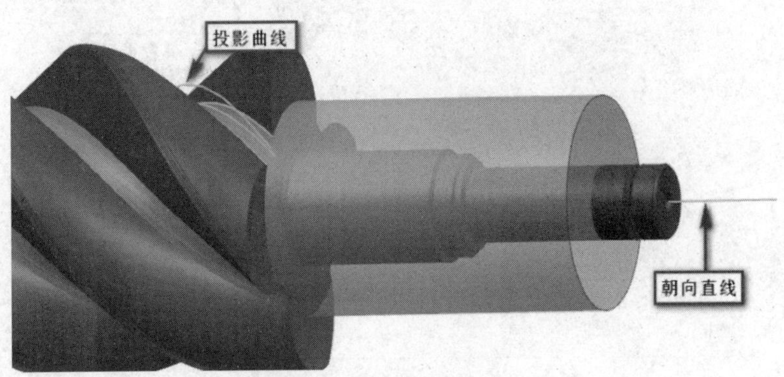

图 14-111　投影线

(5) 使用面上偏置曲线方法，创建底面上的中线，如图 14-112 所示。

图 14-112　底面偏置中线

任务 3：螺旋槽粗加工。

整个螺旋槽粗加工，都可以使用流线驱动方法实现。加工范围大的地方，可以在两个方向分层加工；加工范围小的地方，只垂直分层加工。

(1) 使用 D20R5 的刀具进行粗加工，具体设置如图 14-113 所示。

(2) 使用流线驱动方法，首先选取两条流曲线，如图 14-114 所示。

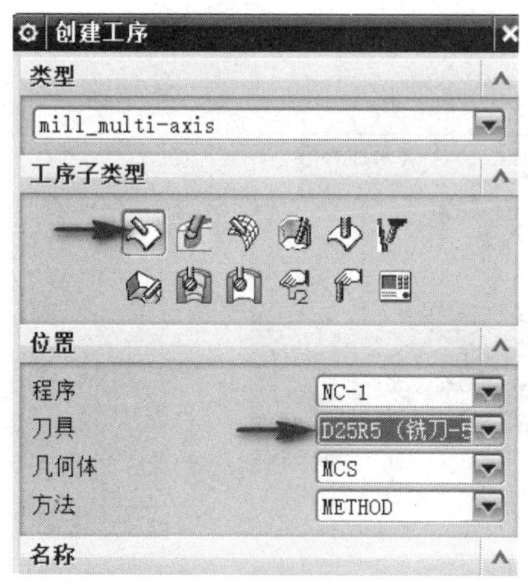

图 14-113　多轴粗加工

图 14-114　设置流曲线

(3) 设置流线驱动工艺参数，如图 14-115 所示。

(4) 设置部件，选取辅助圆柱面为部件，如图 14-116 所示。

(5) 设置投影矢量为朝向直线，如图 14-117 所示。

(6) 设置刀轴矢量为【4 轴，垂直于部件】，如图 14-118 所示。

说明

刀轴矢量设置为【4 轴，垂直于部件】，创建的刀轨才贴面。

(7) 设置多刀路参数，即垂直分层参数，如图 14-119 所示。

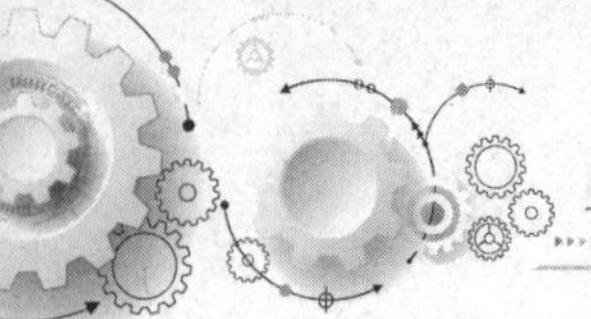

图 14-115　设置流线驱动工艺参数

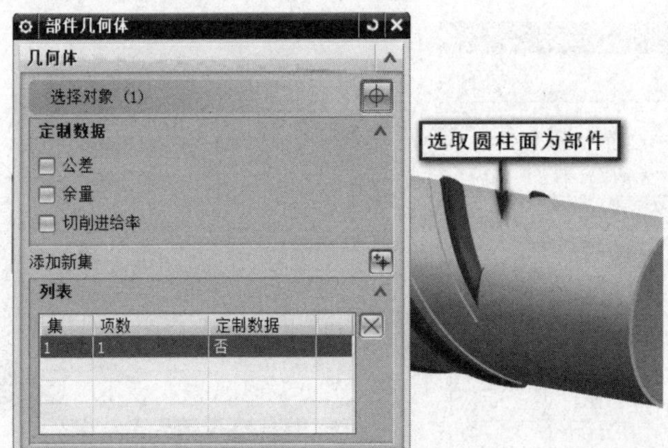

图 14-116　设置部件

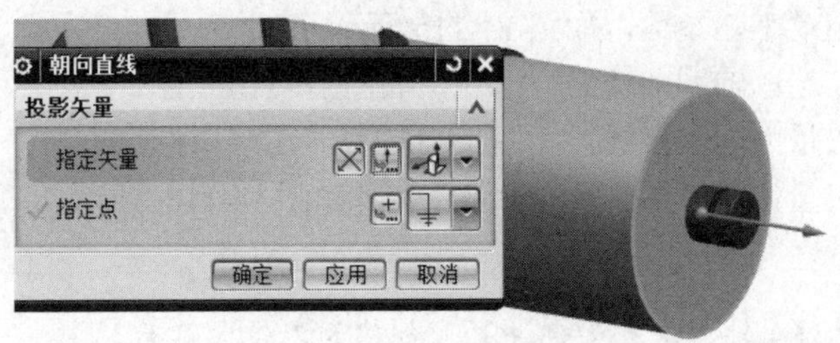

图 14-117　设置投影矢量

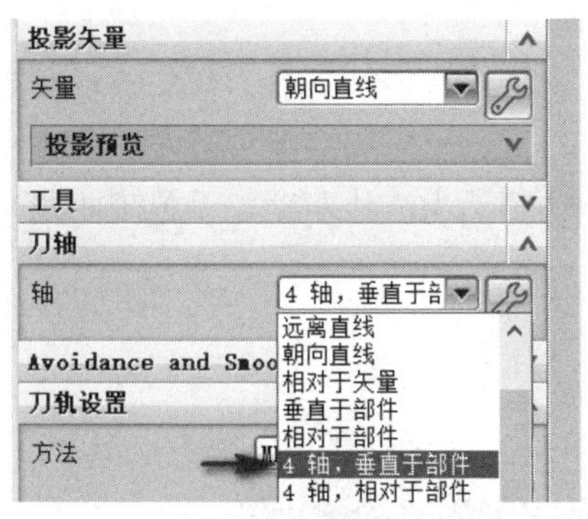

图 14-118　设置刀轴矢量

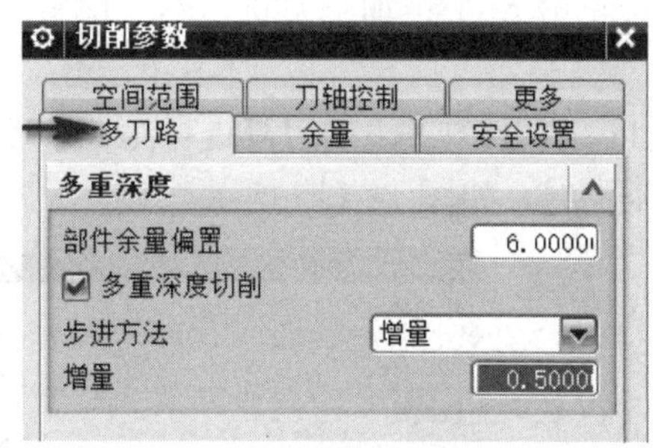

图 14-119　设置多刀路参数

(8) 设置进退刀参数及转移/快速参数，如图 14-120 所示。

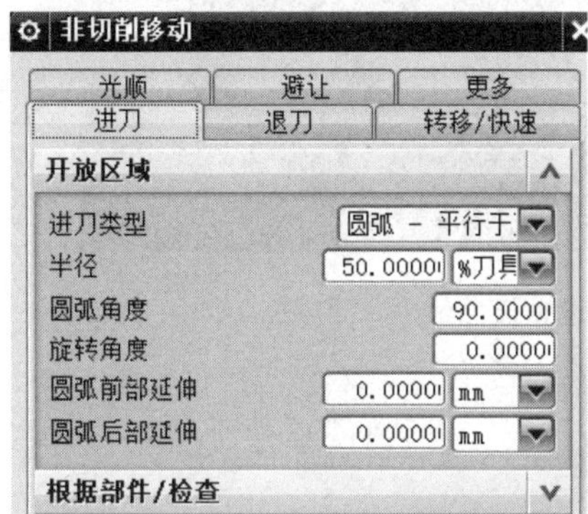

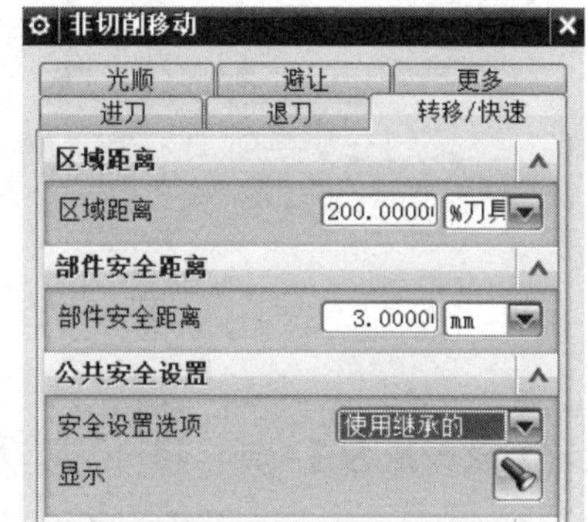

图 14-120　设置进退刀参数及转移/快速参数

(9) 设置主轴转速和进给速度，完成第 1 个粗加工刀轨的创建，如图 14-121 所示。

(10) 使用相同的方法和相同的刀具，完成第 2 个、第 3 个、第 4 个粗加工，生成的刀轨如图 14-122～图 14-124 所示。

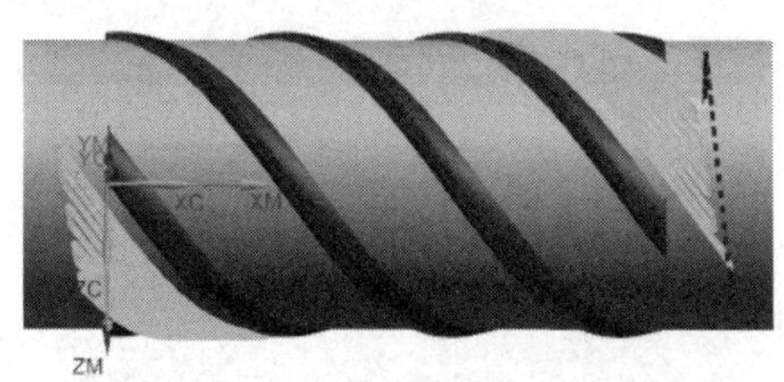

图 14-121　第 1 个粗加工刀轨

图 14-122　第 2 个粗加工刀轨

图 14-123　第 3 个粗加工刀轨

图 14-124　第 4 个粗加工刀轨

任务 4：垂直分层流线驱动粗加工。

查看第 5 个粗加工刀轨，向下螺旋槽比较窄，必须换合适的刀具，然后垂直分层加工即可。

(1) 使用 D12R1 的刀具进行第 5 个粗加工，方法仍然为流线驱动，设置流曲线为上下两条辅助线，如图 14-125 所示。

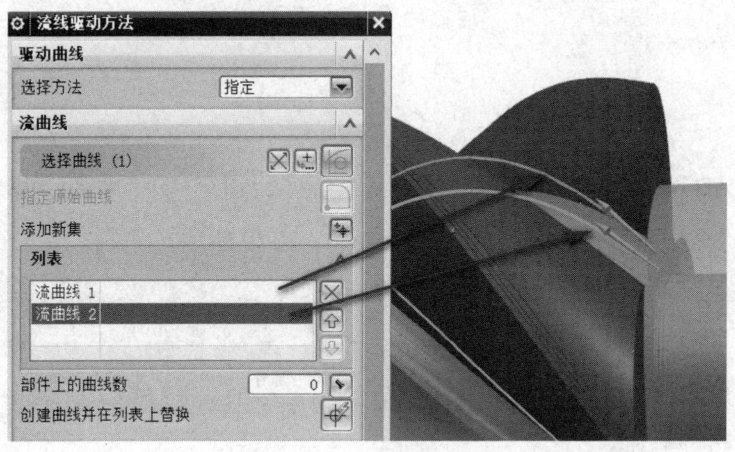

图 14-125 设置流曲线

(2) 设置流线驱动工艺参数，如图 14-126 所示。

(3) 设置刀轴矢量为【4 轴，相对于驱动体】，具体设置如图 14-127 所示。

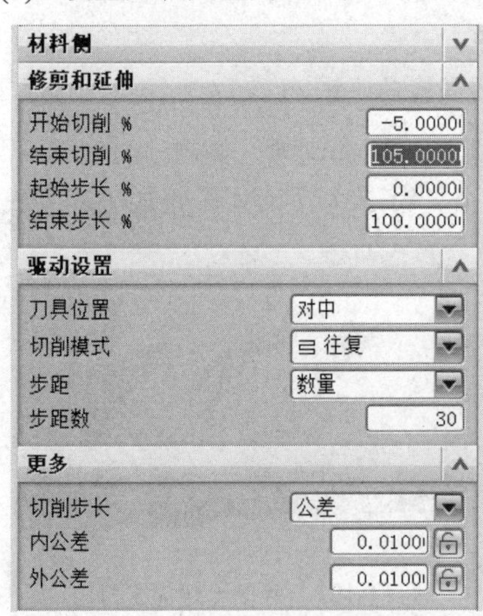

图 14-126 设置流线驱动工艺参数

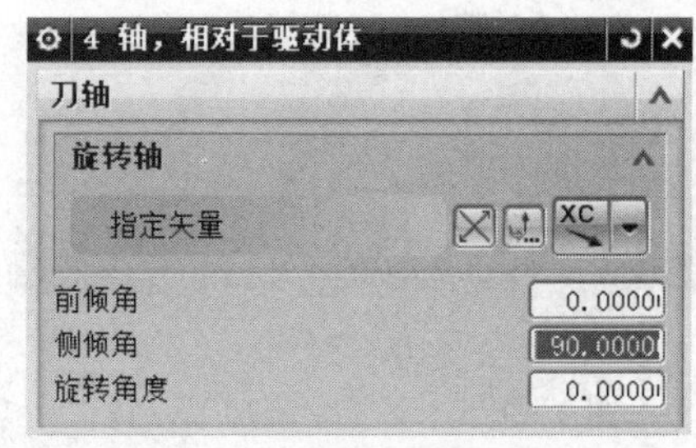

图 14-127 设置刀轴矢量

(4) 设置其他参数，完成第 5 个粗加工刀轨的创建，如图 14-128 所示。

(5) 使用相同的方法，创建第 6 个粗加工刀轨。刀具使用直径为 12mm 的球刀，流曲线选取如图 14-129 所示。

(6) 设置流线驱动工艺参数，如图 14-130 所示。

(7) 其他参数设置与第 5 个流线驱动粗加工相同。设置完毕后，完成第 6 个粗加工刀

轨的创建，如图 14-131 所示。

图 14-128　第 5 个粗加工刀轨

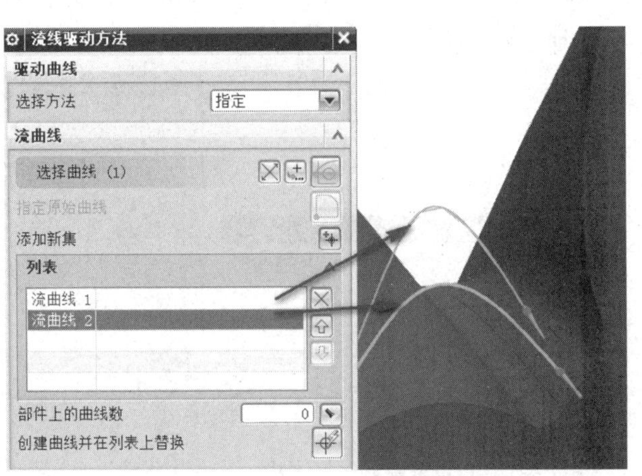

图 14-129　选取流曲线

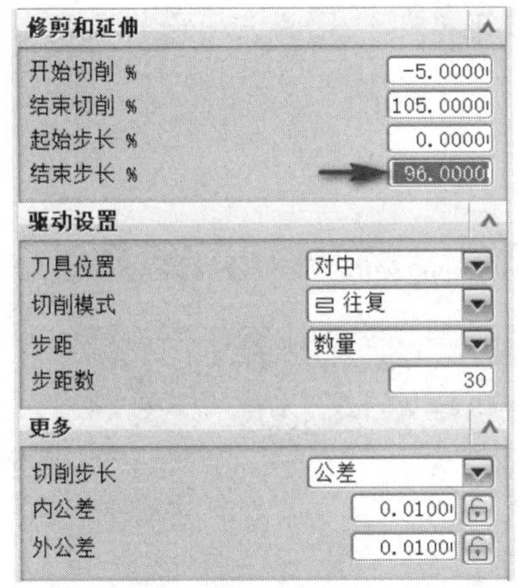

图 14-130　设置流线驱动工艺参数

图 14-131　第 6 个粗加工刀轨

任务 5：侧面半精加工。

(1)　使用 D17R4 的刀具，对两个侧面进行半精加工，驱动方法为曲面驱动。

(2)　直接选取部件侧面作为驱动面，如图 14-132 所示。

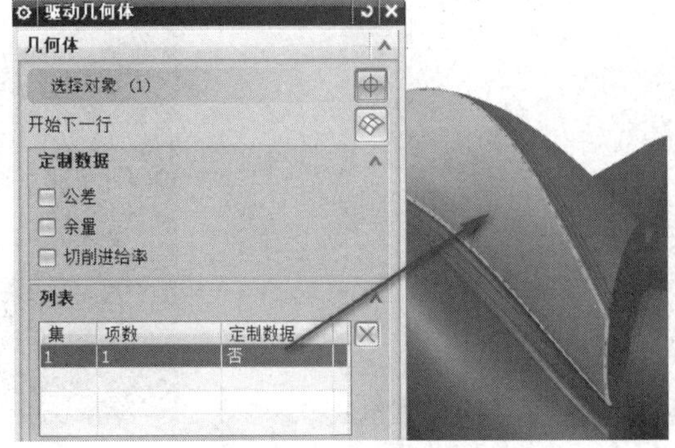

图 14-132　选取驱动面

(3) 设置驱动区域百分比，防止加工过切，如图 14-133 所示。

(4) 设置切削方向和刀具侧，具体设置如图 14-134 所示。

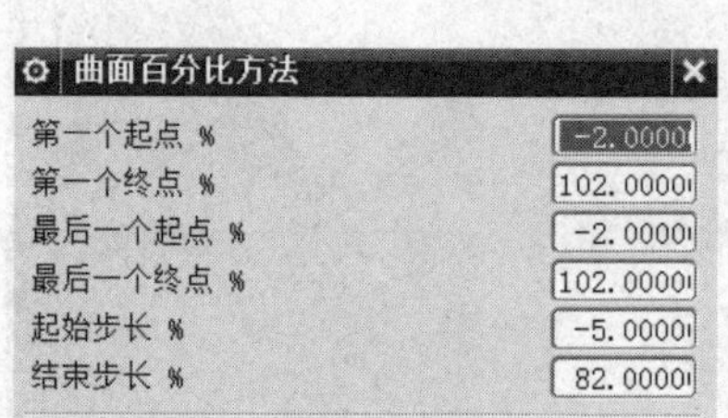

图 14-133 设置驱动区域大小

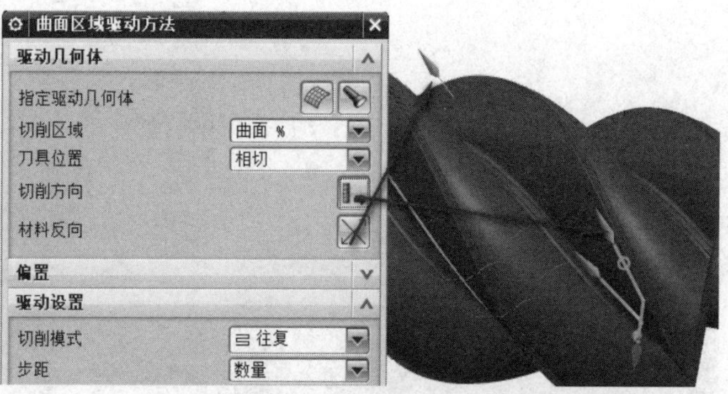

图 14-134 设置切削方向和刀具侧

(5) 设置曲面驱动其他工艺参数，如图 14-135 所示。

(6) 刀轴矢量设置为【4 轴，相对于驱动体】，具体设置如图 14-136 所示。

图 14-135 设置曲面驱动其他工艺参数

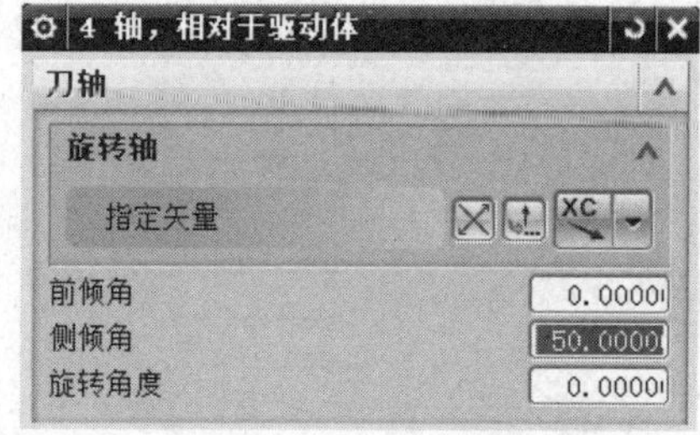

图 14-136 设置刀轴矢量

(7) 设置其他参数，完成第 1 个侧面的半精加工，此时的刀轨如图 14-137 所示。使用相同的方法和相同的刀具，完成另一侧面的半精加工，如图 14-138 所示。

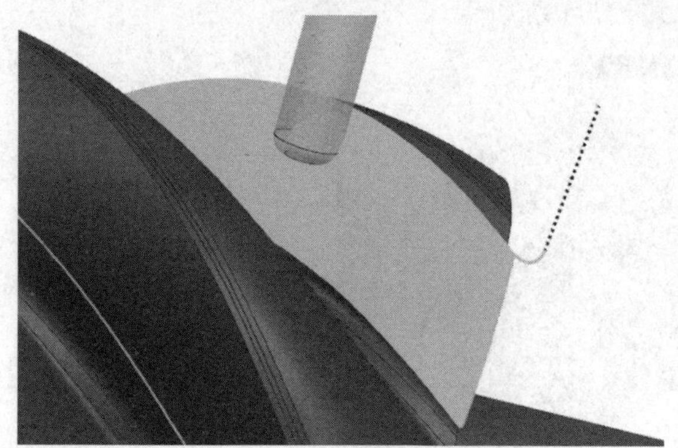

图 14-137 第 1 个侧面的半精加工

图 14-138 第 2 个侧面的半精加工

任务 6：对底面圆角部分进行半精加工。

(1) 创建一个驱动面。使用面上偏置曲线方法，创建一条辅助线，如图 14-139 所示。

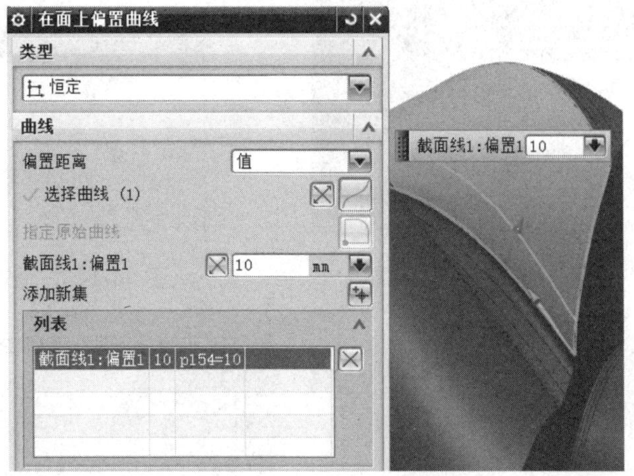

图 14-139 面上偏置曲线

使用直纹面方法，选取圆角边线和偏置曲线创建一个驱动面，具体操作如图 14-140 所示。

完成的直纹面如图 14-141 所示。

图 14-140 创建直纹面

图 14-141 创建的直纹面

(2) 使用 D10R1 刀具进行圆角部分半精加工，驱动方法为曲面，选取创建的直纹面为驱动面，设置走刀方向和刀具侧，如图 14-142 所示。

(3) 设置驱动曲面大小，如图 14-143 所示。

(4) 设置曲面驱动其他工艺参数，如图 14-144 所示。

(5) 设置部件，选取 3 个面作为部件，如图 14-145 所示。

(6) 设置投影矢量为【垂直于驱动体】，设置刀轴矢量为【4 轴，相对于驱动体】，具体设置如图 14-146 所示。

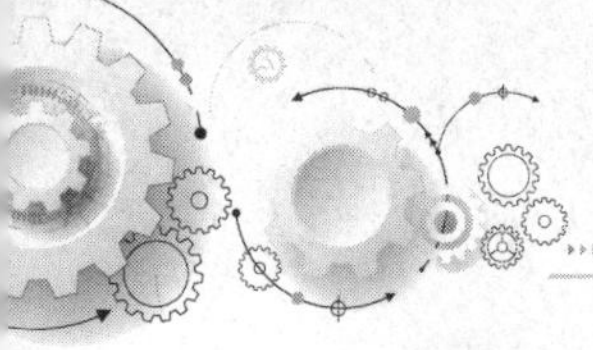

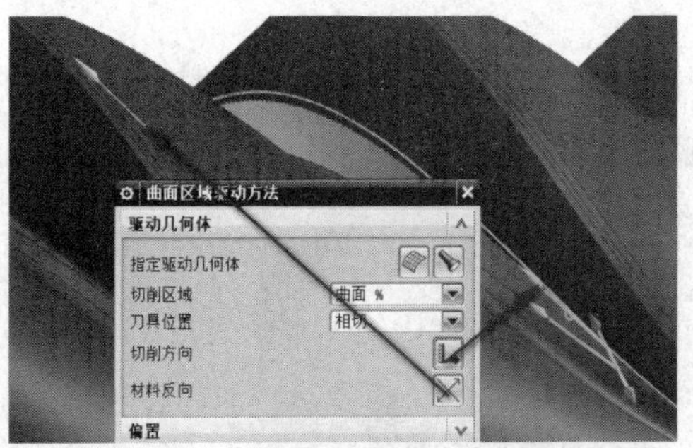

图 14-142　设置走刀方向和刀具侧

曲面百分比方法

第一个起点 %	0.0000
第一个终点 %	100.0000
最后一个起点 %	0.0000
最后一个终点 %	100.0000
起始步长 %	0.0000
结束步长 %	60.0000

图 14-143　设置驱动曲面大小

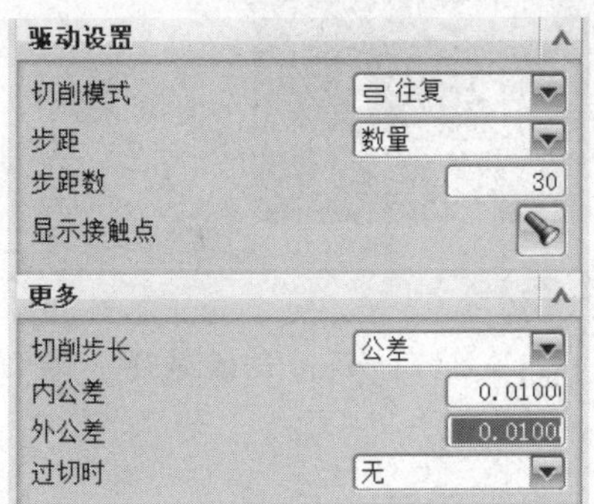

图 14-144　设置驱动工艺参数

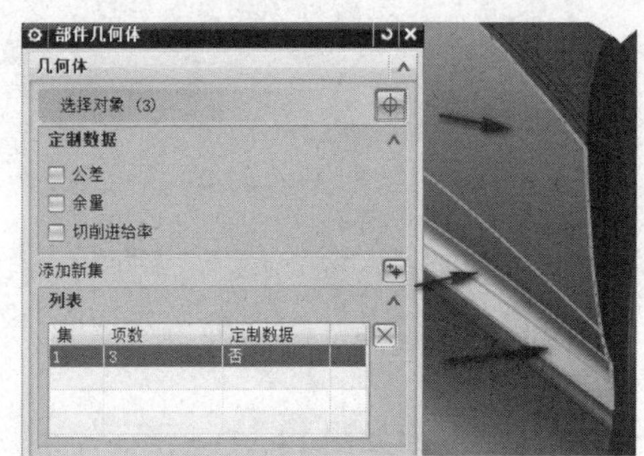

图 14-145　设置部件

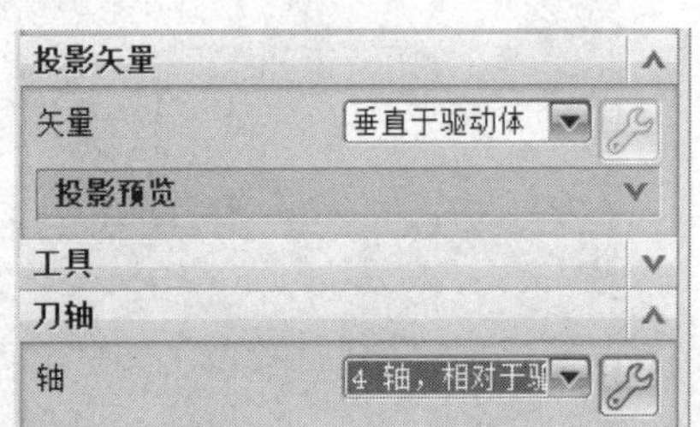

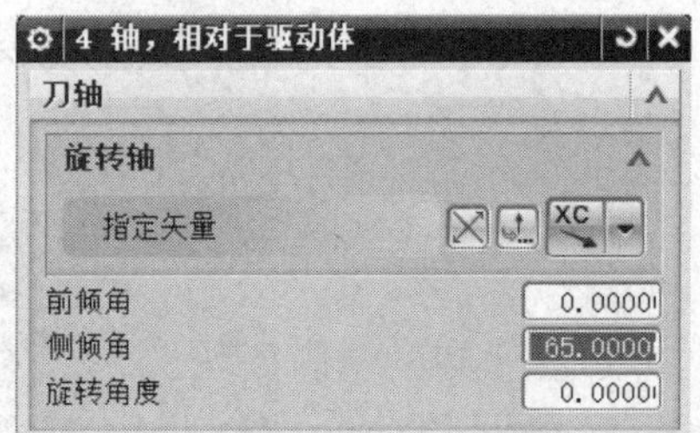

图 14-146　设置投影矢量和刀轴矢量

(7)　设置加工余量，如图 14-147 所示。

(8)　设置其他参数，完成底面圆角部分的半精加工，此时的刀轨如图 14-148 所示。

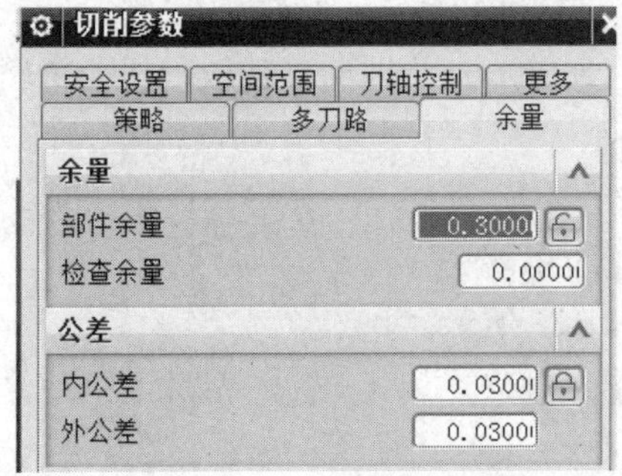

图 14-147　设置加工余量

图 14-148　圆角部分的半精加工刀轨

使用相同的方法，先做辅助驱动面，再使用曲面驱动方法创建另一侧的圆角部分半精加工刀轨。

任务 7：使用曲面驱动方法，对底面进行精加工。

(1) 使用两条圆角边线，采用直纹面方式创建一个辅助驱动面，如图 14-149 所示。

(2) 使用直径为 6mm 的球刀进行底面精加工。选取创建的直纹面作为驱动面，设置驱动曲面大小，如图 14-150 所示。

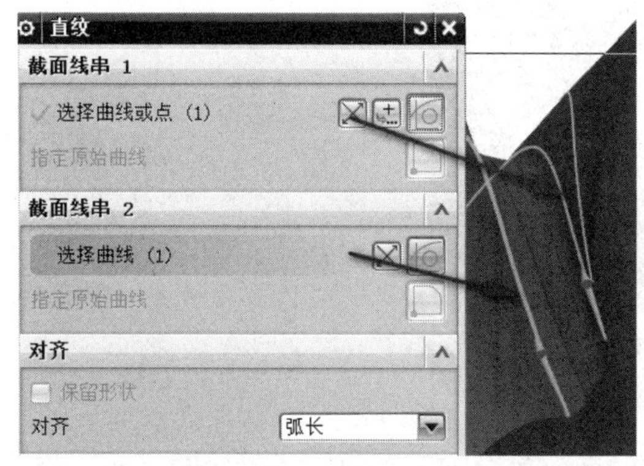

图 14-149 创建直纹面

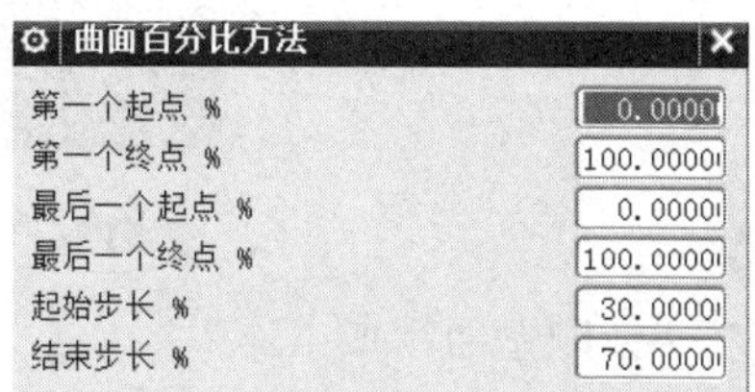

图 14-150 设置驱动区域大小

(3) 设置曲面驱动工艺参数，如图 14-151 所示。

(4) 设置部件，选取所有的螺旋槽面，如图 14-152 所示。

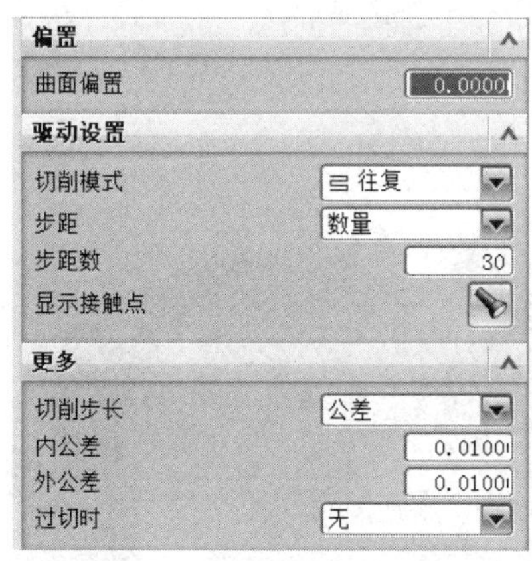

图 14-151 设置工艺参数

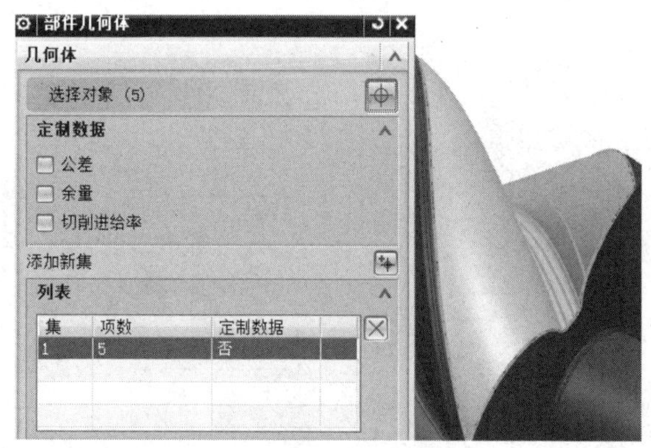

图 14-152 设置部件

(5) 设置投影矢量和刀轴矢量，如图 14-153 所示。

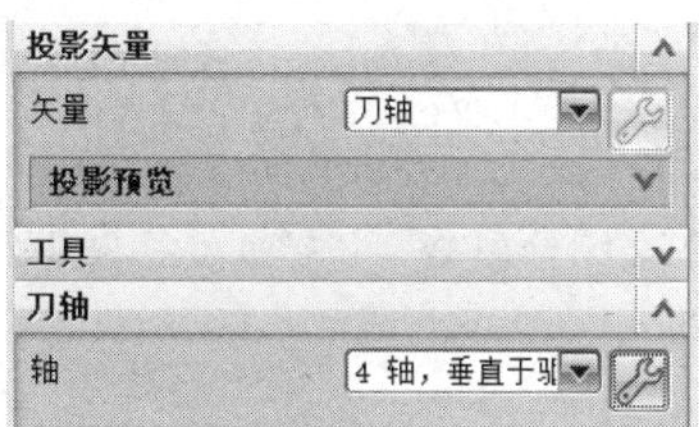

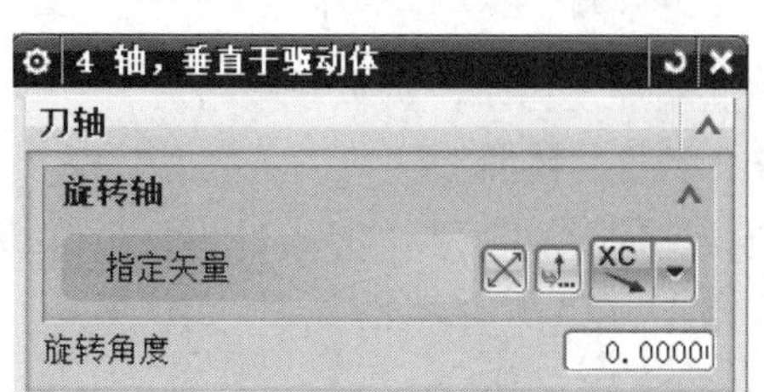

图 14-153 设置投影矢量和刀轴矢量

(6) 设置其他参数，完成底面精加工刀轨的创建，如图 14-154 所示。

图 14-154　底面精加工刀轨

任务 8：侧壁面精加工。

所有的侧壁面精加工，都可以复制、粘贴对应的半精加工刀轨，进行修改得到。修改内容为：将加工余量设置为 0，加密刀轨，修改主轴转速和进给速度，其他参数保持不变。下面以一个侧面精加工为例，进行讲解。

(1) 复制并粘贴第 1 个侧面半精加工刀轨，然后修改驱动工艺参数，如图 14-155 所示。

(2) 修改主轴转速和进给速度，完成第 1 个侧面精加工刀轨的创建，如图 14-156 所示。

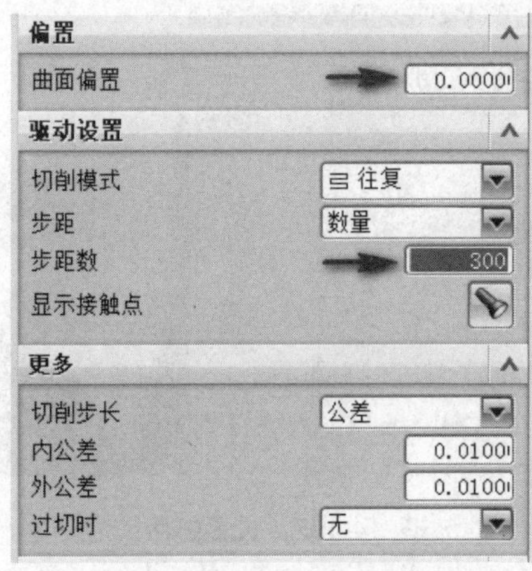

图 14-155　修改工艺参数

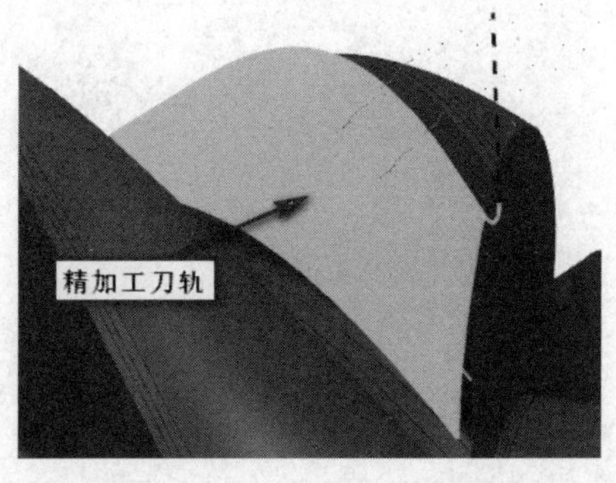

图 14-156　第 1 个侧面精加工刀轨

其他侧面精加工刀轨，具体步骤略。

任务 9：小凸台精加工。

(1) 使用曲面驱动方法，加工小凸台。刀具为直径 8mm 的端铣刀，选取垂直侧面为驱动面，如图 14-157 所示。

图 14-157　选取驱动面

(2) 设置走刀方向和刀具侧，并设置其他工艺参数，如图 14-158 所示。

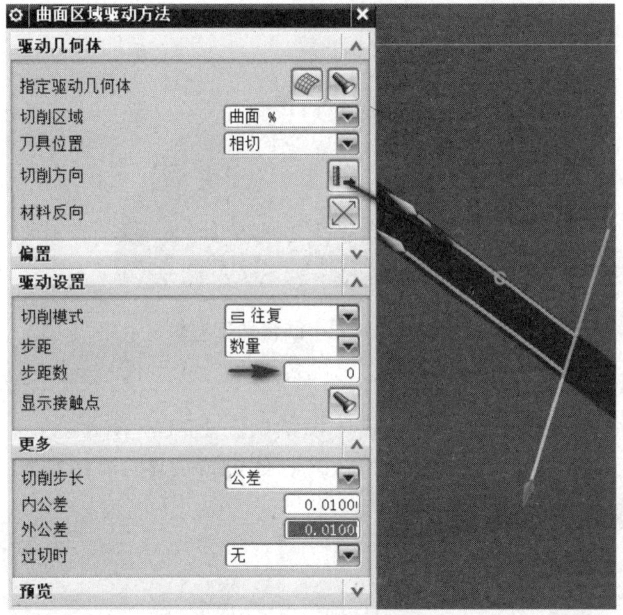

图 14-158　设置工艺参数

(3) 设置部件，选取凸台底面作为部件，如图 14-159 所示。

图 14-159　设置部件

(4) 设置投影矢量和刀轴矢量，如图 14-160 所示。

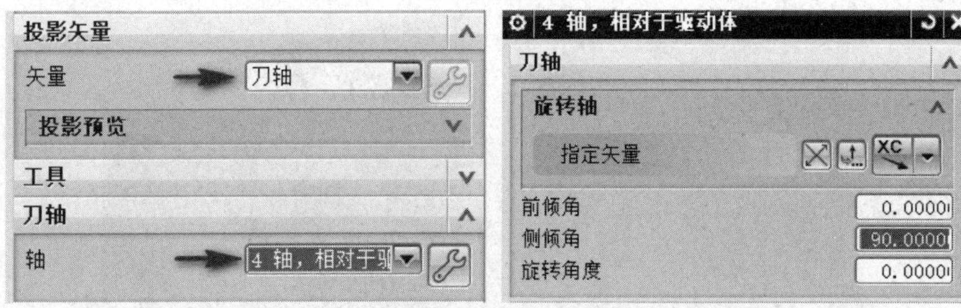

图 14-160　设置投影矢量和刀轴矢量

(5) 设置其他参数，完成小凸台的加工，此时的刀轨如图 14-161 所示。

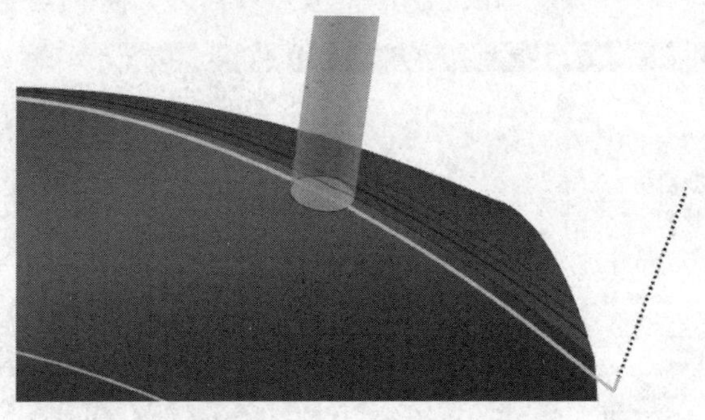

图 14-161　小凸台加工刀轨

任务 10：使用顺序铣方法加工小凸台。

(1) 使用顺序铣方法加工小凸台，具体设置如图 14-162 所示。

(2) 设置进刀子操作。进刀方法为刀轴，具体设置如图 14-163 所示。

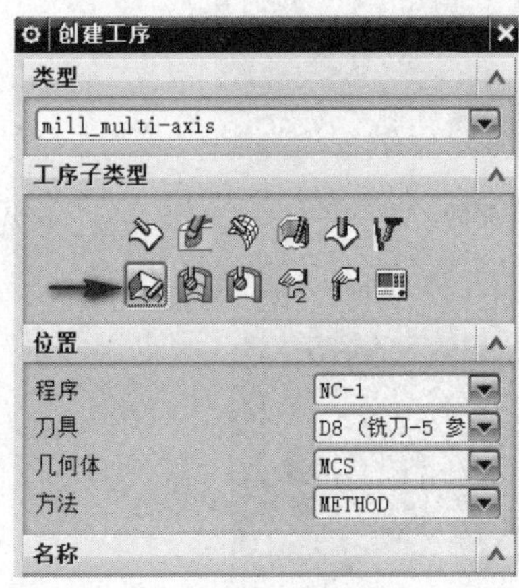

图 14-162　顺序铣操作

图 14-163　设置进刀方法

(3) 定义参考点，决定刀具侧，如图 14-164 所示。

(4) 定义刀轴矢量，选取凸台侧边，方向向上，如图 14-165 所示。

(5) 定义刀轴矢量控制方法，如图 14-166 所示。定义【垂直于矢量】，选取部件的端面法向。

图 14-164　定义参考点

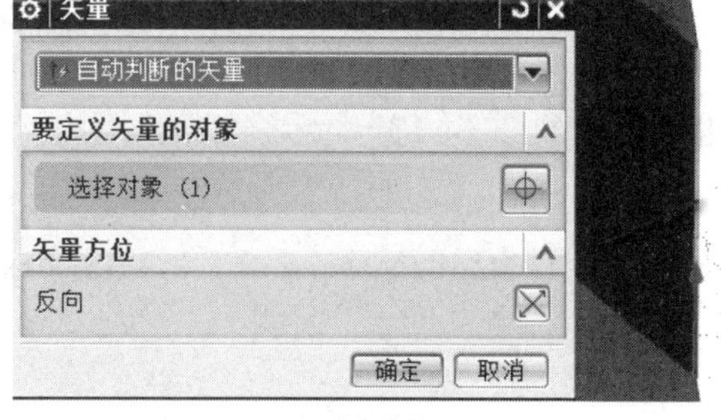

图 14-165　定义刀轴矢量

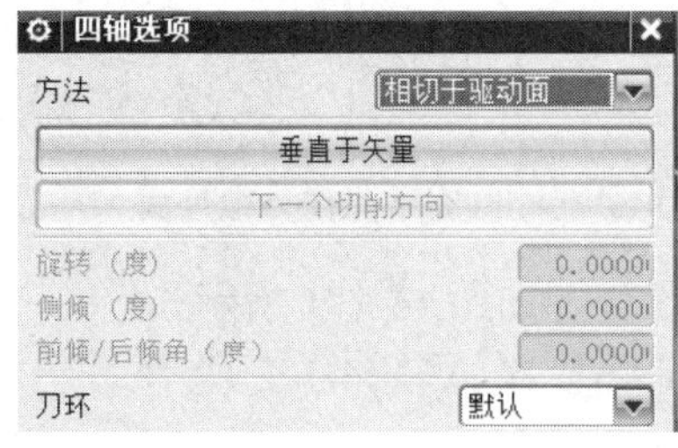

图 14-166　刀轴矢量控制方法

(6) 定义几何体。首先定义驱动面和部件面，如图 14-167 所示，【停止位置】为【近侧】。

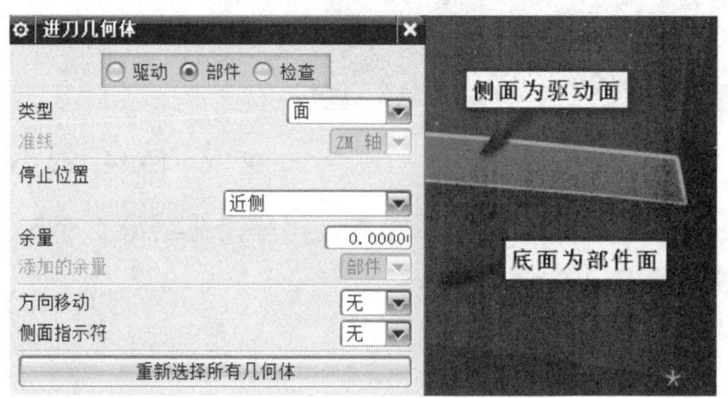

图 14-167　设置驱动面和部件面

(7) 定义检查面，首先设置【停止位置】为【在曲面上】，然后使用临时平面的方法创建一个基准平面，如图 14-168 所示。

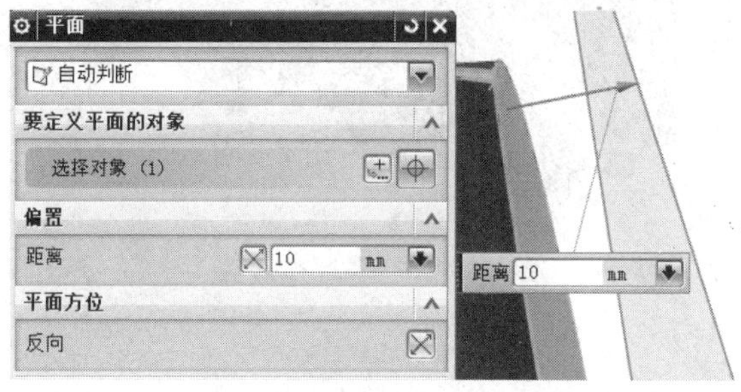

图 14-168　检查面为临时平面

(8) 设置完毕后，单击【确定】按钮，完成进刀子操作，如图 14-169 所示。

(9) 创建连续刀轨子操作。设置检查面，使用临时平面，参考另一侧的部件端面创建基准平面，如图 14-170 所示。

图 14-169　进刀子操作

图 14-170　临时平面作为检查面

(10) 再次单击【确定】按钮，完成连续刀轨子操作，如图 14-171 所示。

(11) 定义退刀子操作，退刀方法为【刀轴】，具体设置如图 14-172 所示。

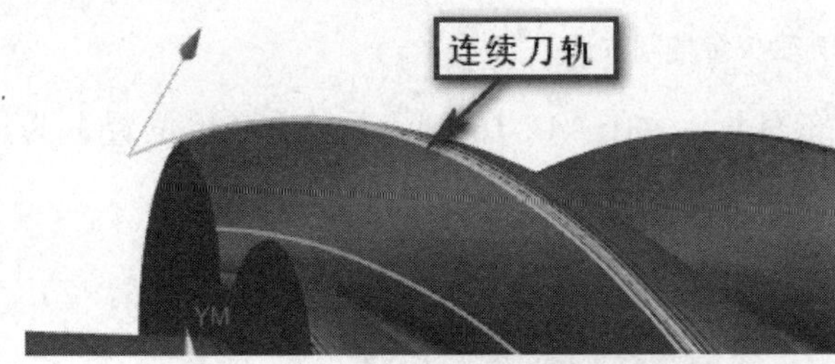

图 14-171　连续刀轨子操作

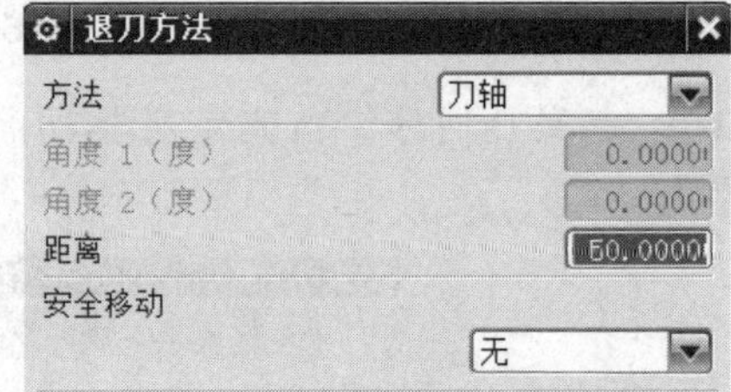

图 14-172　退刀子操作

(12) 单击【确定】按钮，完成退刀子操作。再单击【结束工序】按钮，完成整个顺序铣操作，此时的刀轨如图 14-173 所示。

图 14-173　顺序铣刀轨